工程经济学

陈汉利　主编

中南大學出版社
www.csupress.com.cn

普通高校土木工程专业系列精品规划教材

编审委员会

总　序

土木工程是促进我国国民经济发展的重要支柱产业。近30年来，我国公路、铁路、城市轨道交通等基础设施以及城市建筑进入了高速发展阶段，以高速、重载和超高层为特征的建设工程的安全性、经济性和耐久性等高标准要求向传统的土木工程设计、施工技术提出了严峻挑战。面对新挑战，国内外土木工程行业的设计、施工、养护技术人员和科研工作者在工程实践和科学研究工作中，不断提出创新理念，积极开展基础理论和技术创新，研发了大量的新技术、新材料和新设备，形成了成套设计、施工和养护的新规范和技术手册，并在工程实践中大范围应用。

土木工程行业日新月异的发展，对现代土木工程专业技术人才的培养提出了迫切要求。教材建设和教学内容是人才培养的重要环节。为向普通高校本科生全面、系统和深入阐述公路、铁路、城市轨道交通以及建筑结构等土木工程领域的基础理论和工程技术成果，由中南大学出版社、中南大学土木工程学院组织国内土木工程领域一批专家、学者组成"普通高校土木工程专业系列精品规划教材"编审委员会，共同编写这套系列教材。通过多次研讨，确定了这套土木工程专业系列教材的编写原则：

1. 系统性

本系列教材以《土木工程指导性专业规范》为指导，教材内容满足城乡建筑、公路、铁路以及城市轨道交通等领域的建筑工程、桥梁工程、道路工程、铁道工程、隧道与地下工程和土木工程管理等方向的需求。

2. 先进性

本系列教材与21世纪土木工程专业人才培养模式的研究成果密切结合，既突出土木工程专业理论知识的传承，又尽可能全面反映土木工程领域的新理论、新技术和新方法，注重各门内容的充实与更新。

3. 实用性

本系列教材针对90后学生的知识与素质特点，以应用型人才培养为目标，注重理论知识与案例分析相结合，传统教学方式与基于现代信息技术的教学手段相结合，重点培养学生的工程实践能力，提高学生的创新素质。这套教材不仅是面向普通高校土木工程专业本科生的课程教材，还可作为其他层次学历教育和短期培训的教材和广大土木工程技术人员的专业参考书。

4. 严谨性

本系列教材的编写出版要求严格按国家相关规范和标准执行，认真把好编写人员遴选关、教材大纲评审关、教材内容主审关和教材编辑出版关，尽最大努力提高教材编写质量，力求出精品教材。

根据本套系列教材的编写原则，我们邀请了一批长期从事土木工程专业教学的一线教师负责本系列教材的编写工作。但是，由于我们的水平和经验所限，这套教材的编写肯定有不尽如人意的地方，敬请读者朋友们不吝赐教。编委会将根据读者意见、土木工程发展趋势和教学手段的提升，对教材进行认真修订，以期保持这套教材的时代性和实用性。

最后，衷心感谢全套教材的参编同仁，由于他们的辛勤劳动，编撰工作才能顺利完成。真诚感谢中南大学校领导、中南大学出版社领导和编辑们，有了他们的大力支持和辛勤工作，本套教材才能够如期与读者见面。

余志武

2015 年 7 月

前　言

《工程经济学》是为适应社会主义市场经济的发展，加强建设项目经济评价工作，为工程管理及相关专业提供的一门主要专业基础课。它是由技术科学、经济学和管理科学相互渗透融合而形成的一门综合性科学，具有理论面宽、实践性强、政策性要求高等特点。目的是使学生掌握工程经济学的基础原理、基础知识和常用分析方法，使其具有从事各类工程项目可行性研究及经济评价的初步能力。建设项目经济评价应根据国民经济与社会发展以及行业、地区发展规划的要求，在项目初步方案的基础上，采用科学的分析方法，对拟建项目的财务可行性和经济合理性进行分析论证，为项目的科学决策提供经济方面的依据。建设项目经济评价是项目前期工作的重要内容，对于加强固定资产投资宏观调控、提高投资决策的科学化水平、引导和促进各类资源合理配置、优化投资结构、减少和规避投资风险、充分发挥投资效益具有重要的作用。本书适用于各类建设项目的经济评价工作。

在编写过程中根据《国务院关于投资体制改革的决定》，参照了《建设项目经济评价方法与参数(第三版)》等最新文件和规范，以保证本书的系统性和完整性，所选的内容体现实用性、可应用性，具有明显的时代特征，以使学生在学习过程中能真正掌握各种分析方法，培养学生独立分析和解决问题的能力。

本书全面、系统地介绍了工程经济分析的基本原理和方法及其在工程项目投资决策中的应用。本书主要内容包括13章，各章内容既相互联系又相互独立，主要内容包括：资金时间价值及计算、现金流量分析方法、工程经济分析与评价的基本方法、多方案的比较与选择、工程项目财务评价、工程项目经济评价、不确定性分析、设备更新分析、价值工程和项目后评价等内容。

本书主要作为高等院校工程管理专业和土木工程专业的本科生教材，也可作为相关专业的研究生、其他专业的本科生学习工程经济学和技术经济学课程的参考用书。同时也可作为工程规划、设计、施工、管理和投资决策咨询等单位和部门的工程技术与工程经济专业人员自学和培训教材。作者在本书编写过程中，参考了不少专家、学者论著中的有关资料，在此一并表示衷心的感谢。同时，本书的写作和出版得到了中南大学出版社和中南大学土木工程学院的大力支持，作者表示由衷的感谢。

由于编者的水平所限，书中不足之处在所难免，敬请广大读者予以批评和指正。

陈汉利

2016年6月

目　录

第1章 绪 论

1.1 工程经济学的概念

工程经济学(engineering economics)是工程学与经济学的交叉学科，是利用经济学的理论和分析方法，研究如何有效利用资源，提高经济效益，研究在生产、建设中如何达到技术因素与经济因素最佳结合的学科。因此，了解了工程经济学的含义，也应了解工程、经济等概念的含义。

1. 工程

工程一般是指将自然科学的原理应用于工农业生产而形成的各学科总称。这些学科是应用数学、物理学、化学等基础科学的原理，结合在生产实践中所积累的技术经验而发展出来的，如化学工程、冶金工程、机电工程、土木工程、水利工程、交通工程、纺织工程、食品工程等。主要内容有生产工艺的设计与制订、生产设备的设计与制造、检测原理与设备的设计与制造、原材料的研究与选择、土木工程的勘测设计与施工设计、土木工程的施工建设等。此外，在习惯上人们将某个具体的工程项目简称为工程，如建设项目的三峡水电工程、青藏铁路工程、北京奥运会场馆建设工程、大型炼油厂工程、50 t 乙烯工程、核电站工程、高速公路建设工程、城市自来水厂或污水处理厂工程、企业的技术改造及改扩建工程等，还有生产经营活动中的新产品开发项目、新药物研究项目、软件开发项目、新工艺及设备的研发项目等都具有工程的含义。工程经济学中的工程既包括工程技术方案、技术措施，也包括工程项目。上述所有工程(无论何种类型或何种项目)都有一个共同的特点——它们是人类利用自然和改造自然的手段，也是人们创造巨大物质财富的方法与途径，其根本目的是为全人类更好的生活服务。

2. 技术

技术一般是指人类为了满足自身的需求和愿望，遵循自然规律，在长期利用和改造自然的过程中，积累起来的知识、经验、技巧和手段，是人类利用自然改造自然的方法、技能和手段的总和。

在社会生产实践中，技术是联系科学与生产的纽带，是改革自然、变革自然的重要手段和方法。广义的“技术”的概念应包括有形的东西(硬件)和无形的东西(软件)两个方面，因此技术不仅仅包括物，还包括知识，以及物质性的机械设备。

也有人认为技术已经成为发展经济和满足公共需要的物质工具和知识技能的总和，并具有不断创新的动态特点。在现代社会，技术则更多地被定义为硬件、软件、组件以及其他无形资产之间相互作用的结果。

科学、工程与技术的区别有时是明确的。一般来讲，工程的焦点多集中于实际经验上，科学的焦点多集中于理论和纯研究上，而技术则介于两者之间。大体而言，科学是对自然合理地研究或学习，焦点在于发现世界(现象)内元素间的永恒关系(原理)。它通常利用的是合乎规则的技术，即系统建立好的程序规则，如科学方法。而工程是对科学及技术原理合理地使用，以达到基于经验上的计划结果。

3. 经济

经济通常有以下四个方面的含义：

1)经济是指社会生产关系，指人类社会发展到一定阶段的社会经济制度，是社会生产关系的总和，是政治和思想等上层建筑赖以存在的基础。

2)经济是指国民经济的总称，如一国的社会产业部门的总称。

3)经济是指人类的经济活动，即对物质资料的生产、交换、分配和消费活动。

4)经济是指节约或节省，即人们在日常工作与生活中的节约行为，既包括了对社会资源的合理利用与节省，也包括了个人家庭生活开支的节约。

工程经济学主要应用了经济学中节约的含义。

本教材的研究内容主要针对工程项目，即以工程项目为主体，以技术－经济系统为核心，研究各种工程技术方案的经济效益，通过对经济效果的计算，以求找到最优的工程技术方案，作为决策部门进行工程技术决策的依据。工程经济学是对工程技术问题进行经济分析的系统理论与方法。因此，工程经济学是在资源有限的条件下，运用工程经济学分析方法，对工程技术(项目)中的各种可行方案进行分析比较，选择并确定最佳方案的科学。它的核心任务是对工程项目技术方案进行经济决策。

1.2 工程技术与经济

人类发展工程技术是为了经济的目的，因而技术不断发展的过程，也就是其经济效益不断提高的过程。随着技术的日新月异，人类越来越能够用较少的人力、物力获得更多更好的产品或劳务。从这一方面来看，技术的先进性是同它的经济合理性相一致的。但是另一方面，在技术的先进性和其经济的合理性之间又存在着一定的矛盾。某种技术在某种条件下体现出较高的经济效果，而在另一种条件下就不一定是这样。可能从长远的发展方向来看，应该采用某种技术，而从近期的利益来看，则需要采用另一种技术。这类例子是很多的。

技术与经济具有密切的关系。为了保证工程技术很好地服务于经济建设，最大限度地满足社会的需要，就必须研究在当时、当地的具体条件之下采用哪一种技术才是适合的。这个问题显然并不单单由技术是先进或落后所决定，而必须通过效益和成本的计算和比较才能够解决。

总之在人类进行物质生产活动中，经济和技术不可分割，两者相互促进又相互制约。经济发展是技术进步的动力和方向，而技术进步是推动经济发展、提高经济效益的重要条件和手段。

1. 技术与经济的同一性

技术与经济是相互建构，共同发展的，二者之间有着规律性的、内在的联系，任何技术都是在一定的经济背景下产生的，技术在现代社会所具有的有效性、创造性和巨大力量并不是与生俱来的。即便是当代，强有力的技术也不能离开经济因素，技术都是由人来实现的，因而技术的发展在很大程度上受到经济因素的影响。

工业革命使技术的社会价值得到了充分的体现。经济影响着技术问题的提出与解决，同时技术也受到经济发展所带来的极大的推动。技术是一个社会文明、进步的标志。技术的出现与发展改变了人类经济生活的方式、人们的经济地位、所在的经济领域、参与经济的方式、获取经济的渠道、建立经济制度的措施，甚至经济发展的途径都因技术的革新发生了巨大的变化。因此人们可以通过技术更好地指导经济、认识经济、了解经济，进而建立适应社会发展要求的经济。

在不同内涵背景下的经济、技术的发展方向、规模和速度也会呈现出很大差异。一般来说，代表生产力前进方向的经济为技术的发展提供了更大的可能性。一方面，经济借助于技术活动创造自己的发展模式；另一方面，技术活动对经济又有潜在的反作用。总之，技术不是完全天然的，也非完全经济化的。作为与经济相伴而生的一种极为重要的社会实践活动，技术具有自然属性和社会属性的双重特质，它的发展有其自身相对独立的规律性，但同时又必须接受经济的选择。

2. 技术与经济的斗争性

由于科技与经济的不同特性，使它们在一定的背景下，又具有相互制约和矛盾的一面。具体表现在：

1）技术与经济可行性的矛盾。缺乏足够的资金，就不能进行重大领域的科学研究或引进他人的先进技术为己所用。直接来看这是经济对技术的制约，从后果来看，这将导致技术与经济陷入双重落后的困境。

2）技术先进性与适用性的矛盾。技术的先进性反映技术的水平和创新程度，这是科研部门所追求的，技术的适用性则表示技术适应市场需要的程度。因此先进的技术不一定适用，适用的技术不一定最先进。人们固然希望技术越先进越好，但它只有在对使用者适用、被使用者掌握时，才会受到青睐，否则就不可能发挥其先进性的作用，并且会在闲置中随科技进步与经济环境的变化而贬值。特别是在市场经济条件下，技术成为商品，如果技术的研究开发脱离了市场需求，就根本不可能实现其自身的价值。

3）技术效益的滞后性与应用者渴望现实盈利的矛盾。技术成果的应用会带来超额利润，但技术的应用总有一个被市场所吸收、消化、创新的过程，不一定会立刻带来效益；而投资者期望能尽快得到资金回报，从而可能将资金另作他用，使技术得不到应用。当然投资者也可能由于舍弃先进技术的应用而造成机会成本的损失。

4）技术开发应用的效益与风险的矛盾。技术研究开发应用的效益与风险是并存的，研究开发应用一旦成功，就会因掌握了先进的技术而带来领先的市场优势从而赢得超额利润。但研究开发应用过程也充满了风险，包括技术选择失策、开发失败、时机滞后、技术供求关系变化、竞争失利、技术应用达不到预期效益等。有时人们因畏于风险而放弃新技术的开发应用，也可能正因此而失去机遇。

5）技术研究开发应用成本与新增效益的矛盾。技术愈先进，往往支付的代价愈高昂，从而出现支付成本与预期效益的矛盾，先进技术开发应用的成本一定要低于预期效益，否则再先进的技术也难以推广应用。

因此，工程技术与经济的关系是相互促进、相互制约的，既有统一，又有矛盾。具体表现为两种情况：一种情况是技术进步通常能够推动经济的发展，技术与经济是协调一致的；另一种情况是，先进的技术方案有时会受到自然、社会条件以及人等因素的制约，不能充分发挥作用，实现最佳经济效果，技术与经济之间存在矛盾。

1.3 工程经济学的产生与发展

1.3.1 工程经济学的萌芽与形成(1887—1950 年)

关于工程经济学的产生，一般可以追溯到 19 世纪末至 20 世纪初期。当时，这门学科以工业化生产为背景，在西方文明发达国家得到大范围的使用。它在制造工程学、管理科学和系统工程学等学科基础上萌芽发展起来，可以看作是一门交叉的复合型学科。工程经济学诞生的标志是 1887 年美国土木工程师亚瑟姆·惠灵顿出版著作《铁路布局的经济理论》(*The Economic Theory of the Location of Railways*)。惠灵顿首次将成本分析方法应用于铁路的最佳长度和路线的曲率选择问题，并提出了工程利息的概念，开创了工程领域中的经济评价工作。在其著作中，他将工程经济学描述为“一门少花钱多办事的艺术”，他被称作是经济评价的先驱。

20 世纪初，斯坦福大学教授菲什(J. C. L. Fish)出版了第一部冠名为《工程经济学》(*Engineering Economics*, 1915 年第一版，1923 年第二版)的著作。他将投资模型与证券市场联系起来，分析内容包括投资、利率、初始费用与运营费用、商业与商业统计、估价与预测、工程报告等。1920 年，哥德曼(O. B. Goldman)教授研究了工程结构的投资问题，并在著作《财务工程》(*Financial Engineering*)中提出用复利法来分析各个方案的比较值，并说：“有一种奇怪而遗憾的现象，就是许多作者在他们的工程学书籍中，没有或很少考虑成本问题。实际上，工程师的最基本的责任，是分析成本，以达到真正的经济性，即赢得最大可能数量的货币，获得最佳财务效率。”

然而，真正使工程经济学成为一门系统化科学的学者则是格兰特(Eugene L. Grant)教授，他在 1930 年发表了被誉为工程经济学经典之作的《工程经济原理》(*Principles of Engineering Economy*)，被誉为“工程经济学之父”。奠定了经典工程经济学的基础。他指出了古典工程经济学的局限性，并以复利计算为基础，对固定资产投资的经济评价原理作了阐述，同时指出人的经验判断在投资决策中具有重要作用。该书历经半个世纪，到 1982 年已再版 6 次，是一本公认的学科代表著作。

1.3.2 工程经济学的发展(1950 年—)

第二次世界大战之后，工程经济学受凯恩斯主义经济理论的影响，工程经济学的研究内容从单纯的工程费用效益分析扩大到市场供求和投资分配领域，从而取得重大进展。当然这与和工程经济学密切相关的两门学科的重大发展有关。这两门学科，一是 1951 年由乔尔·迪安(Joel Dean)教授开创的新应用经济学——管理经济学；二是二战前就已存在，但在

20 世纪 50年代发生了重要变化的公司理财学——企业财务管理学。二者对研究公司的资产投资及把计算现金流量的现值方法应用到资本支出的分析上起了重要作用。更重大的转折发生于 1961 年，因为乔尔·迪安教授的《资本预算》一书不仅发展了现金流量的贴现方法，而且开创了资金限额分配的现代分析方法。20 世纪 60 年代以来，工程经济学(包括公司理财学)研究主要集中在风险投资、决策敏感性分析和市场不确定性因素分析等几个方面。主要代表人物是美国的德加莫、卡纳达和塔奎因教授。而提出投资分析和公司理财一般理论基础和方法的则是 4 位先后获诺贝尔奖的大经济学家莫迪里安尼(Franco Modigliani)、马克维茨(Harry Markowitz)、夏普(William Sharpe)和米勒(Merton Miller)。德加莫教授偏重于研究工程企业的经济决策分析，他的《工程经济》(1968)一书以投资形态和决策方案的比较研究，开辟了工程经济学对经济计划和公用事业的应用研究途径；卡纳达教授的理论重视外在经济因素和风险性投资分析，代表作为《工程经济学》(1980)；塔奎因教授等人的理论则强调投资方案的选择与比较，他们提出的各种经济评价原则(如利润、成本与服务年限的评价原则，盈亏平衡原则和债务报酬率分析等)成为美国工程经济学教材中的主要理论。美国俄勒冈州立大学工业和通用工程系主任 J. L. 里格斯教授 1977 年出版的《工程经济学》系统地阐述了货币的时间价值、时间的货币价值、货币理论、经济决策和风险以及不确定性等工程经济学的内容。该书具有观点新颖、内容丰富、论述严谨的特点，把《工程经济学》的学科水平向前推进了一大步。

近几十年来，西方工程经济学理论出现了宏观化研究的趋势，工程经济中的微观部门效果分析正逐渐与宏观效益研究、环境效益分析结合在一起，国家的经济制度和政策等宏观问题成为当代工程经济学研究的新内容。

由于历史原因，中国的工程经济学起步晚，发展较慢。中国的工程经济学研究起始于 20 世纪50 年代初期，而后开始得到大规模发展。随着改革开放的推进，自 20 世纪 80 年代迅速得到发展，工程经济学的原理和方法已在经济建设宏观与微观的项目评价中得到广泛应用；对工程经济学学科体系、理论和方法、性质与对象的研究也十分活跃；有关工程经济的投资理论、项目评价等著作和文章大量出现，逐步形成符合我国国情的工程经济学的模型理论和分析方法架构。

1.4　工程经济学的研究对象和主要内容

1.4.1　工程经济学的研究对象

工程经济学从技术的可行性和经济的合理性出发，运用经济理论和定量分析方法，研究工程技术投资和经济效益的关系，例如各种技术在使用过程中，如何以最小的投入取得最大的产出；如何用最低的寿命周期成本实现产品、作业或服务的必要功能。工程经济学不研究工程技术原理与应用本身，也不研究影响经济效果的各种因素自身，而是研究这些因素对工程项目产生的影响，研究工程项目的经济效果，具体内容包括了对工程项目的资金筹集、经济评价、优化决策，以及风险和不确定性分析等。

工程经济学的核心是工程项目的经济性分析，它的意义在于：

1)工程经济学是研究工程技术实践的经济效果，寻求提高经济效果的途径与方法的科学。

2)工程经济学是研究工程技术和经济的辩证关系，探讨工程技术与经济相互促进、协调发展途径的科学。

3)工程经济学是研究如何通过技术创新推动技术进步，进而获得经济增长的科学。

1.4.2 工程经济学研究的主要内容

工程经济学是工程与经济的交叉学科，是研究工程技术实践活动经济效果的学科，即以工程项目为主体，以技术和经济系统为核心，研究如何有效利用资源，提高经济效益的学科。工程经济学研究各种工程技术方案的经济效益，研究各种技术在使用过程中如何以最小的投入获得预期产出或者说如何以等量的投入获得最大产出；如何用最低的寿命周期成本实现产品、作业以及服务的必要功能。工程经济学研究的主要内容包括：

1)方案评价方法。研究方案的评价指标，以分析方案的可行性。

2)投资方案选择。投资项目往往具有多个方案，分析多个方案之间的关系，进行多方案选择是工程技术经济研究的重要内容。

3)筹资分析。研究在市场经济体制下，如何建立筹资主体和筹资机制，怎样分析各种筹资方式的成本和风险。

4)财务分析。研究项目对各投资主体的贡献，从企业财务角度分析项目的可行性。

5)经济分析。研究项目对国民经济的贡献，从国民经济角度分析项目的可行性。

6)风险和不确定性分析。任何一项经济活动，由于各种不确定性因素的影响，都会使期望的目标与实际状况发生差异。为此，需要识别和估计风险，进行不确定性分析。

7)建设项目后评估。在项目建成后，衡量和分析项目的实际情况与预测情况的差距，并为提高投资效益提出对策措施。

8)技术选择。为了实现一定的经济目标，就要考虑客观因素的制约，对各种可能采取的技术手段进行分析比较，选取最佳方案。

实践中经常碰到的工程技术经济问题主要有：

1)如何度量某方案的经济效果？

2)几个相互竞争的方案应该选择哪一个？

3)在资金有限的条件下，应该选择哪一个方案？

4)正在使用的技术、设备是否应该更新换代？

5)公共工程项目的预期效益多大时，才能接受其建设费用？

1.4.3 工程经济学的特点

工程经济学是介于工程学科和经济学科之间的边缘学科，它既不是纯工程学科，也不是纯经济学科，它与两者有着密切联系，是这两个学科领域交叉而形成的实践性很强的应用学科。

其特点为：

1)综合性。工程经济学横跨自然科学和社会科学两大类。工程技术的经济问题往往是多目标、多因素的。因此工程经济学研究的内容涉及技术、经济、社会与环境等因素。

2)实用性。工程经济学的研究对象来源于生产建设实际，其分析和研究成果直接用于建设与生产，并通过实践来验证分析结果的正确性。

3）定量性。工程经济学以定量分析为主，对难以定量的因素，也要予以量化估计。用定量分析结果为定性分析提供科学依据。

4）比较性。工程经济分析通过经济效果的比较，从许多可行的技术方案中选择最优方案或满意的可行方案。

5）预测性。工程技术经济的预测性主要有两个特点：一是其目的是尽可能准确地预见某一经济事件的发展趋势和前景，充分掌握各种必要的信息资料，尽量避免由于决策失误所造成的经济损失；二是预测性包含一定的假设和近似性，只能要求对某项工程或某一方案的分析结果尽可能地接近实际，而不是要求其绝对准确。

1.5 工程技术经济分析的类型和基本原则

1.5.1 工程技术经济效果的类型

1. 经济效果

要研究工程技术的经济规律，就是要计算工程技术方案的经济效果。对于取得的有用的成果和所支付的资源代价及损失的对比分析，就是经济效果评价。

2. 经济效果的类型

1）宏观经济效果与微观经济效果。宏观经济效果是从整个国民经济角度考察的经济效果。微观经济效果是指从个体角度考察的效果。

2）直接经济效果与间接经济效果。直接经济效果是指项目自身直接产生并得到的经济效果。间接经济效果是指项目导致的自身之外的经济效果。间接经济效果的分析只有在对项目进行国民经济评价时才考虑。

3）短期经济效果与长期经济效果。短期经济效果是指短期内可以实现的经济效果。长期经济效果是指较长时期后才能够实现的经济效果。

1.5.2 工程经济分析的基本原则

1. 选择替代方案原则

所谓决策，就是在两个或两个以上的备选方案中做出选择。因此，形成尽可能多的备选方案是提高工程设计和决策水平的基础。一旦忽略了潜在的、可行的备选方案，就有可能失去进一步优化决策的机会。

在选择和确定替代方案时应遵循“无疑、可行、准确、完整”的原则。无疑就是对实际上可能存在的替代方案都要全面考虑；可靠就是只考虑技术上可行的替代方案；准确就是从实际情况出发选好、选准替代方案；完整就是指各方案之间的比较必须是完整地相比较，而不只是比较方案的某些部分。

2. 方案可比性原则

不同方案的使用寿命、产出效益（功能）、投资和运行费用可能都不相同（如果都相同，就不存在比较和决策的问题了，随机地选一个方案就可以了）。工程经济分析更注意项目方案之间的可比性。如果两个方案的寿命期不同，就失去了总费用比较的基础，就要设法通过更新使寿命期相同，或者采用年度费用作为比较的基础。又如，由于投资是近期的支出，运行费用是日后的支出，简单加总的比较是没有意义的，这就要设法通过考虑资金的时间价值的换算来比较。

工程经济分析的可比性原则，主要是研究技术方案经济比较的可比原则与条件，分析各可行技术方案之间可比与不可比的因素，探讨不可比向可比转化的规律及处理方法，以提高工程经济分析工作的科学性。

(1)满足需要可比

满足需要可比是指相互比较的各技术方案必须满足同样的实际需要，因而各备选方案可相互替代。这是所有的可能采用的方案参与比较的首要条件。

(2)消耗费用可比

消耗费用可比的要求是在计算和比较各方案的费用指标时，首先要全面考虑产品制造部门和使用部门所发生的各种费用；其次，应从整个国民经济角度出发，分析和计算与实现本方案有生产联系的部门或单位的费用变化，即相关费用的变化；再有，在进行方案经济比较时，各种费用的计算要采取统一的规定和方法。

(3)价格可比

价格可比原则是指对技术方案进行经济计算时，必须采用合理、一致的价格。价格合理指的是价格能够较真实地反映价值和供求关系，有关产品之间的比价要合理。价格一致指的是由于科技进步和社会劳动生产率的提高，产品的价格要发生变化，故要求在方案比较和进行经济计算时，采用一定的相应时期的价格，即在分析近期技术方案时，应统一使用现行价格，而在分析远期方案时，则应统一使用远景价格。

(4)时间因素可比

时间因素可比原则有两个要求：一是对经济寿命不同的备选方案进行比较时，应采用相同的计算期；二是技术方案在不同时刻发生的费用支出和经济收益不能简单地相加，而必须考虑时间因素的影响。

1)关于采用相同计算期问题，根据不同情况有两种处理方法：

①当相互比较的技术方案的经济寿命周期有倍数关系时，应采用它们的最小公倍数作为各技术方案的共同计算期。

②如果相互比较的各技术方案的经济寿命周期没有倍数关系时，或由于投入期、服务期和退役期不一致，而使它们的寿命周期有所不同时，则应采取约定的计算期作为共同的基础，并进行相应的计算与比较。

2)关于考虑时间因素影响的问题，是因为在一个时间区段(期间)内，技术方案支出的有关费用或获得的经济收益，其发生的时间(时刻)早晚不同，发生额的大小不同，持续的时间长短不同，所以不能将某一个技术方案在此期间发生的费用或收益简单地直接相加并同其他备选方案进行比较，这种不考虑资金运用时间因素的做法会得出错误的经济比较结果。

(5)指标可比

每个技术方案的经济效果评价，都是通过建立评价指标及其计算值进行的。指标可比就是使设置的指标体系所包含的内容、内涵要统一、计算的方法、口径、规则要一致等。

3. 增量分析原则

只有方案产生的结果存在差别，对方案的比较选择才有意义，因此可只集中注意方案结果之间差异方面的比较。功能完全相同的，可只比较费用；投资相同的，可只比较经常性的运行费用；费用相同的，可只比较功能和效用。例如，企业内部某车间局部设备的更新改造项目就可以只比较“有”或“无”。对于这种更新改造项目对企业支出和收益产生的差异，可只看收益由此增加了多少，费用又增加了多少，就以这种差额来进行比较和评价。这就是所谓的“增量比较”，而无须过多关注企业由此产生的总量变化。对不同方案进行评价和比较必须从增量角度进行，即用两个方案的投资差与现金流量差来进行分析，得到各种差额评价指标，再与基准指标对比，以确定投资多的方案是否可行。

4. 有无对比原则

在备选方案中，有一个是特殊的方案，这就是保持原有的情况延续的方案，所谓“不干什么(doing nothing)”或“无项目方案”。实际上，最终选定的项目方案都得与这个“无项目方案”进行评价比较，这就是所谓的“有、无对比法”。“有”这个项目与“无”这个项目进行比较选择，以确定项目是否实施。例如，在考虑改善城市道路的交通项目时，方案一是新建干线，方案二是对原有干线拓宽。如果比较选择的结果是方案一(新建干线)较好，最后还要与既不新建也不拓宽的维持现有道路延续的“无”方案进行比较。有可能因为投资太大，暂时不建为好。对“无”项目的界定要合情合理，不可有意拔高“无”项目状况，以贬低项目实施的必要性。以上面这个城市道路建设为例，有项目的交通状况不能与目前状况相比(可能会得出改善不大的结论)，而应与不搞这个项目以后可能出现的交通状况相比(可能会得出有较大改善的结论)。

“有无对比法”是将有这个项目和没有这个项目时的现金流量情况进行对比；而“前后对比法”是将某一项目实现以前和实现以后的各种效益费用情况进行对比。

5. 选择正确成本费用原则

成本或费用(cost)有很多不同的含义。从会计角度，为了保证会计数据的完整正确，按交易发生时的凭证加以记录，称为会计成本，也称账面或历史成本。从财务税收角度，考虑税收的合理性和及时性，成本是按一定周期(年、季或月)、与收入相对应调整的成本费用，称为应税成本。除了包含在产品内的各种物料投入费用外，还包括各种税法规定的费用分摊，如折旧和摊销等非现金成本，还有与其他用途相对应的成本，如单位产品成本、全寿命周期成本、固定成本、可变成本等。在工程经济分析中，成本费用(包括收入)的界定是为今后的决策服务的，这与会计、财务或税务的成本费用不同。其主要区别是：工程经济分析中强调的是机会成本(opportunity cost)，而避免用与此对立的沉没成本(sunk cost)。

(1)机会成本

机会成本是指由于资源的有限性，考虑了某种用途，就失去了其他被使用而创造价值的机会。在所有这些其他可能被利用的机会中，能获取最大价值作为项目方案使用这种资源的成本称之为机会成本。

例如，某市区中心繁华地段有一块地皮，如果该地皮分别有开发大型商场、开发宾馆、开发住宅三种可能用途，这三种用途的地皮出让价值分别为1500万元、1300万元和1200万元，但现在为了提高市区中心的绿化率，决定用该地皮建一个公共绿地，则该地皮用来建公共绿地的机会成本应该是1500万元。有些资产，特别是房屋、土地，机会成本有可能比沉没成本高出许多，把它们作为项目的投入时就要以机会成本作价，如果按这样计算投资回报仍不理想，则还不如把这些资产变现。机会成本通常是隐性的(implicit)而非账面的或显性的

(explicit)。譬如，某企业考虑搞一个项目，要用到原来空着的仓库作为新项目的投入，可能没有账面上的显性支出。但是，如果这个仓库有出租的机会，最大租金收入为100万元，则就应该把最大可能的100万元出租收入作为新项目占用仓库的费用。又如，投资者用自有资金来投资，尽管项目没有为此支付资金占用的利息，但这笔资金被占用肯定会牺牲其他获利的机会。这就要求新项目的投资回报不应低于其他投资机会的回报，如至少不应低于存银行或买国债的利息。这种对资金要求的回报就叫作资金占用的机会成本。

作为决策，考虑机会成本是合理的。只有把有可能实现的、最大的效益牺牲作为成本，才能保证决策既有现实性，而又不浪费资源。

(2)沉没成本

沉没成本是指过去已发生的、与以后的方案选择均无关的成本费用。也就是说，这些费用对所有的备选方案都是相同的、无法改变的。因此，在工程经济分析中应不予以考虑。

联系生活中决策的例子：一名研究生准备在校外租一间房子写论文，租期为1个月，看中了一套，月租金1400元，付了定金100元，无论租与不租，定金都不退。过了一周，他又发现了一套，面积和使用条件都相同，月租金只有1310元，不收定金。从月租金看，似乎后者便宜了90元(1400－1310＝90)，但正确的决策应该是选择前面那个方案，因为已付的定金100元是沉没成本，无论租或不租那个房子，这笔钱都已经花了，是无法挽回的。正确的比较应是第一方案的1300元(1400－100＝1300)与第二方案的1310元相比。按费用最小的原则，应选择第一方案。

关于沉没成本，有一个经典的例子：某企业在3年前投资50万元购买了一台设备(原值)，3年的折旧费累计为30万元，故该设备的账面价值为20万元，而现在这台设备在市场上只值15万元。如果现在要考虑是否对该设备进行更新的决策，“无”方案(不更新)的设备价值既不是50万元，也不是20万元，而是15万元。把设备的减值5万元(20－15＝5)看作是沉没成本，这个减值损失不能用来作为设备更新决策的数据。

思考与练习

1. 工程经济学的概念是什么？
2. 简要回顾工程经济学的产生背景与发展历史。
3. 工程技术的两重性是指什么？
4. 工程经济学的研究对象是什么？
5. 工程经济分析的基本原则有哪些内容？
6. 何为沉没成本和机会成本？举例说明。

第 2 章
资金的时间价值

2.1　资金的时间价值含义

人们无论从事何种经济活动，都必须花费一定的时间。从一定意义上讲，时间是一种最宝贵、最有限的资源。有效地使用资源可以产生价值，所以，对时间因素的研究是工程经济分析的重要内容。要正确评价技术方案的经济效果，就必须研究资金的时间价值。资金的时间价值理论及计算方法是工程经济学的理论基础和有效的工程经济分析工具。

2.1.1　资金的时间价值概念

在工程经济计算中，技术方案的经济效益所消耗的人力、物力和自然资源，最后都是以价值形态，即资金的形式表现出来的。资金运动反映了物化劳动和活劳动的运动过程，而这个过程也是资金随时间运动的过程。因此，在工程经济分析时，不仅要着眼于技术方案资金量的大小(资金收入和支出的多少)，而且也要考虑资金发生的时间。资金是运动的价值，资金的价值是随时间变化而变化的，是时间的函数，随时间的推移而增值，增值的这部分资金就是原有资金的时间价值。其实质是资金作为生产经营要素，在扩大再生产及资金流通过程中，随时间周转使用的结果。

资金与时间的关系体现在资金的时间价值中。所谓资金的时间价值，是指资金在生产或流通领域不断运动，随时间的推移而产生的增值，或者说是资金在生产或流通领域的运动中随时间的变化而产生的资金价值的变化量。

资金的时间价值可以从两方面来理解：

首先，将资金用作某项投资，由资金的运动(流通—生产—流通)可获得一定的收益或利润，这就是资金的时间价值。

其次，如果放弃资金的使用权力，相当于失去收益的机会，或牺牲了现期消费，即相当于付出了一定的代价，这也是资金的时间价值的体现。

资金的时间价值与因通货膨胀而产生的货币贬值是性质不同的概念。通货膨胀是指由于货币发行量超过商品流通实际需要量而引起的货币贬值和物价上涨现象。货币的时间价值是客观存在的，是商品生产条件下的普遍规律，只要商品生产存在，资金就具有时间价值。但在现实经济活动中，资金的时间价值与通货膨胀因素往往是同时存在的。因此，既要重视资金的时间价值，又要充分考虑通货膨胀和风险价值的影响，以利于正确地投资决策、合理有效地使用资金。

2.1.2 衡量资金的时间价值的尺度

资金的时间价值是以一定的经济活动所产生的增值或利润来表达的，因此，利息是资金的时间价值的体现，是衡量资金的时间价值的绝对尺度。通常用利息额的多少作为衡量资金的时间价值的绝对尺度，用利率作为衡量资金的时间价值的相对尺度。

1. 利息

将一笔资金存入银行(相当于银行占用了这笔资金)，经过了一段时间以后，资金所有者就能在该笔资金之外再得到一些报酬，即利息。利息是资金占有者转让使用权所取得的报酬，也是使用者所付出的代价，无论个人还是企业向银行贷款，都要支付利息，同理，个人或企业向银行存款，银行也要支付利息。即使使用自有资金，不需要向别人支付利息，但失去了将这笔资金存入银行或贷款给别人投资而获利的机会，这种机会的损失也就是使用自有资金的代价。

在借贷过程中，债务人支付给债权人超过原借贷金额的部分就是利息。即：

$$I = F - P \tag{2-1}$$

式中：I——利息；

F——债务人应付(或债权人应收)总金额，即还本付息总额；

P——原借贷金额，常称为本金。

从本质上看利息是由贷款发生利润的一种再分配。在工程经济分析中，利息常常被看成是资金的一种机会成本。这是因为如果放弃资金的使用权利，相当于失去收益的机会，也就相当于付出了一定的代价。事实上，投资就是为了在未来获得更大的收益而对目前的资金进行某种安排。很显然，未来的收益应当超过现在的投资，正是这种预期的价值增长才能刺激人们从事投资。因此，在工程经济分析中，利息常常是指占用资金所付的代价或者是放弃使用资金所得的补偿。

2. 利率

在经济学中，利率的定义是从利息的定义中衍生出来的。也就是说，在理论上先承认了利息，再以利息来解释利率。在实际计算中，正好相反，常根据利率计算利息。

利率就是在单位时间内所得利息额与原借贷金额之比，通常用百分数表示。即：

$$i = \frac{I_t}{P} \times 100\% \tag{2-2}$$

式中：i——利率；

I_t——单位时间内所得的利息额；

P——原借贷金额(本金)。

用于表示计算利息的时间单位称为计息周期，计息周期通常为年、半年、季、月、周、天。

例2－1　某公司现借得本金1000万元，一年后付息80万元，则年利率为：

$$\frac{80}{1000}\times 100\% = 8\%$$

利率是各国发展国民经济的重要杠杆之一，利率的高低由以下因素决定：

1）利率的高低首先取决于社会平均利润率的高低，并随之变动。在通常情况下，社会平均利润率是利率的最高界限。因为如果利率高于利润率，无利可图就不会去借款。

2）在社会平均利润率不变的情况下，利率高低取决于金融市场上借贷资本的供求情况。借贷资本供过于求，利率便下降；反之，求过于供，利率便上升。

3）借出资本要承担一定的风险，风险越大，利率也就越高。

4）通货膨胀对利息的波动有直接影响，资金贬值往往会使利息无形中成为负值。

5）借出资本的期限长短。贷款期限长，不可预见因素多，风险大，利率就高；反之利率就低。

利率作为一种经济杠杆，在经济生活中起着十分重要的作用。在市场经济条件下，利率的作用表现在以下几个方面：

1）影响社会投资的多少。利润是企业的经营目标，利息是影响投资的重要因素。用借入本金进行投资的企业将利息计入成本，并在此基础上获得一个平均或更高的利润率；用自有资金进行投资的企业，要将存款的利率作为自己投资的最低利润率，并在此基础上追求更高的利润率。当利率降低时，投资增加；反之，则减少。

2）影响社会资金的供给量。一国投资利率的提高会增加居民的储蓄倾向，也会吸引国际上的游资进入该国市场，因而能增加该国社会资金供给量。资金供给的增加，能降低贷出资本的利率从而扩大社会投资。若筹资利率下降，则会减少该国资金供给和投资。

3）利率是调节经济政策的工具。正因为利率可以影响投资的多少和社会资金的供给，各国政策也就利用利率来调节宏观经济。当经济过热或发生通货膨胀时，各国中央银行就会通过提高再贴现率，以此影响商业银行提高贷款利率，抑制投资的需要，从而使经济降温；当一国经济增长缓慢或衰退、萧条时，中央银行往往降低再贴现率，以此影响商业银行降低贷款利率，刺激社会投资，刺激经济发展。在市场经济中，利率对经济有较大的调节作用。

在经济分析中，利息与盈利、收益，利率与盈利率或收益率是不同的概念。在分析资金信贷时使用利息或利率的概念，在研究某项投资的经济效果时，则常使用收益（或盈利）或收益率（盈利率）的概念。项目投资通常要求其收益大于应支付的利息，即收益率大于利率。收益与收益率是研究项目经济性所必需的指标。

3. 利息和利率在工程经济活动中的作用

（1）利息和利率是以信用方式动员和筹集资金的动力

以信用方式筹集资金有一个特点就是自愿性，而自愿性的动力在于利息和利率。比如一个投资者，他首先要考虑的是投资某一项目所得到的利息是否比把这笔资金投入其他项目所得的利息多。如果多，他就可以在这个项目投资；如果所得的利息达不到其他项目的利息水平，他就可能不在这个项目上投资。

(2)利息促进投资者加强经济核算，节约使用资金

投资者借款需付利息，增加支出负担，这就促使投资者必须精打细算，把借入资金用到刀刃上，减少借入资金的占用，以少付利息。同时可以使投资者自觉减少多环节占压资金。

(3)利息和利率是宏观经济管理的重要杠杆

国家在不同的时期制定不同的利息政策，对不同地区、不同行业规定不同的利率标准，就会对整个国民经济产生影响。例如对于限制发展的行业，利率规定得高一些；对于提倡发展的行业，利率规定得低一些，从而引导行业和企业的生产经营服从国民经济发展的总方向。同样，占用资金时间短的，收取低息；占用时间长的，收取高息。对产品适销对路、质量好、信誉高的企业，在资金供应上给予低息支持；反之，收取较高利息。

(4)利息与利率是金融企业经营发展的重要条件

金融机构作为企业，必须获取利润。由于金融机构的存放款利率不同，其差额成为金融机构业务收入。此款扣除业务费后就是金融机构的利润，所以利息和利率能刺激金融企业的经营发展。

2.2 资金的时间价值的计算方法

计算利息的时间单位为计算周期，计算周期有年、月、日等表示方法，当计息周期在一个以上时，就需要考虑“单利”与“复利”的问题。计算资金的时间价值的方法有单利法和复利法：国库券计息用单利；复利计息比较符合资金在社会再生产过程中运动的实际情况，因而被广泛采用。

2.2.1 单利法

单利法是指仅以本金计算利息的方法。即在下期计算利息时不把已产生的利息作为本金计算利息，也就是说利息不再计息。按单利计算方式，利息和占用资金的时间、本金量成正比例关系，利息计算公式为：

$$I_n = P \cdot n \cdot i \tag{2-3}$$

本利和的计算公式为：

$$F_n = P + Pni = P(1 + ni) \tag{2-4}$$

式中：I_n——总利息；

P——本金额；

n——计息期数；

i——每个计息期的利率；

F_n——n 期末的本利和。

此外，在利用式(2-4)计算本利和 F_n 时，要注意式中 n 和 i 反映的时期要一致。如：i 为年利率，则 n 应为计息的年数；若 i 为月利率，n 即应为计息的月数。

表 2-1 所示为单利法计算公式的推导。

表 2－1　单利计算公式推导表

年份	年初本金	年末利息	本利和
1	P	$P \cdot i$	$P+P \cdot i=P(1+i)$
2	$P(1+i)$	$P \cdot i$	$P(1+i)+P \cdot i=P(1+2i)$
3	$P(1+2i)$	$P \cdot i$	$P(1+2i)+P \cdot i=P(1+3i)$
…	…	…	…
n	$P[1+(n-1)i]$	$P \cdot i$	$P[1+(n-1)i]+P \cdot i=P(1+n \cdot i)$

例 2－2　假如某公司以单利方式借入 1000 万元，年利率 8%，第 4 年末偿还，则各年利息、本利和如表 2－2 所示。

表 2－2　单利计算分析表

单位：万元

使用期	年初款额	年末利息	年末本利和	年末偿还
1	1000	1000×8% ＝80	1080	0
2	1080	80	1160	0
3	1160	80	1240	0
4	1240	80	1320	1320

由表 2－1 可见，单利的年利息额都仅由本金所产生，其新生利息不再加入本金产生利息，此即“利不生利”。单利的经济含义是，一笔投资投入生产后的全部的生产周期内，每年以一定的效果系数为社会提供一定的经济效果。因此，当评价一个企业在一段时间内为社会提供多少财富时可用单利计算，可以说单利法是从简单再生产的角度计算经济效果的。

单利法虽然考虑资金的时间价值，但仅以本金为基数在整个占用资金期末一次计算利息，对以前已经产生的利息并没有转入计息基数而累计利息，即等于忽略了这笔资金的时间价值，没能完全反映出各期利息的时间价值，因此单利法计算资金的时间价值是不完善的。

2.2.2　复利法

复利法是用本金和前期累计利息总额之和为基数计算利息的方法。即除最初的本金要计算利息外，每一计息周期的利息都要并入本金，再生利息，俗称“利滚利”。复利计算的利息公式为：

$$I_t = i \times F_{t-1} \tag{2-5}$$

式中：I_t——第 t 期的利息；

i——计息周期复利利率；

F_{t-1}——第$(t-1)$期末复利本利和。

而第 t 期末复利本利和的计算公式如下：

$$F_t = F_{t-1} \times (1+i) \tag{2-6}$$

表2-3为复利法计算公式的推导。

表2-3 复利计算公式推导表

年份	年初本金	年末利息	本利和
1	P	$P \cdot i$	$P+P \cdot i=P(1+i)$
2	$P(1+i)$	$P(1+i)i$	$P(1+i)+P(1+i)i=P(1+i)^2$
3	$P(1+i)^2$	$P(1+i)^2 i$	$P(1+i)^2+P(1+i)^2 i=P(1+i)^3$
…	…	…	…
n	$P(1+i)^{(n-1)}$	$P(1+i)^{(n-1)}i$	$P(1+i)^n$

例2-3 数据同例2-2，按复利计算，则各年利息和本利和如表2-4所示。

表2-4 复利计算分析表

单位：万元

使用期	年初款额	年末利息	年末本利和	年末偿还
1	1000	1000×8%=80	1080	0
2	1080	1080×8%=86.4	1166.4	0
3	1166.4	1166.4×8%=93.312	1259.712	0
4	1259.712	1259.712×8%=100.777	1360.489	1360.489

从表2-2和表2-4可以看出，同一笔借款，在利率和计息周期均相同的情况下，用复利计算出的利息金额比用单利计算出的利息金额多。如例2-2与例2-3两者相差40.49（1360.49-1320）万元。本金越大，利率越高，计息周期越多时，两者差距就越大。复利计算法由于考虑了利息再生利息，比较符合资金在社会再生产过程中的实际情况，因此它是一种比较完善的计算方法，在实际中得到了广泛的应用，我国基本建设投资借款以及国外资金借款都是按复利计算的。在工程经济分析中，一般采用复利计算。

如图2-1所示，复利计算有间断复利和连续复利之分。按一定期限（年、半年、季、月、周、日）计算复利的方法称为间断复利（即普通复利）；按瞬时（即计息周期趋于无穷短）计算复利的方法称为连续复利。从理论上讲，复利计算应该采用连续复利计息，因为资金实际上是在不停地运动着的，每时每刻都通过生产过程增值，按连续复利计算，实际利率 $i=e^r-1$（e为自然对数的底，其值为2.7182818…）。在实际使用中都采用间断复利，这一方面是出于习惯，另一方面是因为会计通常在年底结算一年的进出款，按年支付税金、保险金和抵押费用，因而采用间断复利考虑问题更适宜。

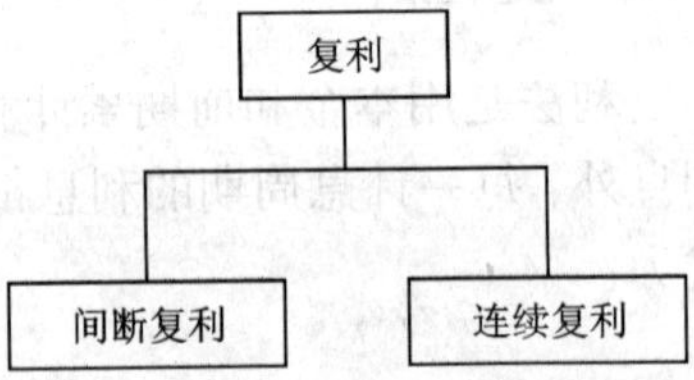

图2-1 复利

2.3　资金等值的计算

资金有时间价值，即使金额相同，因其发生在不同时间，其价值就不相同。反之，不同时点绝对不等的资金在时间价值的作用下却可能具有相等的价值。这些不同时期、不同数额但其“价值等效”的资金称为等值，又叫资金等值。

2.3.1　资金等值的含义

如果两个事物的作用是相同的，则称它们为等值的。例如，有两个力矩，一个是由力100 N和力臂2 m组成的，另一个是由力200 N和力臂1 m组成的，说它们是等值的，是因为两者的作用都等于200 N·m。

货币等值(equivalence)是考虑了货币和时间价值的等值。即使金额相等，由于发生的时间不同，其价值并不一定相等；反之，不同的时间上发生的金额不等，其货币的价值却可能相等。这些不同时期、不同数额但其“价值等效”的资金称为等值，又叫等效值。

影响资金等值的因素有三个：资金数额的多少、资金发生的时间长短、利率(或折现率)的大小。其中利率是一个关键因素，一般等值计算中是以同一利率为依据的。例如，在年利率6%的情况下，按照复利计息，现在的300元等值于第8年年末的478.20元$[300\times(1+0.06)^8=300\times1.594=478.20(元)]$。这两个等值的现金流量如图2-2所示。

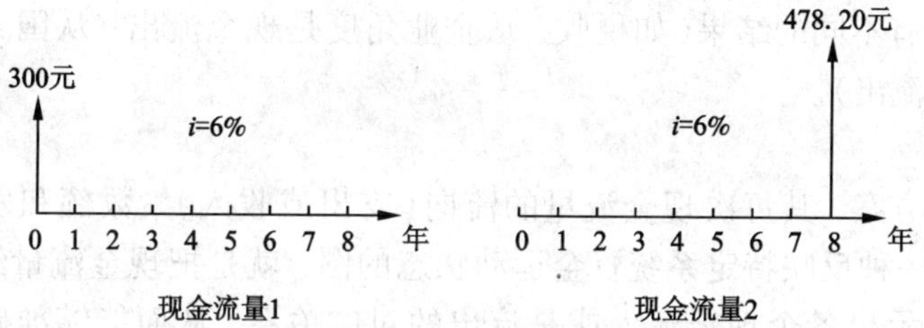

图2-2　同一利率下不同时间的货币等值

由图2-2，经计算可知，第1年年初的300元与第8年年末的478.20元在年利率6%的情况下，发生的时间和金额虽然不同，但其价值相等；相反，第1年年初的300元与第8年年末的300元在年利率6%的情况下，虽然金额相等，由于发生的时间不同，其价值并不相等。此外，当年利率不是6%时，第1年年初的300元与第8年年末的478.20元其值也不相等。

在工程经济分析中，等值是一个十分重要的概念，它为评价人员提供了一个计算某一经济活动有效性或者进行技术方案比较、优选的可能性。因为在考虑资金的时间价值的情况下，其不同时间发生的收入或支出是不能直接相加减的。而利用等值的概念，则可以把在不同时点发生的资金换算成同一时点的等值资金，然后再进行比较。所以，在工程经济分析中，技术方案比较都是采用等值的概念来进行分析、评价和选定的。

2.3.2 现金流量与现金流量图

1. 现金流量

对生产经营中的交换活动可从两个方面来看：

物质形态：经济主体投入工具、设备、材料、能源、动力，获得产品或劳务。

货币形态：经济主体投入资金、花费成本，获得销售（营业）收入。

在进行工程经济分析时，可把所考察的技术方案视为一个系统。投入的资金、花费的成本和获取的收益，均可看成是以资金形式体现的该系统的资金流出或资金流入。这种在考察技术方案整个期间各时点 t 上实际发生的资金流出或资金流入称为现金流量，其中流出系统的资金称为现金流出，用符号 CO_t 表示；流入系统的资金称为现金流入，用符号 CI_t 表示；现金流入与现金流出之差称为净现金流量，用符号 $(CI-CO)_t$ 表示。例如：销售商品、提供劳务、出售固定资产、收回投资、借入资金等，形成企业的现金流入；购买商品、接受劳务、购建固定资产、现金投资、偿还债务等，形成企业的现金流出。工程经济中的现金流量是拟建项目在整个项目计算期内各个时点上实际发生的现金流入、流出以及流入和流出的差额（又称净现金流量）。现金流量一般以计息周期（年、季、月等）为时间量的单位，用现金流量图或现金流量表来表示。

确定现金流量应注意的问题：

1）应有明确的发生时点 t。

2）必须实际发生（如应收或应付账款就不是现金流量）。

3）不同的角度有不同的结果（如税收，从企业角度是现金流出；从国家角度就既不是现金流入也不是现金流出）。

2. 现金流量图

对于一个技术方案，其每次现金流量的流向（支出或收入）、数额和发生时间都不尽相同，现金流量图是一种反映特定系统资金运动状态的图，就是把现金流量绘制成以时间坐标为横轴的图表，显示出各个现金流入或是流出的对应关系，从而能够准确地反映出现金流量，可以全面、形象、直接地展现出特定系统前提下的资金运动状态是什么样的。

现金流量图如图2－3所示。横轴是时间轴，自左向右表示时间的延续，线下方的自然数为计息期数，每一期的数字表示该期末发生的现金流入或流出，现金流入画在水平线的上方，现金流出画在水平线的下方。例如，A_1 表示在第一期期末的现金流入。

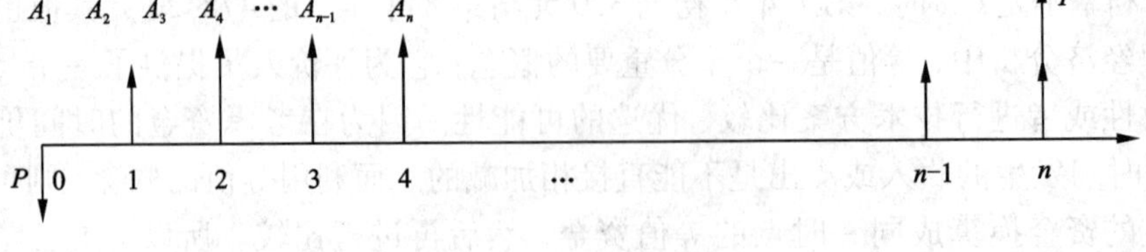

图2－3 现金流量图

现以图2－3说明现金流量图的作图方法和规则：

1）以横轴为时间轴，向右延伸表示时间的延续，轴上每一刻度表示一个时间单位，可取年、半年、季或月等；时间轴上的点称为时点。标注有时间序号的时点通常是该时间序号所表示的年份的年末，同时也是下一年的年初。如 0 代表第 1 年年初，1 代表第 1 年年末和第 2 年年初，依此类似。横轴上反映所考察的经济系统的寿命周期。

2）相对于时间坐标的垂直箭线代表不同时点的现金流量情况，在横轴上方的箭线表示现金流入，即表示收益；在横轴下方的箭线表示现金流出，即表示费用。

3）在现金流量图中，箭线长短与现金流量数值大小应成正比例。箭线长短要能适当体现各时点现金流量数值的差异，并在各箭线上方（或下方）注明其现金流量的数值。

4）期间发生现金流量的简化处理方法：通常假设投资发生在年初，销售收入、经营成本及残值回收等发生在年末。

箭线与时间轴的交点即为现金流量发生的时点。总之，要正确绘制现金流量图，必须把握好现金流量的三要素，即：现金流量的大小（现金流量数额）、方向（现金流入或现金流出）和作用点（现金流量发生的时点）。

例 2－4　某工程项目寿命期为 10 年，建设期 3 年，从第 1 年初开始投入资金 60 万元，建设期各年末均等额投入资金 60 万元。第 4 年开始试生产，生产能力达 60%，第 5 年达产，年营业收入 100 万元。试画出现金流量图。

解：由题可知，第 4 年的营业收入为：

$$100 \times 60\% = 60（万元）$$

根据各年现金流量可画出现金流量图，如图 2－4 所示。

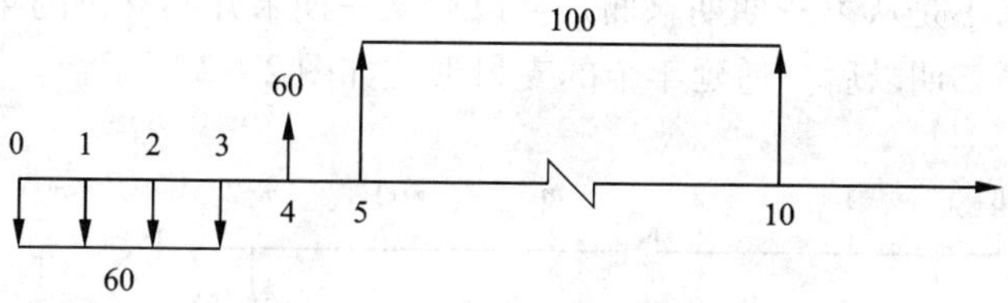

图 2－4　某工程项目现金流量

2.3.3　资金的时值、现值、终值、年金、折现

1. 资金的时值

时间轴上在某一点称为时点，发生在某一特定时间序列某个时点上的资金数值称为时值。

2. 资金的现值

发生在某一特定时间序列起点处的资金值称为资金的现值。时间序列的起点通常是评价时刻的点，即现金流量图的零点处。在图 2－3 中发生在该时间序列 0 点的数值 P 就是该时间序列的现值，又称为期初值，通常用符号 P 表示。

3. 资金的终值

本利和发生在某一特定时间序列终点，即 n 时点上的资金值称为资金的终值（亦称未来值）。在图 2－3 中发生在该时间序列 n 点的数值 F 就是该时间序列的终值，通常用符号 F 表示。

4. 资金的年金

年金(亦称等额年值)表示某一特定的时间序列的第 1 ~ n 期每期末都有相等的现金流入或流出，用符号 A 表示。年金的形式，如保险费、折旧、租金、等额分期收款、等额分期付款以及零存整取或整存零取储蓄等。年金按其每次收付发生的时点不同，可分为普通年金、预付年金、递延年金、永续年金等。

1)普通年金(又称后付年金)是指各期期末收付的年金，如图 2 - 5 所示。

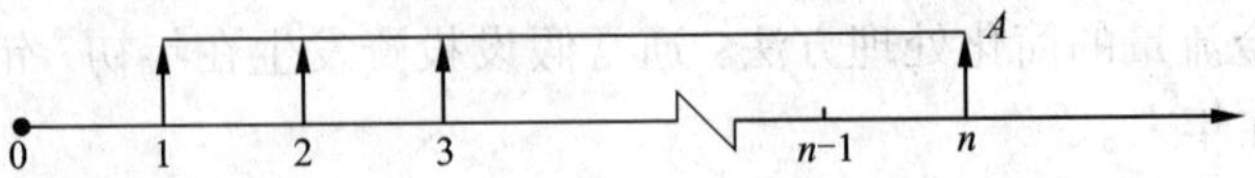

图 2 - 5 普通年金

2)预付年金(又称即付年金)是指一定时期内，每期期初等额收付的系列款项，如图 2 - 6 所示。

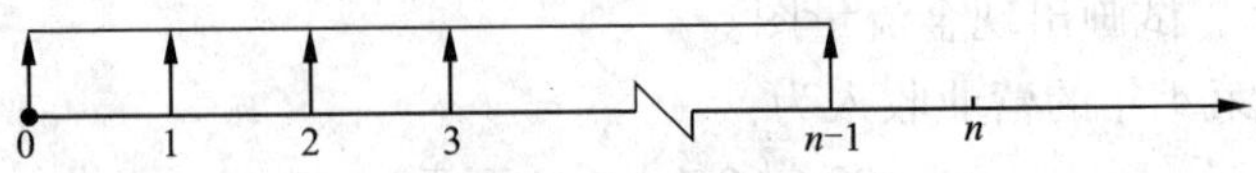

图 2 - 6 预付年金

3)递延年金是指不是从第一期期末而是从以后某一期末开始支付的年金，第一次年金收付发生在第二期或第二期以后。递延年金的支付形式如图 2 - 7 所示。

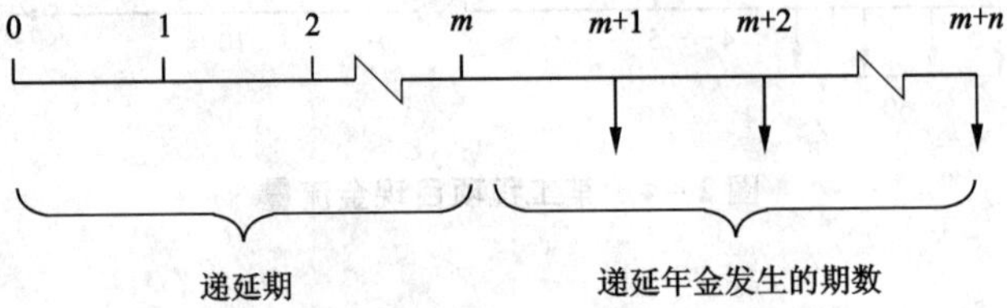

图 2 - 7 递延年金的支付形式

从图 2 - 7 可以看出，前 m 期没有发生年金收付。我们一般用 m 表示递延期数，用 n 表示递延年金发生的期数，则总期数为 $m+n$。

4)永续年金是指计算期无限长的等额序列，如一些永久性的工程项目，水坝、水库、铁路等。永续年金的支付形式如图 2 - 8 所示。

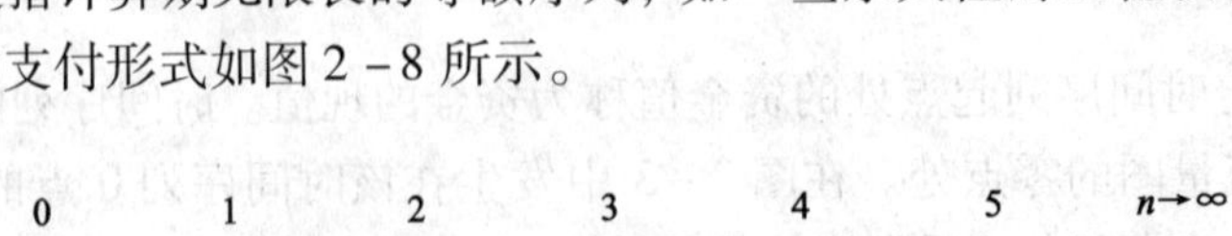

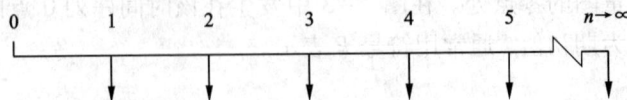

图 2 - 8 永续年金的支付形式

永续年金因为没有终止期，所以只有现值没有终值。

5. 资金的折现率

折现率(亦称贴现率)是指将未来某一时点的资金折算为现值所使用的利率，反映资金的机会成本或最低收益水平，通常可以使用年折现率。在利息计算或贷款合同谈判时，通常用有效年利率进行计算。该折现率是企业在购置或投资资产时所要求的必要报酬率，是税前的利率。折现率的确定，应当首先以该资产的市场利率为依据。如果该资产的利率无法从市场获得，可以使用替代利率估计折现率。替代利率在估计时，可以根据企业加权平均资金成本、增量借款利率或者其他相关市场借款利率作适当调整后确定。应根据所持有资产的特定环境等因素来考虑调整。

2.3.4　资金等值计算

1. 基本参数

基本参数有以下 6 个：

1) 现值(P)，如图 2 - 9 所示。

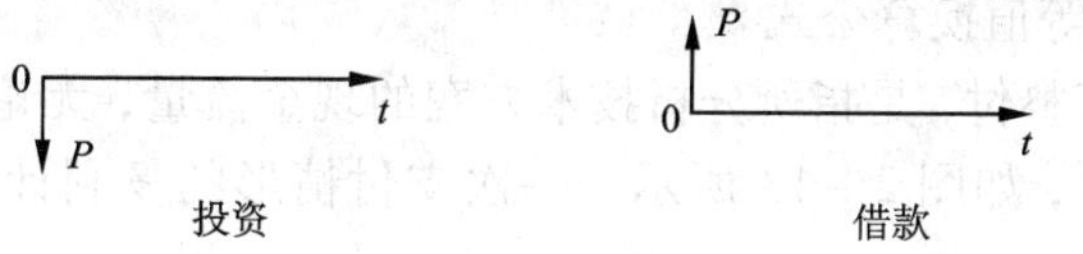

图 2 - 9　现值图

2) 终值(F)，如图 2 - 10 所示。

图 2 - 10　将来值图

3) 等额年金或年值(A)，如图 2 - 11 所示。

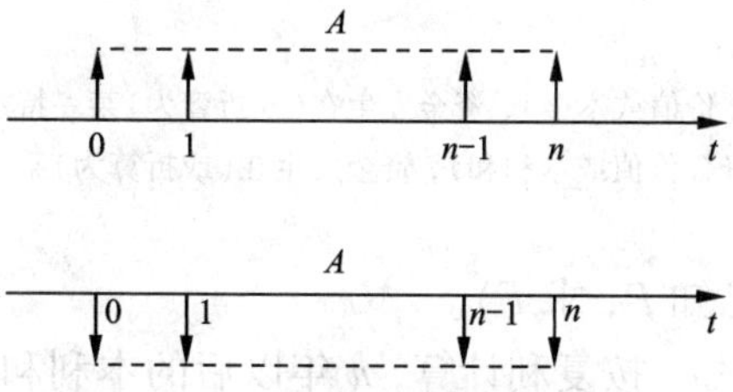

图 2 - 11　等额年金图

特点：从第 1 年开始，连续发生 n 个收入或支出。

4) 定差序列年金 G(连续序列)，如图 2 - 12 所示。

特点：第一个 G 发生在第 2 年(起始点)。

5) 利率、折现或贴现率、收益率(i)。

6) 计息期数(n)。

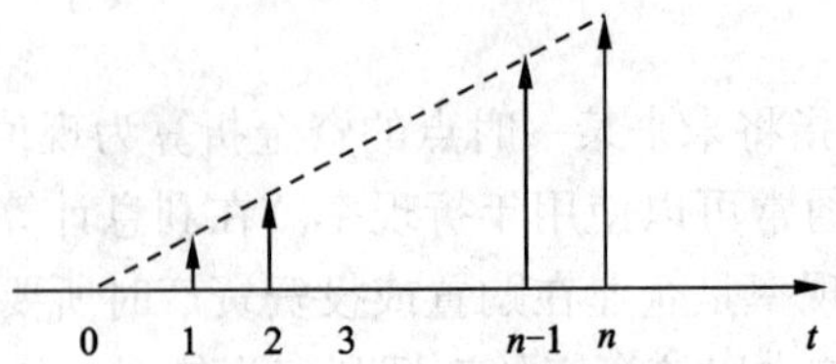

图 2－12 定差序列年金图

2. 资金等值计算

资金等值是指发生在不同时点上的两笔或一系列绝对数额不等的资金额，按资金的时间价值尺度，所计算出的价值保持相等。

资金等值是指不同时间的资金外存在着一定的等价关系，这种等价关系称为资金等值，通过资金等值计算，可以将不同时间发生的资金量换算成某一相同时刻发生的资金量，然后即可进行加减运算。

(1)一次支付资金等值换算公式

一次支付又称整存整付，是指所分析技术方案的现金流量，无论是流入还是流出，分别在各时点上只发生一次，如图 2－13 所示。一次支付情形的复利计算式是复利计算的基本公式。

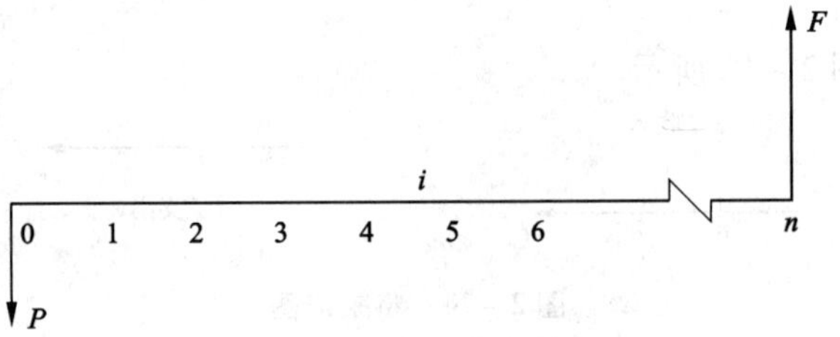

图 2－13 一次支付现金流量图

注：i——计息期复利率；

n——计息的期数；

P——现值(即现在的资金价值或本金)，资金发生在(或折算为)某一特定时间序列起点时的价值；

F——终值(即 n 期末的资金价值或本利和)，资金发生在(或折算为)某一特定时间序列终点的价值。

1)一次支付终值公式(已知 P，求 F)。

现有一项资金 P，年利率 i，按复利计算，n 年以后的本利和为多少？根据复利的定义即可求得 n 年末本利和(即终值)F，如图 2－14 所示。

由表 2－3 可知，一次支付 n 年末终值(即本利和)F 的计算公式为：

$$F=P(1+i)^n \tag{2-7}$$

式中：$(1+i)^n$——一次支付终值系数，用$(F/P, i, n)$表示，可查表或通过计算器直接计算求出。故式(2－7)又可写成：

$$F=P(F/P, i, n) \tag{2-8}$$

在$(F/P, i, n)$符号中，括号内斜线上的符号表示所求的未知数，斜线下的符号表示已知数。$(F/P, i, n)$表示在已知 P、i 和 n 的情况下求解 F 的值。

例 2－5　一份遗书上规定有 250000 元留给未成年的女儿，但是，暂由她的保护人保管 8 年。若这笔资金的利率是 5%，问 8 年后这位女孩可以得到多少钱？

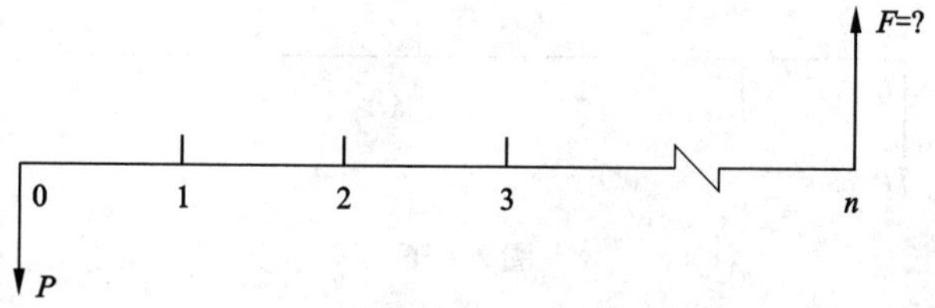

图 2－14

解： 按式(2－7)计算得：

$$F = P(1+i)^n = 250000 \times (1+5\%)^8 = 250000 \times 1.477 = 369250(\text{元})$$

答： 这位女孩可以得 369250 元。

例 2－6　一位父亲现在在某基金中投入 100000 元，基金年收益率为 12%，他把本基金和利息都放在基金账户中，10 年后用于子女的大学教育，问 10 年后一次取出来有多少钱？

解： ①画出现金流量图。

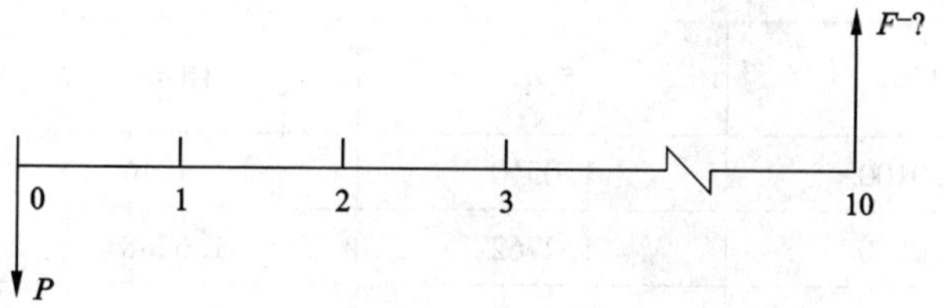

图 2－15

②按式(2－8)计算得：

$$F = P(F/P, i, n) = 100000(F/P, 12\%, 10) = 100000 \times 3.1058 = 310580(\text{元})$$

答： 10 年后，该父亲一次可取出 310580 元。

2)一次支付现值公式(已知 F，求 P)。

现有几年以后的本利和，年利率为 i，按复利计算，项目资金 P 为多少(图 2－16)？

由式(2－8)的逆运算即可得出现值 P 的计算式为：

$$P = \frac{F}{(1+i)^n} = F(1+i)^{-n} \tag{2-9}$$

式中：$(1+i)^{-n}$——一次支付现值系数，用$(P/F, i, n)$表示，亦可查表或用计算器直接计算。故式(2－9)又可写成：

$$P = F(P/F, i, n) \tag{2-10}$$

一次支付现值系数这个名称描述了它的功能，即未来一笔资金乘上该系数就可求出其现值。计算现 P 值的过程叫“折现”或“贴现”，其所使用的利率常称为折现率或贴现率。故$(1+i)^{-n}$或$(P/F, i, n)$也可叫折现系数或贴现系数。

例 2-7　某人计划 5 年后从银行提取 1 万元，如果银行利率为 12%，问现在应存入银行多少钱？

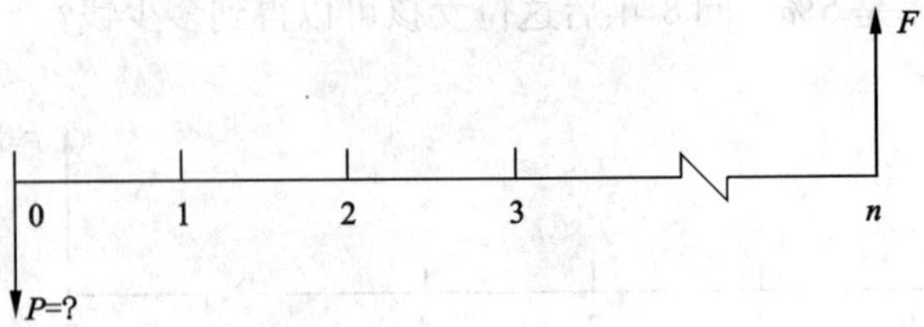

图 2-16

解：

$$P=F(1+i)^{-n}=1\times(1+12\%)^{-5}=0.5674(\text{万元})$$
$$=1\times(P/F,12\%,5)=1\times0.5674=0.5674(\text{万元})$$

答：现在应存入银行 5674 元。

从上面计算可知，现值与终值的概念和计算方法正好相反，因为现值系数与终值系数是互为倒数的。在 P 一定、n 相同时，i 越高，F 越大；在 i 相同时，n 越长，F 越大，如表 2-5 所示。在 F 一定，n 相同时，i 越高，P 越小；在 i 相同时，n 越长，P 越小，如表 2-6 所示。

表 2-5　一元现值与终值的关系

利率＼时间	1 年	5 年	10 年	20 年
1%	1.0100	1.0510	1.1046	1.2201
5%	1.0500	1.2762	1.6288	2.0789
8%	1.0800	1.4963	2.1589	4.6609
10%	1.1000	1.6105	2.5937	6.7273
12%	1.1200	1.7623	3.1058	9.6462
15%	1.1500	2.0113	4.0455	16.366

表 2-6　一元终值与现值的关系

利率＼时间	1 年	5 年	10 年	20 年
1%	0.99010	0.95147	0.90530	0.81957
5%	0.95238	0.78358	0.61392	0.37690
8%	0.92593	0.68059	0.46320	0.21455
10%	0.90909	0.62092	0.38555	0.14865
12%	0.89286	0.56742	0.32197	0.10367
15%	0.86957	0.49718	0.24719	0.06110

从表 2-5 可知，按 12% 的利率，时间 20 年，现值与终值相差 9.6 倍。如用终值进行分析，会使人感到评价结论可信度降低；而用现值概念很容易被决策者接受。因此，在工程经济分析中，现值比终值使用更为广泛。

在工程经济评价中，由于现值评价常常是选择现在为同一时点，把技术方案预计的不同时期的现金流量折算成现值，并按现值之代数和大小作出决策。因此，在工程经济分析时应该注意以下两点：

1）正确选取折现率。折现率是决定现值大小的一个重要因素，必须根据实际情况灵活选用。

2）要注意现金流量的分布情况。从收益方面来看，获得的时间越早、数额越多，其现值也就越大。因此，应使技术方案早日完成，早日实现生产能力，早获收益，多获收益，才能达到最佳经济效益。从投资方面看，在投资额一定的情况下，投资支出的时间越晚、数额越少，其现值也越小。因此，应合理分配各年投资额，在不影响技术方案正常实施的前提下，尽量减少建设初期投资额，加大建设后期投资比重。

（2）等额支付资金等值换算公式

在工程经济活动中，多次支付是最常见的支付情形。多次支付是指现金流量在多个时点发生，而不是集中在某一个时点上。如果用 A_t 表示第 t 期末发生的现金流量大小，可正可负，用逐个折现的方法，可将多次支付现金流量换算成现值，即：

$$P = A_1(1+i)^{-1} + A_2(1+i)^{-2} + \cdots + A_n(1+i)^{-n} = \sum_{i=1}^{n} A_t(1+i)^{-t}$$

或

$$P = \sum_{i=1}^{n} A_t(P/F, i, t) \tag{2-12}$$

同理，也可将多次支付现金流量换算成终值：

$$F = \sum_{t=1}^{n} A_t(1+i)^{n-t} \tag{2-13}$$

或

$$F = \sum_{t=1}^{n} A_t(F/P, i, n-t) \tag{2-14}$$

在上式中，虽然所有系数都可以计算得到，但如果时间较长，A_t 较大时，计算也是比较烦琐的。如果多次支付现金流量 A_t 有如下特征，则可大大简化上述计算公式。

各年的现金流量序列是连续的，且数额相等，即：

$$A_t = A = \text{常数} \quad (t=1, 2, 3, \cdots, n) \tag{2-15}$$

式中：A——年金，发生在（或折算为）某一特定时间序列各计息期末（不包括零期）的等额资金序列的价值。

1）等额支付终值公式（已知 A，求 F）。

已知从 1 ~ n 期期末的收益都相等，以 A 表示，利率为 i，求 n 期末的本利和 F。现金流量图如图 2-17 所示。

由式（2-13）可得出等额支付系列现金流量的终值为：

$$F = \sum_{t=1}^{n} A_t(1+i)^{n-t} = A[(1+i)^{n-1} + (1+i)^{n-2} + \cdots + (1+i) + 1] \tag{2-16}$$

年金终值公式的推导过程：

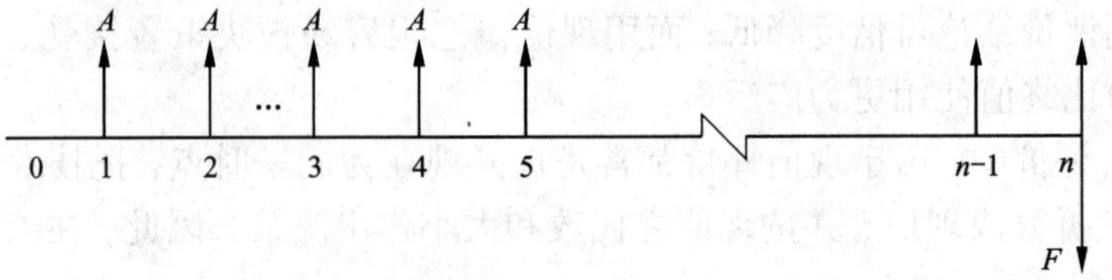

图 2-17　年值 A 到 n 期末的本利和

$$A(1+i)^{n-1}+A(1+i)^{n-2}+A(1+i)^{n-3}+\cdots+A(1+i)+A=F \tag{2-17}$$

式(2-17)两边同乘(1+i)得

$$A(1+i)^{n}+A(1+i)^{n-1}+A(1+i)^{n-2}+\cdots+A(1+i)^{2}+A(1+i)=F(1+i) \tag{2-18}$$

式(2-18)减去式(2-17)得

$$A(1+i)^{n}-A=Fi$$

$$F=A[(1+i)^{n-1}]/i$$

$$F=A(1+i)^{n-1}+A(1+i)^{n-2}+A(1+i)^{n-3}+\cdots+A=A\frac{(1+i)^{n}-1}{i} \tag{2-19}$$

式中：$\frac{(1+i)^{n}-1}{i}$——等额支付系列终值系数或年金终值系数，用符号(F/A, i, n)表示，同样可查表或用计算器算得。则式(2-19)又可写成：

$$F=A(F/A,\ i,\ n) \tag{2-20}$$

例 2-8　某投资人若 10 年内每年末存 10000 元，年利率 8%，问第 10 年末本利和为多少？

解：由式(2-19)得：

$$F=A\frac{(1+i)^{n}-1}{i}=10000\times\frac{(1+8\%)^{10}-1}{8\%}$$

$$=10000\times14.487=144870(\text{元})$$

2)等额支付偿债基金公式(已知 F，求 A)。

已知未来 n 期末要用一笔资金 F，若利率为 i，则从 1 ~ n 期每期末应等额存入多少钱，到 n 期末才能得到 F？

由式(2-19)的逆运算即可得出偿债基金计算式为：

$$A=F\frac{i}{(1+i)^{n}-1} \tag{2-21}$$

式中：$\frac{i}{(1+i)^{n}-1}$ 等额支付系列偿债基金系数，用符号(A/F, i, n)表示，也可查表或通过计算器计算获得。则式(2-21)又可写成：

$$A=F(A/F,\ i,\ n) \tag{2-22}$$

例 2-9　某工厂第 10 年末应向银行偿还 100000 元，年利率 10%，一年计息一次，该厂从第 1 年到第 10 年，每年年末应等额向银行存入多少钱，才能使本利和正好偿清这笔债务？

解：已知 $F=100000$ 元，$i=10\%$，$n=10$

$$A=F\cdot(A/F,\ 10\%,\ 10)$$

查表得(A/F, 10%, 10) = 0.06275

$$A = 100000 \times 0.06275 = 6275(\text{元})$$

3）等额支付现值公式（已知A，求P）。

已知从1～n期每期期末有一数值相等收入（或支出）A和利率i，求相当于第n期初（零期末）的现值是多少（现金流量图如图2－18所示）？

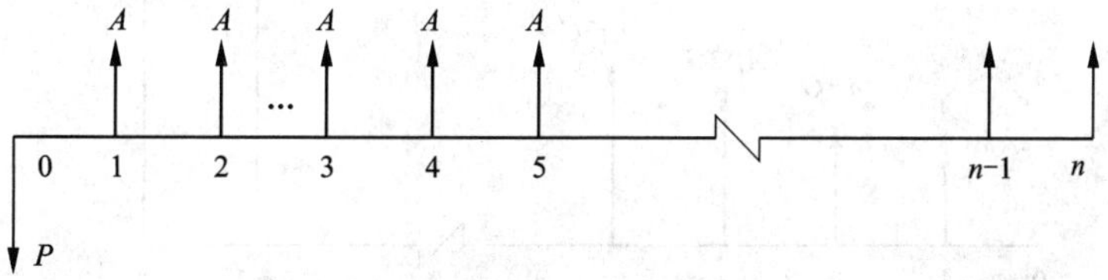

图2－18　年值A到期初的现值

由式（2－10）和式（2－19）可得：

$$P = F(1+i)^{-n} = A\frac{(1+i)^n - 1}{i(1+i)^n} \tag{2-23}$$

式中：$\frac{(1+i)^n - 1}{i(1+i)^n}$——等额支付系列现值系数或年金现值系数，用符号$(P/A, i, n)$表示。则式（2－23）又可写成：

$$P = A(P/A, i, n) \tag{2-24}$$

例2－10　某投资项目，计算期5年，每年年末等额收回100万元，问在利率为10%时，开始须一次投资多少？

解：由式（2－21）得：

$$P = F(1+i)^{-n} = A\frac{(1+i)^n - 1}{i(1+i)^n} = 1000 \times \frac{(1+10\%)^5 - 1}{10\% \times (1+10\%)^5}$$
$$= 100 \times 3.7908 = 379.08(\text{万元})$$

4）等额支付资金回收公式（已知P，求A）。

由式（2－23）的逆运算即可得出资金回收计算式为：

$$A = P\frac{i(1+i)^n}{(1+i)^n - 1} \tag{2-25}$$

式中：$\frac{i(1+i)^n}{(1+i)^n - 1}$——等额支付系列资金回收系数，用符号$(A/P, i, n)$表示。则式（2－25）又可写成：

$$A = P(A/P, i, n) \tag{2-26}$$

例2－11　某投资项目，若投资10000元，每年收回率为8%，要在十年内收回全部本利，则每年应收回多少？

解：由式（2－25）得：

$$A = P\frac{i(1+i)^n}{(1+i)^n - 1} = 10000 \times \frac{8\%(1+8\%)^{10}}{(1+8\%)^{10} - 1} = 10000 \times 0.14903 = 1490.3(\text{元})$$

（3）等差级数的等值换算公式

假设一个现金流量如图2－19所示，第1年年末的支付是A_1，第2年年末的支付是A_1 +

G，第 3 年年末的支付是 A_1+2G，…，第 n 年年末的支付是 $A_1+(n-1)G$，即每年以一固定的数值（等差）递增（或递减）。如机械设备由于老化而每年的维修费以固定的增量支付等。

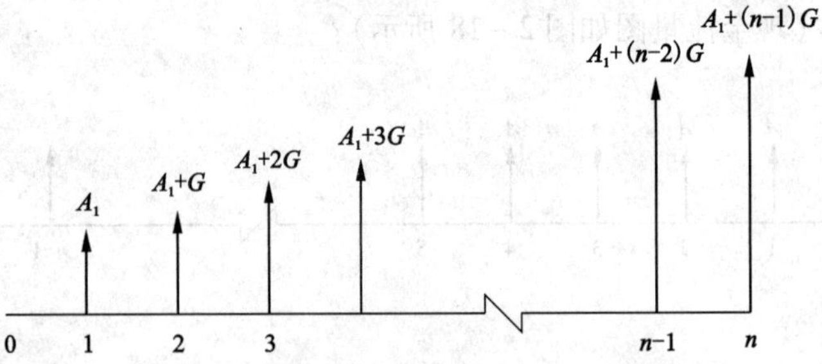

图 2－19　等差级数支付系列现金流量图

如果能把图 2－19 所示的现金流量转化成等额支付的形式，那么根据等额支付系列复利公式和等额支付系列现值公式很容易求得 n 年年末的将来值 F 和零年的现在值 P。

我们把图 2－19 的等差支付系列现金流量图分解成由两个系列组成的现金流量图，一个是等额支付系列，年金为 A_1（图 2－20），另一个是 0，G，$2G$，…，$(n-1)G$ 组成的梯度系列（图 2－21）。

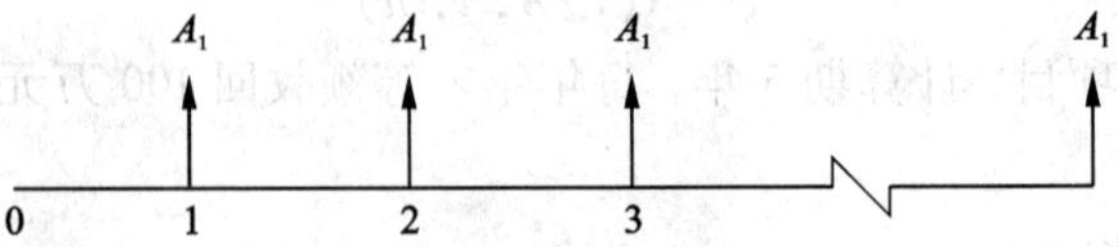

图 2－20　等额支付系列现金流量图

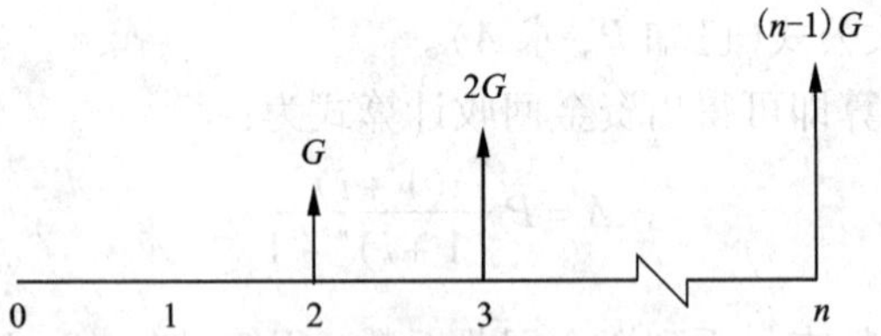

图 2－21　梯度系列现金流量图

1）等差级数的终值计算

设等额支付系列的终值为 F_1，梯度系列的终值为 F_2。A_1 是已知的，根据图 2－20 和图 2－21，由式（2－20）可得出等差系列终值计算式为：

$$
\begin{aligned}
F_2 &= G(F/A, i, n-1) + G(F/A, i, n-2) + \cdots + G(F/A, i, 2) + G(F/A, i, 1) \\
&= G\left[\frac{(1+i)^{n-1}-1}{i}\right] + G\left[\frac{(1+i)^{n-2}-1}{i}\right] + \cdots + G\left[\frac{(1+i)^{2}-1}{i}\right] + G\left[\frac{(1+i)-1}{i}\right] \\
&= \frac{G}{i}\left[\frac{(1+i)^{n}-1}{i}\right] - \frac{nG}{i}
\end{aligned}
$$

$$F = F_1 + F_2$$

$$= A_1 \frac{(1+i)^n - 1}{i} + \frac{G}{i}\left[\frac{(1+i)^n - 1}{i}\right] - \frac{nG}{i}$$

$$= (A_1 + \frac{G}{i})\frac{(1+i)^n - 1}{i} - \frac{nG}{i} \quad (2-27)$$

2）等差级数的现值计算。

等差系列现值计算式可以在式(2－27)的基础上，再按一次支付和等额支付系列的公式进一步求解：

$$P = F(P/F, i, n)$$

$$= \frac{1}{(1+i)^n}\left[(A_1 + \frac{G}{i})\frac{(1+i)^n - 1}{i} - \frac{nG}{i}\right]$$

$$= (A_1 + \frac{G}{i})(P/A, i, n) - \frac{nG}{i}(P/F, i, n) \quad (2-28)$$

例 2－12　某类建筑机械的维修费用，第 1 年为 200 元，以后每年递增 50 元，服务年限为 10 年。问服务期内全部维修费用的现值为多少($i=10\%$)？

解：已知 $A_1=200$ 元，$G=50$ 元，$i=10\%$，$n=10$ 年，由式(2－28)得

$$P = (A_1 + \frac{G}{i})(P/A, i, n) - \frac{nG}{i}(P/F, i, n)$$

$$= (200 + 500)(P/A, 0.1, 10) - (P/F, 0.1, 10)$$

$$= 700 \times 6.1445 - 5000 \times 0.3855$$

$$= 2373.65(\text{元})$$

3）等差级数的年金计算。

等差系列年金计算式可以在式(2－27)的基础上，再按一次支付和等额支付系列的公式进一步求解：

$$A = A_1 + F_2(A/F,\ i,\ n)$$

$$= A_1 + \left[\frac{G}{i}\frac{(1+i)^n - 1}{i} - \frac{nG}{i}\right](A/F,\ i,\ n)$$

$$= A_1 + \frac{G}{i} - \frac{nG}{i}(A/F,\ i,\ n) \quad (2-29)$$

例 2－13　设某技术方案服务年限为 8 年，第 1 年净利润为 10 万元，以后每年递减 0.5 万元。若年利率为 10%，问相当于每年等额盈利多少元？

解：已知 $A_1=10$ 万元，递减梯度量 0.5 万元，$n=8$ 年，$i=10\%$，由公式(2－29)得

$$A = A_1 + \frac{G}{i} - \frac{nG}{i}(A/F,\ i,\ n)$$

$$= 10 - 5 + 40 \times 0.0874$$

$$= 8.5(\text{万元})$$

（4）几何级数的等值换算公式

考虑一项有 n 个时期的期末年金，其第一次付款额为 A_1，而其后各次则按公比为$(1+k)$的几何级数增长。每时期利率为 i。此几何级数增长的现金流量如图 2－22 所示。

则相应的现金流序列的现值就可计算如下：

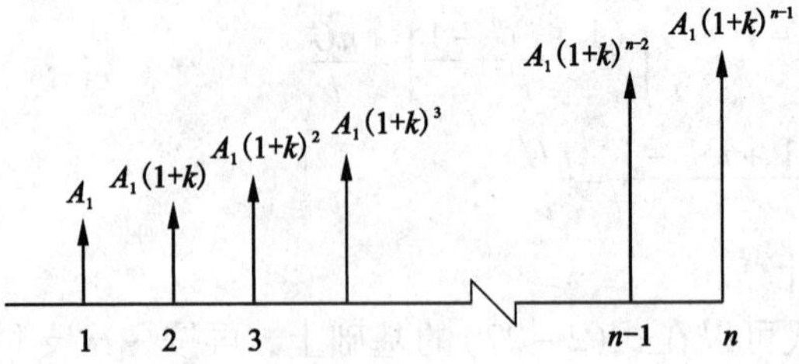

图 2-22 几何级数支付系列现金流量图

$$P=\frac{A_1}{1+i}+\frac{A_1}{(1+i)^2}(1+k)+\cdots+\frac{A_1}{(1+i)^2}(1+k)^{n-1}$$

$$=\frac{A_1}{1+i}\left[\frac{1-\left(\frac{1+k}{1+i}\right)^n}{1-\left(\frac{1+k}{1+i}\right)}\right]=A_1\frac{1-\left(\frac{1+k}{1+i}\right)^n}{i-k} \quad (2-30)$$

由式(2-30)的逆运算即可得出几何级数的年值公式为：

$$A_1=P\frac{i-k}{1-\left(\frac{1+k}{1+i}\right)^n} \quad (2-31)$$

例 2-14 某项目第1年年初投资700万元，第2年年初又投资100万元，第2年获净收益500万元，至第6年净收益逐年递增6%，第7年至第9年每年获净收益800万元，若年利率为10%，求与该项目现金流量等值的现值和终值。

解： 依题意，现金流量如图2-23所示。

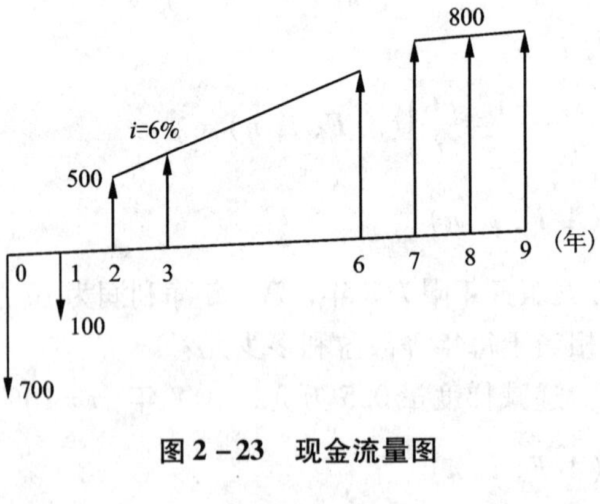

图 2-23 现金流量图

该现金流量序列的现值 P：

$$P=-700-100(P/F,10\%,1)+500\times\frac{1}{10\%-6\%}\left[1-\left(\frac{1+6\%}{1+10\%}\right)^5\right]\times(P/F,10\%,1)$$

$$+800\times(P/A,10\%,3)\times(P/F,10\%,6)$$

$$=-700-100\times0.9091+500\times4.2267\times0.9091+800\times2.4869\times0.5645$$

$$=2253.42(万元)$$

该现金流量序列的终值 F：

$$F=P(F/P,i,n)=P\times(1+i)^n=2253.42\times(1+10\%)^9$$
$$=2253.42\times2.358=5313.56(\text{万元})$$

2.3.5　公式应用应注意的问题

6 个常用资金等值换算公式见表 2-7。运用资金等值计算公式应注意以下事项：

表 2-7　六个常用资金等值换算公式

公式名称		已知	求解	公　式	系数名称符号	现金流量图
一次支付	终值公式	现值 P	终值 F	$F=P(1+i)^n$	一次支付终值系数 $(F/P,i,n)$	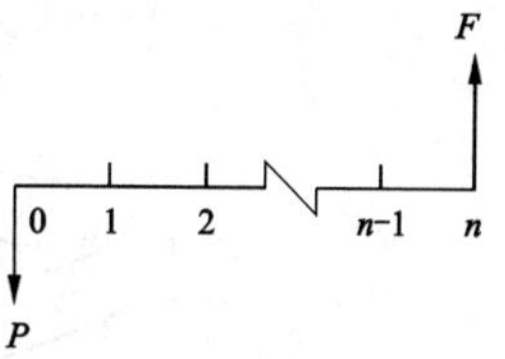
	现值公式	终值 F	现值 P	$P=F(1+i)^{-n}$	一次支付现值系数 $(P/F,i,n)$	
等额支付	终值公式	年值 A	终值 F	$F=A\dfrac{(1+i)^n-1}{i}$	年金终值系数 $(F/A,i,n)$	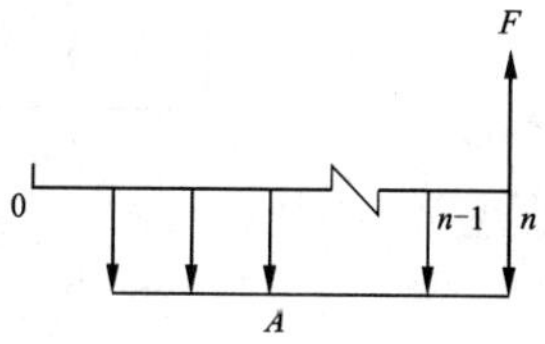
	偿债基金公式	终值 F	年值 A	$A=F\dfrac{i}{(1+i)^n-1}$	偿债基金系数 $(A/F,i,n)$	
	现值公式	年值 A	现值 P	$P=A\dfrac{(1+i)^n-1}{i(1+i)^n}$	年金现值系数 $(P/A,i,n)$	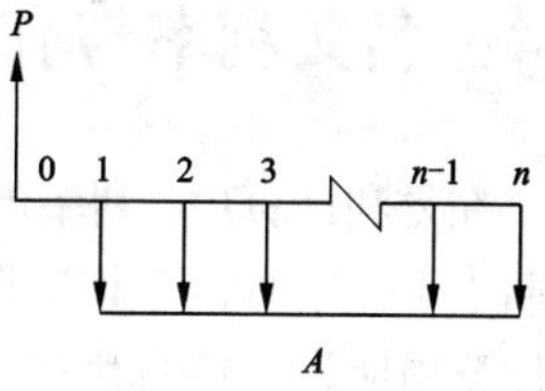
	资金回收公式	现值 P	年值 A	$A=P\dfrac{i(1+i)^n}{(1+i)^n-1}$	资金回收系数 $(A/P,i,n)$	

1）计息期数为时点或时标，本期的期末即是下一期的期初。

2）P 是在第一计息期开始时（零期）发生。

3）F 发生在考察期期末，即 n 期末。

4）等额支付系列 A，发生在各期期末。

5）当问题包括 P 与 A 时，系列的第一个 A 与 P 隔一期。即 P 发生在系列 A 的前一期期末，即当期期初。

6）当问题包括 A 与 F 时，系列的最后一个 A 与 F 同时发生，即当期期末。

7）均匀梯度系列中，第一个 G 发生在第二期期末。

关于各系数之间的关系：

（1）倒数关系

$(P/F,i,n)=1/(F/P,i,n)$

$(A/F,i,n)=1/(F/A,i,n)$

$(A/P, i, n) = 1/(P/A, i, n)$

(2)乘积关系

$(F/P, i, n) \cdot (P/A, i, n) = (F/A, i, n)$

$(F/A, i, n) \cdot (A/P, i, n) = (F/P, i, n)$

$(A/F, i, n) \cdot (F/P, i, n) = (A/P, i, n)$

(3)特殊关系

$(A/P, i, n) = (A/F, i, n) + i$

复利系数之间的关系见图 2-24。

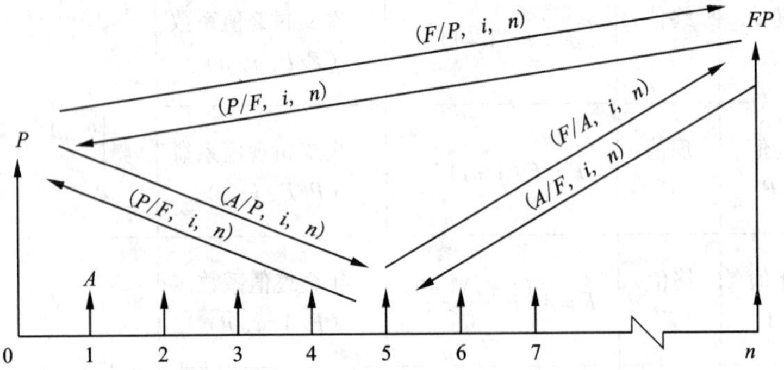

图 2-24 复利系数关系图

2.4 名义利率与有效利率

在复利计算中，利率周期通常以年为单位，它可以与计息周期相同，也可以不同。当计息周期小于一年时，就出现了名义利率和有效利率的概念。所谓名义利率是指按年计息的利率，即计息周期为一年的利率。它是以一年为计息基础，等于每一计息期的利率与每年的计息期数的乘积。例如，每月存款月利率为3‰，则名义年利率为3.6%，即3‰×12个月/每年=3.6%。有效利率又称为实际利率，是把各种不同计息的利率换算成以年为计息期的利率。例如，每月存款月利率为3‰，则有效年利率为3.66%，即$(1+3‰)^{12}-1=3.66\%$。

需要注意的是，在资金的等值计算公式中所使用的利率都是指实际利率。当然，如果计息期为一年，则名义利率就是实际年利率；对于计息期短于一年的利率，二者有差别。因此，可以说两者之间的差异主要取决于实际计息期与名义计息期的差异。

2.4.1 名义利率的计算

名义利率是指计息周期利率乘以一年内的计息周期数所得的年利率，即：

$$F = P\left(1 + \frac{r}{m}\right)^{m} \tag{2-32}$$

式中：r——名义利率；

i——计息周期利率；

m——一年内的计息周期数。

若计息周期月利率为1%，则年名义利率为12%。很显然，计算名义利率时忽略了前面各期利息再生的因素，这与单利的计算相同。通常所说的年利率都是名义利率。

2.4.2　有效利率的计算

有效利率是指资金在计息中所发生的实际利率，包括计息周期有效利率和年有效利率两种情况。

1. 计息周期有效利率的计算

计息周期有效利率，即计息周期利率 i，其计算由式(2-32)可得：

$$r = i \times m \tag{2-33}$$

2. 年有效利率的计算

若用计息周期利率来计算年有效利率，并将年内的利息再生因素考虑进去，这时所得的年利率称为年有效利率（又称年实际利率）。根据利率的概念即可推导出年有效利率的计算式。

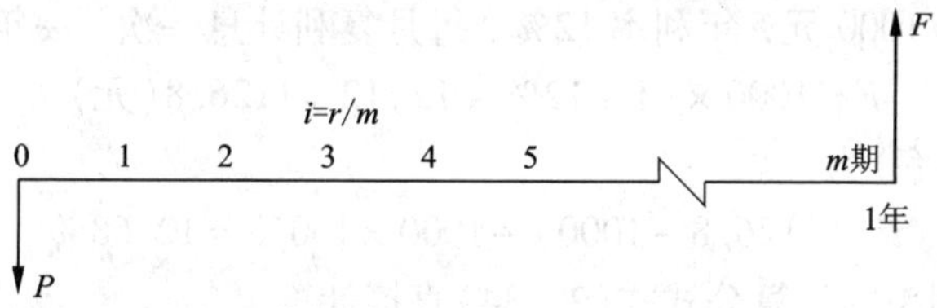

图2-25　年有效利率现金流量图

已知某年初有资金 P，名义利率为 r，一年内计息 m 次（图2-25），则计息周期利率为 $i=\frac{r}{m}$。根据一次支付终值公式（参见公式2-32）可得该年的本利和 F。

根据利息的定义（参见公式2-1）可得该年的利息 I 为：

$$I = F - P = P\left(1+\frac{r}{m}\right)^m - P = P\left[\left(1+\frac{r}{m}\right)^m - 1\right] \tag{2-34}$$

再根据利率的定义（参见公式2-32）可得该年的实际利率，即年有效利率 i_e 为：

$$i_e = \frac{I}{P} = \left(1+\frac{r}{m}\right)^m - 1 \tag{2-35}$$

由此可见，年有效利率和名义利率的关系实质上与复利和单利的关系一样。

例2-15　现设年名义利率 $r=10\%$，则年、半年、季、月、日的年有效利率如表2-8所示。

从式(2-35)和表2-8可以看出，每年计息周期 m 越多，i_e 与 r 相差越大；另一方面，名义利率为10%，按季度计息时，按季度利率2.5%计息与按年利率10.38%计息，二者是等价的。所以，在工程经济分析中，如果各技术方案的计息期不同，就不能简单地使用名义利率来评价，而必须换算成有效利率进行评价，否则会得出不正确的结论。

表 2-8 名义利率与有效利率比较表

年名义利率 (r)	计息期	年计息次数 (m)	计息期利率 ($i=r/m$)	年有效利率 (i_e)
10%	年	1	10%	10%
	半年	2	5%	10.25%
	季度	4	2.5%	10.38%
	月	12	0.833%	10.46%
	日	365	0.0274%	10.51%

(1)间断式计息期内的有效年利率

复利计息有间断复利和连续复利之分。如果计息周期为一定的时间(如年、季、月),并按复利计息,称为间断计息。按定义,利息与本金之比为利率,则有效年利率如式(2-34)所示。

例 2-16 有本金 1000 元,年利率 12%,每月复利计息一次,一年后的本利和为多少?

解:

$$F=1000\times(1+12\%\div12)12=1126.8(\text{元})$$

实际利率(有效利率)为:

$$i=(1126.8-1000)\div1000\times100\%=12.68\%$$

或者,通过实际利率的计算公式式(2-34)直接计算

$$i_e=(1+12\%\div12)^{12}-1=12.68\%$$

(2)连续式计息期内的有效年利率

如果计息周期缩短,短到任意长的时间均可,也就是无限缩短,则称为连续复利计息。对同一个年利率,计息次数越多,也就是计息周期越小,实际利率就越高。对于名义利率 r,若在一年中使计息次数无限多,也就是使计息周期无限小,就可以得出连续复利的一次性支付计算公式如下:

$$i=\lim_{m\to\infty}\left(1+\frac{r}{m}\right)^{n}-1=\lim_{m\to\infty}\left[\left(1+\frac{r}{m}\right)^{\frac{m}{r}}\right]^{r}-1=e^{r}-1 \quad (2-36)$$

式中:e 为自然对数的底,其数值为 2.71828。

就整个社会而言,资金是在不停地运动,每时每刻都通过生产和流通在增值,从理论上讲应采用连续式计息,但在实际的经济评价中,都采用离散式计息。

从上例可以看出,名义利率与实际利率存在下列关系:

1)当实际计息周期为 1 年时,名义利率与实际利率相等;实际计息周期短于 1 年时,实际利率大于名义利率。

2)名义利率不能完全反映资金的时间价值,实际利率才真实地反映了资金的时间价值。

3)实际计息周期相对越短,实际利率与名义利率的差值就越大。

2.5　名义利率与有效利率的应用

2.5.1　计息周期小于(或等于)资金收付周期

当计息周期小于(或等于)资金收付周期时，等值的计算方法有以下两种。

1. 按收付周期实际利率计算

将计息期转换为与支付期相同，求出支付期的有效利率。

$$i_e = \left(1 + \frac{r}{m}\right)^m - 1 \tag{2-37}$$

2. 按计息周期利率计算

按计息周期利率计算，即：

$$F = P\left(F/P, \frac{r}{m}, mn\right) \tag{2-38}$$

$$P = F\left(P/F, \frac{r}{m}, mn\right) \tag{2-39}$$

$$F = A\left(F/A, \frac{r}{m}, mn\right) \tag{2-40}$$

$$P = A\left(P/A, \frac{r}{m}, mn\right) \tag{2-41}$$

式中：r 为名义利率；m 为一个资金收付周期中的计息周期次数；n 为资金收付周期中的次数。

例 2-17　现在存款 1000 元，年利率 10%，半年复利一次。问第 5 年末存款金额为多少？

解：①按年实际利率计算：

$$i_e = (1 + 10\% \div 2)^2 - 1 = 10.25\%$$

则　$F = 1000 \times (1 + 10.25\%)^5 = 1000 \times 1.62889 = 1628.89$(元)

②按计息周期利率计算：

$$\begin{aligned} F &= 1000\left(F/P, \frac{10\%}{2}, 2 \times 5\right) = 1000(F/P, 5\%, 10) \\ &= 1000 \times (1 + 5\%)^{10} = 1000 \times 1.62889 = 1628.89(\text{元}) \end{aligned}$$

有时上述两法计算结果有很小差异，这是因为略去尾数误差造成的，此差异是允许的。

但应注意，对等额系列流量，只有计息周期与收付周期一致时才能按计息期利率计算。否则，只能用收付周期实际利率来计算。

例 2-18　每半年内存款 1000 元，年利率 8%，每季复利一次。问第 5 年末存款金额为多少？

解：由于本例计息周期小于收付周期，不能直接采用计息期利率计算，故只能用实际利率来计算。

计息期利率：

$$i = r/m = 8\%/4 = 2\%$$

半年期实际利率：

$$i_e=(1+2\%)^2-1=4.04\%$$

则 $F=1000(F/A,4.04\%,2\times5)=1000\times12.029=12029$(元)

2.5.2 计息期长于资金收付周期

由于计息期内有不同时刻的支付，通常规定存款必须存满一个计息周期时才计利息，即在计息周期间存入的款项在该期不计算利息时，要在下一期才计算利息。因此，原财务活动的现金流量图应按以下原则进行整理：计息期间的存款放在期末，计息期间的提款放在期初，计息期分界点处的支付保持不变。

例 2－19 现金流量如图 2－26 所示，年利率为 12%，每季度计息 1 次，求年末终值 F 是多少？

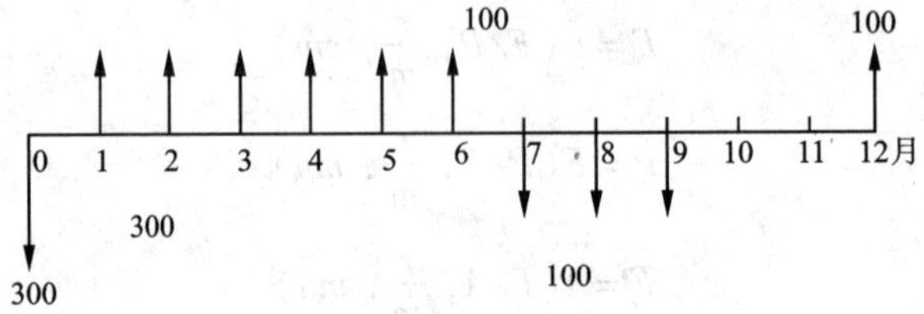

图 2－26 现金流量图

解：图 2－26 可等价为(图 2－27)：

$$\begin{aligned}F&=(-300+200)\times(1+12\%\div4)^4+300\times(1+12\%\div4)^3+100\times(1+12\%\div4)^2\\&\quad-300\times(1+12\%\div4)+100\\&=112.36(\text{元})\end{aligned}$$

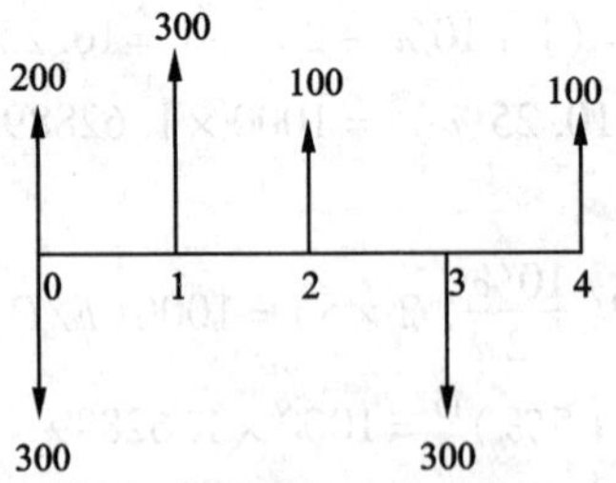

图 2－27 现金流量图

思考与练习

1. 什么是资金的时间价值？
2. 什么是利息与利率？
3. 什么是单利与复利？

4. 什么是现金流量图？它由哪些要素组成？应如何绘制？

5. 什么是名义利率与实际利率？

6. 某公司拟购置一项设备，目前有A、B两种可供选择。A设备的价格比B设备高50000元，但每年可节约维修保养费等费用10000元。假设A设备的经济寿命为6年，利率为8%，该公司在A、B两种设备中必须择一的情况下，应选择哪一种设备？

7. 某人现在存入银行一笔现金，打算5年后每年年末从银行提取现金4000元，连续提取8年，在利率为6%的情况下，现在应存入银行多少元？

8. 某公司有一项付款业务，有甲、乙两种付款方式可供选择。

甲方案：现在支付15万元，一次性结清。

乙方案：分5年付款，1～5年各年初的付款分别为3万、3万、4万、4万、4万元，年利率为10%。

要求：按现值计算，择优方案。

9. 某公司拟购置一处房产，房主提出两种付款方案：

1)从现在起，每年年初支付20万元，连续支付10次，共200万元。

2)从第5年开始，每年年初支付25万元，连续支付10次，共250万元。假设该公司的资金成本率(即最低报酬率)为10%，你认为该公司应选择哪个方案？

10. 假定你想自退休后(开始于20年后)，每月取得2000元。假设这是一个第一次收款开始于21年后的永续年金，年报酬率为4%，则为达到此目标，在下20年中，你每年应存入多少钱？

11. 某人拟于明年年初借款42000元，从明年年末开始，每年年末还本付息额均为6000元，连续10年还清。假设预期最低借款利率为8%，问此人是否能按其计划借到款项？

12. 某公司于年初存入银行20万元，在年利率为12%、每月复利一次的情况下，到第5年末，该企业可以取得本利和多少元？

13. 假如你在以后的四年中每年末存入银行1000元，若银行利率为12%，试问第7年末银行存款总值为多少？

14. 某公司购买了一台机器，估计能使用20年，每4年要大修1次，每次大修费用假定为1000元，现在应存入银行多少钱才足以支付20年寿命期间的大修费用。按年利率12%计，每半年计息1次。

15. 某公司购买了一台机器，原始成本为12000元，估计能使用20年，20年末的残值为2000元，运行费用为每年800元，此外，每5年要大修1次。大修费用为每次2800元，试求机器的年等值费用。按年利率12%计。

第 3 章

工程经济分析的基本要素

在工程项目的经济分析中，项目现金流量是进行项目经济评价和方案选优的基础。对于工程建设这一生产活动来说，投资、成本、收入、利润和税金等经济量是进行工程经济分析的基本数据。其中，投资和成本是投入经济要素；收入、利润、税金是产出经济要素。任何工程技术的发展和应用都不仅是一个技术问题，任何管理手段也不仅是管理领域的问题，同时还是一个经济问题。在某个特定的经济环境条件下，每个备选方案由于产品方案、工艺方案、建设方案、筹资方案和经营方案等不同，其各自的现金流量也不相同。为了正确地进行工程经济分析，需要掌握工程项目的投资、成本、收入、利润和所得税等经济变量。

3.1 工程项目建设投资及构成

3.1.1 工程项目建设投资构成

工程项目投资，一般是指某项工程从筹建开始到全部竣工投产为止所发生的全部资金投入。工程项目投入的总资金由建设投资和流动资金两大部分组成。

按照《投资项目可行性研究指南》(2002 年，以下简称《指南》) 的划分，工程项目总投资由建设投资(含建设期利息)和流动资金两项构成。建设投资由建筑工程费、设备及工器具购置费、安装工程费、工程建设其他费用、基本预备费、涨价预备费、建设期利息构成。其中，建筑工程费、设备及工器具购置费、安装工程费形成固定资产；工程建设其他费用可分别形成固定资产、无形资产、递延资产。基本预备费、涨价预备费、建设期利息在可行性研究阶段为简化计算方法，一并计入固定资产。《指南》明确定义总投资为建设投资加上铺底流动资金(此处建设投资含建设期利息)。将经济评价中用于计算投资利润率、投资利税率的包含全额流动资金的投资定义为项目投入总资金。

建设投资可分为静态投资和动态投资两部分。静态投资部分由建筑工程费、设备及工器具购置费、安装工程费、工程建设其他费用、基本预备费构成；动态投资部分由涨价预备费和建设期利息构成。工程项目建设投资构成如图 3－1 所示。

- 建设投资
  - 建设投资静态部分
    - 建筑工程费
    - 设备及工器具购置费
    - 安装工程费
    - 工程建设其他费用
    - 基本预备费
  - 建设投资动态部分
    - 涨价预备费
    - 建设期利息

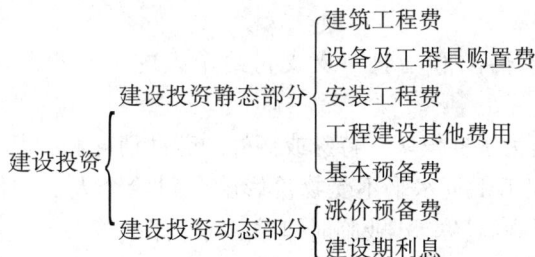

图 3-1　工程项目建设投资构成图

3.1.2　建筑安装工程费用的内容及构成

1. 建筑安装工程费用的内容

建筑安装工程费用即建筑安装工程造价，是指在建筑安装工程施工过程中直接发生的费用和施工企业在组织管理施工中间接地为工程支出的费用，以及按国家规定施工企业应获得的利润和应缴纳的税金的总和。

(1)建筑工程费用

1)各类房屋建筑工程和列入房屋建筑工程预算的供水、供暖、卫生、通风、煤气等设备费用及装饰、油饰工程的费用，列入建筑工程预算的各种管道、电力、电信和铺设工程的费用。

2)设备基础、支柱、工作台、烟囱、水塔、水池、灰塔等建筑工程及各种炉窑的砌筑工程和金属结构工程的费用。

3)为施工而进行的场地平整、工程和水文地质勘察、原有建筑物和障碍物的拆除以及施工临时用水、电、气、路和完工后的场地清理、环境绿化、美化等工作的费用。

4)矿井开凿、井巷延伸、露天矿剥离，石油、天然气钻井，修建铁路、公路、桥梁、水库、堤坝、灌渠及防洪等工程的费用。

(2)安装工程费用

1)生产、动力、起重、运输、传动和医疗、实验等各种需要安装的机械设备的装配费用，与设备相连的工作台、梯子、栏杆等装设工程费用，附属于被安装设备的管线铺设工程费用，以及被安装设备的绝缘、防腐、保温、油漆等工作的材料费和安装费。

2)为测定安装工程质量，对单台设备进行单机试运转及对系统设备进行系统联动无负荷试运转工作的调试费。

2. 建筑安装工程费用项目按费用构成要素划分

根据原建设部颁布的《建筑安装工程费用项目组成》(建标〔2013〕44 号)文件规定，建筑安装工程费按照费用构成要素划分，由人工费、材料(包含工程设备，下同)费、施工机具使用费、企业管理费、利润、规费和税金组成。其中人工费、材料费、施工机具使用费、企业管理费和利润包含在分部分项工程费、措施项目费、其他项目费中。

(1)人工费

人工费是指按工资总额构成规定，支付给从事建筑安装工程施工的生产工人和附属生产单位工人的各项费用。内容包括：

1)计时工资或计件工资：是指按计时工资标准和工作时间或对已做工作按计件单价支付

给个人的劳动报酬。

2)奖金：是指对超额劳动和增收节支支付给个人的劳动报酬。如节约奖、劳动竞赛奖等。

3)津贴、补贴：是指为了补偿职工特殊或额外的劳动消耗和因其他特殊原因支付给个人的津贴，以及为了保证职工工资水平不受物价影响支付给个人的物价补贴。如流动施工津贴、特殊地区施工津贴、高温(寒)作业临时津贴、高空津贴等。

4)加班加点工资：是指按规定支付的在法定节假日工作的加班工资和在法定日工作时间外延时工作的加点工资。

5)特殊情况下支付的工资：是指根据国家法律、法规和政策规定，因病、工伤、产假、计划生育假、婚丧假、事假、探亲假、定期休假、停工学习、执行国家或社会义务等原因按计时工资标准或计时工资标准的一定比例支付的工资。

(2)材料费

材料费是指施工过程中耗费的原材料、辅助材料、构配件、零件、半成品或成品、工程设备的费用。内容包括：

1)材料原价：是指材料、工程设备的出厂价格或商家供应价格。

2)运杂费：是指材料、工程设备自来源地运至工地仓库或指定堆放地点所发生的全部费用。

3)运输损耗费：是指材料在运输装卸过程中不可避免的损耗。

4)采购及保管费：是指为组织采购、供应和保管材料、工程设备的过程中所需要的各项费用。包括采购费、仓储费、工地保管费、仓储损耗。

工程设备是指构成或计划构成永久工程一部分的机电设备、金属结构设备、仪器装置及其他类似的设备和装置。

(3)施工机具使用费

施工机具使用费是指施工作业所发生的施工机械、仪器仪表使用费或租赁费。

1)施工机械使用费：以施工机械台班耗用量乘以施工机械台班单价表示，施工机械台班单价应由下列七项费用组成：

折旧费：指施工机械在规定的使用年限内，陆续收回其原值的费用。

大修理费：指施工机械按规定的大修理间隔台班进行必要的大修理，以恢复其正常功能所需的费用。

经常修理费：指施工机械除大修理以外的各级保养和临时故障排除所需的费用。包括为保障机械正常运转所需替换设备与随机配备工具附具的摊销和维护费用，机械运转中日常保养所需润滑与擦拭的材料费用及机械停滞期间的维护和保养费用等。

安拆费及场外运费：安拆费指施工机械(大型机械除外)在现场进行安装与拆卸所需的人工、材料、机械和试运转费用以及机械辅助设施的折旧、搭设、拆除等费用；场外运费指施工机械整体或分体自停放地点运至施工现场或由一施工地点运至另一施工地点的运输、装卸、辅助材料及架线等费用。

人工费：指机上司机(司炉)和其他操作人员的人工费。

燃料动力费：指施工机械在运转作业中所消耗的各种燃料及水、电等费用。

税费：指施工机械按照国家规定应缴纳的车船使用税、保险费及年检费等。

2)仪器仪表使用费：是指工程施工所需使用的仪器仪表的摊销及维修费用。

(4)企业管理费

企业管理费是指建筑安装企业组织施工生产和经营管理所需的费用。内容包括：

1)管理人员工资：是指按规定支付给管理人员的计时工资、奖金、津贴、加班加点工资及特殊情况下支付的工资等。

2)办公费：是指企业管理办公用的文具、纸张、账表、印刷、邮电、书报、办公软件、现场监控、会议、水电、烧水和集体取暖降温(包括现场临时宿舍取暖降温)等费用。

3)差旅交通费：是指职工因公出差、调动工作的差旅费、住勤补助费，市内交通费和误餐补助费，职工探亲路费，劳动力招募费，职工退休、退职一次性路费，工伤人员就医路费，工地转移费以及管理部门使用的交通工具的油料、燃料等费用。

4)固定资产使用费：是指管理和试验部门及附属生产单位使用的属于固定资产的房屋、设备、仪器等的折旧、大修、维修或租赁费。

5)工具用具使用费：是指企业施工生产和管理使用的不属于固定资产的工具、器具、家具、交通工具和检验、试验、测绘、消防用具等的购置、维修和摊销费。

6)劳动保险和职工福利费：是指由企业支付的职工退职金、按规定支付给离休干部的经费，集体福利费、夏季防暑降温、冬季取暖补贴、上下班交通补贴等。

7)劳动保护费：是企业按规定发放的劳动保护用品的支出。如工作服、手套、防暑降温饮料以及在有碍身体健康的环境中施工的保健费用等。

8)检验试验费：是指施工企业按照有关标准规定，对建筑以及材料、构件和建筑安装物进行一般鉴定、检查所发生的费用，包括自设试验室进行试验所耗用的材料等费用。不包括新结构、新材料的试验费，对构件做破坏性试验及其他特殊要求检验试验的费用和建设单位委托检测机构进行检测的费用，对此类检测发生的费用，由建设单位在工程建设其他费用中列支。但对施工企业提供的具有合格证明的材料进行检测不合格的，该检测费用由施工企业支付。

9)工会经费：是指企业按《工会法》规定的全部职工工资总额比例计提的工会经费。

10)职工教育经费：是指按职工工资总额的规定比例计提，企业为职工进行专业技术和职业技能培训、专业技术人员继续教育、职工职业技能鉴定、职业资格认定以及根据需要对职工进行各类文化教育所发生的费用。

11)财产保险费：是指施工管理用财产、车辆等的保险费用。

12)财务费：是指企业为施工生产筹集资金或提供预付款担保、履约担保、职工工资支付担保等所发生的各种费用。

13)税金：是指企业按规定缴纳的房产税、车船使用税、土地使用税、印花税等。

14)其他：包括技术转让费、技术开发费、投标费、业务招待费、绿化费、广告费、公证费、法律顾问费、审计费、咨询费、保险费等。

(5)利润

利润是指施工企业完成所承包工程获得的盈利。

(6)规费

规费是指按国家法律、法规规定，由省级政府和省级有关权力部门规定必须缴纳或计取的费用。包括：

1)社会保险费。

养老保险费：是指企业按照规定标准为职工缴纳的基本养老保险费。

失业保险费：是指企业按照规定标准为职工缴纳的失业保险费。

医疗保险费：是指企业按照规定标准为职工缴纳的基本医疗保险费。

生育保险费：是指企业按照规定标准为职工缴纳的生育保险费。

工伤保险费：是指企业按照规定标准为职工缴纳的工伤保险费。

2)住房公积金：是指企业按规定标准为职工缴纳的住房公积金。

3)工程排污费：是指按规定缴纳的施工现场工程排污费。

其他应列而未列入的规费，按实际发生计取。

(7)税金

税金是指国家税法规定的应计入建筑安装工程造价内的营业税、城市维护建设税、教育费附加以及地方教育附加。

按费用构成要素划分的建筑安装工程费用构成见图 3－2。

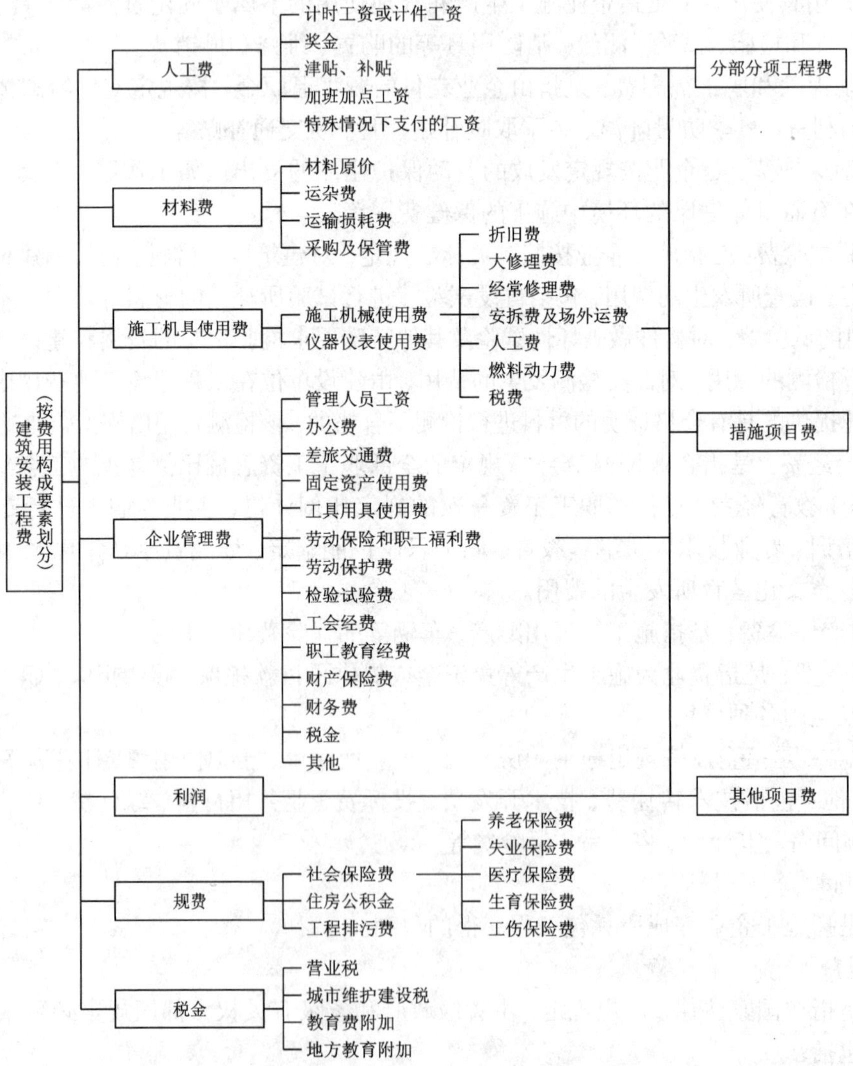

图 3－2　按费用构成要素划分的建筑安装工程费用项目组成

3. 建筑安装工程费按照工程造价划分

根据原建设部颁布的《建筑安装工程费用项目组成》(建标〔2013〕44 号)文件规定，建筑安装工程费按照工程造价形成由分部分项工程费、措施项目费、其他项目费、规费、税金组成，分部分项工程费、措施项目费、其他项目费包含人工费、材料费、施工机具使用费、企业管理费和利润。

(1)分部分项工程费

分部分项工程费是指各专业工程的分部分项工程应予列支的各项费用。

1)专业工程：是指按现行国家计量规范划分的房屋建筑与装饰工程、仿古建筑工程、通用安装工程、市政工程、园林绿化工程、矿山工程、构筑物工程、城市轨道交通工程、爆破工程等各类工程。

2)分部分项工程：指按现行国家计量规范对各专业工程划分的项目。如房屋建筑与装饰工程划分的土石方工程、地基处理与桩基工程、砌筑工程、钢筋及钢筋混凝土工程等。

各类专业工程的分部分项工程划分见现行国家或行业计量规范。

(2)措施项目费

措施项目费是指为完成建设工程施工，发生于该工程施工前和施工过程中的技术、生活、安全、环境保护等方面的费用。内容包括：

1)安全文明施工费。

①环境保护费：是指施工现场为达到环保部门要求所需要的各项费用。

②文明施工费：是指施工现场文明施工所需要的各项费用。

③安全施工费：是指施工现场安全施工所需要的各项费用。

④临时设施费：是指施工企业为进行建设工程施工所必须搭设的生活和生产用的临时建筑物、构筑物和其他临时设施费用。包括临时设施的搭设、维修、拆除、清理费或摊销费等。

2)夜间施工增加费：是指因夜间施工所发生的夜班补助费、夜间施工降效、夜间施工照明设备摊销及照明用电等费用。

3)二次搬运费：是指因施工场地条件限制而发生的材料、构配件、半成品等一次运输不能到达堆放地点，必须进行二次或多次搬运所发生的费用。

4)冬雨季施工增加费：是指在冬季或雨季施工需增加的临时设施、防滑、排除雨雪，人工及施工机械效率降低等费用。

5)已完工程及设备保护费：是指竣工验收前，对已完工程及设备采取的必要保护措施所发生的费用。

6)工程定位复测费：是指工程施工过程中进行全部施工测量放线和复测工作的费用。

7)特殊地区施工增加费：是指工程在沙漠或其边缘地区、高海拔、高寒、原始森林等特殊地区施工增加的费用。

8)大型机械设备进出场及安拆费：是指机械整体或分体自停放场地运至施工现场或由一个施工地点运至另一个施工地点，所发生的机械进出场运输及转移费用及机械在施工现场进行安装、拆卸所需的人工费、材料费、机械费、试运转费和安装所需的辅助设施的费用。

9)脚手架工程费：是指施工需要的各种脚手架搭设、拆除、运输的费用以及脚手架购置费的摊销(或租赁)费用。

措施项目及其包含的内容详见各类专业工程的现行国家或行业计量规范。

(3)其他项目费

1)暂列金额：是指建设单位在工程量清单中暂定并包括在工程合同价款中的一笔款项。用于施工合同签订时尚未确定或者不可预见的所需材料、工程设备、服务的采购，施工中可能发生的工程变更、合同约定调整因素出现时的工程价款调整以及发生的索赔、现场签证确认等的费用。

2)计日工：是指在施工过程中，施工企业完成建设单位提出的施工图纸以外的零星项目或工作所需的费用。

3)总承包服务费：是指总承包人为配合、协调建设单位进行的专业工程发包，对建设单位自行采购的材料、工程设备等进行保管以及施工现场管理、竣工资料汇总整理等服务所需的费用。

规费和税金在这里不做介绍。

按造价形成划分的建筑安装工程费用构成见图 3－3。

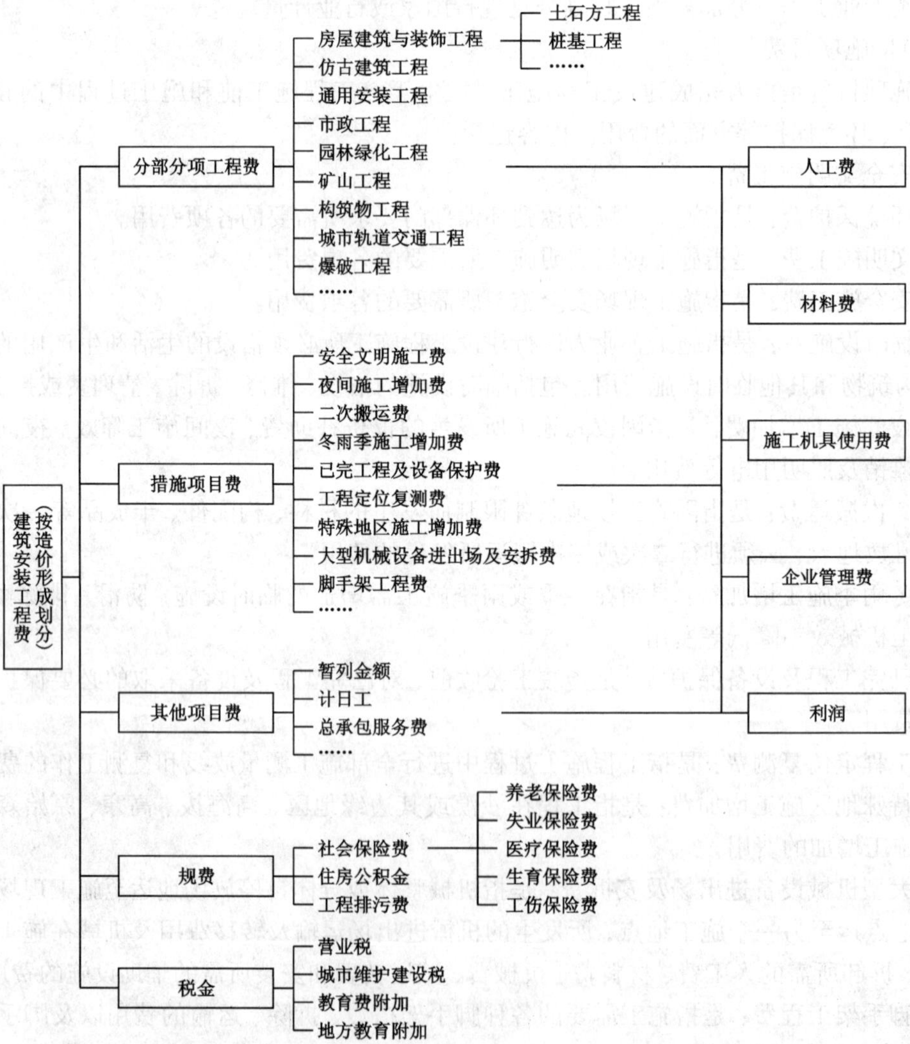

图 3－3　按造价形成划分的建筑安装工程费用项目组成

3.1.3　设备、工器具投资的构成

设备、工器具购置费包括设备购置费和工器具及生产家具购置费，见图 3－4。设备购置费是指为投资项目购置或自制的达到固定资产标准的各种国产或进口设备、工具、器具的购置费用。其中固定资产标准是指：使用年限超过 1 年，单位价值在国家或部门规定的限额以上。在生产性工程建设中，设备及工器具购置费占建设投资比重的增大，意味着生产技术的进步和资本有机构成的提高。具体计算详见第 4 章。

- 设备及工器具购置费
  - 设备购置费
    - 设备原价
      - 国产标准设备原价
      - 国产非标准设备原价
      - 进口设备抵岸价
    - 设备运杂费
      - 包装和包装材料费
      - 运输费
      - 装卸费
      - 采购及仓库保管费
      - 供销部门手续费
  - 工器具及生产家具购置费

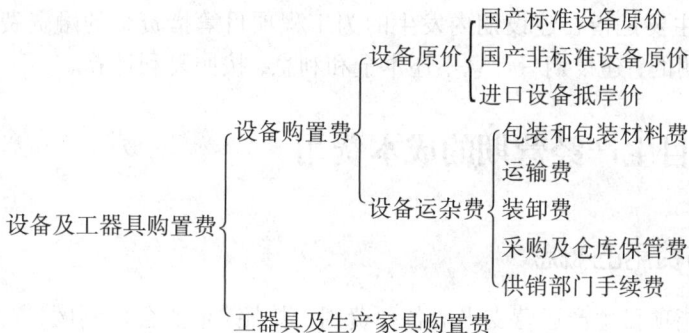

图 3－4　设备购置费用的组成

3.1.4　工程建设其他费用的构成

工程建设其他费用，是指从工程筹建起到工程竣工验收交付使用为止的整个建设期间，除建筑安装工程费用和设备及工、器具购置费用以外的，为保证工程建设顺利完成和交付使用后能够正常发挥效用而发生的各项费用。工程建设其他费用，大体可分为三类：第一类指建设用地费；第二类指与工程建设有关的其他费用；第三类指与未来企业生产经营有关的其他费用。

1. 建设用地费

任何一个建设项目都固定于一定地点与地面相连接，必须占用一定量的土地，也就必然要发生为获得建设用地而支付的费用，这就是建设用地费。它是指为获得工程项目建设土地的使用权而在建设期内发生的各项费用，包括通过划拨方式取得土地使用权而支付的土地征用及迁移补偿费，或者通过土地使用权出让方式取得土地使用权而支付的土地使用权出让金。根据我国《房地产管理法》的规定，获取国有土地使用权的基本方式有两种：一是出让方式，二是划拨方式。建设土地取得的其他方式还包括租赁和转让方式。

2. 与项目建设有关的其他费用

与项目建设有关的其他费用包括：①建设管理费；②可行性研究费；③研究试验费；④勘察设计费；⑤环境影响评价费；⑥劳动安全卫生评价费；⑦场地准备及临时设施费；⑧引进技术和引进设备其他费；⑨工程保险费；⑩特殊设备安全监督检验费；⑪市政公用设施费。

3. 与未来企业生产经营有关的其他费用

与未来企业生产经营有关的其他费用包括：联合试运转费；专利及专有技术使用费；生产准备及开办费等。

3.1.5 预备费的构成

按我国现行规定，预备费包括基本预备费和价差预备费。基本预备费是指在项目实施中可能发生难以预料的支出，需要事先预留的费用，又称工程建设不可预见费；价差预备费是对建设工期较长的项目，由于在建设期内可能发生材料、设备、人工等价格上涨引起投资增加而需要事先预留的费用，亦称价格变动不可预见费。

3.1.6 建设期利息的构成

建设期利息主要是指在建设期内发生的为工程项目筹措资金的融资费用及债务资金利息。没有特殊说明的，建设期只计息不还本金和利息，按照复利计算。

3.2 建设项目生产经营期的成本费用

3.2.1 成本与费用的概念

成本费用是指项目生产运营支出的各种费用。按照《企业会计制度》对成本与费用的定义：费用是指企业为销售商品、提供劳务等日常活动所发生的经济利益的流出；成本则是指企业为生产产品、提供劳务而发生的各种耗费。费用和成本是两个并行使用的概念，两者既有联系又有区别。成本是按一定对象所归集的费用，生产成本是相对于一定的产品而言所发生的费用；费用是资产的耗费，它与一定的会计期间相联系，而与生产哪种产品无关，成本则与一定种类和数量的产品或商品相联系，而不论发生在哪个会计期间。

按照《企业会计制度》，要求计算的是生产成本(或称制造成本、运营成本)，而把管理费用、财务费用和营业(销售)费用三项费用作为期间费用分别放在损益表中核算。在财务评价中，为了对生产运营期间的总费用一目了然，将这三项费用与生产成本合并为总成本费用。这是财务评价相对会计制度所做的不同处理，但并不会因此而影响利润的计算。按成本的计算范围，成本分为单位产品成本和总成本费用；按成本与产量的关系，成本分为固定成本和可变成本；按财务评价的特定要求，成本分为总成本费用和经营成本。成本估算应与销售收入的计算口径对应一致，各项费用应划分清楚，防止重复计算或者低估费用支出。

3.2.2 总成本费用的估算

1. 总成本费用的构成

总成本费用是指在运营期内为生产产品提供服务所发生的全部费用。等于经营成本与折旧费、摊销费和财务费用之和。总成本费用可按下列方法估算：

(1)生产成本加期间费用估算法

$$总成本费用=生产成本+期间费用 \tag{3-1}$$

$$生产成本=直接材料费+直接燃料及动力费+直接工资+其他直接支出+制造费用 \tag{3-2}$$

$$期间费用=管理费用+营业费用+财务费用 \tag{3-3}$$

1)制造费用指企业为生产产品和提供劳务而发生的各项间接费用，包括生产单位管理人员工资和福利费、折旧费、修理费(生产单位和管理用房屋、建筑物、设备)、办公费、水电费、机物料消耗、劳动保护费，季节性和修理期间的停工损失等。但不包括企业行政管理部门为组织和管理生产经营活动而发生的管理费用。项目评价中的制造费用是指项目包含的各分厂或车间的总制造费用，为了简化计算，常将制造费用归类为管理人员工资及福利费、折旧费、修理费和其他制造费用几部分。

2)管理费用是指企业为管理和组织生产经营活动所发生的各项费用，包括公司经费、工会经费、职工教育经费、劳动保险费、待业保险费、董事会费、咨询费、聘请中介机构费、诉讼费、业务招待费、排污费、房产税、车船使用税、土地使用税、印花税、矿产资源补偿费、技术转让费、研究与开发费、无形资产与其他资产摊销、职工教育经费、计提的坏账准备和存货跌价准备等。为了简化计算，项目评价中可将管理费用归类为管理人员工资及福利费、折旧费、无形资产和其他资产摊销、修理费和其他管理费用几部分。

3)营业费用是指企业在销售商品过程中发生的各项费用以及专设销售机构的各项经费，包括应由企业负担的运输费、装卸费、包装费、保险费、广告费、展览费以及专设销售机构人员工资及福利费、类似工程性质的费用、业务费等经营费用。为了简化计算，项目评价中将营业费用归为销售人员工资及福利费、折旧费、修理费和其他营业费用几部分。

按照生产成本加期间费用法估算的总成本费用，编制如表 3－1 所示的总成本费用估算表。

表 3－1　总成本费用估算表(生产成本加期间费用法)　单位：万元

序号	项目	合计	计算期					
			1	2	3	4	…	n
1	生产成本							
1.1	直接材料费							
1.2	直接燃料及动力费							
1.3	直接工资及福利费							
1.4	制造费用							
1.4.1	折旧费							
1.4.2	修理费							
1.4.3	其他制造费							
2	管理费用							
2.1	无形资产摊销							
2.2	其他资产摊销							
2.3	其他管理费用							
3	财务费用							
3.1	利息支出							
3.1.1	长期借款利息							

续表 3-1

序号	项目	合计	计算期					
			1	2	3	4	…	n
3.1.2	流动资金借款利息							
3.1.3	短期借款利息							
4	营业费用							
5	总成本费用合计(1+2+3+4)							
5.1	其中：可变成本							
5.2	固定成本							
6	经营成本(5-1.4.1-2.1-2.2-3.1)							

注：1. 本表适用于新设法人项目与既有法人项目的“有项目”“无项目”和增量总成本费用的估算。

2. 生产成本中的折旧费、修理费指生产性设施的固定资产折旧费和修理费。

3. 生产成本中的工资和福利费指生产性人员工资和福利费。车间或分厂管理人员工资和福利费可在制造费用中单独列项或含在其他制造费中。

4. 本表其他管理费用中含管理设施的折旧费、修理费以及管理人员的工资和福利费。

(2)生产要素估算法

总成本费用=外购原材料、燃料和动力费+工资及福利费+折旧费+摊销费+修理费+财务费用(利息支出)+其他费用 (3-60)

式中：其他费用包括其他制造费用、其他管理费用和其他营业费用这三项费用。其他管理费用是指由管理费用中扣除工资及福利费、折旧费、摊销费、修理费后的其余部分。其他营业费用是指由营业费用中扣除工资及福利费、折旧费、修理费后的其余部分。

按照生产要素法估算的总成本费用，编制如表 3-2 所示的总成本费用估算表。

表 3-2 总成本费用估算表(生产要素法) **单位：万元**

序号	项目	合计	计算期					
			1	2	3	4	…	n
1	外购原材料费							
2	外购燃料及动力费							
3	工资及福利费							
4	修理费							
5	其他费用							
6	经营成本(1+2+3+4+5)							
7	折旧费							

续表 3-2

序号	项目	合计	计算期					
			1	2	3	4	…	n
8	摊销费							
9	利息支出							
10	总成本费用合计(6+7+8+9)							
	其中：可变成本							
	固定成本							

注：本表适用于新设法人项目与既有法人项目的“有项目”“无项目”和增量成本费用的估算。

固定成本和可变成本估算。总成本费用可分解为固定成本和可变成本。固定成本一般包括折旧费、摊销费、修理费、工资及福利费(计件工资除外)和其他费用等，通常把运营期发生的全部利息也作为固定成本。可变成本主要包括外购原材料、燃料及动力费和计件工资等。

有些成本费用属于半固定、半可变成本，必要时可进一步分解为固定成本和可变成本。项目评价中可根据行业特点进行简化处理。

为了编制总成本费用估算表，还需配套编制“外购原材料费估算表”和表 3-4“外购燃料和动力费估算表”，如表 3-3、表 3-4 所示。

表 3-3　外购原材料费估算表　　单位：万元

序号	项目	合计	计算期					
			1	2	3	4	…	n
1	主要外购原材料费							
1.1	原材料 A 费用							
	单价(含税)							
	数量							
	进项税额							
1.2	原材料 B 费用							
	原价(含税)							
	数量							
	进项税额							
	…							
2	辅助材料费用							
	进项税额							

续表 3-3

序号	项目	合计	计算期					
			1	2	3	4	…	*n*
3	其他							
	进项税额							
4	外购原材料费合计							
5	外购原材料进项税额合计							

注：本表适用于新设法人项目与既有法人项目的“有项目”“无项目”和增量成本费用的估算。

表 3-4 外购燃料和动力费估算表

单位：万元

序号	项目	计算期					
		1	2	3	4	…	*n*
1	燃料费						
1.1	燃料 A 费用						
	单价(含税)						
	数量						
	进项税额						
	…						
2	动力费						
2.1	动力 A 费用						
	单价(含税)						
	数量						
	进项税额						
	…						
3	外购燃料及动力费合计						
4	外购燃料及动力进项税额合计						

注：本表适用于新设法人项目与既有法人项目的“有项目”“无项目”和增量成本费用的估算。

2. 固定资产

固定资产是指使用期限较长(一年以上)，单位价值在规定的标准以上，在生产过程中为多个生产周期服务，在使用过程中保持原来的物质形态的资产，包括房屋、建筑物、机械、运输设备和其他与生产经营有关的设备、器具、工具等。它是企业从事施工生产活动的主要劳动资料。

固定资产具有以下特点：

1) 从实物形态上看，固定资产能以同样的实物形态为连续多次的生产周期服务，而且在长期的使用过程中，保持其原有形态。

2)从价值形态看，固定资产的价值随其使用的磨损，以折旧的形式分期分批地转移到新产品的价值中去。

3)从资金运动来看，固定资产占用的资金循环一次周期较长，通过折旧得到补偿与回收的部分转化为货币资金。固定资产原值是指项目投产时(达到预定可使用状态)按规定由投资形成固定资产的部分，主要有工程费用(设备购置费、安装工程费、建筑工程费、工器具费)、待摊投资、预备费和建设期利息。

固定资金作为固定资产的货币表现，也有以下特点：

1)固定资金的循环期比较长，它不是取决于产品的生产周期，而是取决于固定资产的使用年限。

2)固定资金的价值补偿和实物更新是分别进行的，前者是随着固定资产折旧逐步完成的，后者是在固定资产不能使用或不宜使用时，用平时积累的折旧基金来实现的。

3)在购置和建造固定资产时，需要支付相当数量的货币资金，这种投资是一次性的，但投资的回收是通过固定资产折旧分期进行的。

3. 固定资产折旧

(1)固定资产折旧的概念

固定资产在使用过程中会受到磨损，其价值损失通常是通过提取折旧的方式得以补偿。固定资产折旧是指在固定资产使用寿命内，按照确定的方法对应计折旧额进行系统分摊。使用寿命是指固定资产的预计寿命，或者该固定资产所能生产产品或提供劳务的数量。应计折旧额是指应计提折旧的固定资产的原价扣除其预计净残值后的金额。已计提减值准备的固定资产，还应扣除已计提的固定资产减值准备累计金额。财政部颁布的《企业财务通则》第四章第十八条规定：固定资产的分类折旧年限、折旧办法以及计提折旧的范围由财政部确定。企业按照国家规定选择具体的折旧方法和确定加速折旧幅度，允许企业逐年提取固定资产折旧，符合税法的折旧费允许在所得税前列支。固定资产折旧方法可以采用年限平均法、工作量法、年数总和法、双倍余额递减法等。固定资产的折旧方法可在税法允许的范围内由企业自行确定，一般采用直线法，包括年限平均法和工作量法。工作量法又分为两种：一是按行驶里程计算折旧；二是按工作小时计算折旧。对技术进步较快或使用寿命受工作环境影响较大的施工机械和运输设备，可以采用双倍余额递减法或年数总和法计提折旧。

计提折旧的固定资产：

1)房屋建筑物。

2)在用的机器设备、食品仪表、运输车辆、工具器具。

3)季节性停用及修理停用的设备。

4)以经营租赁方式租出的固定资产和以融资租赁方式租入的固定资产。

不计提折旧的固定资产：

1)已提足折旧仍继续使用的固定资产。

2)以前年度已经估价单独入账的土地。

3)提前报废的固定资产。

4)以经营租赁方式租入的固定资产和以融资租赁方式租出的固定资产。

特殊情况：

1)已达到预定可使用状态的固定资产，如果尚未办理竣工决算，应当按照估计价值暂估入账，并计提折旧。待办理了竣工决算手续后，再按照实际成本调整原来的暂估价值，不需要调整原已计提的折旧额。当期计提的折旧作为当期的成本、费用处理。

2)处于更新改造过程停止使用的固定资产，应将其账面价值转入在建工程，不再计提折旧。更新改造项目达到预定可使用状态转为固定资产后，再按照重新确定的折旧方法和该项固定资产尚可使用寿命计提折旧。

3)因进行大修理而停用的固定资产，应当照提折旧，计提的折旧额应计入相关资产成本或当期损益。

(2)固定资产折旧的影响因素

1)固定资产原值，即固定资产的账面成本。折旧需要先计算固定资产原值。固定资产原值是指项目投产时（达到预定可使用状态）按规定由投资形成固定资产的部分，主要有工程费用（设备购置费、安装工程费、建筑工程费、工器具费）、待摊投资、预备费和建设期利息。

2)固定资产的净残值，是指假定固定资产预计使用寿命已满并处于使用寿命终了时的预期状态，企业目前从该项资产处置中获得的扣除预计处置费用以后的金额。由于在计算折旧时，对固定资产的残余价值和清理费用是人为估计的，所以净残值的确定有一定的主观性。

3)固定资产减值准备，是指固定资产已计提的固定资产减值准备累计金额。

4)固定资产的使用寿命，是指企业使用固定资产的预计期间，或者该固定资产所能生产产品或提供劳务的数量。固定资产使用寿命的长短直接影响各期应计提的折旧额。在确定固定资产使用寿命时，主要应当考虑下列因素：

①该项资产预计生产能力或实物产量；②该项资产预计有形损耗，如设备使用中发生磨损、房屋建筑物受到自然侵蚀等；③该项资产预计无形损耗，如因新技术的出现而使现有的资产技术水平相对陈旧、市场需求变化使产品过时等；④法律或者类似规定对该项资产使用的限制。

为此，企业应当根据固定资产的性质和使用情况，合理确定固定资产的使用寿命和预计净残值，并根据科技发展、环境及其他因素，选择合理的固定资产折旧方法，按照管理权限，经股东大会或董事会，或经理(厂长)会议或类似机构批准，作为计式租出的固定资产和以经营租赁方式租入的固定资产，不应当计提折旧。

(3)固定资产折旧年限

企业固定资产应当按月计提折旧。当月增加的固定资产，当月不提折旧，从下月起计提折旧；当月减少的固定资产，当月仍提折旧，从下月起停止计提折旧；对于提前报废的固定资产，不再补提折旧。

根据新企业所得税法，固定资产折旧年限规定：除国务院财政、税务主管部门另有规定外，固定资产计算折旧的最低年限如下：

1)房屋、建筑物，为20年。

2)飞机、火车、轮船、机器、机械和其他生产设备，为10年。

3)与生产经营活动有关的器具、工具、家具等，为5年。

4)飞机、火车、轮船以外的运输工具，为4年。

5)电子设备，为3年。

(4)固定资产折旧的计算

因为企业选用的固定资产折旧方法不同，将影响固定资产使用寿命期间内不同时期的折旧费用，因而对净残值和折旧方法由企业自身一经确定下来就不得随意变更。常见的折旧方法有以下几种：

1）平均年限法。平均年限法是指将固定资产的应计折旧额均衡地分摊到固定资产预定使用寿命内的一种方法。采用这种方法计算的每期（年、月）折旧额都是相等的。其计算公式如下：

$$\text{固定资产年折旧率}=\frac{\text{固定资产原值}-\text{预计净残值}}{\text{固定资产原值}\times\text{固定资产预计使用年限}}\times 100\% \qquad (3-5)$$

或 $$\text{固定资产年折旧率}=(1-\text{预计净残值率})/\text{固定资产预计使用年限}\times 100\% \qquad (3-6)$$

$$\text{固定资产年折旧额}=\text{固定资产原值}\times\text{固定资产年折旧率} \qquad (3-7)$$

$$\text{固定资产月折旧率}=\text{固定资产年折旧率}\div 12 \qquad (3-8)$$

$$\text{固定资产月折旧额}=\text{固定资产原值}\times\text{固定资产月折旧率} \qquad (3-9)$$

平均年限法的不足：

首先，固定资产在使用前期操作效能高，使用资产所获得收入比较高。根据收入与费用配比的原则，前期应提的折旧额应该相应得比较多。

其次，固定资产使用的总费用包括折旧费和修理费两部分。通常在固定资产使用后期的修理费会逐渐增加。而平均年限法的折旧费用在各期是不变的。这造成了总费用逐渐增加，不符合配比的原则。

再次，平均年限法未考虑固定资产的利用程度和强度，忽视了固定资产使用磨损程度的差异及工作效能的差异。

最后，平均年限法没有考虑到无形损耗对固定资产的影响。

平均年限法的优点：

平均年限法最大的优点是简单明了、易于掌握、简化了会计核算，因此在实际工作中得到了广泛的应用。

例 3－1　某企业一台专项设备账面原值为 160000 元，预计折旧年限 5 年，预计净残值 5000 元。按年限平均法计算折旧。

解：

$$\text{该设备年折旧率}=\frac{1-5000/160000}{5}\times 100\%=19.375\%$$

其各年折旧额如表 3－5 所示。

表 3－5　固定资产折旧计算表

年次	期初账面净值/元	年折旧率/%	年折旧额/元	累计折旧额/元	期末账面净值/元
1	160000	19.375	31000	31000	129000
2	129000	19.375	31000	62000	98000
3	98000	19.375	31000	93000	67000
4	67000	19.375	31000	124000	36000
5	36000	19.375	31000	155000	5000

2）工作量法。工作量法是指根据固定资产原值、规定的使用寿命期限内应完成的总工作

量(如行驶里程、工作小时等)和预计报废时的残值，按其实际完成的工作量计算折旧额，这种方法弥补了平均年限法只重使用时间，不考虑使用强度的缺点。其基本计算公式如下：

单位工作量折旧额 = [固定资产原值 ×(1 - 预计净残值率)]/预计总工作量 (3-10)

某项固定资产月折旧额 = 该项固定资产当月工作量 × 单位工作量折旧额 (3-11)

工作量法又分为两种：一是按照行驶里程计算折旧；二是按照工作台班计算折旧。这种方法实际上是平均年限法的一种演变。

①行驶里程法。

行驶里程法是按照行驶里程平均计算折旧的方法，它适用于车辆、船舶等运输设备计提折旧。其计算公式如下：

单位里程折旧额 = [固定资产原值 ×(1 - 预计净残值率)]/总行驶里程 (3-12)

某项固定资产月折旧额 = 该项固定资产当月行驶里程 × 单位里程折旧额 (3-13)

②工作台班法。

工作台班法是按照工作台班数平均计算折旧的方法。它适用于机器、设备等计提折旧。其计算公式如下：

每工作台班折旧额 = [固定资产原值 ×(1 - 预计净残值率)]/总工作台班 (3-14)

某项固定资产月折旧额 = 该项固定资产当月工作台班 × 每工作台班折旧额 (3-15)

工作量法的缺点：

首先，同平均年限法一样，未能考虑到修理费用递增以及操作效能或收入递减等因素；

再次，资产所能提供的服务数量也难以准确地估计；

最后，工作量法忽视了无形损耗对资产的影响。

工作量法的优点：

由于工作量法自身的特点，在有些情况下使用工作量法反而比较合理。例如，当有形损耗比无形损耗更重要时，或在使用期间资产使用不均衡的。因此，其使用程度与产品的生产工作量有关。在这些条件下，可以选择工作量法。

工作量法的适用范围：

实际工作中，在运输企业和其他的专业车队和客货汽车或某些价值大而又不经常使用或季节性使用的大型机器设备中，可以用工作量法来计提折旧。

例 3-2 某企业的一辆运货卡车的原值为 60000 元，预计总行驶里程为 50 万 km，其报废时的残值率为 5%，本月行驶 4000 km。

该辆汽车的月折旧额计算如下：

$$\text{单位里程折旧额} = \frac{60000 \times (1 - 5\%)}{500000} = 0.114(\text{元/km})$$

$$\text{本月折旧额} = 4000 \times 0.114 = 456(\text{元})$$

3)加速折旧法。加速折旧法也称为快速折旧法或递减折旧法。在固定资产有效使用年限的前期多提折旧，后期则少提折旧，从而相对加快折旧的速度，以使固定资产成本在有效使用年限中加快得到补偿。

加速折旧法包括双倍余额递减法和年数总和法两种。

加速折旧方法在理论上有其合理性：

首先，固定资产的净收入在使用期是递减的。固定资产在前期效能高，创造的收入也大。同时，固定资产的大部分投资者在投资初期会加大对固定资产的利用程度。

其次，固定资产的维修费用逐年增加。

再次，未来净收入难以准确估计，早期收入比晚期收入风险小。

最后，加速折旧法考虑了无形损耗对固定资产的影响。

因此采用加速折旧方法的优点有：

①最初几年工作效能高，收入大，相应的折旧费用高，符合成本与收入的配比原则。同时，早期多提折旧也符合谨慎性原则。

②通过提高折旧水平可及早收回投资，即可减少无形损耗、通货膨胀带来的投资风险。

③可以用递减的折旧费抵补递增的维修费，使企业利润在正常生产年份保持稳定。

④可以加快固定资产设备的更新，促进企业技术进步，刺激生产和经济增长，从而增加国家财政收入。

⑤折旧具有“税收挡板”的作用，由于递延了税款，企业可以获得一笔无息贷款。这是政府鼓励投资、刺激生产、推动经济增长的一种政策性举措。

加速折旧法具有其科学性和合理性，根据其特点适用于技术进步快、在国民经济中具有重要地位的企业。如电子生产企业、船舶工业企业、飞机制造企业、汽车制造企业、化工医药企业等。

①双倍余额递减法。双倍余额递减法是指在不考虑固定资产预计净残值的情况下，根据每期期初固定资产原价减去累计折旧后的金额（即固定资产净值）和双倍的直线法折旧率计算固定资产折旧的一种方法。采用这种方法，固定资产账面价值随着折旧的计提逐年减少，而折旧率不变，因此，各期计提的折旧额必然逐年减少。其计算公式如下：

$$\text{固定资产年折旧率} = 2 \div \text{固定资产预计使用年限} \times 100\% \tag{3-16}$$

$$\text{固定资产年折旧额} = \text{固定资产净值} \times \text{年折旧率} \tag{3-17}$$

$$\text{固定资产月折旧率} = \text{固定资产年折旧率} \div 12 \tag{3-18}$$

$$\text{固定资产月折旧额} = \text{固定资产净值} \times \text{月折旧率} \tag{3-19}$$

由于每年年初固定资产净值没有扣除预计净残值，因此，在双倍余额递减法下，必须注意不能使固定资产的净值低于其预计净残值。通常在其折旧年限到期前两年内，将固定资产净值扣除预计净残值后的余额平均摊销。

例 3-3　仍沿例 3-1，按双倍余额递减法计算折旧。

其各年折旧额如表 3-6 所示。

表 3-6　固定资产折旧计算表

年次	期初账面净值/元	年折旧率/%	年折旧额/元	累计折旧额/元	期末账面净值/元
1	160000	40	64000	64000	96000
2	96000	40	38400	102400	57600
3	57600	40	23040	125440	34560
4	34560	—	14780	140220	19780
5	19780	—	14780	15500	5000

②年数总和法。

年数总和法是指将固定资产的原价减去预计净残值后的净额，乘以一个以各年年初固定资产尚可使用的年限做分子，以预计使用年限逐年数字之和做分母的逐年递减的分数计算每年折旧额的一种方法。作为计提折旧依据的固定资产原值和净残值则各年相同，因此，采用年数总和法计提折旧各年提取的折旧额必然逐年递减。其计算公式如下：

$$固定资产年折旧率=\frac{预计使用年限-已使用年限}{预计折旧年限\times(预计折旧年限+1)\div 2}\times 100\% \quad (3-20)$$

或
$$=\frac{固定资产尚可使用年数}{固定资产预计使用年限的年数总和}\times 100\%$$

$$固定资产年折旧额=(固定资产原值-预计净残值)\times 年折旧率 \quad (3-21)$$

$$固定资产月折旧率=固定资产年折旧率\div 12 \quad (3-22)$$

$$固定资产月折旧额=(固定资产原值-预计净残值)\times 月折旧率 \quad (3-23)$$

例3-4 仍沿例3-1，采用年数总和法计算的各年折旧额如表3-7所示。

表3-7 固定资产折旧计算表

年次	尚可使用年数	原值-净产值/元	变动折旧率	年折旧额/元	累计折旧额/元
1	5	155000	5/15	51667	51667
2	4	155000	4/15	41333	93000
3	3	155000	3/15	31000	124000
4	2	155000	2/15	20667	144667
5	1	155000	1/15	10333	155000

4. 固定资产折旧对税收的影响

客观地讲，折旧年限取决于固定资产的使用年限。由于使用年限本身就是一个预计的经验值，使得折旧年限包含了很多人为成分，为合理避税筹划提供了可能性。缩短折旧年限有利于加速成本收回，可以使后期成本费用前移，从而使前期会计利润发生后移。在税率稳定的情况下，所得税递延交纳，相当于向国家取得了一笔无息贷款。

例3-5 某外商投资企业有一辆价值500000元的货车，残值按原值的4%估算，估计使用年限为8年。按直线法年计提折旧额如下：

解：

$$500000\times(1-4\%)/8=60000(元)$$

假定该企业资金成本为10%，则折旧节约所得税支出折合为现值如下：

$$60000\times 25\%\times 5.335=80025(元)$$

如果企业将折旧期限缩短为6年，则年提折旧额如下：

$$500000\times(1-4\%)/6=80000(元)$$

因折旧而节约所得税支出，折合为现值如下：

$$80000\times 25\%\times 4.355=87100(元)$$

尽管折旧期限的改变并未从数字上影响到企业所得税的总额，但考虑到资金的时间价值，后者对企业更为有利。如上例所示：折旧期限缩短为6年，则节约资金87100－80025＝7075（元）。

当税率发生变动时，延长折旧期限也可节税。

折旧是固定资产在使用过程中，通过逐渐损耗（包括有形损耗和无形损耗）而转移到产品成本或商品流通费用中的那部分价值。折旧的核算是一个成本分摊的过程，即将固定资产取得成本按合理且系统的方式，在它的估计有效使用期间内进行摊配。这不仅是为了收回投资，使企业在将来有能力重置固定资产，而且是为了把资产的成本分配于各个受益期，实现期间收入与费用的正确配比。

由于折旧要计入产品成本，直接关系到企业当期成本的大小、利润的高低和应纳税所得额的多少，因此，怎样计算折旧便成为十分重要的事情。

不同的折旧方法对纳税企业会产生不同的税收影响。首先，不同的折旧方法对于固定资产价值补偿和补偿时间会造成不同。其次，不同折旧方法导致的年折旧额提取直接影响到企业利润额受冲减的程度，因而造成累进税制下纳税额的差异及比例税制下纳税义务承担时间的差异。企业正是利用这些差异来比较和分析，以选择最优的折旧方法，达到最佳税收效益。

从企业税负来看，在累进税率的情况下，采用平均年限法使企业承担的税负最轻，工作量法次之，加速折旧法最差。这是因为平均年限法使折旧平均摊入成本，有效地避免了某一年内利润过于集中，适用较高税率，而别的年份利润又骤减的问题。因此，纳税金额和税负都比较小、比较轻。相反，加速折旧法把利润集中在后几年，必然导致后几年承担较高税率的税负。但在比例税率的情况下，采用加速折旧法对企业更为有利。因为加速折旧法可使固定资产成本在使用期限内加快得到补偿，企业前期利润少，纳税少；后期利润多，纳税较多，从而起到延期纳税的作用。

固定资产折旧费估算表，参见表3－8。

5. 摊销费用

无形资产和递延资产的原始价值要在规定的年限内，按年度或产量转移到产品的成本之中，这一部分被转移的无形资产和递延资产的原始价值，称为摊销。企业通过计提摊销费，回收无形资产及递延资产的资本支出。

（1）无形资产的摊销费用

无形资产是指企业为生产商品、提供劳务、出租给他人，或为管理目的而持有的、没有实物形态的非货币性长期资产。无形资产主要包括专利权、商标权、著作权、土地使用权、非专利技术、特许权、商誉等。

1）专利权。

专利权是指国家专利主管机关，依法授予发明创造专利申请人对其发明创造在法定期限内所享有的专有权利，包括发明专利权、实用新型专利权和外观设计专利权。

2）商标权。

商标权是指企业在某类指定的商品或产品上使用特定的名称、标记或图案的权利。商标权包括独占使用权和禁止使用权两个方面。

表 3-8 固定资产折旧费估算表

序号	项目	计算期					
		1	2	3	4	…	n
1	房屋、建筑物						
	原值						
	本年折旧费						
	净值						
2	机器设备						
	原值						
	本年折旧费						
	净值						
3	…						
	合计						
	原值						
	本年折旧费						
	净值						

注：本表适用于新设法人项目与既有法人项目的“有项目”“无项目”和增量成本费用的估算。

3)著作权。

著作权又称版权，是指作者对其创作的文学、科学和艺术作品依法享有的某些特殊权利。著作权包括精神权利(人身权利)和经济权利(财产权利)两个方面。

4)土地使用权。

土地使用权是指国家准许某企业在一定期间内对国有土地享有开发、利用、经营的权利。根据我国法律规定，中华人民共和国实行土地公有制，任何单位和个人都不得侵占、买卖或者以其他形式非法转让土地。

5)非专利技术。

非专利技术又称专有技术，是指未经公开也未申请专利，但在生产经营活动中已采用了的、不享有法律保护，但为发明人所垄断，具有实用价值的各种技术和经验，如设计图纸、资料、数据、技术规范、工艺流程、材料配方、管理制度和方法等。

6)特许权。

特许权又称经营特许权、专营权，是指企业在某一地区经营或销售某种特定商品的权利或是一家企业接受另一家企业使用其商标、商号、技术秘密等的权利。

7)商誉。

商誉是指企业由于所处地理位置优越、服务质量高，或由于信誉卓著而获得了客户的信任，或由于组织管理得当、生产经营效益高，或由于历史悠久积累了丰富的从事本行业的经验，或由于技术先进、掌握了施工生产的诀窍等原因而形成的无形价值。这种无形价值具体体现在该企业的获利能力超过了一般企业的获利水平。

无形资产摊销方法一般是采用平均年限摊销法。按照有关规定，无形资产从开始使用之日起，在有效使用期限内平均摊入成本。法律和合同规定了法定有效期限或者受益年限的，摊销年限从其规定，否则摊销年限应注意符合税法的要求。无形资产的摊销一般采用年限平均法，不计残值。

无形资产应当自取得当月起在预计使用年限内分期平均摊销，计入损益。如预计使用年限超过了相关合同规定的受益年限或法律规定的有效年限，该无形资产的摊销年限按如下原则确定：

1）合同规定了受益年限，但法律没有规定有效年限的，按不超过该受益年限摊销；

2）合同没有规定受益年限，但法律规定了有效年限的，按不超过该有效年限摊销；

3）合同规定了受益年限，法律也规定了有效年限的，按两者孰短的年限摊销；

4）合同没有规定受益年限，法律也没有规定有效年限的，按不超过 10 年的期限摊销。

（2）递延资产的摊销费用

递延资产是指不能全部计入当期损益，应当在以后年度内分期摊销的各项费用。包括开办费、租入固定资产的改良支出以及摊销期限在一年以上的长期待摊费用。递延资产实质上是一种费用，但由于这些费用的效益要期待于未来，并且这些费用支出的数额较大，是一种资本性支出，其受益期在一年以上，若把它们与支出年度的收入相配比，就不能正确计算当期经营成果，所以应把它们作为递延处理，在受益期内分期摊销。

通常，递延资产包括开办费、租入固定资产改良支出，以及摊销期在一年以上的长期待摊费用等。

1）开办费。

开办费是企业在筹建期间实际发生的各项费用。包括筹建期间人员的工资、差旅费、办公费、职工培训费、印刷费、注册登记费、调研费、法律咨询费及其他开办费等。但是，在筹建期间为取得流动资产、无形资产或购进固定资产所发生的费用不能作为开办费，而应相应确认各项资产。开办费应当自公司开始生产经营当月起，分期摊销，摊销期不得少于 5 年。

2）租入固定资产改良支出。

企业从其他单位或个人租入的固定资产，所有权属于出租人，但企业依合同享有使用权。通常双方在协议中规定，租入企业应按照规定的用途使用，并承担对租入固定资产进行修理和改良的责任，即发生的修理和改良支出全部由承租方负担。对租入固定资产的大修理支出，不构成固定资产价值，其会计处理与自有固定资产的大修理支出无区别。对租入固定资产实施改良，因有助于提高固定资产的效用和功能，应当另外确认为一项资产。由于租入固定资产的所有权不属于租入企业，不宜增加租入固定资产的价值而作为递延资产处理。租入固定资产改良及大修理支出应当在租赁期内分期平均摊销。

3）长期待摊费用。

长期待摊费用是指开办费和租入固定资产改良支出以外的其他递延资产。包括一次性预付的经营租赁款、向金融机构一次性支付的债券发行费用，以及摊销期在一年以上的固定资产大修理支出等。长期待摊费用的摊销期限均在一年以上，这与待摊费用不同，后者的摊销期限不超过一年，所以列在流动资产项目下。

摊销费估算表，格式参见表 3－9。

表 3-9 无形资产和其他资产摊销费估算表 单位: 万元

序号	项目	计算期					
		1	2	3	4	…	n
1	无形资产						
	原值						
	本年摊销费						
	净值						
2	其他资产						
	原值						
	本年摊销费						
	净值						
3	…						
	合计						
	原值						
	本年摊销费						
	净值						

注: 本表适用于新设法人项目与既有法人项目的“有项目”“无项目”和增量成本费用的估算。

6. 财务费用的估算

财务费用是指企业为筹集所需资金等而发生的费用，包括利息支出(减利息收入)、汇兑损失(减汇兑收益)及相关的手续费等。在项目的财务评价中，一般只考虑利息支出。利息支出的估算包括长期借款利息(即建设投资借款在投产后需支付的利息)、用于流动资金的借款利息和短期借款利息三部分。

(1)长期借款利息

长期借款利息是指对建设期间借款余额(含未支付的建设期利息)应在生产期支付的利息，包括等额还本付息方式、等额还本利息照付方式和最大能力还本方式三种计算利息的方法。等额还本付息方式、等额还本利息照付方式是国际上通用的还本付息方式。最大能力还本方式是国内特有的方式，每年偿还本金的数额按最大偿还能力计算，同时利息也逐年减少。

偿还能力主要包括可以用于还款的折旧费、摊销费及扣除法定盈余公积金、公益金和任意盈余公积金后的所得税后利润(中外合资经营企业扣除储备基金、职工奖励与福利基金和企业发展基金)。

1)等额还本付息方式。

等额还本付息方式是指在指定的还款期间内，每年还本付息的总额相同，随着本金的偿还，每年支付的利息逐年减少，同时每年偿还的本金逐年增多。

各种还本付息方式计算公式如下：

$$A = I_c \times \frac{i(1+i)^n}{(1+i)^n - 1} \tag{3-24}$$

式中：A——每年还本付息额（等额年金）；

I_c——还款年年初的借款本利和；

i——年利率；

n——预定的还款期。

每年还本付息额中：

$$每年支付利息 = 年初本金累计 \times 年利率 \tag{3-25}$$

$$每年偿还本金 = A - 每年支付利息 \tag{3-26}$$

式中：年初本金累计 = I_c - 本年以前各年偿还的本金累计。

2）等额还本利息照付方式。

等额还本利息照付方式是指将贷款本金分若干年等额摊还，并在每年末支付该年利息。它的特点是贷款本金逐年减少，利息也随之减少，至贷款期满可以全部还清。它适合于盈利能力较强的项目。

设 A_t 为第 t 年的还本付息额，则有：

$$A_t = I_c/n + I_c \times \left[1 - \frac{t-1}{n}\right] \times i \tag{3-27}$$

式中：每年支付利息 = 年初本金累计 × 年利率。

即：

$$第\,t\,年支付的利息 = I_c \times \left[1 - \frac{t-1}{n}\right] \times i \tag{3-28}$$

$$每年偿还本金 = I_c/n \tag{3-29}$$

3）最大能力还本付息方式。

最大能力还本付息方式是指企业在项目投产运营后，将获得盈利中可用于还贷的资金全部用于还贷，以最大限度地减少企业债务，使贷款偿还期缩至最短。每年偿还本金的数额按最大偿还能力计算，偿还能力主要包括可以用于还款的折旧费、摊销费及税后利润（一般是扣除法定盈余公积金和公益金后的税后利润）。它适合于贷款利率较高的项目。每年支付利息的计算公式如下：

$$每年支付利息 = 年初本金累计 \times 年利率 \tag{3-30}$$

以上公式中的年初本金累计应包括未偿还的建设期利息。

（2）流动资金借款利息

流动资金借款从本质上说应该归类为长期借款，但目前有些企业往往按年终偿还、下年初再借的方式处理，并按一年期利率计息。财务评价中可以根据情况选用适宜的利率。流动资金借款利息一般按当年流动资金借款额乘以相应的借款利率计算。财务评价中对流动资金的借款偿还一般设定在计算期最后一年，也可以在还完长期借款后安排。

（3）短期借款利息

项目评价中的短期借款是指生产运营期间为了资金的临时需要而发生的短期借款。短期借款的数额应在资金来源与运用表中有所反映，其利息应计入总成本费用表的财务费用中。

计算短期借款利息所采用利率一般为一年期利率。短期借款的偿还按照随借随还的原则处理，即当年借款尽可能于下年偿还。

3.2.3 经营成本估算

经营成本是项目经济评价中所使用的特定概念，作为项目运营期的主要现金流出，其构成和估算可用下列方法表达：

经营成本 = 外购原材料、燃料动力费 + 工资及福利费 + 修理费 + 其他费用 (3-31)

或：

经营成本 = 总成本费用 - 折旧费 - 维简费 - 摊销费 - 利息支出 (3-32)

即经营成本是指项目从总成本中扣除折旧费、维简费、摊销费和利息支出以后的成本。

应强调工程经济分析中要引入经营成本，以及要从总成本中扣除这些费用的原因：

1)现金流量表反映项目在计算期内逐年发生的现金流入和流出。与常规会计方法不同，现金收支何时发生，就何时计算，不作分摊。由于投资已按其发生的时间作为一次性支出被计入现金流出，所以不能再以折旧费、维简费和摊销费的方式计为现金流出，否则会发生重复计算。因此，作为经常性支出的经营成本中不包括折旧费和摊销费，同理也不包括维简费。

2)因为全部投资现金流量表以全部投资作为计算基础，不分投资资金来源，利息支出不作为现金流出，而自有资金现金流量表中已将利息支出单列，因此经营成本中也不包括利息支出。

3.2.4 固定成本和可变成本估算

在工程经济分析中，为便于计算和分析，可将总成本费用中的原材料费用及燃料和动力费用视为变动成本，其余各项均视为固定成本。固定成本一般包括折旧费、摊销费、修理费、工资及福利费(计件工资除外)和其他费用等，通常把运营期发生的全部利息也作为固定成本。

1)固定成本是指在一定产量范围内与产量增减变化没有直接联系的费用。在相关范围内，其成本总额不受产量增减变动的影响，但从单位产品分摊的固定成本看，它却随着产量的增加而相应减少。固定成本包括：借入资金的利息、租用厂房和设备的租金、与时间转移有关的折旧费、财产税、减产期间不能解雇的职工的工资等。然而，从长期来看，却不存在任何固定成本。

2)变动成本是指在相关范围内，其成本总额随着产量的增减成比例增减，但是从产品的单位成本看，它却不受产量变动的影响。它包括：原材料费用、与使用设备有关的折旧费、水电费等的可变部分、直接工人的工资、销货佣金和其他随产量增减而变动的投入要素的成本。

3)混合成本是指总成本虽然受产量变动的影响，但是其变动的幅度并不与产量的变化保持严格的比例。这类成本同时包括固定成本与变动成本两种因素，是一种混合成本。

3.3　企业的收入、销售税金及附加

3.3.1　工程经济分析中现金流量的核算原则

企业的收入、利润和所得税核算是按权责发生制进行的，而工程经济分析中所涉及的有关现金流量的核算则遵循的是收付实现制。权责发生制是指企业当期已经实现的收入和已经发生或负担的费用，无论款项是否收付，都应当作为当期的收入和费用；凡是不属于当期的收入和费用，即使款项已在当期收付，也不应当作为当期的收入和费用。收付实现制是与权责发生制相对应的一种确认基础，它是以收到或支付现金作为确认收入和费用的依据。显然，权责发生制所反映的经营成果与收付实现制所反映的经营成果是不一致的。目前，我国的行政单位采用收付实现制，事业单位除经营业务采用权责发生制外，其他业务也采用收付实现制。

3.3.2　销售(营业)收入

根据我国《企业会计准则》中的定义，收入是指企业在销售商品、提供劳务及他人使用本企业资产等日常活动中所形成的经济利益的总流入，具体包括商品销售收入、劳务收入、使用费收入、股利收入及利息收入等。收入是企业利润的主要来源。这里的经济利益是指直接或间接流入企业的现金或现金等价物。销售(营业)收入是指销售产品或者提供服务取得的收入。它是进行利润总额、销售税金及附加和增值税估算的基础数据。

计算销售(营业)收入首先要在正确估计各年的生产能力利用率或称生产负荷或开工率的基础上，还需要合理确定产品或服务的价格，并明确产品或服务适用的流转税率。对于征收增值税的产品，收入有含增值税和不含增值税之分。按税法，销售额是不含增值税的，与此对应，项目的各种外购物品也不含增值税。也就是说，在现金流量分析中可不考虑增值税问题。

3.3.3　销售税金及附加

销售税金及附加是指应由销售产品、提供工业性劳务等负担的销售税金和教育费附加，包括增值税、营业税、消费税、城市维护建设税、资源税和教育费附加等。

1. 增值税

增值税是对生产、销售商品或者提供劳务的纳税人实行抵扣原则，就其生产、经营过程中实际发生的增值额征税的税种。当财务评价的销售收入和成本估算均含增值税时，项目应缴纳的增值税等于销项税额减进项税额。

在工程经济分析中，增值税作为价外税可以不包含在销售税金及附加中，也可以包含在销售税金及附加中。如果不包含在销售税金及附加中，产出物的价格不含有增值税中的销项税，投入物的价格中不含有增值税中的进项税。但在销售税金及附加的估算中，为了计算城乡维护建设税和教育费附加，有时还需要单独计算增值税额，作为城乡维护建设税和教育费附加的计算基数。应当注意的是，当采用含增值税价格计算销售收入和原材料、燃料动力成本时，损益表中应单列增值税科目；采用不含增值税价格计算时，损益表中不包括增值税科目。增值税是按增值额计税的，可按下列公式计算：

$$增值税应纳税额=销项税额-进项税额 \tag{3-33}$$

式中，销项税额是指纳税人销售货物或提供应税劳务，按照销售额和增值税率计算并向购买方收取的增值税额，其计算公式为：

$$销项税额=销售额\times增值税率=销售收入(含税销售额)\div(1+增值税率)\times增值税率 \tag{3-34}$$

进项税额是指纳税人购进货物或接受应税劳务所支付或者负担的增值税额，其计算公式为：

$$进项税额=外购原材料、燃料及动力费\div(1+增值税率)\times增值税率 \tag{3-35}$$

2. 营业税

营业税是对在我国境内从事交通运输业、建筑业、金融保险业、邮电通信业、文化体育业、娱乐业、服务业或有偿转让无形资产、销售不动产行为的单位和个人，就其营业额所征收的一种税。营业税税率为3%～20%。其应纳税额的计算公式为：

$$应纳税额=营业额\times适用税率 \tag{3-36}$$

在一般情况下，营业额为纳税人提供应税劳务、转让无形资产、销售不动产时向对方收取的全部价款和价外费用。

3. 消费税

消费税是对工业企业生产、委托加工和进口的部分应税消费品按差别税率或税额征收的一种税。消费税是在普遍征收增值税的基础上，根据消费政策、产业政策的要求，有选择地对部分消费品征收的一种特殊的税种。消费税采用从价定率和从量定额两种计税方法计算应纳税额，一般以应税消费品的生产者为纳税人，于销售时纳税。其应纳税额的计算公式如下所述。

实行从价定率方法计算的：

$$\begin{aligned}应纳税额&=应税消费品销售额\times适用税率\\&=销售收入(含增值税)\div(1+增值税率)\times消费税率\\&=组成计税价格\times消费税率\end{aligned} \tag{3-37}$$

实行从量定额方法计算的：

$$应纳税额=应税消费品销售数量\times单位税额 \tag{3-28}$$

应税消费品的销售额是指纳税人销售应税消费品向买方收取的全部价款和价外费用，不包括向买方收取的增值税税款。销售数量是指应税消费品数量。

4. 城乡维护建设税

城乡维护建设税税率具体实行时分区域的差别比例税率，即按纳税人所在城市、县城或镇等不同的行政区域分别规定不同的比例税率。具体规定为：

1）纳税人所在地在市区的，税率为7%。这里称的“市”是指国务院批准市建制的城市，“市区”是指省人民政府批准的市辖区（含市郊）的区域范围。

2）纳税人所在地在县城、镇的，税率为5%。这里所称的“县城、镇”是指省人民政府批准的县城、县辖镇（区级镇），县城、县辖镇的范围按县人民政府批准的城镇区域范围。

3）纳税人所在地不在市区、县城、县辖镇的，税率为1%。

4）纳税人在外地发生缴纳增值税、消费税、营业税的，按纳税发生地的适用税率计征城建税。

城乡维护建设税以纳税人实际缴纳的增值税、营业税、消费税税额为税基乘以相应的税率计算，并分别与上述3种税同时缴纳。城乡维护建设税属于地方税种。在财务评价中应注意当地的规定。其应纳税额计算公式为：

应纳税额 =（增值税 + 营业税 + 消费税）的实纳税额 × 适用税率　(3-39)

5. 教育费附加

教育费附加是为了加快地方教育事业的发展，扩大地方教育经费的资金来源而开征的一种附加费。根据有关规定，凡缴纳消费税、增值税、营业税的单位和个人，都是教育费附加的缴纳人。教育费附加随消费税、增值税、营业税同时缴纳。教育费附加的计征依据是缴纳人实际缴纳的消费税、增值税、营业税的税额，征收率为3%。其计算公式为：

应纳教育费附加额 =（增值税 + 营业税 + 消费税）的实纳税额 × 3%　(3-40)

6. 地方教育附加

地方教育附加是指各省、自治区、直辖市根据国家有关规定，为实施“科教兴省”战略，增加地方教育的资金投入，促进各省、自治区、直辖市教育事业发展，开征的一项地方政府性基金。该收入主要用于各地方的教育经费的投入补充。按照地方教育附加使用管理规定，在各省、直辖市的行政区域内，凡缴纳增值税、消费税、营业税的单位和个人，都应按规定缴纳地方教育附加。地方教育费附加的计征依据是缴纳人实际缴纳的增值税、消费税、营业税的税额为计征依据。与增值税、消费税、营业税同时计算征收，征收率为2%。其计算公式为：

应纳地方教育费附加额 =（增值税 + 营业税 + 消费税）的实纳税额 × 2%　(3-41)

7. 资源税

资源税是以各种应税自然资源为课税对象、为了调节资源级差收入并体现国有资源有偿使用而征收的一种税。资源税在理论上可区分为对绝对矿租课征的一般资源税和对级差矿租课征的级差资源税，体现在税收政策上就叫做“普遍征收，级差调节”，即：所有开采者开采的所有应税资源都应缴纳资源税；同时，开采中、优等资源的纳税人还要相应多缴纳一部分资源税。

8. 企业所得税

企业所得税是指对中华人民共和国境内的企业（居民企业及非居民企业）和其他取得收入的组织以其生产经营所得为课税对象所征收的一种所得税。作为企业所得税纳税人，应依照《中华人民共和国企业所得税法》缴纳企业所得税。但个人独资企业及合伙企业除外。企业所得税纳税人即所有实行独立经济核算的中华人民共和国境内的内资企业或其他组织，包括以下6类：①国有企业；②集体企业；③私营企业；④联营企业；⑤股份制企业；⑥有生产经营所得和其他所得的其他组织。企业所得税的征税对象是纳税人取得的所得。包括销售货物所得、提供劳务所得、转让财产所得、股息红利所得、利息所得、租金所得、特许权使用费所得、接受捐赠所得和其他所得。

9. 关税

关税是指进出口商品在经过一国关境时，由政府设置的海关向进出口商所征收的税收。是以进出口的应税货物为纳税对象的税种。财务评价中涉及应税货物的进出口时，应按规定正确计算关税。引进技术、设备材料的关税体现在投资估算中，而进口原材料的关税体现在成本中。

关税的征税基础是关税完税价格。进口货物以海关审定的成交价值为基础的到岸价格为关税完税价格；出口货物以该货物销售于境外的离岸价格减去出口税后经过海关审查确定的价格为完税价格。

关税应税额的计算公式为：

应纳税额 = 关税完税价格 × 适用税率 （3-42）

3.4 利润、所得税和利润分配

3.4.1 利润的核算

利润是指企业在一定会计期间的经营成果，是用货币形式反映的企业生产经营活动的效率和效益的最终体现，是以企业生产经营所创造的收入与所发生的成本对比的结果。企业最终的经营成果一般有两种可能：一种是取得正的财务成果，即利润；另一种则是负的财务成果，即亏损。

就其构成来看，企业的利润既可通过生产经营活动而获得，也可通过投资活动而获得，此外还可通过那些与生产经营活动无直接关系的事项所引起的盈余来获得。企业的利润包括营业利润、利润总额和净利润。

1. 营业利润

营业利润是企业利润的主要来源，等于主营业务利润加上其他业务利润，再减去营业费用、管理费用和财务费用后的金额。其计算公式为：

营业利润 = 主营业务利润 + 其他业务利润 - 营业费用 - 管理费用 - 财务费用 （3-43）

（1）主营业务利润

主营业务利润是指企业的主营业务收入减去主营业务成本和主营业务税金和附加后的金额。其计算公式为：

主营业务利润 = 主营业务收入 - 主营业务成本 - 主营业务税金及附加 （3-44）

主营业务收入指销售商品、提供劳务等取得的收入；主营业务成本指企业已销售的商品、劳务等的制造成本；主营业务税金及附加指由销售的商品、提供的劳务等负担的销售税金及附加。

（2）其他业务利润

其他业务利润是指企业主营业务以外的其他业务活动所产生的利润，它等于其他业务收入减去其他业务支出后的金额。其中，其他业务支出包括企业在经营其他业务过程中所发生的成本费用及应由其他业务收入所负担的流转税等。其计算公式为：

其他业务利润 = 其他业务收入 - 其他业务支出 （3-45）

2. 利润总额

企业的利润总额是指营业利润加上投资收益、补贴收入、营业外收入，再减去营业外支出后的金额。其计算公式为：

利润总额 = 营业利润 + 投资净收益 + 补贴收入 + 营业外收入 - 营业外支出 （3-46）

(1)投资净收益

投资净收益指企业对外投资所取得的收益，减去发生的投资损失和计提的投资减值准备后的净额。其计算公式为：

$$投资净收益=投资收益-投资损失 \tag{3-47}$$

投资收益包括对外投资分得的利润、股利和债券利息，投资到期收回或者中途转让、出售取得款项高于账面价值的差额等。投资损失包括投资到期收回或中途转让、出售取得的款项低于账面价值的差额等。

(2)补贴收入

补贴收入是指企业按规定实际收到的退还的增值税，或按销量或工作量等依据国家规定的补助定额计算并按期给予的定额补贴，以及属于国家财政扶持的领域而给予的其他形式的补贴。

(3)营业外收入和营业外支出

营业外收入和营业外支出是指企业发生的与其生产经营活动没有直接关系的各项收入和各项支出。营业外收支净额的计算公式为：

$$营业外收支净额=营业外收入-营业外支出 \tag{3-48}$$

以上构成利润组成项目的指标中，真正反映企业盈利能力的是营业利润，它是一个企业依靠自己的经营活动取得的正常收益。而其他各个指标一般只能反映企业在某一个会计期间所取得的偶然收益，并不能代表企业的正常经营水平。

3. 净利润

净利润是企业当期利润总额减去所得税后的金额，即企业的税后利润，是企业所有者权益的组成部分，也是企业进行利润分配的依据。其计算公式为：

$$净利润=利润总额-所得税 \tag{3-49}$$

所得税是指企业应计入当期损益的所得税费用。

3.4.2　企业所得税的核算

企业所得税是企业依照税法的规定，针对其生产经营所得和其他所得，按规定的税率计算、缴纳的税款。由于所得税是企业的一项重要的现金流出，所以所得税的核算对工程项目的投资决策来说是很重要的。

企业所得税是以应纳税所得额乘以企业适用的所得税税率而求得的。其计算公式为：

$$应纳所得税额=应纳税所得额\times适用的所得税税率 \tag{3-37}$$

式中，应纳税所得额是指每一纳税年度的收入总额减去按照税法和财务制度规定的内容和标准准予扣除的项目后的余额。在实际计算时，可通过对企业的会计利润进行调整而取得。

(1)企业所得税的征税对象

企业所得税的征税对象是纳税人取得的所得。包括销售货物所得、提供劳务所得、转让财产所得、股息红利所得、利息所得、租金所得、特许权使用费所得、接受捐赠所得和其他所得。居民企业应当就其来源于中国境内、境外的所得缴纳企业所得税。

(2)企业所得税的税率

企业所得税的税率是用以计算企业所得税应纳税额的法定比率。根据《中华人民共和国企业所得税暂行条例》的规定，2008 年新的《中华人民共和国所得税法》规定一般企业所得税的税率为25%。符合条件的小型微利企业[年应纳税所得额低于6万元(含6万元)]，其所得减按50%计入应纳税所得额，按20%的税率缴纳企业所得税。国家需要重点扶持的高新技术企业，减按15%的税率征收企业所得税。非居民企业取得《企业所得税法》第二十七条第(五)项规定的所得，亦即《企业所得税法》第三条第三款规定的所得，亦即：非居民企业在中国境内未设立机构、场所的，或者虽设立机构、场所但取得的所得与其所设机构、场所没有实际联系的，其来源于中国境内的所得，按10%的税率征收企业所得税。

(3)企业所得税减免

企业所得税减免是指国家运用税收经济杠杆，为鼓励和扶持企业或某些特殊行业的发展而采取的一项灵活调节措施。企业所得税条例原则上规定了两项减免税优惠：一是民族区域自治地方的企业需要照顾和鼓励的，经省级人民政府批准，可以实行定期减税或免税；二是法律、行政法规和国务院有关规定给予减税免税的企业，依照规定执行。

(4)企业所得税法定扣除项目

企业所得税法定扣除项目是据以确定企业所得税应纳税所得额的项目。企业所得税条例规定，企业应纳税所得额的确定，是企业的收入总额减去成本、费用、损失以及准予扣除项目的金额。成本是纳税人为生产、经营商品和提供劳务等所发生的各项直接耗费和各项间接费用。费用是指纳税人为生产经营商品和提供劳务等所发生的销售费用、管理费用和财务费用。损失是指纳税人生产经营过程中的各项营业外支出、经营亏损和投资损失等。除此以外，在计算企业应纳税所得额时，对纳税人的财务会计处理和税收规定不一致的，应按照税收规定予以调整。企业所得税法定扣除项目除成本、费用和损失外，税收有关规定中还明确了一些需按税收规定进行纳税调整的扣除项目。

主要包括以下内容：

1)利息支出的扣除。纳税人在生产、经营期间，向金融机构借款的利息支出，按实际发生数扣除；向非金融机构借款的利息支出，不高于按照金融机构同类、同期贷款利率计算的数额以内的部分，准予扣除。

2)计税工资的扣除。条例规定，企业合理的工资、薪金予以据实扣除，这意味着取消实行多年的内资企业计税工资制度，切实减轻了内资企业的负担。但允许据实扣除的工资、薪金必须是“合理的”，对明显不合理的工资、薪金，则不予扣除。今后，国家税务总局将通过制定与《实施条例》配套的《工资扣除管理办法》对“合理的”概念进行明确。

3)在职工福利费、工会经费和职工教育经费方面，实施条例继续维持了以前的扣除标准(提取比例分别为14%、2%、2.5%)，但将“计税工资总额”调整为“工资薪金总额”，扣除额也就相应提高了。在职工教育经费方面，为鼓励企业加强职工教育投入，实施条例规定，除国务院财税主管部门另有规定外，企业发生的职工教育经费支出，不超过工资薪金总额2.5%的部分，准予扣除；超过部分，准予在以后纳税年度结转扣除。

4)捐赠的扣除。纳税人的公益、救济性捐赠，在年度会计利润的12%以内的，允许扣除。超过12%的部分则不得扣除。

5)业务招待费的扣除。业务招待费，是指纳税人为生产、经营业务的合理需要而发生的交际应酬费用。税法规定，纳税人发生的与生产、经营业务有关的业务招待费，由纳税人提供确实记录或单据，分别在下列限度内准予扣除：《企业所得税法实施条例》第四十三条进一步明确，企业发生的与生产经营有关的业务招待费支出按照发生额的60%扣除，但最高不得超过当年销售(营业)收入的5‰。也就是说，税法采用的是“两头卡”的方式。一方面，企业发生的业务招待费只允许列支60%，是为了区分业务招待费中的商业招待和个人消费，通过设计一个统一的比例，将业务招待费中的个人消费部分去掉；另一方面，最高扣除额限制为当年销售(营业)收入的5‰，这是用来防止有些企业为不调增40%的业务招待费，采用多找餐费发票甚至假发票冲账，造成业务招待费虚高的情况。

6)职工养老基金和失业保险基金的扣除。职工养老基金和待业保险基金，在省级税务部门认可的上交比例和基数内，准予在计算应纳税所得额时扣除。

7)残疾人保障基金的扣除。对纳税人按当地政府规定上交的残疾人保障基金，允许在计算应纳税所得额时扣除。

8)财产、运输保险费的扣除。纳税人缴纳的财产，运输保险费，允许在计税时扣除。但保险公司给予纳税人的无赔款优待，则应计入企业的应纳税所得额。

9)固定资产租赁费的扣除。纳税人以经营租赁方式租入固定资产的租赁费，可以直接在税前扣除；以融资租赁方式租入固定资产的租赁费，则不得直接在税前扣除，但租赁费中的利息支出、手续费可在支付时直接扣除。

10)坏账准备金、呆账准备金和商品削价准备金的扣除。纳税人提取的坏账准备金、呆账准备金，在计算应纳税所得额时准予扣除，提取的标准暂按财务制度执行。纳税人提取的商品削价准备金准予在计税时扣除。

11)转让固定资产支出的扣除。纳税人转让固定资产支出是指转让、变卖固定资产时所发生的清理费用等支出。纳税人转让固定资产支出准予在计税时扣除。

12)固定资产、流动资产盘亏、毁损、报废净损失的扣除。纳税人发生的固定资产盘亏、毁损、报废的净损失，由纳税人提供清查、盘存资料，经主管税务机关审核后，准予扣除。这里所说的净损失，不包括企业固定资产的变价收入。纳税人发生的流动资产盘亏、毁损、报废净损失，由纳税人提供清查盘存资料，经主管税务机关审核后，可以在税前扣除。

13)总机构管理费的扣除。纳税人支付给总机构的与该企业生产经营有关的管理费，应当提供总机构出具的管理费汇集范围、定额、分配依据和方法的证明文件，经主管税务机关审核后，准予扣除。

14)国债利息收入的扣除。纳税人购买国债利息收入，不计入应纳税所得额。

15)其他收入的扣除。包括各种财政补贴收入、减免或返还的流转税，除国务院、财政部和国家税务总局规定有指定用途者可以不计入应纳税所得额外，其余则应并入企业应纳税所得额计算征税。

(16)亏损弥补的扣除。纳税人发生的年度亏损，可以用下一年度的所得弥补，下一纳税年度的所得不足弥补的，可以逐年延续弥补，但最长不得超过5年。

(5)企业所得税不得扣除项目

在计算应纳税所得额时，下列支出不得扣除：

1)资本性支出。是指纳税人购置、建造固定资产，以及对外投资的支出。企业的资本性支出，不得直接在税前扣除，应以提取折旧的方式逐步摊销。

2)无形资产受让、开发支出。是指纳税人购置无形资产以及自行开发无形资产的各项费用支出。无形资产受让、开发支出也不得直接扣除，应在其受益期内分期摊销。

3)资产减值准备。固定资产、无形资产计提的减值准备，不允许在税前扣除；其他资产计提的减值准备，在转化为实质性损失之前，不允许在税前扣除。

4）违法经营的罚款和被没收财物的损失。纳税人违反国家法律、法规和规章，被有关部门处以的罚款以及被没收财物的损失，不得扣除。

5）各项税收的滞纳金、罚金和罚款。纳税人违反国家税收法规，被税务部门处以的滞纳金和罚款、司法部门处以的罚金，以及上述以外的各项罚款，不得在税前扣除。

6）自然灾害或者意外事故损失有赔偿的部分。纳税人遭受自然灾害或者意外事故，保险公司给予赔偿的部分，不得在税前扣除。

7）超过国家允许扣除的公益、救济性捐赠，以及非公益、救济性捐赠。纳税人用于非公益、救济性捐赠，以及超过年度利润总额12%部分的捐赠，不允许扣除。

8）各种赞助支出。

9）与取得收入无关的其他各项支出。

利润总额经纳税调整后，按适用的税率计算所得税。企业发生的年度亏损，可以用下一年度的税前利润弥补，下一年度利润不足弥补的，可以逐年延续弥补，但是延续弥补期最长不得超过5年，按弥补以后的应纳所得税额，再计算所得税。

3.4.3 我国企业利润分配的一般顺序

利润分配，是将企业实现的净利润，按照国家财务制度规定的分配形式和分配顺序，在国家、企业和投资者之间进行的分配。利润分配的过程与结果，是关系到所有者的合法权益能否得到保护，企业能否长期、稳定发展的重要问题，为此，企业必须加强利润分配的管理和核算。企业利润分配的主体一般有国家、投资者、企业和企业内部职工；利润分配的对象主要是企业实现的净利润；利润分配的时间即确认利润分配的时间是利润分配义务发生的时间和企业作出决定向内向外分配利润的时间。

根据我国《公司法》等有关规定，企业当年实现的利润总额应按国家有关税法的规定作相应的调整，然后依法缴纳所得税。企业当期实现的净利润，加上年初未分配利润（或减去年初未弥补亏损）和其他转入后的余额，为可供分配的利润。如果可供分配的利润为负数（即亏损），则不能进行后续分配；如果可供分配利润为正数（即本年累计盈利），则进行后续分配。根据《企业会计制度》，可供分配的利润按下列顺序分配。

（1）弥补公司以前年度亏损

按我国财务和税务制度的规定，企业的年度亏损，可以由下一年度的税前利润弥补，下一年度税前利润尚不足以弥补的，可以由以后年度的利润继续弥补，但用税前利润弥补以前年度亏损的连续期限不超过5年。5年内弥补不足的，用本年税后利润弥补。本年净利润加上年初未分配利润为企业可供分配的利润，只有可供分配的利润大于零时，企业才能进行后续分配。

（2）提取法定盈余公积金

根据《公司法》的规定，法定盈余公积金的提取比例为当年税后利润（弥补亏损后）的10%。当法定盈余公积金已达到注册资本的50%时可不再提取。法定盈余公积金可用于弥补亏损、扩大公司生产经营或转增资本，但公司用盈余公积金转增资本后，法定盈余公积金的余额不得低于转增前公司注册资本的25%。

(3)提取任意盈余公积金

根据《公司法》的规定，公司从税后利润中提取法定公积金后，经股东会或者股东大会决议，还可以从税后利润中提取任意公积金。任意公积金由于并非法律强制规定要求提取，因此对其提取比例、用途等公司法均未作出规定，而是交由章程或者股东会决议作出明确规定。

(4)向股东(投资者)分配股利(利润)

根据《公司法》的规定，公司弥补亏损和提取公积金后所余税后利润，可以向股东(投资者)分配股利(利润)，其中有限责任公司股东按照实缴的出资比例分取红利，全体股东约定不按照出资比例分取红利的除外；股份有限公司按照股东持有的股份比例分配，但股份有限公司章程规定不按持股比例分配的除外。根据《公司法》的规定，在公司弥补亏损和提取法定公积金之前向股东分配利润的，股东必须将违反规定分配的利润退还公司。

新公司法修订了公司利润分配的规定，不再强制要求提取法定公益金。这是因为公司提取公益金主要是用于购建职工住房。住房分配制度改革以后，按照财政部的有关规定，企业已经不得再为职工住房筹集资金，公益金失去了原有用途。实践中出现了大笔公益金长期挂账闲置、无法使用的问题，造成了资金的闲置和浪费。

经过上述分配后，剩余的为未分配利润(或未弥补亏损)。未分配利润可留待以后年度进行分配。企业如发生亏损，可以按规定用以后年度利润进行弥补。

思考与练习

1. 简述工程项目建设投资及构成内容。
2. 简述我国现行建筑安装工程费用的构成内容。
3. 简述成本与费用的概念。
4. 简述总成本费用的概念。
5. 固定资产折旧的方法有哪些?
6. 简述无形资产摊销年限的确定原则。
7. 长期借款利息偿还方式有哪些?每种偿还方式本金和利息的变化特点有何不同?
8. 简述经营成本的概念及其计算公式。
9. 简述工程经济分析中现金流量的核算原则。
10. 销售税金及附加中包括哪些税种?
11. 企业的利润包括哪些?分别是如何核算的?
12. 应纳税所得和会计利润两个不同概念的区别是什么?
13. 简述纳税调整的概念及其计算公式。
14. 简述我国企业利润分配的一般顺序。
15. 某公司以30万元购进一台新轿车，按规定使用年限为8年，残值率为4%，每年行驶的里程数见表3-10。试分别用平均年限法、工作量法、年数总和法、双倍余额递减法计算各年应该计提的折旧额是多少。
16. 某个项目投资总额1000万元，分5年在年初支付工程款，两年后开始投产，有效期限为5年。投产开始时垫付流动资金200万元，项目结束时收回。每年销售收入1000万元，经营成本700万元。假设现金流出在年初支付，现金流入在年末取得。请计算投产后各年产生的利润和现金流量，并比较整个投资年限内利润合计与现金流量合计是否相等。

17. 某新建项目投资拟向银行贷款4000万元，贷款期限为5年，没有宽限期，年利率为8%，分别采用等额还本付息方式、等额还本利息照付方式进行还本付息。试计算每年的还本额和利息支付额。

表3－10 按不同折旧方法计算的轿车每年折旧额

使用年限	行驶里程 $/\times10^4$ km	年计提折旧额/万元			
		平均年限法	工作量法	年数总和法	双倍余额递减法
1	5				
2	6				
3	6				
4	8				
5	7				
6	7				
7	6				
8	5				
合计	50				

18. 某企业投资150000元购入固定资产一台，残值按原值的5%计算，预计可用5年。企业年销售收入为100000元，按平均年限法计算的年销售总成本为60000元。请用平均年限法和年数总和法分别计算各年的折旧额，并说明折旧方法不同对企业成本、利润和应交所得税的影响。

第4章

工程项目投资估算

4.1　工程项目投资估算概述

投资估算是在对项目的建设规模、技术方案、设备方案、工程方案及项目实施进度等进行研究并基本确定的基础上，估算项目投入总资金(包括建设投资和流动资金)并测算建设期内分年资金需要量。投资估算可作为制订融资方案、进行经济评价及编制初步设计概算的依据。因此，按照项目建设前期不同阶段所要求的内容和深度，完整、准确地进行投资估算是项目决策分析与评价阶段必不可少的重要工作。

4.1.1　工程项目投资估算的内容

按照《投资项目可行性研究指南》的划分，项目投入总资金由建设投资(含建设期利息)和流动资金两项构成，具体内容包括建筑工程费、设备及工器具购置费、安装工程费、工程建设其他费用、基本预备费、涨价预备费、建设期利息等7项。其中，建筑工程费、设备及工器具购置费、安装工程费和建设期利息在项目交付使用后形成固定资产。预备费一般也按形成固定资产考虑。工程建设其他费用将分别形成固定资产、无形资产和其他资产。

4.1.2　投资估算的深度、要求与依据

投资项目建设工作可以概括为机会研究、初步可行性研究(项目建议书)、可行性研究和项目评估四个阶段。在我们进行投资估算的时候允许出现误差，但是这个误差不能太大，它必须在一定的范围内才有效。

1. 投资估算的深度与要求

投资项目前期工作可以概括为机会研究、初步可行性研究、可行性研究、项目评估四个阶段。由于不同阶段工作深度和掌握的资料不同，投资估算的准确程度也就不同。因此，在前期工作的不同阶段，允许投资估算的深度和准确性不同。随着工作的进展，项目条件的逐步明确和细化，投资估算会不断地深入，准确度会逐步提高，从而对项目投资起到有效的控制作用。项目前期的不同阶段对投资估算的允许误差率如表4-1所示。

表 4－1　投资项目前期各阶段对投资估算误差的要求

序号	投资项目前期阶段	投资估算的误差率
1	机会研究阶段	±30% 以内
2	初步可行性研究(项目建议书)阶段	±20% 以内
3	可行性研究阶段	±10% 以内
4	项目评估阶段	±10% 以内

作为对可行性研究结果进行最后评价的依据，该阶段经批准的投资估算作为该项目的投资限额尽管允许有一定的误差，但投资估算应达到以下要求：

1)工程内容和费用构成齐全，计算合理，不重复计算，不提高或者降低估算标准，不漏项、不少算。

2)选用指标与具体工程之间存在标准或者条件差异时，应进行必要的换算或者调整。

3)投资估算精度应能满足投资项目前期不同阶段的要求。

2. 投资估算的依据

对于建设项目投资估算，我们应该要做到：方法科学、依据充分。一般来说，投资估算的依据主要有：

1)专门机构发布的建设工程造价费用构成、估算指标、计算方法，以及其他有关工程造价的文件。

2)专门机构发布的工程建设其他费用估算办法和费用标准，以及政府部门发布的物价指数。

3)拟建项目各单项工程的建设内容与工程量。

4.1.3 投资估算的作用

1. 投资估算是投资决策的依据之一

项目决策分析与评价阶段投资估算所确定的项目建设与运营所需的资金量，是投资者进行投资决策的依据之一。投资者要根据自身的财力和信用状况作出是否投资的决策。

2. 投资估算是制订项目融资方案的依据

项目决策分析与评价阶段投资估算所确定的项目建设与运营所需的资金量，是项目制订融资方案、进行资金筹措的依据。投资估算准确与否，将直接影响融资方案的可靠性，直接影响各类资金在币种、数量和时间要求上能否满足项目建设的需要。

3. 投资估算是进行项目经济评价的基础

经济评价是对项目的费用与效益作出全面的分析评价，项目所需投资是项目费用的重要组成部分，是进行经济评价的基础。投资估算准确与否，将直接影响经济评价的可靠性。在投资机会研究和初步可行性研究阶段，虽然对投资估算的准确度要求相对较低，但投资估算仍然是该阶段的一项重要工作。投资估算完成之后才有可能进行经济效益的初步评价。

4. 投资估算是编制初步设计概算的依据，对项目的工程造价起控制作用

按照项目建设程序，应在可行性研究报告被审定或批准后进行初步设计。经审定或批准的可行性研究报告是编制初步设计的依据，报告中所估算的投资额是编制初步设计概算的依据。按照建设项目决策分析与评价的不同阶段所要求的内容和深度，完整、准确地进行投资估算是项目决策分析与评价必不可少的工作。

4.1.4　建设投资估算方法的分类

建设投资的估算采用何种方法应取决于要求达到的精确度，而精确度又由项目前期研究阶段的不同以及资料数据的可靠性决定。因此在投资项目的不同前期研究阶段，允许采用详简不同、深度不同的估算方法。建设投资的估算方法包括简单估算法和投资分类估算法。简单估算方法包括生产能力指数法、比例估算法、系数估算法和投资估算指标法等。前三种估算方法的估算精度相对不高，主要适用于投资机会研究和项目可行性研究阶段。在项目可行性研究阶段应采用投资估算指标法和投资分类估算法。

4.1.5　项目投入总资金及分年投入计划

1. 项目投入总资金

按投资估算内容和估算方法估算各项投资并进行汇总，分别编制项目投入总资金估算汇总表，如表 4 – 2 所示，以及主要单项工程投资估算表，如表 4 – 3 所示，并对项目投入总资金构成和各单项工程投资比例的合理性、单位生产能力（使用效益）投资指标的先进性进行分析。

表 4 – 2　项目投入总资金估算汇总表　　单位：万元

序号	费用名称	投资额		占项目投入总资金的比例/%	估计说明
		合计	其中：外汇		
1	建设投资				
1.1	建设投资静态部分				
1.1.1	建筑工程费				
1.1.2	设备及工器具购置费				
1.1.3	安装工程费				
1.1.4	工程建设其他费				
1.1.5	基本预备费				
1.2	建设投资动态部分				
1.2.1	涨价预备费				
1.2.2	建设期利息				
2	流动资金				
3	项目投入总资金(1+2)				

表4-3 主要单项工程投资估算表 单位：万元

序号	工程名称	建筑工程费	设备及工器具购置费	安装工程费	工程建设其他费用	合计
	合计					

2. 分年资金投入计划

估算出项目投入总资金后，应根据项目实施进度的安排，编制分年资金投入计划表，如表4-4所示。

表4-4 分年资金投入计划表 单位：万元(或万美元)

序号	名称	人民币			外币		
		第1年	第2年	…	第1年	第2年	…
	分年计划/%						
1	建设投资(不含建设期利息)						
2	建设利息						
3	流动资金						
4	项目投入总资金(1+2+3)						

4.2 工程项目投资简单估算法

4.2.1 生产能力指数法

生产能力指数法又称指数估算法，它是根据已建成的类似项目生产能力和投资额来粗略估算拟建项目投资额的方法。其计算公式为：

$$Y_2 = Y_1 \times (X_2/X_1)^n \times CF \tag{4-1}$$

式中：Y_2——拟建项目的投资额；

Y_1——已建类似项目的投资额；

X_2——拟建项目的生产能力；

X_1——已建类似项目的生产能力；

CF——新老项目建设间隔期内定额、单价、费用变更等的综合调整系数；

n——生产能力指数，$0 \leqslant n \leqslant 1$。

式(4-1)表明，项目投资额与规模(或容量)呈非线性关系。运用这种方法估算项目投资的重要条件是要有合理的生产能力指数。若已建类似项目的规模和拟建项目的规模相差不大，生产规模比值为0.5~2，则指数 n 的取值近似为1；若已建类似项目的规模和拟建项目的规模相差不大于50倍，且拟建项目规模的扩大仅靠增大设备规模来达到时，则 n 取值为0.6~0.7；若靠增加相同规模设备的数量达到时，则 n 取值为0.8~0.9。

采用生产能力指数法，计算简单、速度快；但要求类似工程的资料可靠，条件基本相同，否则误差就会增大。

例4-1 已知生产流程相似的年能力为30万吨的化工装置，建成的固定资产是60000万元，拟建装置年产量设计为70万吨，试估计拟建装置的投资费用。（生产能力指数 $n=0.6$，$CF=1.2$）

解：根据上面的公式，则有

$$Y_2 = Y_1 \times (X_2/X_1)^n \times CF = 60000 \times (70/30)^{0.6} \times 1.2 = 119707(\text{万元})$$

4.2.2 比例估算法

比例估算法又分为两种：

(1)以拟建项目的全部设备费为基数进行估算

以拟建项目的设备费为基数，根据已建成的同类项目的建筑安装费和其他工程费等占设备价值的百分比，求出拟建项目建筑安装工程费和其他工程费，进而求出建设项目总投资。这种方法适用于设备投资占比例较大的项目。其计算公式如下：

$$C = E(1 + f_1P_1 + f_2P_2 + f_3P_3 + \cdots) + I \qquad (4-2)$$

式中：C——拟建项目投资额；

E——拟建项目设备费；

P_1、P_2、P_3…——已建项目中建筑安装费及其他工程费等占设备费的比重；

f_1、f_2、f_3、…——由于时间因素引起的定额、价格、费用标准等变化的综合调整系数。

例4-2 已知长沙某高校新建项目设备投资为10000万元，根据已建项目的统计情况，一般建筑工程占设备投资的29.5%，安装工程占设备投资的8.5%，其他工程费用占设备投资的6.8%。该项目其他费用估计为800万元，试估算该项目的投资额（调整系数 $f=1$）。

解：根据式(4-2)，该项目的投资额为：

$$\begin{aligned} CE &= (1 + f_1P_1 + f_2P_2 + f_3P_3) \times I \\ &= 10000 \times (1 + 29.5\% + 8.5\% + 6.8\%) \\ &= 1448(\text{万元}) \end{aligned}$$

(2)以拟建项目的最主要工艺设备费为基数进行估算

以拟建项目中投资比重较大，并与生产能力直接相关的工艺设备投资为基数，根据已建同类项目的有关统计资料，计算出拟建项目各专业工程（总图、土建、采暖、给排水、管道、电气、自控等）占工艺设备投资的百分比，据以求出拟建项目各专业投资，然后加总即为项目总投资。其计算公式为：

$$C = E(1 + f_1p_1 + f_2p_2 + f_3p_3 + \cdots) + I \qquad (4-3)$$

式中：p_1、p_2、p_3、…——已建项目中各专业工程费用占设备费的比重；

其他符号同前。

4.2.3 系数估算法

1. 朗格系数法

这种方法是以设备费为基数，乘以适当系数来推算项目的建设费用。其计算公式为：

$$C = E(1 + \sum K_i) \cdot K_c \tag{4-4}$$

式中：C——总建设费用；

E——主要设备费；

K_i——管线、仪表、建筑物等项费用的估算系数；

K_c——管理费、合同费、应急费等项费用的总估算系数。

总建设费用与设备费用之比为朗格系数 K_l。即：

$$K_l = (1 + \sum K_i) \cdot K_c \tag{4-5}$$

运用朗格系数法估算投资的步骤如下：

1）计算设备到达现场的费用，包括设备出厂价、陆路运费、海上运输费、装卸费、关税、保险、采购等。

2）根据计算出的设备费乘以 1.43，即得到包括设备基础、绝热工程、油漆工程和设备安装工程的总费用(a)。

3）以上述计算的结果(a)再分别乘以 1.1、1.25、1.6（视不同流程），即可得到包括配管工程在内的费用(b)。

4）以上述计算的结果(b)再乘以 1.5，即得到此装置（或项目）的直接费(c)，此时，装置的建筑工程、电气及仪表工程等的费用均含在直接费用中。

5）最后以上述计算结果(c)再分别乘以 1.31、1.35、1.38（视不同流程），即得到工厂的总费用 C。

如果某固体流程工厂建设的设备费用为 E_1；某固体流程工厂建设的设备费用为 E_2；某流体流程工厂建设的设备费用为 E_3，则根据上述计算程序可分别写成：

$$C_1 = E_1 \times 1.43 \times 1.1 \times 1.5 \times 1.31 = 3.1E_1$$

$$C_2 = E_2 \times 1.43 \times 1.25 \times 1.5 \times 1.35 = 3.63E_2$$

$$C_3 = E_3 \times 1.43 \times 1.6 \times 1.5 \times 1.38 = 4.74E_3$$

应用朗格系数法进行工程项目或装置估价的精度仍不是很高，其原因如下：

1）装置规模大小发生变化的影响。

2）不同地区自然地理条件的影响。

3）不同地区经济地理条件的影响。

4）不同地区气候条件的影响。

5）主要设备材质发生变化时，设备费用变化较大而安装费变化不大所产生的影响。

尽管如此，由于朗格系数法是以设备费为计算基础，而设备费用在一项工程中所占的比重对于石油、石化、化工工程而言占 45% ~55%，同时一项工程中每台设备所含有的管道、电气、自控仪表、绝热、油漆、建筑等，都有一定的规律。所以，只要对各种不同类型工程的朗格系数掌握得准确，估算精度仍可较高。朗格系数法估算误差在 10% ~15%。

例 4－3　假定某年产 20 万吨酒精的工厂，已知该工厂的设备到达工地的费用为 5000 万元。试用朗格系数法估算该工厂的投资。

解：酒精工厂的生产流程基本上属于流体流程，因此在采用朗格系数法时，全部数据应采用流体流程的数据。

现计算如下：

1）设备到达现场的费用 5000 万元。

2）计算费用(a)

(a) $= E \times 1.43 = 5000 \times 1.43 = 7150$（万元）

则设备基础、绝热、刷油及安装费用为：$7150 - 5000 = 2150$（万元）

3）计算费用(b)

(b) $= E \times 1.43 \times 1.6 = 5000 \times 1.43 \times 1.6 = 11440$（万元）

则其中配管（管道工程）费用为：$11440 - 7150 = 4290$（万元）

（4）计算装置直接费(c) $= E \times 1.43 \times 1.6 \times 1.5 = 17160$（万元）

则电气、仪表、建筑等工程费用为：$17160 - 11440 = 5720$（万元）

（5）计算投资 C

$C = E \times 1.43 \times 1.6 \times 1.5 \times 1.38 = 23680.8$（万元）

则间接费用为：$23680.8 - 17160 = 6520.8$（万元）

由此估算出该工厂的总投资为 23680.8 万元，其中间接费用为 6520.8 万元。

2. 设备及厂房系数法

一个项目，工艺设备投资和厂房土建投资之和占了整个项目投资的绝大部分。如果设计方案已确定生产工艺，初步选定了工艺设备并进行工艺布置，这就有了工艺设备的重量级厂房的高度和面积。那么，工艺设备投资和厂房土建的投资就可以分别估算出来。而对于其他专业，与设备关系较大的按设备系数计算，与厂房土建关系较大的则以厂房建设投资系数计算，两类投资加起来就得出整个项目的投资，这个方法，在预可行性阶段是比较合适的。

例 4－4：某工厂，其厂房土建费用估计为 4200 万元，工艺设备及安装费用估算为 2600 万元，其他各专业工程投资系数如下所示：

工艺设备	1	厂房土建（含设备基础）	1
起重设备	0.08	工业管道	0.02
气化冷却	0.01	采暖通风	0.01
供电及转动	0.19	给排水工程	0.04
加热炉及烟道	0.11	电器照明	0.01
自动化仪表	0.02		
余热锅炉	0.05		
系数合计：1.46		系数合计：1.08	

解：根据上述方法，该项目的总投资为：

$$2600 \times 1.46 + 4200 \times 1.08 = 8332\text{（万元）}$$

4.2.4　投资估算指标法

投资估算指标是编制和确定项目可行性研究报告中投资估算的基础和依据，与概预算定额比较，估算指标是以独立的建设项目、单项工程或单位工程为对象，综合项目全过程投资和建设的各类成本和费用，反映出其扩大的技术经济指标，具有较强的综合性和概括性。

投资估算指标分为建设项目综合指标、单项工程指标和单位工程指标三种。

1）建设项目综合指标一般以项目的综合生产能力单位投资表示，如元/t、元/kW、或以使用功能表示，如医院床位：元/床。

2）单项工程指标一般以单项工程能力单位投资表示，如一般工业与民用建筑：元/m^2；工业窑炉砌筑：元/m^3；变配电站：元/（kV·A）等。

3）单位工程指标按规定应列入能独立设计、施工的工程项目的费用，即建筑安装工程费用，一般以如下方式表示：房屋区别不同结构形式以元/m^2 表示；管道区别不同材质、管径以元/m 表示。

4.3 工程项目投资及流动资金分类估算法

工程项目的投资估算包括了建设投资估算和流动资金估算两部分。

4.3.1 工程投资估算

工程项目投资是由建筑工程费、设备及工器具购置费、安装工程费、工程建设其他费用、基本预备费、涨价预备费、建设期利息七部分组成的。

建设投资（不含建设期利息）估算步骤如下：

1）分别估算各单项工程所需的建筑工程费、设备及工器具购置费和安装工程费。

2）在汇总各单项工程费用的基础上估算工程建设其他费用。

3）估算基本预备费和涨价预备费。

4）加和求得建设投资（不含建设期利息）总额。

1. 建筑安装工程费用的估算方法

（1）建筑工程费估算方法

建筑工程费是指为建造永久性建筑物和构筑物所需要的费用，如场地平整、厂房、仓库、电站、设备基础、工业窑炉、矿井开拓、露天剥离、桥梁、码头、堤坝、隧道、涵洞、铁路、公路、管线铺设、水库、水坝、灌区等项工程的费用。建筑工程费的估算方法一般采用以下三种方法：

1）单位建筑工程投资估算法。单位建筑工程投资估算法，是以单位建筑工程量投资乘以建筑工程总量来估算建筑工程投资费用的方法。一般工业与民用建筑以单位建筑面积（平方米）的投资，工业窑炉以单位容积（立方米）的投资，铁路路基以单位长度（公里）的投资，矿山掘进以单位长度（米）的投资，然后分别乘以相应的建筑工程总量计算建筑工程费。

2）单位实物工程量投资估算法。单位实物工程量投资估算法，是以单位实物工程量的投资乘以实物工程总量来计算建筑工程投资费用的方法。土石方工程按每立方米投资，矿井巷道衬砌工程以每延米投资，路面铺设工程按每平方米投资，然后分别乘以相应的实物工程量计算建筑工程费。

3）概算指标投资估算法。对于没有上述估算指标且建筑工程费占总投资比例较大的项目，可采用概算指标估算法。采用这种估算法，应占有较为详细的工程资料、建筑材料价格和工程费用指标，投入的时间较多，工作量较大。其具体估算方法见有关专门机构发布的概算编制办法。

对于这三种方法，前两种方法比较简单，后一种方法要以比较详细的工程资料为基础，工作量较大，可根据具体条件和要求选用。

应编制建筑工程费用估算表，如表4－5所示。

表4－5 建筑工程费用估算表

序号	建(构)筑物名称	单位	工程量	单价/元	费用合计/万元

(2)安装工程费估算方法

在投资估算中，安装工程费通常是根据行业或者专门机构发布的安装工程定额、取费标准和指标估算法。具体的计算公式如下：

$$\text{安装工程费} = \text{设备原价} \times \text{安装费率} \tag{4-6}$$

$$\text{安装工程费} = \text{设备吨位} \times \text{每吨安装费} \tag{4-7}$$

$$\text{安装工程费} = \text{安装工程实物量} \times \text{安装费用指标} \tag{4-8}$$

附属管道量大的行业，有的要求单独估算管道工程费用，并单独列出主材费用。项目决策分析与评价阶段，根据投资估算的深度要求，也允许安装费用按单项工程分别估算。

应编制安装工程估算表，如表4－6所示。

表4－6 安装工程费用估算表

序号	安装工程名称	单位	数量	指标(费率)	安装费用/万元
1	设备				
	A				
	B				
	…				
2	管道工程				
	A				
	B				
…	…				
	合计				

(3)建筑安装工程费用各费用构成要素计算方法

1)人工费。

$$人工费 = \sum(工日消耗量 \times 日工资单价) \tag{4-9}$$

$$日工资单价 = \frac{生产工人平均月工资(计时计件) + 平均月(奖金 + 津贴补贴 + 特殊情况下支付的工资)}{年平均每月法定工作日} \tag{4-10}$$

公式(4－9)主要适用于施工企业投标报价时自主确定人工费，也是工程造价管理机构编制计价定额确定定额人工单价或发布人工成本信息的参考依据。

$$人工费 = \sum(工程工日消耗量 \times 日工资单价) \tag{4-11}$$

日工资单价是指施工企业平均技术熟练程度的生产工人在每工作日(国家法定工作时间内)按规定从事施工作业应得的日工资总额。

工程造价管理机构确定日工资单价应通过市场调查、根据工程项目的技术要求，参考实物工程量人工单价综合分析确定，最低日工资单价不得低于工程所在地人力资源和社会保障部门所发布的最低工资标准的：普工1.3倍、一般技工2倍、高级技工3倍。

工程计价定额不可只列一个综合工日单价，应根据工程项目技术要求和工种差别适当划分多种日人工单价，确保各分部工程人工费的合理构成。

公式(4－11)适用于工程造价管理机构编制计价定额时确定定额人工费，是施工企业投标报价的参考依据。

2)材料费。

①材料费。

$$材料费 = \sum(材料消耗量 \times 材料单价) \tag{4-12}$$

$$材料单价 = [(材料原价 + 运杂费) \times (1 + 运输损耗率)] \times (1 + 采购保管费率) \tag{4-13}$$

② 工程设备费。

$$工程设备费 = \sum(工程设备量 \times 工程设备单价) \tag{4-14}$$

$$工程设备单价 = (设备原价 + 运杂费) \times [1 + 采购保管费率(\%)] \tag{4-15}$$

3) 施工机具使用费。

① 施工机械使用费。

$$施工机械使用费 = \sum(施工机械台班消耗量 \times 机械台班单价) \tag{4-16}$$

$$机械台班单价 = 台班折旧费 + 台班大修费 + 台班经常修理费 + 台班安拆费及场外运费 + 台班人工费 + 台班燃料动力费 + 台班车船税费 \tag{4-17}$$

在确定计价定额中的施工机械使用费时，应根据《建筑施工机械台班费用计算规则》结合市场调查编制施工机械台班单价。施工企业可以参考工程造价管理机构发布的台班单价，自主确定施工机械使用费的报价，如租赁施工机械，公式为：

$$施工机械使用费 = \sum(施工机械台班消耗量 \times 机械台班租赁单价)$$

② 仪器仪表使用费。

$$仪器仪表使用费 = 工程使用的仪器仪表摊销费 + 维修费 \tag{4-18}$$

4）企业管理费

① 以分部分项工程费为计算基础。

$$企业管理费率=\frac{生产工人年平均管理费}{年有效施工天数\times人工单价}\times人工费占分部分项工程费比例 \quad (4-19)$$

② 以人工费和机械费合计为计算基础。

$$企业管理费率=\frac{生产工人年平均管理费}{年有效施工天数\times(人工单价+每一工日机械使用费)}\times100\% \quad (4-20)$$

③ 以人工费为计算基础。

$$企业管理费率=\frac{生产工人年平均管理费}{年有效施工天数\times人工单价}\times100\% \quad (4-21)$$

上述公式适用于施工企业投标报价时自主确定管理费，是工程造价管理机构编制计价定额确定企业管理费的参考依据。

在确定计价定额中企业管理费时，应以定额人工费或(定额人工费 + 定额机械费）作为计算基数，其费率根据历年工程造价积累的资料，辅以调查数据确定，列入分部分项工程和措施项目中。

5）利润。

① 施工企业根据企业自身需求并结合建筑市场实际自主确定，列入报价中。

② 工程造价管理机构在确定计价定额中利润时，应以定额人工费或(定额人工费 + 定额机械费）作为计算基数，其费率根据历年工程造价积累的资料，并结合建筑市场实际确定，以单位(单项）工程测算，利润在税前建筑安装工程费的比重可按不低于5% 且不高于7% 的费率计算。利润应列入分部分项工程和措施项目中。

6）规费。

① 社会保险费和和住房公积金。

社会保险费和住房公积金应以定额人工费为计算基础，根据工程所在地省、自治区、直辖市或行业建设主管部门规定费率计算。

$$社会保险费和住房公积金=\sum(工程定额人工费\times社会保险费和住房公积金费率) \quad (4-22)$$

式中：社会保险费和住房公积金费率可以每万元发承包价的生产工人人工费和管理人员工资含量与工程所在地规定的缴纳标准综合分析取定。

②工程排污费。

工程排污费是指按规定缴纳的施工现场工程排污费。其他应列而未列入的规费，按实际发生计取。

7)税金。

①营业税。

营业税的税额为营业额的3%，计算公式为：

$$营业税=营业额\times3\% \quad (4-23)$$

②城市维护建设税。

计算公式为:

$$应纳税额=应纳营业税税额\times适用税率 \quad (4-24)$$

城市维护建设税的纳税人所在地为市区的，按营业税的7%征收；所在地为县镇的，按营业税的5%征收；所在地为农村的，按营业税的1%征收。

③教育费附加。

教育费附加税额为营业税的3%，计算公式为:

$$应纳税额=应纳营业税额\times 3\% \quad (4-25)$$

④地方教育附加。

地方教育附加为营业税额的2%，计算公式为:

$$应纳税额=应纳营业税额\times 2\% \quad (4-26)$$

综合税金的计算公式为:

$$税金=税前造价\times综合税率(\%) \quad (4-27)$$

a. 纳税地点在市区的企业:

$$综合税率(\%)=\frac{1}{1-3\%-(3\%\times 7\%)-(3\%\times 3\%)-(3\%\times 2\%)}-1 \quad (4-28)$$

b. 纳税地点在县城、镇的企业:

$$综合税率(\%)=\frac{1}{1-3\%-(3\%\times 5\%)-(3\%\times 3\%)-(3\%\times 2\%)}-1 \quad (4-29)$$

c. 纳税地点不在市区、县城、镇的企业:

$$综合税率(\%)=\frac{1}{1-3\%-(3\%\times 1\%)-(3\%\times 3\%)-(3\%\times 2\%)}-1 \quad (4-30)$$

d. 实行营业税改增值税的，按纳税地点现行税率计算。

(4)建筑安装工程计价计算方法

1)分部分项工程费。

$$分部分项工程费=\sum(分部分项工程量\times综合单价) \quad (4-31)$$

式中：综合单价包括人工费、材料费、施工机具使用费、企业管理费和利润以及一定范围的风险费用。

2)措施项目费。

①国家计量规范规定应予计量的措施项目，其计算公式为:

$$措施项目费=\sum(措施项目工程量\times综合单价) \quad (4-32)$$

②国家计量规范规定不宜计量的措施项目计算方法如下:

a. 安全文明施工费。

$$安全文明施工费=计算基数\times安全文明施工费费率(\%) \quad (4-33)$$

计算基数应为定额基价(定额分部分项工程费+定额中可以计量的措施项目费)、定额人工费或(定额人工费+定额机械费)，其费率由工程造价管理机构根据各专业工程的特点综合确定。

b. 夜间施工增加费。

$$夜间施工增加费=计算基数\times夜间施工增加费费率 \quad (4-34)$$

c. 二次搬运费。

$$二次搬运费 = 计算基数 \times 二次搬运费费率 \tag{4-35}$$

d. 冬雨季施工增加费。

$$冬雨季施工增加费 = 计算基数 \times 冬雨季施工增加费费率 \tag{4-36}$$

e. 已完工程及设备保护费。

$$已完工程及设备保护费 = 计算基数 \times 已完工程及设备保护费费率 \tag{4-37}$$

上述 b～e 项措施项目的计费基数应为定额人工费或(定额人工费 + 定额机械费)，其费率由工程造价管理机构根据各专业工程特点和调查资料综合分析后确定。

3）其他项目费。

①暂列金额由建设单位根据工程特点，按有关计价规定估算，施工过程中由建设单位掌握使用、扣除合同价款调整后如有余额，归建设单位。

②计日工由建设单位和施工企业按施工过程中的签证计价。

③总承包服务费由建设单位在招标控制价中根据总包服务范围和有关计价规定编制，施工企业投标时自主报价，施工过程中按签约合同价执行。

4）规费和税金。

建设单位和施工企业均应按照省、自治区、直辖市或行业建设主管部门发布标准计算规费和税金，不得作为竞争性费用。

2. 设备及工器具购置费的估算方法

设备及工器具购置费包括设备购置费、工器具购置费、现场自制非标准设备费、生产家具购置费和相应的运杂费。

(1) 设备购置费

设备购置费是由设备原价和设备运杂费构成。

$$设备购置费 = 设备原价 + 设备运杂费 \tag{4-38}$$

设备购置费应按国产设备和进口设备分别计算，工器具购置费一般按占设备费的比例记取。其中：设备原价按国产设备和进口设备的原价分别计算，主要包括以下内容：①设备制造消耗的主要材料费；②加工费；③设备制造消耗的辅助材料费；④专用工具费；⑤废品损失费；⑥外购配套件费；⑦包装费；⑧设备设计费；⑨利润；⑩增值税。

1）国产设备原价的构成及计算。

国产设备原价一般指的是设备制造厂的交货价，或订货合同价。它一般根据生产厂或供应商的询价、报价、合同价确定，或采用一定的方法计算确定。国产设备原价分为国产标准设备原价和国产非标准设备原价。

①国产标准设备原价。

国产标准设备是指按照主管部门颁布的标准图纸和技术要求，由我国设备生产厂批量生产的，符合国家质量检测标准的设备。国产标准设备原价有两种，即带有备件的原价和不带有备件的原价。在计算时，一般采用带有备件的原价。国产标准设备一般有完善的设备交易市场，因此可通过查询相关交易市场价格或向设备生产厂家询价得到国产标准设备原价。

②国产非标准设备原价。

国产非标准设备是指国家尚无定型标准，各设备生产厂不可能在工艺过程中采用批量生产，只能按订货要求并根据具体的设计图纸制造的设备。非标准设备由于单件生产、无定型标准，所以无法获取市场交易价格，只能按其成本构成或相关技术参数估算其价格。非标准设备原价有多种不同的计算方法，如成本计算估价法、系列设备插入估价法、分部组合估价法、定额估价法等。但无论采用哪种方法都应该使非标准设备计价接近实际出厂价，并且计算方法要简便。成本计算估价法是一种比较常用的估算非标准设备原价的方法。按成本计算估价法，非标准设备的原价由以下各项组成：

a. 材料费。计算公式为：

$$材料费 = 材料净重 \times (1 + 加工损耗系数) \times 每吨材料综合价 \quad (4-39)$$

b. 加工费。加工费包括生产工人工资和工资附加费、燃料动力费、设备折旧费、车间经费等。计算公式为：

$$加工费 = 设备总重量(t) \times 设备每吨加工费 \quad (4-40)$$

c. 辅助材料费。辅助材料费简称辅材费，包括焊条、焊丝、氧气、氩气、氮气、油漆、电石等费用。计算公式为：

$$辅助材料费 = 设备总重量 \times 辅助材料费指标 \quad (4-41)$$

d. 专用工具费。专用工具费是按 a ~ c 项之和乘以一定的百分比计算。

e. 废品损失费。废品损失费应该按 a ~ d 项之和乘以一定的百分比计算。

f. 外购配套件费。外配套件费是按设备设计图纸所列的外购配套件的名称、型号、规格、数量、重量，根据相应的价格加运杂费计算。

g. 包装费。包装费应按以上 a ~ f 项之和乘以一定百分比计算。

h. 利润。利润可按 a ~ f 项之和乘以一定的利润率计算。

i. 税金。这里的税金主要指增值税，计算公式为：

$$增值税 = 当期销项税额一进项税额 \quad (4-42)$$

$$当期销项税额 = 销售额 \times 适用增值税率 \quad (4-43)$$

销售额为 a ~ h 项之和。

j. 非标准设备设计费。非标准设备设计费应按国家规定的设计费收费标准计算。

因此，单台非标准设备原价的计算公式为：

单台非标准设备原价 = {[(材料费 + 加工费 + 辅助材料费) × (1 + 专用工具费率) × (1 + 废品损失费率) + 外购配套件费] × (1 + 包装费率) - 外购配套件费) × (1 + 利润率) + 销项税额 + 非标准设备设计费 + 外购配套件费 (4-44)

例 4-4 某工厂采购一台国产非标准设备，制造厂生产该台设备所用材料费 20 万元，加工费 2 万元，辅助材料费 4000 元，制造厂为制造该设备，在材料采购过程中发生进项增值税额 3.5 万元。专用工具费率 1.5%，废品损失费率 10%，外购配套件费 5 万元，包装费率 1%，利润率为 7%，增值税率为 17%，非标准设备设计费 2 万元，求该国产非标准设备的原价。

解： 专用工具费 = (20 + 2 + 0.4) × 1.5% = 0.336(万元)

废品损失费 = (20 + 2 + 0.4 + 0.336) × 10% = 2.274(万元)

包装费 = (22.4 + 0.336 + 2.274 + 5) × 1% = 0.300(万元)

利润 = (22.4 + 0.336 + 2.274 + 0.3) × 7% = 1.772(万元)

销项税额 = (22.4 + 0.336 + 2.274 + 5 + 0.3 + 1 - 772) × 17% = 5.454(万元)

该国产非标准设备的原价 = 22.4 + 0.336 + 2.274 + 0.3 + 1.772 + 5.454 + 2 + 5 = 39.536(万元)

2)进口设备原价的构成及计算。

进口设备的原价是指进口设备的抵岸价，即设备抵达买方边境、港口或车站，交纳完各种手续费、税费后形成的价格。抵岸价通常是由进口设备到岸价(CIF)和进口从属费构成。进口设备的到岸价即抵达买方边境港口或边境车站的价格。在国际贸易中，交易双方所使用的交货类别不同，则交易价格的构成内容也有所差异。进口从属费用包括银行财务费、外贸手续费、进口关税、消费税、进口环节增值税等，进口车辆的还需缴纳车辆购置税。

①进口设备的货价。

在国际贸易中，较为广泛使用的交易价格术语有FOB(free on board)、CFR(cost and freight)和CIF(cost insurance and freight)。

a. FOB，意为装运港船上交货，亦称为离岸价格。FOB术语是指当货物在指定的装运港越过船舷，卖方即完成交货义务。风险转移以在指定的装运港货物越过船舷时为分界点。费用划分与风险转移的分界点相一致。

在FOB交货方式下，卖方的基本义务有：办理出口清关手续，自负风险和费用，领取出口许可证及其他官方文件；在约定的日期或期限内，在合同规定的装运港，按港口惯常的方式，把货物装上买方指定的船只，并及时通知买方；承担货物在装运港越过船舷之前的一切费用和风险；向买方提供商业发票和证明货物已交至船上的装运单据或具有同等效力的电子单证。买方的基本义务有：负责租船订舱，按时派船到合同约定的装运港接运货物，支付运费，并将船期、船名及装船地点及时通知卖方；负担货物在装运港越过船舷后的各种费用以及货物灭失或损坏的一切风险；负责获取进口许可证或其他官方文件，以及办理货物入境手续；受领卖方提供的各种单证，按合同规定支付货款。

b. CFR，意为成本加运费，或称之为运费在内价。CFR是指在装运港货物越过船舷卖方即完成交货，卖方必须支付将货物运至指定的目的港所需的运费和费用，但交货后货物灭失或损坏的风险，以及由于各种事件造成的任何额外费用，即由卖方转移到买方。与FOB价格相比，CFR的费用划分与风险转移的分界点是不一致的。

在CFR交货方式下，卖方的基本义务有：提供合同规定的货物，负责订立运输合同，并租船订舱，在合同规定的装运港和规定的期限内，将货物装上船并及时通知买方，支付运至目的港的运费；负责办理出口清关手续，提供出口许可证或其他官方批准的文件；承担货物在装运港越过船舷之前的一切费用和风险；按合同规定提供正式有效的运输单据、发票或具有同等效力的电子单证。买方的基本义务有：承担货物在装运港越过船舷以后的一切风险及运输途中因遭遇风险所引起的额外费用；在合同规定的目的港受领货物，办理进口清关手续，交纳进口税；受领卖方提供的各种约定的单证，并按合同规定支付货款。

c. CIF，意为成本加保险费、运费，习惯称到岸价格。在CIF术语中，卖方除负有与CFR相同的义务外，还应办理货物在运输途中最低险别的海运保险，并应支付保险费。如买方需要更高的保险险别，则需要与卖方明确地达成协议，或者自行作出额外的保险安排。除保险这项义务之外，买方的义务与CFR相同。

进口设备按离岸价计价时，应计算设备运抵我国口岸的国际运费和国际运输保险费，得出到岸价。计算公式为：

进口设备到岸价 = 离岸价 + 国际运费 + 国际运输保险费 = CFR + 运输保险费 (4-45)

a. 货价。一般指装运港船上交货价(离岸价，FOB)。设备货价分为原币货价和人民币货价，原币货价一律折算为美元表示，人民币货价按原币货价乘以外汇市场美元兑换人民币汇率中间价确定。进口设备货价按有关生产厂商询价、报价、订货合同价计算。

b. 国际运费。即从装运港(站)到达我国目的港(站)的运费。我国进口设备大部分采用海洋运输，小部分采用铁路运输，个别采用航空运输。进口设备国际运费计算公式为：

$$国际运费(海、陆、空) = 离岸价(FOB价) \times 运费率 \quad (4-46)$$

$$国际运费(海、陆、空) = 单位运价 \times 运量 \quad (4-47)$$

其中，运费率或单位运价参照有关部门或进出口公司的规定执行。

c. 运输保险费。对外贸易货物运输保险是由保险人(保险公司)与被保险人(出口人或进口人)订立保险契约，在被保险人交付议定的保险费后，保险人根据保险契约的规定对货物在运输过程中发生的承保责任范围内的损失给予经济上的补偿。这是一种财产保险。

其中，保险费率按保险公司规定的进口货物保险费率计算。

$$国际运输保险费 = \frac{原币货价(FOB) + 国外运费}{1 - 保险费率} \times 保险费率 \quad (4-48)$$

其中，保险费率按保险公司规定的进口货物保险费率计算。

②进口从属费用。

进口从属费的计算公式如下：

进口从属费 = 银行财务费 + 外贸手续费 + 关税 + 消费税 + 进口环节增值税 + 车辆购置税 (4-49)

a. 银行财务费。银行财务费一般是指在国际贸易结算中，中国银行为进出口商提供金融结算服务所收取的费用，可按下式简化计算：

$$银行财务费 = 离岸价格(FOB) \times 人民币外汇汇率 \times 银行财务费率 \quad (4-50)$$

银行财务费率一般为0.4%～0.5%。

b. 外贸手续费。外贸手续费指按规定的外贸手续费率计取的费用，外贸手续费率一般取1.5%。计算公式为：

$$外贸手续费 = 到岸价格(CIF) \times 人民币外汇汇率 \times 外贸手续费率 \quad (4-51)$$

c. 关税。由海关对进出国境或关境的货物和物品征收的一种税。计算公式为：

$$关税 = 到岸价格(CIF) \times 人民币外汇汇率 \times 进口关税税率 \quad (4-52)$$

到岸价格作为关税的计征基数时，通常又可称为关税完税价格。进口关税税率分为优惠税率和普通税率两种。优惠税率适用于与我国签订关税互惠条款的贸易条约或协定的国家的进口设备；普通税率适用于与我国未签订关税互惠条款的贸易条约或协定的国家的进口设备。进口关税税率按我国海关总署发布的进口关税税率计算。

d. 消费税。仅对部分进口设备(如轿车、摩托车等)征收，一般计算公式为：

$$消费税(价内税) = \frac{到岸价(人民币) + 关税}{1 - 消费税税率} \times 消费税税率 \quad (4-53)$$

其中，消费税税率根据规定的税率计算。

e. 进口环节增值税。是对从事进口贸易的单位和个人，在进口商品报关进口后征收的税种。我国增值税条例规定，进口应税产品均按组成计税价格和增值税税率直接计算应纳税额。即：

$$进口环节增值税额 = 组成计税价格 \times 增值税税率 \tag{4-54}$$

$$组成计税价格 = 关税完税价格 + 关税 + 消费税 \tag{4-55}$$

增值税税率根据规定的税率计算。

f. 车辆购置税。进口车辆须缴进口车辆购置税，其公式如下：

$$进口车辆购置税 = (关税完税价格 + 关税 + 消费税) \times 车辆购置税率 \tag{4-56}$$

$$\begin{aligned}进口设备原价 = &货价 + 国外运费 + 国外运输保险费 + 银行财务费 + 外贸手续费 \\ &+ 进口关税 + 增值税 + 消费税 + 海关监管手续费\end{aligned} \tag{4-57}$$

3)设备运杂费的构成及计算

设备运杂费是指国内采购设备自来源地、国外采购设备自到岸港运至工地仓库或指定堆放地点发生的采购、运输、运输保险、保管、装卸等费用。通常由下列各项构成：

①运费和装卸费。国产设备由设备制造厂交货地点起至工地仓库(或施工组织设计指定的需要安装设备的堆放地点)止所发生的运费和装卸费；进口设备则由我国到岸港口或边境车站起至工地仓库(或施工组织设计指定的需安装设备的堆放地点)止所发生的运费和装卸费。

②包装费。在设备原价中没有包含的，为运输而进行的包装支出的各种费用。

③设备供销部门的手续费。按有关部门规定的统一费率计算。

④采购与仓库保管费。指采购、验收、保管和收发设备所发生的各种费用，包括设备采购人员、保管人员和管理人员的工资、工资附加费、办公费、差旅交通费，设备供应部门办公和仓库所占固定资产使用费、工具用具使用费、劳动保护费、检验试验费等。这些费用可按主管部门规定的采购与保管费费率计算。

设备运杂费按设备原价乘以设备运杂费计算，计算公式为：

$$设备运杂费 = 设备原价 \times 设备运杂费率 \tag{4-58}$$

其中，设备运杂费率按各部门及省、市等的规定计取。

$$设备购置费 = 设备原价 + 设备运杂费 \tag{4-59}$$

例 4-5　某公司拟从国外进口一套机电设备和配套软件，设备硬件装运港船上交货价，即离岸价(FOB 价)为 450 万美元，包括配套软件费 50 万美元，其中不计算关税软件费有 15 万美元。相关费用参数如下：美元的外汇牌价是 8.27 元人民币，海运费率 6%，海运保险费率 0.35%，外贸手续费率 1.5%，中国银行财务手续费率 0.5%，关税税率 22%，增值税税率 17%，国内运杂费率（包含运费、装卸费率、包装费率、采购与仓库保管费率)2.5%。则该套机电设备及配套软件进口的投资估算价是多少?

解：该套机电设备及配套软件进口的投资估算价计算如下：

货价(离岸价) = 400 × 8.27 + 50 × 8.27 = 3308 + 413.5 = 3721.5(万元)

国外运输费 = 3308 × 6% = 198.48(万元)

国外运输保险费 = (3308 + 198.48) × 0.35%/(1 − 0.35%) = 12.32(万元)

到岸价 = 离岸价(FOB 价) + 国外运输费 + 国外运输保险费 = 3721.5 + 198.48 + 12.32 = 3932.30(万元)

硬件关税 = (3308 + 198.48 + 12.32) × 22% = 3518.80 × 22% = 774.14(万元)

软件关税 = 35 × 8.27 × 22% = 289.45 × 22% = 63.68(万元)

关税合计 =774.14 +63.68 =837.82(万元)

增值税 =(3518.80 +289.45 +837.82) ×17% =4646.07 ×17% =789.83(万元)

银行财务费 =3721.5 ×0.5% =18.61(万元)

外贸手续费 =(3518.80 +289.45) ×1.5% =57.12(万元)

海关监管手续费 =15 ×8.27 ×0.3% =0.37(万元)

抵岸价 = 货价 + 国外运输费 + 国外运输保险费 + 关税 + 增值税 + 银行手续费 + 外贸手续费 + 海关监管手续费 = 到岸价 + 关税 + 增值税 + 银行手续费 + 外贸手续费 + 海关监管手续费

=3932.30 +837.82 +789.83 +18.61 +57.12 +0.37 =5636.05(万元)

国内运杂费 = 抵岸价 × 运杂费率 =5636.05 ×2.5% =140.89(万元)

投资估算价 = 抵岸价 + 国内运杂费 =5636.05 +140.89 =5776.49(万元)

(2)工器具及生产家具购置费的构成和计算

工器具及生产家具购置费，是指新建或扩建项目初步设计规定的，保证初期正常生产必须购置的没有达到固定资产标准的设备、仪器、工卡模具、器具、生产家具和备品备件等的购置费用。一般以设备购置费为计算基数，按照部门或行业规定的工具、器具及生产家具费率计算。计算公式为：

工具、器具及生产家具购置费 = 设备购置费 × 定额费率 (4 -60)

例 4 -6 A 项目所需设备分为进口设备与国产设备两部分。进口设备重 1000 t，其装运港船上交货价为 600 万美元，海运费为 300 美元/t，海运保险费率 1.9‰，银行手续费率 5‰，外贸手续费率为 1.5%，增值税率为 17%，关税税率为 25%，美元对人民币汇率为 1∶6.2。

设备从到货口岸至安装现场 500 公里，运输费为 0.5 元人民币/(t · km)，装卸费为 50 元人民币/t，国内运输保险费率为抵岸价的 0.5‰，设备的现场保管费为抵岸价的 0.5‰。国产设备均为标准设备，其带有备件的订货合同价为 9500 万元人民币。国产标准设备的设备运杂费率为 3‰。该项目的工具、器具及生产家具购置费率为 4%。

估算 A 项目的设备及工器具购置费。

解：进口设备抵岸价 = 货价 + 海外运输费 + 海外运输保险费 + 关税 + 增值税 + 外贸手续费 + 银行财务费

货价 =600 万美元

海外运输费 =300 ×1000 =30 万美元

海外运输保险费 =(600 +30) ×1.9‰/(1 -1.9‰) =1.2 万美元

银行财务费 =600 ×5‰ =3 万美元

到岸价(CIF 价) =600 +30 +1.2 =631.2 万美元

关税 =631.2 ×25% =157.8 万美元

增值税 =(631.2 +157.8) ×17% =134.13 万美元

外贸手续费 =631.2 ×1.5% =9.468 万美元

进口设备抵岸价 =600 +30 +1.2 +157.8 +134.13 +9.468 +3 =935.598万美元

=5800.7076万元人民币

进口设备运杂费 =(500 ×0.5 ×1000 +50 ×1000)/10000 +5800.7076 ×(0.5‰ +0.5‰)

=35.8 万元

进口设备购置费 $=5800.7076+35.8=5836.5076$ 万元

国产设备购置费 = 国产设备原价 + 运杂费 $=9500\times(1+3‰)=9528.5$ 万元

设备及工器具购置费 =（国产设备购置费 + 进口设备购置费）(1 + 费率)

$=(9528.5+5836.5076)\times(1+4\%)=15979.61$ 万元

3. 工程建设其他费用的估算方法

工程建设其他费用是指建设单位在从工程筹建起到工程竣工验收交付使用止的整个建设期间，除建筑安装工程费用和设备、工器具购置费以外的，为保证工程建设顺利完成和交付使用后能够正常发挥效用而发生的各项费用的总和。工程建设其他费用具体包括以下几个方面。

(1) 建设用地费

建设用地费是指为获得工程项目建设土地的使用权而在建设期内发生的各项费用，包括通过划拨方式取得土地使用权而支付的土地征用及迁移补偿费，或者通过土地使用权出让方式取得土地使用权而支付的土地使用权出让金。

1) 建设用地取得的基本方式。

建设用地的取得，实质是依法获取国有土地的使用权。根据我国《房地产管理法》规定，获取国有土地使用权的基本方式有两种：一是出让方式，二是划拨方式。建设土地取得的其他方式还包括租赁和转让方式。

①通过出让方式获取国有土地使用权。

国有土地使用权出让，是指国家将国有土地使用权在一定年限内出让给土地使用者，由土地使用者向国家支付土地使用权出让金的行为。土地使用权出让最高年限按下列用途确定：

a. 居住用地70年。

b. 工业用地50年。

c. 教育、科技、文化、卫生、体育用地50年。

d. 商业、旅游、娱乐用地40年。

e. 综合或者其他用地50年。

通过出让方式获取国有土地使用权又可以分成两种具体方式：一是通过招标、拍卖、挂牌等竞争出让方式获取国有土地使用权；二是通过协议出让方式获取国有土地使用权。

a. 通过竞争出让方式获取国有土地使用权。具体的竞争方式又包括三种：投标、竞拍和挂牌。按照国家相关规定，工业(包括仓储用地，但不包括采矿用地)、商业、旅游、娱乐和商品住宅等各类经营性用地，必须以招标、拍卖或者挂牌方式出让；上述规定以外用途的土地的供地计划公布后，同一宗地有两个以上意向用地者的，也应当采用招标、拍卖或者挂牌方式出让。

b. 通过协议出让方式获取国有土地使用权。按照国家相关规定，出让国有土地使用权，除依照法律、法规和规章的规定应当采用招标、拍卖或者挂牌方式外，方可采取协议方式。以协议方式出让国有土地使用权的出让金不得低于按国家规定所确定的最低价。协议出让底价不得低于拟出让地块所在区域的协议出让最低价。

②通过划拨方式获取国有土地使用权

国有土地使用权划拨，是指县级以上人民政府依法批准，在土地使用者缴纳补偿、安置等费用后将该幅土地交付其使用，或者将土地使用权无偿交付给土地使用者使用的行为。国家对划拨用地有着严格的规定，下列建设用地，经县级以上人民政府依法批准，可以以划拨方式取得：

a. 国家机关用地和军事用地。

b. 城市基础设施用地和公益事业用地。

c. 国家重点扶持的能源、交通、水利等基础设施用地。

d. 法律、行政法规规定的其他用地。

依法以划拨方式取得土地使用权的，除法律、行政法规另有规定外，没有使用期限的限制。因企业改制、土地使用权转让或者改变土地用途等不再符合本目录的，应当实行有偿使用。

2) 建设用地取得的费用。

建设用地如通过行政划拨方式取得，则须承担征地补偿费用或对原用地单位或个人的拆迁补偿费用；若通过市场机制取得，则不但承担以上费用，还须向土地所有者支付有偿使用费，即土地出让金。

①征地补偿费用。

建设征用土地费用由以下几个部分构成：

a. 土地补偿费。土地补偿费是对农村集体经济组织因土地被征用而造成的经济损失的一种补偿。征用耕地的补偿费，为该耕地被征前3年平均年产值的6～10倍。征用其他土地的补偿费标准，由省、自治区、直辖市参照征用耕地的补偿费标准规定。土地补偿费归农村集体经济组织所有。

b. 青苗补偿费和地上附着物补偿费。青苗补偿费是因征地时对其正在生长的农作物受到损害而作出的一种赔偿。在农村实行承包责任制后，农民自行承包土地的青苗补偿费应付给本人，属于集体种植的青苗补偿费可纳入当年集体收益。凡在协商征地方案后抢种的农作物、树木等，一律不予补偿。地上附着物是指房屋、水井、树木、涵洞、桥梁、公路、水利设施、林木等地面建筑物、构筑物、附着物等。视协商征地方案前地上附着物价值与折旧情况确定，应根据“拆什么，补什么；拆多少，补多少，不低于原来水平”的原则确定。如附着物产权属个人，则该项补助费付给个人。地上附着物的补偿标准，由省、自治区、直辖市规定。

c. 安置补助费。安置补助费应支付给被征地单位和安置劳动力的单位，作为劳动力安置与培训的支出，以及作为不能就业人员的生活补助。征收耕地的安置补助费，按照需要安置的农业人口数计算。需要安置的农业人口数，按照被征收的耕地数量除以征地前被征收单位平均每人占有耕地的数量计算。每一个需要安置的农业人口的安置补助费标准，为该耕地被征收前3年平均年产值的4～6倍。但是，每公顷被征收耕地的安置补助费，最高不得超过被征收前3年平均年产值的15倍。土地补偿费和安置补助费，尚不能使需要安置的农民保持原有生活水平的，经省、自治区、直辖市人民政府批准，可以增加安置补助费。但是，土地补偿费和安置补助费的总和不得超过土地被征收前3年平均年产值的30倍。

d. 新菜地开发建设基金。新菜地开发建设基金指征用城市郊区商品菜地时支付的费用。这项费用交给地方财政，作为开发建设新菜地的投资。菜地是指城市郊区为供应城市居民蔬菜，连续3年以上常年种菜或者养殖鱼、虾等的商品菜地和精养鱼塘。一年只种一茬或因调整茬口安排种植蔬菜的，均不作为需要收取开发基金的菜地。征用尚未开发的规划菜地，不缴纳新菜地开发建设基金。在蔬菜产销放开后，能够满足供应，不再需要开发新菜地的城市，不收取新菜地开发基金。

e. 耕地占用税。耕地占用税是对占用耕地建房或者从事其他非农业建设的单位和个人征收的一种税收，目的是合理利用土地资源、节约用地，保护农用耕地。耕地占用税征收范围，不仅包括占用耕地，还包括占用鱼塘、园地、菜地及其农业用地建房或者从事其他非农业建设，均按实际占用的面积和规定的税额一次性征收。其中，耕地是指用于种植农作物的土地。占用前3年曾用于种植农作物的土地也视为耕地。

f. 土地管理费。土地管理费主要作为征地工作中所发生的办公、会议、培训、宣传、差旅、借用人员工资等必要的费用。土地管理费的收取标准，一般是在土地补偿费、青苗费、地面附着物补偿费、安置补助费四项费用之和的基础上提取2% ~4% 。如果是征地包干，还应在四项费用之和后再加上粮食价差、副食补贴、不可预见费等费用，在此基础上提取2% ~4% 作为土地管理费。

②拆迁补偿费用

在城市规划区内国有土地上实施房屋拆迁，拆迁人应当对被拆迁人给予补偿、安置。

a. 拆迁补偿。拆迁补偿的方式可以实行货币补偿，也可以实行房屋产权调换。

货币补偿的金额，根据被拆迁房屋的区位、用途、建筑面积等因素，以房地产市场评估价格确定。具体办法由省、自治区、直辖市人民政府制定。

实行房屋产权调换的，拆迁人与被拆迁人按照计算得到的被拆迁房屋的补偿金额和所调换房屋的价格，结清产权调换的差价。

b. 搬迁、安置补助费。拆迁人应当对被拆迁人或者房屋承租人支付搬迁补助费，对于在规定的搬迁期限届满前搬迁的，拆迁人可以付给提前搬家奖励费；在过渡期限内，被拆迁人或者房屋承租人自行安排住处的，拆迁人应当支付临时安置补助费；被拆迁人或者房屋承租人使用拆迁人提供的周转房的，拆迁人不支付临时安置补助费。搬迁补助费和临时安置补助费的标准，由省、自治区、直辖市人民政府规定。有些地区规定，拆除非住宅房屋，造成停产、停业引起经济损失的，拆迁人可以根据被拆除房屋的区位和使用性质，按照一定标准给予一次性停产停业综合补助费。

c. 出让金、土地转让金。土地使用权出让金为用地单位向国家支付的土地所有权收益，出让金标准一般参考城市基准地价并结合其他因素制定。基准地价由市土地管理局会同市物价局、市国有资产管理局、市房地产管理局等部门综合平衡后报市级人民政府审定通过，它以城市土地综合定级为基础，用某一地价或地价幅度表示某一类别用地在某一土地级别范围的地价，以此作为土地使用权出让价格的基础。在有偿出让和转让土地时，政府对地价不作统一规定，但坚持以下原则：即地价对目前的投资环境不产生大的影响；地价与当地的社会经济承受能力相适应；地价要考虑已投入的土地开发费用、土地市场供求关系、土地用途、所在区类、容积率和使用年限等。有偿出让和转让使用权，要向土地受让者征收契税；转让土地如有增值，要向转让者征收土地增值税；土地使用者每年应按规定的标准缴纳土地使用费。土地使用权出让或转让，应先由地价评估机构进行价格评估后，再签订土地使用权出让和转让合同。

(2)与项目建设有关的其他费用

1)建设管理费。

建设管理费是指建设单位为组织完成工程项目建设，在建设期内发生的各类管理性费用。

①建设管理费的内容

a. 建设单位管理费：是指建设单位发生的管理性质的开支。包括：工作人员工资、工资性补贴、施工现场津贴、职工福利费、住房基金、基本养老保险费、基本医疗保险费、失业保险费、工伤保险费、办公费、差旅交通费、劳动保护费、工具用具使用费、固定资产使用费必要的办公及生活用品购置费、必要的通信设备及交通工具购置费、零星固定资产购置费、招募生产工人费、技术图书资料费、业务招待费、设计审查费、工程招标费、合同契约公证费、法律顾问费、咨询费、完工清理费、竣工验收费、印花税和其他管理性质开支。

b. 工程监理费：是指建设单位委托工程监理单位实施工程监理的费用。此项费用应按国家发改委与原建设部联合发布的《建设工程监理与相关服务收费管理规定》(发改价格〔2007〕670 号)计算。依法必须实行监理的建设工程施工阶段的监理收费实行政府指导价；其他建设工程施工阶段的监理收费和其他阶段的监理与相关服务收费实行市场调节价。

②建设单位管理费的计算。

建设单位管理费按照工程费用之和(包括设备工器具购置费和建筑安装工程费用)乘以建设单位管理费费率计算。

$$建设单位管理费 = 工程费用 \times 建设单位管理费费率 \tag{4-61}$$

建设单位管理费费率按照建设项目的不同性质、不同规模确定。有的建设项目按照建设工期和规定的金额计算建设单位管理费。如采用监理，建设单位部分管理工作量转移至监理单位。监理费应根据委托的监理工作范围和监理深度在监理合同中商定或按当地或所属行业部门有关规定计算；如建设单位采用工程总承包方式，其总包管理费由建设单位与总包单位根据总包工作范围在合同中商定，从建设管理费中支出。

2)可行性研究费。

可行性研究费是指在工程项目投资决策阶段，依据调研报告对有关建设方案、技术方案或生产经营方案进行的技术经济论证，以及编制、评审可行性研究报告所需的费用。此项费用应依据前期研究委托合同计划，或参照《国家计委关于印发〈建设项目前期工作咨询收费暂行规定〉的通知》(计投资〔1999〕1283 号)规定计算。

3)研究试验费。

研究试验费是指为建设项目提供或验证设计数据、资料等进行必要的研究试验及按照相关规定在建设过程中必须进行试验、验证所需的费用。包括自行或委托其他部门研究试验所需人工费、材料费、试验设备及仪器使用费等。这项费用按照设计单位根据本工程项目的需要提出的研究试验内容和要求计算。在计算时要注意不应包括以下项目：

①应由科技三项费用(即新产品试制费、中间试验费和重要科学研究补助费)开支的项目。

②应在建筑安装费用中列支的施工企业对建筑材料、构件和建筑物进行一般鉴定、检查所发生的费用及技术革新的研究试验费。

③应由勘察设计费或工程费用中开支的项目。

4）勘察设计费。

勘察设计费是指对工程项目进行工程水文地质勘察、工程设计所发生的费用。包括：工程勘察费、初步设计费（基础设计费）、施工图设计费（详细设计费）、设计模型制作费。此项费用应按《关于发布〈工程勘察设计收费管理规定〉的通知》（计价格〔2002〕10号）的规定计算。

5）环境影响评价费。

环境影响评价费是指按照《中华人民共和国环境保护法》、《中华人民共和国环境影响评价法》等规定，在工程项目投资决策过程中，对其进行环境污染或影响评价所需的费用。包括编制环境影响报告书（含大纲）、环境影响报告表以及对环境影响报告书（含大纲）、环境影响报告表进行评估等所需的费用。此项费用可参照《关于规范环境影响咨询收费有关问题的通知》规定计算。

6）劳动安全卫生评价费。

劳动安全卫生评价费是指按照劳动部《建设项目（工程）劳动安全卫生监察规定》和《建设项目（工程）劳动安全卫生预评价管理办法》的规定，在工程项目投资决策过程中，为编制劳动安全卫生评价报告所需的费用。包括编制建设项目劳动安全卫生评价大纲和劳动安全卫生预评价报告书以及为编制上述文件所进行的工程分析和环境现状调查等所需费用。必须进行劳动安全卫生评价的项目包括：

①属于原国家计划委员会、原国家基本建设委员会、财政部《关于基本建设项目和大中型划分标准的规定》中规定的大中型建设项目。

②属于《建筑设计防火规范》（GB 50016）中规定的火灾危险性生产类别为甲类的建设项目。

③属于劳动部颁布的《爆炸危险场所安全规定》中规定的爆炸危险场所等级为特别危险场所和高度危险场所的建设项目。

④大量生产或使用《职业性接触毒物危害程度分级》（GBZ 230）规定的Ⅰ级、Ⅱ级危害程度的职业性接触毒物的建设项目。

⑤大量生产或使用石棉粉料或含有10%以上的游离二氧化硅粉料的建设项目。

⑥其他由劳动行政部门确认的危险、危害因素大的建设项目。

7）场地准备及临时设施费。

①场地准备及临时设施费的内容

a. 建设项目场地准备费是指为使工程项目的建设场地达到开工条件，由建设单位组织进行的场地平整等准备工作而发生的费用。

b. 建设单位临时设施费是指建设单位为满足工程项目建设、生活、办公的需要，用于临时设施建设、维修、租赁、使用所发生或摊销的费用。

②场地准备及临时设施费的计算

a. 场地准备及临时设施应尽量与永久性工程统一考虑。建设场地的大型土石方工程应进入工程费用中的总图运输费用中。

b. 新建项目的场地准备和临时设施费应根据实际工程量估算，或按工程费用的比例计算。改扩建项目一般只计拆除清理费。

$$场地准备和临时设施费 = 工程费用 \times 费率 + 拆除清理费 \quad (4-62)$$

c. 发生拆除清理费时可按新建同类工程造价或主材费、设备费的比例计算。凡可回收材料的拆除工程采用以料抵工方式冲抵拆除清理费。

d. 此项费用不包括已列入建筑安装工程费用中的施工单位临时设施费用。

8）引进技术和引进设备其他费。

引进技术和引进设备其他费是指引进技术和设备发生的但未计入设备购置费中的费用。

①引进项目图纸资料翻译复制费、备品备件测绘费：可根据引进项目的具体情况计列或按引进货价（FOB）的比例估列；引进项目发生备品备件测绘费时按具体情况估列。

②出国人员费用：包括买方人员出国设计联络、出国考察、联合设计、监造、培训等所发生的差旅费、生活费等。依据合同或协议规定的出国人次、期限以及相应的费用标准计算。生活费按照财政部、外交部规定的现行标准计算，差旅费按中国民航公布的票价计算。

③来华人员费用：包括卖方来华工程技术人员的现场办公费用、往返现场交通费用、接待费用等。依据引进合同或协议有关条款及来华技术人员派遣计划进行计算。来华人员接待费用可按每人次费用指标计算。引进合同价款中已包括的费用内容不得重复计算。

④银行担保及承诺费：指引进项目由国内外金融机构出面承担风险和责任担保所发生的费用，以及支付给贷款机构的承诺费用。应按担保或承诺协议计取，投资估算和概算编制时可以担保金额或承诺金额为基数乘以费率计算。

9）工程保险费。

工程保险费是指为转移工程项目建设的意外风险，在建设期内对建筑工程、安装工程、机械设备和人身安全进行投保而发生的费用。包括建筑安装工程一切险、引进设备财产保险和人身意外伤害险等。

根据不同的工程类别，分别以其建筑、安装工程费乘以建筑、安装工程保险费率计算。民用建筑（住宅楼、综合性大楼、商场、旅馆、医院、学校）占建筑工程费的2‰～4‰；其他建筑（工业厂房、仓库、道路、码头、水坝、隧道、桥梁、管道等）占建筑工程费的3‰～6‰；安装工程（农业、工业、机械、电子、电器、纺织、矿山、石油、化学及钢铁工业、钢结构桥梁）占建筑工程费的3‰～6‰。

10）特殊设备安全监督检验费。

特殊设备安全监督检验费是指安全监察部门对在施工现场组装的锅炉及压力容器、压力管道、消防设备、燃气设备、电梯等特殊设备和设施实施安全检验收取的费用。此项费用按照建设项目所在省（市、自治区）安全监察部门的规定标准计算。无具体规定的，在编制投资估算和概算时可按受检设备现场安装费的比例估算。

11）市政公用设施费。

市政公用设施费是指使用市政公用设施的工程项目，按照项目所在地省级人民政府有关规定建设或缴纳的市政公用设施建设配套费用，以及绿化工程补偿费用。此项费用按工程所在地人民政府规定标准计列。

（3）与未来生产经营有关的其他费用

1）联合试运转费。

联合试运转费是指新建或新增加生产能力的工程项目，在交付生产前按照设计文件规定的工程质量标准和技术要求，对整个生产线或装置进行负荷联合试运转所发生的费用净支出（试运转支出大于收入的差额部分费用）。试运转支出包括试运转所需原材料、燃料及动力消耗、低值易耗品、其他物料消耗、工具用具使用费、机械使用费、保险金、施工单位参加试运转人员工资以及专家指导费等；试运转收入包括试运转期间的产品销售收入和其他收入。联合试运转费不包括应由设备安装工程费用开支的调试及试车费用，以及在试运转中暴露出来的因施工原因或设备缺陷等发生的处理费用。

2）专利及专有技术使用费。

①专利及专有技术使用费的主要内容

a. 国外设计及技术资料费、引进有效专利、专有技术使用费和技术保密费。

b. 国内有效专利、专有技术使用费。

c. 商标权、商誉和特许经营权费等。

②专利及专有技术使用费的计算

在专利及专有技术使用费计算时应注意以下问题：

a. 按专利使用许可协议和专有技术使用合同的规定计列。

b. 专有技术的界定应以省、部级鉴定批准为依据。

c. 项目投资中只计算需在建设期支付的专利及专有技术使用费。协议或合同规定在生产期支付的使用费应在生产成本中核算。

d. 一次性支付的商标权、商誉及特许经营权费按协议或合同规定计列。协议或合同规定在生产期支付的商标权或特许经营权费应在生产成本中核算。

e. 为项目配套的专用设施投资，包括专用铁路线、专用公路、专用通信设施、送变电站、地下管道、专用码头等，如由项目建设单位负责投资但产权不归属本单位的，应作无形资产处理。

3）生产准备及开办费。

①生产准备及开办费的内容。

在建设期内，建设单位为保证项目正常生产而发生的人员培训费、提前进厂费以及投产使用必备的办公、生活家具用具及工器具等的购置费用。包括：

a. 人员培训费及提前进厂费。包括自行组织培训或委托其他单位培训的人员工资、工资性补贴、职工福利费、差旅交通费、劳动保护费、学习资料费等。

b. 为保证初期正常生产（或营业、使用）所必需的生产办公、生活家具用具购置费。

c. 为保证初期正常生产（或营业、使用）必需的第一套不够固定资产标准的生产工具、器具、用具购置费。不包括备品备件费。

②生产准备及开办费的计算。

a. 新建项目按设计定员为基数计算，改扩建项目按新增设计定员为基数计算：

$$生产准备费 = 设计定员 \times 生产准备费指标(元/人) \tag{4-63}$$

b. 可采用综合的生产准备费指标进行计算，也可以按费用内容的分类指标计算。

4. 预备费的估算方法

按我国现行规定，预备费包括基本预备费和价差预备费。

（1）基本预备费

基本预备费是指针对项目实施过程中可能发生的难以预料的支出而事先预留的费用，又称工程建设不可预见费，主要指设计变更及施工过程中可能增加工程量的费用，基本预备费一般由以下四部分构成：

1)在批准的初步设计范围内，技术设计、施工图设计及施工过程中所增加的工程费用；设计变更、工程变更、材料代用、局部地基处理等增加的费用。

2)一般自然灾害造成的损失和预防自然灾害所采取的措施费用。实行工程保险的工程项目，该费用应适当降低。

3)竣工验收时为鉴定工程质量对隐蔽工程进行必要的挖掘和修复费用。

4)超规超限设备运输增加的费用。

基本预备费主要用途：

1)在进行设计和施工过程中，在批准的初步设计范围内，必须增加的工程和按规定需要增加的费用(含相应增加的价差及税金)。本项费用不含Ⅰ类变更设计增加的费用。

2)在建设过程中，工程遭受一般自然灾害所造成的损失和为预防自然灾害所采取的措施费用。

3)在上级主管部门组织施工验收时，验收委员会(或小组)为鉴定工程质量，必须开挖和修复隐蔽工程的费用。

4)由于设计变更所引起的废弃工程，但不包括施工质量不符合设计要求而造成的返工费用和废弃工程。

5)征地、拆迁的价差。

基本预备费是按工程费用和工程建设其他费用二者之和为计取基础，乘以基本预备费费率进行计算。

基本预备费 =(工程费用 + 工程建设其他费用) × 基本预备费费率 =(建筑安装工程费用 + 设备及工器具购置费 + 工程建设其他费用) × 基本预备费费率 (4-64)

基本预备费费率的取值应执行国家及部门的有关规定。

(2)价差预备费

价差预备费是指为在建设期内因利率、汇率或价格等因素的变化而预留的可能增加的费用，亦称为价格变动不可预见费。价差预备费的内容包括：人工、设备、材料、施工机械的价差费，建筑安装工程费及工程建设其他费用调整，利率、汇率调整等增加的费用。价差预备费一般根据国家规定的投资综合价格指数，按照估算年份价格水平的投资额为基数，采用复利方法计算。价差预备费计算公式为：

$$PF = \sum I_t[(1+f)^m(1+f)^{0.5}(1+f)^{t-1}-1] \quad (4-65)$$

式中：PF—— 价差预备费；

n—— 建设期年份数；

I_t—— 建设期中第 t 年的投资计划额，包括工程费用、工程建设其他费用及基本预备费，即第 t 年的静态投资计划额；

f—— 年涨价率，政府部门有规定的按规定执行，没有规定的由可行性研究人员预测；

m—— 建设前期年限(从编制估算到开工建设，单位：年)。

例 6-7 某建设项目投资中的静态投资总额为 71292.29 万元，预计建设期物价年平均上涨率为 5%，投资估算到开工的时间按一年考虑。固定资产投资计划为：第 1 年 30%，第 2 年 50%，第 3 年 20%。估算该项目的价差预备费。

解：

第1年价差预备费 $=71292.29\times30\%\times[(1+5\%)^1(1+5\%)^{0.5}(1+5\%)^{1-1}-1]$

$=1623.96$ 万元

第2年价差预备费 $=71292.29\times50\%\times[(1+5\%)^1(1+5\%)^{0.5}(1+5\%)^{2-1}-1]$

$=4624.24$ 万元

第3年价差预备费 $=71292.29\times20\%\times[(1+5\%)^1(1+5\%)^{0.5}(1+5\%)^{3-1}-1]$

$=2655.11$ 万元

价差预备费总额 $=1623.96+4624.24+2655.11=8903.31$ 万元

5. 建设期利息的估算方法

建设期利息是指项目借款在建设期内发生并应计入固定资产原值的利息。建设期利息主要是指在建设期内发生的为工程项目筹措资金的融资费用及债务资金利息。没有特殊说明的，建设期只计息，不还本金和利息，都按照复利计算。建设期利息是在完成的建设投资(不含建设期利息)估算和分年度投资计划基础上，根据筹资方式(银行贷款、企业债券发行手续费率)等进行计算。建设期利息的计算方法如下：

1)借款额在各年年初发生。

$$各年利息=(上一年为止借款本息累计+本年借款额)\times年利率 \tag{4-66}$$

有多种借款资金来源，每笔借款的年利率各不相同的项目，既可分别计算每笔借款的利息，也可以先计算出各笔借款加权平均年利率，并从此利率计算全部借款的利息。

2)借款额在各年均衡发生。

借款是按季度、月份平均发生，为了简化计算，通常假设借款均在每年的年中支用，当总贷款是分年均衡发放时，建设期利息的计算可按当年借款在年中支用考虑，即当年贷款按半年计息，上年贷款按全年计息。计算公式为：

$$q_j=(P_{j-1}+\frac{1}{2}A_j)i \tag{4-67}$$

式中：q_j——建设期 j 年应计利息；

P_{j-1}——建设期第$(j-1)$年末累计贷款本金与利息之和；

A_j——建设期第 j 年贷款金额；

i——年利率。

例4-8　某项目建设期三年，总投资1300万元，分年度均衡发放，第1年投资300万元，第2年投资600万元，建设期内年利率12%。试估算项目的建设期贷款利息。

解： $I_1=1/2\times300\times12\%=18$(万元)

$I_2=(300+18+1/2\times600)\times12\%=74.16$(万元)

$I_3=(300+18+600+74.16+1/2\times400)\times12\%=143.06$(万元)

建设期利息总和为 $18+74.16+143.06=235.22$(万元)

例4-9　化工项目B资金由自有资金和银行贷款组成。其中贷款本金总额为50000万元，年贷款利率为8%，按季计算，建设期为3年，贷款额度分别为30%、50%、20%，分年均衡发放。估算B项目的建设期贷款利息。

解：

实际利率 $=(1+8\%/4)^4-1=8.24\%$

第 1 年建设期贷款利息 $=50000\times30\%/2\times8.24\%=618$ 万元

第 2 年建设期贷款利息 $=(50000\times30\%+618+50000\times50\%/2)\times8.24\%=2316.92$ 万元

第 3 年建设期贷款利息 $=(50000\times80\%+618+2316.92+50000\times20\%/2)\times8.24\%$

$=3949.84$ 万元

建设期贷款利息总额 $=618+2316.92+3949.84=6884.76$ 万元

3)当企业用自有资金支付投资借款利息时，建设期利息按单利计算，不再发生复利。

根据《会计准则》规定，“在固定资产尚未交付使用或者已投入使用但未办理竣工决算之前发生的固定资产的借款利息和有关费用，以及外币借款的汇兑差额，应计入固定资产”，因此，这部分已由自有资金交付的建设期利息，也应计入固定资产。

另外，需要注意的是，当项目移交生产时，尚有一部分工程未完全竣工，即移交生产后尚有部分工程仍需建设及部分设备尚需购置时，建设期利息包括以下两部分：

①移交生产前建设期利息，在移交生产时全部记入固定资产(这也是一种近似方法)，它们在移交生产后发生的建设期借款利息计入生产期的财务费用。

②移交生产后仍在建设的建设投资借款利息，仍应计入建设期利息，直至移交生产后各在建工程逐个交付使用，才分别停止投资借款建设期利息的资本化。

国外贷款利息的计算中，还应包括国外贷款银行根据贷款协议向贷款方以年利率的方式收取的手续费、管理费、承诺费，以及国内代理机构经国家主管部门批准的以年利率的方式向贷款单位收取的转贷费、担保费、管理费等。

没有特殊说明的，就按照贷款均衡发放；要注意借款发生在年初还是年末，发生在年初正常计算，发生在年末则按下一年的年初考虑；没有特殊说明的，建设期只计息不还本金和利息，都按复利计算；一般建设期只计息，不还息，所以初值一般为运营期初的本息总额。

4.3.2 流动资金估算

流动资金是企业在生产经营过程中占用在流动资产上的资金，具有周转期短、形态易变的特点。拥有较多的流动资金，可以在一定程度上降低企业的财务风险。流动资金是指项目投产后，为进行正常生产运营，用于购买原材料、燃料，支付工资及其他经营费用等所必不可少的周转资金。

从流动资金的构成要素看，它包括用于购买原材料等劳动对象(或商品)、支付工资和其他生产费用(或流通费用)的资金。从其具体存在形态看，它是分布在储备形态、生产形态、产成品(或商品)形态和货币形态上的资金。劳动对象不同于劳动资料，它只参加一个生产周期，其价值一次转移到产品中去，并随着产品价值的实现，从产品销售收入中一次得到补偿，然后以其所收回货币资金重新购买劳动对象，保证再生产的顺利进行。

流动资金是指运营期内长期占用并周转使用的营运资金，不包括运营中需要的临时性营运资金。流动资金在周转过程中不断地改变自身的实物形态，其价值也随着实物形态的变化而转移到新产品中，并随着产品销售的实现而回收。流动资金属于企业在生产经营中用于周转的长期占用资金。在投资项目可行性研究和项目评估中所考虑的流动资金，是伴随固定资产投资而发生的永久性流动资产投资，其数额等于项目投产后所需全部流动资产扣除流动负债后的金额。

项目运营需要流动资产投资，但项目评估中需要估算并预先筹措的是从流动资产中扣除流动负债，即企业短期信用融资(应付账款)后的流动资金。项目评估中流动资金的估算应考虑应付账款对需要预先筹措的流动资金的抵减作用。对有预收账款的某些项目，还可以同时考虑预收账款对流动资金的抵减作用。

流动资金贷款需求量应基于借款人日常生产经营所需营运资金与现有流动资金的差额(即流动资金缺口)确定。一般来讲，影响流动资金需求的关键因素为存货(原材料、半成品、产成品)、现金、应收账款和应付账款。同时，还会受到借款人所属行业、经营规模、发展阶段、谈判地位等重要因素的影响。流动资金估算一般采取分项详细估算法、项目决策分析与评价的初期阶段或者小型项目可采用扩大指标法。投产第1年所需的流动资金应在投产前安排。

1. 分项详细估算法

分项详细估算法对流动资产和流动负债主要构成要素，即存货、现金、应收账款、预付账款，以及应付账款和预收账款等几项内容分项进行估算，然后加总获得企业总流动资金的需要量。运用此法计算的流动资金数额大小，主要取决于企业每日平均生产消耗量和定额最低周转天数或周转次数，为此，必须事先计算出产品的生产成本和各项成本年费用消耗量，然后分别估算出流动资产和流动负债的各项费用构成，据以求得项目所需年流动资金额。一般可以根据流动资金估算表对各项流动资金进行估算。在可行性研究中，为简化计算，仅对存货、现金、应收账款和应付账款四项内容进行估算。计算公式如下：

$$流动资金 = 流动资产 - 流动负债 \quad (4-68)$$

$$流动资金 - 应收账款 + 存货 + 现金 \quad (4-69)$$

$$流动负债 = 应付账款 \quad (4-70)$$

$$流动资金本年增加额 = 本年流动资金 - 上年流动资金 \quad (4-71)$$

流动资金估算的具体方法和步骤，首先计算存货、现金、应收账款和应付账款的最低周转天数，计算出周转次数，然后进行分项估算，计算分项占用资金额。

(1)周转次数的计算

周转次数是指流动资金的各个构成项目在一年内完成多少个生产过程，计算公式如下：

$$周转次数 = 360/最低周转天数 \quad (4-72)$$

现金、存货、应收账款和应付账款的最低周转天数，参照同类企业的平均周转天数并结合项目特点确定，或按部门(行业)的规定，在确定最低周转天数时应考虑储存天数、在途天数，并适当考虑保险系数。又因为：

$$周转次数 = 周转额/各项流动资金平均占用额 \quad (4-73)$$

如果周转次数已知，则：

$$各项流动资金平均占用额 = 周转额/周转次数 \quad (4-74)$$

(2)存货估算

存货是指企业在日常生产经营过程中持有以备出售，或者仍然处在生产过程，或者在生产或提供劳务过程中将消耗的材料或物料等，包括各类材料、商品、在产品、半成品和产成品等。为简化计算，项目评价中仅考虑外购原材料、燃料、其他材料、在产品和产成品，并分项进行计算。计算公式为：

$$存货 = 外购原材料、燃料 + 其他材料 + 在产品 + 产成品 \quad (4-75)$$

$$外购原材料、燃料 = 年外购原材料、燃料费用/分项周转次数 \quad (4-76)$$

$$其他材料 = 年其他材料费用/其他材料周转次数 \quad (4-77)$$

$$在产品 = (年外购原材料、燃料动力费用 + 年工资及福利费 + 年修理费 + 年其他制造费用)/在产品周转次数 \quad (4-78)$$

$$产成品 = (年经营成本 - 年营业费用)/产成品周转次数 \quad (4-79)$$

其他制造费用是指由制造费用中扣除生产单位管理人员工资及福利费、折旧费、修理费后的其余部分。

(3)应收账款估算

应收账款是指企业对外销售商品、提供劳务尚未收回的资金，计算公式为：

$$应收账款 = 年经营成本/应收账款周转次数 \quad (4-80)$$

(4)预付账款估算

预付账款是指企业为购买各类材料、半成品或服务所预先支付的款项，计算公式为：

$$预付账款 = 外购商品或服务年费用金额/预付账款周转次数 \quad (4-81)$$

(5)现金需要量估算

项目流动资金中的现金是指为维持正常生产运营必须预留的货币资金，计算公式为：

$$现金 = (年工资及福利费 + 年其他费用)/现金周转次数 \quad (4-82)$$

年其他费用 = 制造费用 + 管理费用 + 营业费用 - (以上三项费用中所含的工资及福利费、折旧费、摊销费、修理费) (4-83)

(6)流动负债估算

流动负债是指将在1年(含1年)或者超过1年的一个营业周期内偿还的债务，包括短期借款、应付票据、应付账款、预收账款、应付工资、应付福利费、应付股利、应交税费、其他暂收应付款项、预提费用和一年内到期的长期借款等。在项目评估中，流动负债的估算可以只考虑应付账款和预收账款两项。计算公式为：

$$应付账款 = 外购原材料、燃料动力及其他材料年费用/应付账款周转次数 \quad (4-84)$$

$$预收账款 = 预收的营业收入年金额/预收账款周转次数 \quad (4-85)$$

根据流动资金各项估算的结果，编制流动资金估算表，如表4-7所示。

根据我国各家商业银行的有关规定，新建、扩建项目要有30%的自有铺底流动资金，其余部分为银行贷款。对于自有铺底流动资金不足30%的项目，如补充计划能落实，并能在一两年内补足，经济效益好的，可由银行发放特种贷款(利率上浮)。项目借入的流动资金长期占用，全年计息，流动资金利息应计入总成本费用的财务费用中，在项目计算期末收回全部流动资金时，再偿还流动资金借款。

2. 扩大指标估算法

扩大指标估算法是按照流动资金占某种基数的比率来估算流动资金，它是一种简化的流动资金估算方法，一般可参考同类企业流动资金占销售收入、经营成本的比例，或者单位产量占用流动资金的数额估算。常用的基数有销售收入、经营成本、总成本费用和建设投资等，究竟采用何种基数，依行业习惯而定。所采用的比率根据经验确定，或根据现有同类企业的实际资料确定，或依行业、部门给定的参考值确定。扩大指标估算法简便易行，但准确度不高，适用于项目建议书阶段流动资金的估算。

表4－7　流动资金估算表　单位：万元

序号	项目	最低周转天数	周转次数	生产期					
				3	4	5	6	…	n
1	流动资产								
1.1	应收账款								
1.2	存货								
1.2.1	原材料								
	…								
1.2.2	燃料								
	…								
1.2.3	在产品								
1.2.4	产成品								
1.3	现金								
2	流动负债								
2.1	应付账款								
3	流动资金(1－2)								
4	流动资本金年增加额								

(1)营业收入资金率法

营业收入资金率是指项目流动资金需要量与一定时期(通常为1年)内营业收入的比率。使用营业收入资金率法估算流动资金需要量的计算公式如下：

$$流动资金需要量=项目年营业收入\times营业收入资金率 \tag{4-86}$$

式中：项目年营业收入取正常年份的取值，营业收入资金率根据同类项目的经验数据加以确定。

(2)经营成本资金率法

经营成本资金率是指一定时期(通常为1年)内项目流动资金需要量与经营成本的比例。使用经营成本资金率法估算流动资金需要量的计算公式如下：

$$流动资金需要量=经营成本\times经营成本资金率 \tag{4-87}$$

式中：项目年经营成本取正常生产年份的数值，经营成本资金率根据同类项目的经验数据加以确定。

(3)单位产量资金率法

单位产量资金率是指项目单位产量所需的流动资金额，用单位产量资金率法估算流动资金需要量的计算公式如下：

$$流动资金需要量=达产期年产量\times单位产量资金率 \tag{4-88}$$

式中：单位产量资金率根据同类项目经验数据加以确定。

某些特定的项目(如煤矿项目)可采用单位产量资金率法进行流动资金估算。

3. 流动资金估算应注意以下问题

1) 在采用分项详细估算法时，应根据项目实际情况分别确定现金、应收账款、存货和应付账款的最低周转天数，并考虑一定的保险系数。最低周转天数减少，将增加周转次数从而减少流动资金需用量。因此，必须切合实际地选用最低周转天数。对于存货中的外购原材料和燃料，要分品种和来源，考虑运输方式和运输距离，以及占用流动资金的比例大小等因素确定。

2) 流动资金属于长期性(永久性)流动资产，流动资金的筹措可通过长期负债和资本金的方式解决。流动资金一般应在项目投产前开始筹措，为了简化计算，流动资金可在投产第1年开始安排，并随生产运营计划的不同而有所不同，因此，流动资金的估算应根据不同的生产运营计划分年进行。其借款部分按全年计算利息，流动资金利息应计入生产期间财务费用，项目计算期末收回全部流动资金(不含利息)。

3) 用分项详细估算法计算流动资金，需以经营成本及其中的某些科目为基数，因此实际上流动资金估算应在经营成本估算之后进行。

思考与练习

1. 简述项目总投资和建设投资的构成。

2. 项目投资估算的作用有哪些?

3. 工程投资的估算方法分为哪几类?

4. 工程投资分类估算法的步骤有哪些?

5. 进口设备购置费的构成内容及计算步骤如何?

6. 简述基本预备费和涨价预备费估算方法。

7. 某公司拟从国外进口一套机电设备，重量1500 t，装运港船上交货价，即离岸价(FOB价)为400万美元。其他有关费用参数为：国际运费标准为360美元/t，海上运输保险费率为0.266%，中国银行费率为0.5%，外贸手续费率为1.5%，关税税率为22%，增值税的税率为17%，美元的银行牌价为8.09元人民币，设备的国内运杂费率为2.5%。该套机电设备的投资估算价是多少?

8. 某建设工程在建设期初的建安工程费和设备工器具购置费为50000万元。该工程建设贷款10000万元，第1年3000万元，第2年5000万元，第3年2000万元，建设期借款年利率为6%。按本项目实施进度计划，项目建设期为3年，投资分年使用比例为：第1年30%，第2年50%，第3年20%，投资在每年平均支用，建设期内年平均价格总水平上涨率为3%。建设工程其他费用为3860万元，基本预备费率为10%。试估算该项目的建设投资。

第 5 章

工程项目的融资方案

工程项目的融资方案是在投资估算的基础上，研究拟建项目的资金渠道、融资形式、融资结构、融资成本、融资风险，比选推荐项目的融资方案，并以此研究资金筹措方案和进行财务评价。项目的融资方案是多样的，从理论上讲，很难有两个项目的融资方案是完全一样的。每一个项目的融资方案设计需要考虑项目的具体特征，项目所处国家和地区的投融资环境，项目发起人的实力、经验、筹资信用、投资战略等多种因素。

5.1　工程项目的融资模式

5.1.1　工程项目的融资方式

工程项目的融资方式可以分为以下两类。

1. 直接融资与间接融资

(1)直接融资

直接融资(direct financing)是没有金融中介机构介入的资金融通方式。在这种融资方式下，在一定时期内，资金盈余单位通过直接与资金需求单位协议，或在金融市场上购买资金需求单位所发行的有价证券，将货币资金提供给需求单位使用。商业信用、企业发行股票和债券，以及企业之间、个人之间的直接借贷，均属于直接融资。直接融资是资金直供方式，与间接金融相比，投、融资双方都有较多的选择自由，而且，对投资者来说收益较高，对筹资者来说成本却又比较低。但由于筹资人资信程度很不一样，造成了债权人承担的风险程度很不相同，且部分直接金融资金具有不可逆性。

直接融资是以股票、债券为主要金融工具的一种融资机制，这种资金供给者与资金需求者通过股票、债券等金融工具直接融通资金的场所，即为直接融资市场，也称证券市场，直接融资能最大可能地吸收社会游资，直接投资于企业生产经营之中，从而弥补了间接融资的不足。直接融资是资金供求双方通过一定的金融工具直接形成债权债务关系的融资形式。直接融资的工具主要有商业票据和直接借贷凭证、股票、债券。

直接融资的基本特点是拥有暂时闲置资金的单位和需要资金的单位直接进行资金融通，不经过任何中介环节。直接融资有以下几个特征：

1)直接性。在直接融资中，资金的需求者直接从资金的供应者手中获得资金，并在资金的供应者和资金的需求者之间建立直接的债权债务关系。

2）分散性。直接融资是在无数个企业相互之间、政府与企业和个人之间、个人与个人之间，或者企业与个人之间进行的，因此融资活动分散于各种场合，具有一定的分散性。

3）差异性较大。由于直接融资是在企业和企业之间、个人与个人之间，或者企业与个人之间进行的，而不同的企业或者个人，其信誉好坏有较大的差异，债权人往往难以全面、深入了解债务人的信誉状况，从而带来融资信誉的较大差异和风险性。

4）部分不可逆性。例如，在直接融资中，通过发行股票所取得的资金是不需要返还的。投资者无权中途要求退回股金，而只能到市场上去出售股票，股票只能够在不同的投资者之间互相转让。

5）相对较强的自主性。在直接融资中，在法律允许的范围内，融资者可以自己决定融资的对象和数量。例如在商业信用中，赊买和赊卖者可以在双方自愿的前提下，决定赊买或者赊卖的品种、数量和对象；在股票融资中，股票投资者可以随时决定买卖股票的品种和数量等。

直接融资的优点有：

1）资金供求双方联系紧密，有利于资金快速合理配置和使用效益提高。

2）筹资的成本较低而投资收益较大。

直接融资的缺点有：

1）直接融资双方在资金数量、期限、利率等方面受到的限制多。

2）直接融资使用的金融工具的流通性较间接融资要弱，兑现能力较弱。

3）直接融资的风险较大。

（2）间接融资

间接融资是指拥有暂时闲置货币资金的单位通过存款的形式，或者购买银行、信托、保险等金融机构发行的有价证券，将其暂时闲置的资金先行提供给这些金融中介机构，然后再由这些金融机构以贷款、贴现等形式，或通过购买需要资金的单位发行的有价证券，把资金提供给这些单位使用，从而实现资金融通的过程。

通过金融中介机构进行的资金融通方式。在这种融资方式下，在一定时期里，资金盈余单位将资金存入金融机构或购买金融机构发行的各种证券，然后再由这些金融机构将集中起来的资金有偿地提供给资金需求单位使用。资金的供求双方不直接见面，他们之间不发生直接的债权债务关系，而是由金融机构以债权人和债务人的身份介入其中，实现资金余缺的调剂。间接融资同直接融资比较，其突出特点是比较灵活，分散的小额资金通过银行等中介机构的集中可以办大事，同时这些中介机构拥有较多的信息和专门人才，在保障资金安全和提高资金使用效益等方面有独特的优势，这对投融资双方都有利。

间接融资有以下几个特征：

1）间接性。在间接融资中，资金需求者和资金初始供应者之间不发生直接借贷关系；资金需求者和初始供应者之间由金融中介发挥桥梁作用。资金初始供应者与资金需求者只是与金融中介机构发生融资关系。

2）相对的集中性。间接融资通过金融中介机构进行。在多数情况下，金融中介并非是对某一个资金供应者与某一个资金需求者之间一对一的对应性中介；而是一方面面对资金供应者群体，另一方面面对资金需求者群体的综合性中介，由此可以看出，在间接融资中，金融机构具有融资中心的地位和作用。

3）信誉的差异性较小。由于间接融资相对集中于金融机构，世界各国对于金融机构的管理一般都较严格，金融机构自身的经营也多受到相应稳健性经营管理原则的约束，加上一些国家还实行了存款保险制度，因此，相对于直接融资来说，间接融资的信誉程度较高，风险性也相对较小，融资的稳定性较强。

4）全部具有可逆性。通过金融中介的间接融资均属于借贷性融资，到期均必须返还，并支付利息，具有可逆性。

5）融资的主动权掌握在金融中介手中。在间接融资中，资金主要集中于金融机构，资金贷给谁不贷给谁，并非由资金的初始供应者决定，而是由金融机构决定。对于资金的初始供应者来说，虽然有供应资金的主动权，但是这种主动权实际上受到一定的限制。因此，间接融资的主动权在很大程度上受金融中介支配。

需要说明的是，融资还可以从其他不同的角度加以分类。例如，从资金融通是否付息和是否具有返还性，融资可以被划分为借贷性融资或者投资性融资；从融资的形态，可以划分为货币性融资和实物性融资；从融资双方的国别，可以划分为国内融资和国际融资；从融资币种，可以划分为本币融资和外汇融资；从期限长短，可以划分为长期融资、中期融资以及短期融资；从融资的目的是否具有政策性，可以划分为政策性融资和商业性融资；从融资是否具有较大风险，可以划分为风险性融资和稳健性融资等。上述各类融资方式相互交错，均寓于直接融资和间接融资这两种融资方式之中，而不是独立于这两种融资方式之外。

从不同角度对不同融资方式加以观察，就会发现不同的融资方式具有不同的作用特点。考察不同融资方式的不同特点，对于客户根据需要选择特定的融资方式具有重要意义。

间接融资的优点有：

1）银行等金融机构网点多，吸收存款的起点低，能够广泛筹集社会各方面闲散资金，积少成多，形成巨额资金。

2）在直接融资中，融资的风险由债权人独自承担。而在间接融资中，由于金融机构的资产、负债是多样化的，融资风险便可由多样化的资产和负债结构分散承担，从而安全性较高。

3）降低融资成本。因为金融机构的出现是专业化分工协作的结果，它具有了解和掌握借款者有关信息的专长，而不需要每个资金盈余者自己去搜集资金赤字者的有关信息，因而降低了整个社会的融资成本。

4）有助于解决由于信息不对称所引起的逆向选择和道德风险问题。

间接融资的缺点主要是由于资金供给者与需求者之间加入金融机构为中介，隔断了资金供求双方的直接联系，在一定程度上减少了投资者对投资对象经营状况的关注和筹资者在资金使用方面的压力。

（3）直接融资和间接融资的关系

直接融资是不经金融机构的媒介，由政府、企事业单位及个人直接以最后借款人的身份向最后贷款人进行的融资活动，其融通的资金直接用于生产、投资和消费，最典型的直接融资就是公司上市。

间接融资是通过金融机构的媒介，由最后借款人向最后贷款人进行的融资活动，如企业向银行、信托公司进行融资等。

1）直接融资与间接融资的区别主要在于融资过程中资金的需求者与资金的供给者是否直接形成债权债务关系。在有金融中介机构参与的情况下，判断是否直接融资的标志在于该中介机构在这次融资行为中是否与资金的需求者与资金的供给者分别形成了各自独立的债权债务关系。

2)在许多情况下，单纯从活动中所使用的金融工具出发尚不能准确地判断融资的性质究竟属于直接融资还是间接融资。一般习惯上认为凡是债权债务关系中的一方是金融机构的均被认为是间接融资，而不论这种融资工具最初的债权人、债务人的性质如何。

3)一般认为直接融资活动从时间上早于间接融资。直接融资是间接融资的基础。在现代市场经济中，直接融资与间接融资并行发展，互相促进。间接融资已构成金融市场中的主体，而直接融资脱离了间接融资的支持已无法发展。从生产力发展的角度来看，间接融资的产生是社会化大生产需要动员全社会的资源参与经济循环以及社会财富极大丰富的必然趋势。而直接融资形式的存在则是对间接融资活动的有力补充。

2. 权益融资与债务融资

(1)权益融资

权益融资是指拟建项目为了获取可供长期或永久使用的资金而采取的资金融通方式。这种方式所筹集的资金直接构成了项目的资本金，其性质是项目的自有资金。权益融资通常采用直接融资的方式，如投资者通过对外发行股票、直接吸引投资者参与项目的合资与合作及企业内部的资金积累等方式筹集资金。

权益融资不是贷款，不需要偿还，权益投资者成了企业的部分所有者，通过股利支付获得他们的投资回报。因为包含着风险，权益投资者要求非常苛刻，他们考虑的商业计划中只有很小的比例能获得资金。权益投资者认为，具有独特商业机会、高成长潜力、明确界定的利基市场以及得到证明的管理层的企业才是理想候选者。未能达到这些标准的企业，获得权益融资就会很艰难。许多创业者不熟悉权益投资者使用的标准，当他们被风险投资家和天使投资者不断拒绝时就会变得很沮丧。他们没有资格得到风险资本或天使投资的原因，经常不是因为他们的商业建议不好，而是因为他们未能满足权益投资者通常使用的严格标准。

权益融资的作用是：

1)权益融资筹措的资金具有永久性特点，无到期日，不需归还。项目资本金是保证项目法人对资本的最低需求，是维持项目法人长期稳定发展的基本前提。

2)没有固定的按期还本付息压力，股利的支付与否和支付多少，视项目投产运营后的实际经营效果而定，因此项目法人的财务负担相对较小，融资风险较小。

3)它是负债融资的基础。权益融资是项目法人最基本的资金来源。它体现着项目法人的实力，是其他融资方式的基础，尤其可为债权人提供保障，增强公司的举债能力。

权益融资的优点是：

1)权益融资所筹集的资本具有永久性。

2)权益融资没有固定的股利负担。

3)权益资本是企业最基本的资金来源。

4)权益融资容易吸收资金。

权益融资的缺点是：

1)成本较高。

2)转移企业的控制权。

(2)债务融资

债务融资是指拟建项目投资者通过信用方式取得资金，并按预先规定的利率支付利息的一种资金融通方式。就其性质而言，债务融资不发生资金所有权变化，只发生资金使用权的临时让渡，融资者必须在规定的期限内偿还本金，同时要按期支付利息。

债务融资的特点是：

1)偿还性。债务融资筹集的资金具有使用上的时间性，必须到期偿还。

2)可逆性。企业采用债务融资方式获取资金，负有到期还本付息的义务。

3)负担性。企业采用债务融资方式获取资金，需支付债务利息，从而形成企业的固定负担。

4)流通性。债券可以在流通市场上自由转让。

债务融资和权益融资的区别是：债务融资是指通过银行或非银行金融机构贷款或发行债券等方式融入资金，权益融资是指主要通过发行股票的方式融入资金；债务融资需支付本金和利息，能够带来杠杆收益，但是会提高企业的负债率；权益融资不需还本，但没有债务融资带来的杠杆收益，而且会稀释控制权。

按照债务性融资所获得的资金可供企业使用时间的长短，可将其分为长期与短期债务性资金两类。目前在我国，最常见的长期债务融资手段有长期借款和发行债券两种方式；而短期债务融资手段主要有短期借款和发行短期商业票据等。

债务融资是企业在利用债权人的资金进行经营并努力由此而获取盈利，通俗地讲即企业是“拿别人的钱去冒险”，这在企业的净资产收益率高于债务利率时是非常有利的，反之，则会给企业带来极其严重的后果，企业合理地安排权益融资和债务融资的比例。确定合理的融资结构的核心是确定各融资方式的融资个别成本以及总的融资的加权平均成本为最小。

5.1.2　工程项目的融资组织形式

研究拟建项目的融资方案，首先应明确融资主体，由融资主体进行融资活动，并承担融资责任和风险。按照形成项目融资的融资信用体系划分，项目融资主体的组织形式主要有既有项目法人融资和新设项目法人融资两种形式。

1. 既有项目法人融资(或公司融资)

1)既有项目法人融资概述。

既有项目法人融资又称公司融资(以下称公司融资)，是指依托现有法人进行的融资活动。其特点是：拟建项目不组建新的项目法人，由既有法人统一组织融资活动并承担融资责任和风险；拟建项目一般是在既有法人资产和信用的基础上进行的，并形成增量资产；从既有法人的财务整体状况考察融资后的偿债能力。

2)既有项目法人融资的形式。

公司融资投资于既有项目有多种形式，主要的有：建立单一项目子公司、非子公司式投资、由多家公司以契约式合作结构投资。

项目的投资规模较大时，为了便于项目的管理，设立单一项目子公司是常见的方式。在这种方式下，母公司出面融资，并且以自有资金和融资取得的资金投入单一项目子公司，项目子公司负责项目的投资及运营。

当实力强大的公司进行相对较小规模项目的投资时，一般采用的是非子公司式投资。在非子公司的投资方式下，由公司直接进行项目的投资管理，项目的投资及融资直接纳入公司的财务计划。

有些项目，由于项目规模较大或者发起人存在某些方面的弱点，项目发起人难以独自承担或成功实施，需要与其他经济实体合作。项目发起人可以采用与其他投资人以契约式合资结构投资的方式。

2. 新设项目法人融资

(1)新设项目法人融资概述

新设项目法人融资又称项目融资(以下称项目融资)，是一种为了实施新建项目，由项目的发起人及其他投资人为拟建项目投入资金，建立新的独立承担民事责任的法人(公司法人或事业法人)，承担项目的投、融资及运营的融资方式。这种融资方式是以项目投资所形成的资产、未来的收益或权益作为建立项目融资信用的基础，取得债务融资。

一般来说，这种项目的资本金来源主要有：政府财政资金、国家授权投资机构入股的资金、国内外企业入股资金、社会团体或个人入股的资金、受赠与的资金。项目的股本投资方不对项目的借款提供担保或只提供部分担保，因为采用这种融资方式，较易切断项目对于投资人的风险，实现所谓“无追索权”或“有限追索权”借款融资。

(2)新设项目法人融资的方式

新设项目法人的融资一般采取：有限追索与无追索权项目融资两种模式。

目前国际上普遍采用有限追索权的项目贷款方式。即贷款人除了要求以贷款项目的收益作为还本付息的来源，并在项目资产上设定担保物权以外，还要求由项目公司以外的其他与项目有利害关系的第三方当事人(如项目主办人、项目工程承包人甚至东道国政府等)提供一定担保。当项目收益不足以偿还债务时，贷款人有权向其他担保人追索。有限追索融资的特例是无追索融资，即融资百分百地依赖于项目的经济强度，在融资的任何阶段，债权人均不能追索到项目借款人除项目之外的资产。采用有限追索项目融资，项目的发起人或股本投资人只对项目的借款承担有限的承担责任，即项目公司的债权人只能对项目公司的股东或发动人追索有限责任。贷款银行在多大程度上对项目发起人及项目公司股东进行追索，需要依据项目本身的投资风险、参与项目实施的当事各方对项目承担责任、融资各方对项目的认识等诸多因素所决定。极端的情况，是项目发起人与股东对项目公司借款提供完全的担保，即项目公司的贷款人对股东及发起人有完全追索权。追索的有限性表现在时间及金额两个方面。时间方面的追索限制通常是项目建设期内由项目公司的股东提供担保，而项目建成后，这种担保则会解除，改为以项目公司的财产抵押。金额方面的限制可能是股东只对事先约定金额的项目公司借款提供担保，其余部分不提供担保，或者仅仅只是保证在项目投资建设及经营的最初一段时间内提供事先约定金额的追加资金支持。

5.1.3 基础设施项目的融资模式

项目融资对于筹措基础设施建设项目资金具有重要意义。这是因为基础设施项目本身资金需求量大、投资周期长、收益低，因此风险比较大，一般企业或贷款单位不能承受庞大的资金需求。但通过项目融资能够在一定程度上分散项目的风险和投资者的风险，增加项目的债务承受能力，而且能够把项目开发各方面的因素结合起来，减少项目融资者的自有资金投入，提高项目的投资收益率。

近年来国家进行投融资体制改革，在基础设施投融资方面，开始引入新的投资机制，以特许经营的方式引入非国有的其他投资人投资。基础设施特许经营是指由国家或地方政府将基础设施的投资和经营权通过法定的程序有偿或者无偿地交给选定的投资人投资经营。典型的基础设施项目融资模式有 BOT、PPP、TOT、ABS 等模式。

1. BOT 融资模式

近些年来，BOT 这种投资与建设方式被一些发展中国家用来进行其基础设施建设并取得了一定的成功，引起了世界范围广泛的青睐，被当成一种新型的投资方式进行宣传，然而 BOT 远非一种新生事物，它自出现至今已有至少300 年的历史。17 世纪英国的领港公会负责管理海上事务，包括建设和经营灯塔，并拥有建造灯塔和向船只收费的特权。但是据专家调查，从 1610 年到 1675 年的 65 年当中，领港公会连一个灯塔也未建成，而同期私人建成的灯塔至少有十座。这种私人建造灯塔的投资方式与现在所谓的 BOT 如出一辙。即：私人首先向政府提出准许建造和经营灯塔的申请，申请中必须包括许多船主的签名以证明将要建造的灯塔对他们有利并且表示愿意支付过路费；在申请获得政府的批准以后，私人向政府租用建造灯塔必须占用的土地，在特许期内管理灯塔并向过往船只收取过路费；特权期满以后由政府将灯塔收回并交给领港公会管理和继续收费。到 1820 年，在领港公会管理的 46 座灯塔中，有 34 座是私人投资建造的。可见 BOT 模式在投资效率上远高于行政部门。

BOT 是英文 build - operate - transfer 的缩写，即“建设—经营—转让”。实质上是基础设施投资、建设和经营的一种方式，以政府和私人机构之间达成协议为前提，由政府向私人机构颁布特许，允许其在一定时期内筹集资金建设某一基础设施并管理和经营该设施及其相应的产品与服务。政府对该机构提供的公共产品或服务的数量和价格可以有所限制，但保证私人资本具有获取利润的机会。整个过程中的风险由政府和私人机构分担。当特许期限结束时，私人机构按约定将该设施移交给政府部门，转由政府指定部门经营和管理。

对于一些城市基础设施项目，如公路、环城铁路、隧道、机场、港口、地铁、发电厂和水利工程等，都具有建设周期长、资金需求量大、资金回收期长的特点，完全依靠政府出资建设是远远不够的。因此，世界上许多国家，尤其是发展中国家在城市基础设施的建设方面都十分重视 BOT 的投融资方式。世界银行在 1994 年世界发展报告中指出，BOT 包含有三种基本形式：BOT、BOO 和 BOOT。BOT 是最基础的形式，项目公司没有项目的所有权，只有建设和经营权；BOO(build - own - operate)，即建造—拥有—经营，投资者根据政府赋予的特许权，建设并经营某项目，但是不将此项目移交给公共部门，而是继续经营，此目的主要是鼓励项目公司从项目全寿命期的角度合理建设和经营设施，提高项目产品、服务的质量，追求全寿命期的总成本降低和效率的提高，使项目的产品、服务价格更低；BOOT(build - own - operate - transfer)，即建造—拥有—经营—移交，指项目在建成后，政府允许在一定的期限内由项目公司拥有项目的所有权，并由项目公司对项目进行运营，在特许经营期满后将项目免费移交给政府，与基本的 BOT 主要不同之处在于，项目公司既有经营权又有所有权，但特许期一般比基本的 BOT 稍长。

(1)BOT 的特点

BOT 具有市场机制和政府干预相结合的混合经济的特色。

一方面，BOT 能够保持市场机制发挥作用。BOT 项目的大部分经济行为都在市场上进行，政府以招标方式确定项目公司的做法本身也包含了竞争机制。作为可靠的市场主体的私人机构是BOT模式的行为主体，在特许期内对所建工程项目具有完备的产权。这样，承担BOT项目的私人机构在BOT项目的实施过程中的行为完全符合经济人假设。

另一方面，BOT为政府干预提供了有效的途径，这就是和私人机构达成的有关BOT的协议。尽管BOT协议的执行全部由项目公司负责，但政府自始至终都拥有对该项目的控制权。在立项、招标、谈判三个阶段，政府的意愿起着决定性的作用。在履约阶段，政府又具有监督检查的权力，项目经营中价格的制订也受到政府的约束，政府还可以通过通用的BOT法来约束BOT项目公司的行为。

(2)BOT的主要参与人

一个典型的BOT项目的参与人有政府、BOT项目公司、投资人、银行或财团以及承担设计、建设和经营的有关公司。

政府是BOT项目的控制主体。政府决定着是否设立此项目、是否采用BOT方式。在谈判确定BOT项目协议合同时政府也占据着有利地位。它还有权在项目进行过程中对必要的环节进行监督。在项目特许到期时，它还拥有无偿收回该项目的权利。

BOT项目公司是BOT项目的执行主体，它处于中心位置。所有关系到BOT项目的筹资、分包、建设、验收、经营管理体制以及还债和偿付利息都由BOT项目公司负责，同设计公司、建设公司、制造厂商以及经营公司打交道。

投资人是BOT项目的风险承担主体。他们以投入的资本承担有限责任。尽管原则上讲政府和私人机构分担风险，但实际上各国在操作中差别很大。发达市场经济国家在BOT项目中分担的风险很小，而发展中国家在跨国BOT项目中往往承担很大比例的风险。

银行或财团通常是BOT项目的主要出资人。对于中小型的BOT项目，一般单个银行足以为其提供所需的全部资金，而大型的BOT项目往往使单个银行感觉力不从心，从而组成银团共同提供贷款。由于BOT项目的负债率一般高达70%～90%，所以贷款往往是BOT项目的最大资金来源。

(3)BOT项目实施过程

BOT模式多用于投资额度大而期限长的项目。一个BOT项目自确立到特许期满往往有十几年或几十年的时间，整个实施过程可以分为立项、招标、投标、谈判、履约五个阶段。

1)立项阶段。在这一阶段，政府根据中、长期的社会和经济发展计划列出新建和改建项目清单并公之于众。私人机构可以根据该清单上的项目联系本机构的业务发展方向作出合理计划，然后向政府提出以BOT方式建设某项目的建议，并申请投标或表明承担该项目的意向。政府则依靠咨询机构进行各种方案的可行性研究，根据各方案的技术经济指标决定采用何种方式。

2)招标阶段。如果项目确定为采用BOT方式建设，则首先由政府或其委托机构发布招标广告，然后对报名的私人机构进行资格预审，从中选择数家私人机构作为投标人并向其发售招标文件。

对于确定以BOT方式建设的项目也可以不采用招标方式而直接与有承担项目意向的私人机构协商。但协商方式成功率不高，即便协商成功，往往也会由于缺少竞争而使政府答应条件过多导致项目成本增高。

3)投标阶段。BOT项目标书的准备时间较长，往往在6个月以上，在此期间受政府委托的机构要随时回答投标人提出的问题，并考虑招标人提出的合理建议。投标人必须在规定的日期前向招标人呈交投标书。招标人开标、评标、排序后，选择前2~3家进行谈判。

4）谈判阶段。特许合同是BOT项目的核心，它具有法律效力并在整个特许期内有效，它规定政府和BOT项目公司的权利和义务，决定双方的风险和回报。所以，特许合同的谈判是BOT项目的关键一环。政府委托的招标人依次同选定的几个投标人进行谈判。成功则签订合同，不成功则转向下一个投标人。有时谈判需要循环进行。

5）履约阶段。这一阶段涵盖整个特许期，又可以分为建设阶段、经营阶段和移交阶段。BOT项目公司是这一阶段的主角，承担履行合同的大量工作。需要特别指出的是：良好的特许合约可以激励BOT项目公司认真负责地监督建设、经营的参与者，努力降低成本提高效率。

（4）BOT项目中的风险

BOT项目投资大、期限长，且条件差异较大，常常无先例可循，所以BOT的风险较大。风险的规避和分担也就成为BOT项目的重要内容。BOT项目整个过程中可能出现的风险有五种类型：政治风险、市场风险、技术风险、融资风险和不可抵抗的外力风险。

1）政治风险。政局不稳定、社会不安定会给BOT项目带来政治风险，这种风险是跨国投资的BOT项目公司重点考虑的，投资人承担的政治风险随项目期限的延长而相应递增，而本国的投资人则较少考虑该风险因素。

2）市场风险。在BOT项目漫长的特许期中，供求关系变化和价格变化时有发生。在BOT项目收回全部投资以前，市场上有可能出现更廉价的竞争产品，或更受大众欢迎的替代产品，以致对该BOT项日的产出的需求大大降低，此谓市场风险。BOT项目投资大都期限长，虽然由于政府的协助和特许而具有垄断性，但不能排除由于技术进步等原因带来的市场风险。此外，也可能会由于原材料涨价而导致工程超支，这是另一种市场风险。

3）技术风险。在BOT项目进行过程中由于制度上的细节问题安排不当带来的风险，称为技术风险。这种风险的一种表现是延期，工程延期将直接缩短工程经营期，减少工程回报，严重的有可能导致项目的放弃。另一种情况是工程缺陷，指施工建设过程中的遗留问题。该类风险可以通过制度安排上的技术性处理减少其发生的可能性。

4）融资风险。由于汇率、利率和通货膨胀率的预期外的变化带来的风险，是融资风险。若发生了比预期高的通货膨胀，则BOT项目预定的价格（如果预期价格约定了的话）则会偏低；如果利率升高，由于高的负债率，则BOT项目的融资成本大大增加；由于BOT常用于跨国投资，汇率的变化或兑现的困难也会给项目带来风险。

5）不可抗拒的外力风险。BOT项目和其他许多项目一样要承担地震、火灾、江水和暴雨等不可抵抗而又难以预计的外力的风险。

（5）BOT风险的规避和分担

应付风险的机制有两种：一种机制是规避，即以一定的措施降低不利情况发生的概率；另一种机制是分担，即事先约定不利情形发生情况下损失的分配方案。这是BOT项目合同中的重要内容。国际上在各参与者之间分担风险的惯例是：谁最能控制的风险由谁承担。

1）政治风险的规避。跨国投资的BOT项目公司首先要考虑的就是政治风险问题。而这种风险仅凭经济学家和经济工作者的经验是难以评估的。项目公司可以在谈判中获得政府的某些特许以部分抵消政治风险。如在项目国以外开立项目资金账户。此外，美国的海外私人投资公司（OPIC）和英国的出口信贷担保部（ECGD）对本国企业跨国投资的政治风险提供担保。

2）市场风险的分担。在市场经济体制中，由于新技术的出现带来的市场风险应由项目的发起人和确定人承担。若该项目由私人机构发起，则这部分市场风险由项目公司承担；若该项目由政府发展计划确定，则政府主要负责。而工程超支风险则应由项目公司作出一定预期，在 BOT 项目合同签订时便有备无患。

3）技术风险的规避。技术风险是由于项目公司在与承包商进行工程分包时约束不严或监督不力造成的，所以项目公司应完全承担责任。对于工程延期和工程缺陷应在分包合同中作出规定，与承包商的经济利益挂钩。项目公司还应在工程费用以外留下一部分维修保证金或施工后质量保证金，以便顺利解决工程缺陷问题。对于影响整个工程进度和关系整体质量的控制工程，项目公司还应进行较频繁的期间监督。

4）融资风险的规避。工程融资是 BOT 项目的贯穿始终的一个重要内容。这个过程全部由项目公司为主体进行操作，风险也完全由项目公司承担。融资技巧对项目费用大小影响极大。首先，工程过程中分步投入的资金应分步融入，否则将大大增加融资成本。其次，在约定产品价格时应预期利率和通胀的波动对成本的影响。若是从国外引入外资的 BOT 项目，应考虑货币兑换问题和汇率的预期。

5）不可抵抗外力风险的分担。这种风险具有不可预测性和损失额的不确定性，有可能是毁灭性损失。而政府和私人机构都无能为力。对此可以依靠保险公司承担部分风险。这必然会增大工程费用，对于大型 BOT 项目往往还需要多家保险公司进行分保。在项目合同中政府和项目公司还应约定该风险的分担方法。

综上所述，在市场经济中，政府可以分担 BOT 项目中的不可抵抗外力的风险，保证货币兑换，或承担汇率风险，其他风险皆由项目公司承担。

（6）BOT 模式案例分析

我国第一个 BOT 基础设施项目是 1984 年由香港合和实业公司和中国发展投资公司等作为承包商在深圳建设的沙头角 B 电厂。之后，我国广东、福建、四川、上海、湖北、广西等地也出现了一批 BOT 项目。如广深珠高速公路、重庆地铁、上海延安东路隧道复线、武汉地铁、北海油田开发等。

深圳地铁 4 号线由香港地铁公司获得运营及沿线开发权。根据深圳市政府和香港地铁公司签署的协议，香港地铁公司在深圳成立项目公司，以 BOT 方式投资建设全长约 16 km、总投资约 60 亿元的 4 号线二期工程。同时，深圳市政府将已于 2004 年底建成通车的全长 4.5 km 的 4 号线一期工程在二期工程通车前（2007 年）租赁给香港地铁深圳公司，4 号线二期通车之日始，4 号线全线将由香港地铁公司成立的项目公司统一运营，该公司拥有 30 年的特许经营权。此外，香港地铁公司还获得 4 号线沿线 290 万 m^2 建筑面积的物业开发权。在整个建设和经营期内，项目公司由香港地铁公司绝对控股，自主经营、自负盈亏，运营期满，全部资产无偿移交深圳市政府。

西方国家的 BOT 项目具有两个特别的趋势，值得中国发展 BOT 项目时借鉴。其一是大力采用国内融资方式，其优点之一便是彻底回避了政府风险和当代浮动汇率下尤为突出的汇率风险。另一个趋势是政府承担的风险愈来愈少。这当然有赖于市场机制的作用和经济法规的健全。从这个意义上讲，推广 BOT 的途径，不是依靠政府的承诺，而是深化经济体制改革和加强法制建设。

2. PPP 融资模式

20 世纪 90 年代后，一种崭新的融资模式——PPP 模式(public - private - partnership，即公共部门—私人企业—合作的模式)在西方特别是欧洲流行起来，在公共基础设施领域，尤其是在大型、一次性的项目如公路、铁路、地铁等的建设中扮演着重要角色。

广义的 PPP 模式是公私合营各种模式的统称，狭义的 PPP 模式是一种独立而具体的模式，其主要应用于基础设施等公共项目：首先，政府针对具体项目特许新建一家项目公司，并对其提供扶持措施，然后，项目公司负责进行项目的融资和建设，融资来源包括项目资本金和贷款；项目建成后，由政府特许企业进行项目的开发和运营，而贷款人除了可以获得项目经营的直接收益外，还可获得通过政府扶持所转化的效益。

PPP 模式是一种优化的项目融资与实施模式，以各参与方的“双赢”或“多赢”作为合作的基本理念，其典型的结构为：政府部门或地方政府通过政府采购的形式与中标单位组建的特殊目的公司签订特许合同(特殊目的公司一般是由中标的建筑公司、服务经营公司或对项目进行投资的第三方组成的股份有限公司)，由特殊目的公司负责筹资、建设及经营。政府通常与提供贷款的金融机构达成一个直接协议，这个协议不是对项目进行担保的，而是一个向借贷机构承诺将按与特殊目的公司签订的合同支付有关费用的协议，这个协议使特殊目的公司能比较顺利地获得金融机构的贷款。采用这种融资形式的实质是：政府通过给予私营公司长期的特许经营权和收益权来加快基础设施建设及有效运营。

(1)PPP 模式的内涵

PPP 模式的内涵主要包括以下 4 个方面：

1)PPP 是一种新型的项目融资模式。PPP 融资是以项目为主体的融资活动，是项目融资的一种实现形式，主要根据项目的预期收益、资产以及政府扶持的力度而不是项目投资人或发起人的资信来安排融资。项目经营的直接收益和通过政府扶持所转化的效益是偿还贷款的资金来源，项目公司的资产和政府给予的有限承诺是贷款的安全保障。

2)PPP 融资模式可以使更多的民营资本参与到项目中，以提高效率，降低风险。这也正是现行项目融资模式所鼓励的。政府的公共部门与民营企业以特许权协议为基础进行全程合作，双方共同对项目运行的整个周期负责。PPP 融资模式的操作规则使民营企业能够参与到城市基础设施项目的确认、设计和可行性研究等前期工作中来，这不仅降低了民营企业的投资风险，而且能将民营企业的管理方法与技术引入项目中来，还能有效地实现对项目建设与运行的控制，从而有利于降低项目建设投资的风险，较好地保障国家与民营企业各方的利益。这对缩短项目建设周期、降低项目运作成本甚至资产负债率都有值得肯定的现实意义。

3)PPP 模式可以在一定程度上保证民营资本“有利可图”。私营部门的投资目标是寻求既能够还贷又有投资回报的项目，无利可图的基础设施项目是吸引不到民营资本的投入的。而采取 PPP 模式，政府可以给予私人投资者相应的政策扶持作为补偿，如税收优惠、贷款担保、给予民营企业沿线土地优先开发权等。通过实施这些政策可提高民营资本投资城市基础设施项目的积极性。

4)PPP 模式在减轻政府初期建设投资负担和风险的前提下，可提高城市基础设施服务质量。在 PPP 模式下，公共部门和民营企业共同参与城市基础设施的建设和运营，由民营企业负责项目融资，有可能增加项目的资本金数量，进而降低资产负债率，这不但能节省政府的投资，还可以将项目的一部分风险转移给民营企业，从而降低政府的风险。同时双方可以形成互利的长期目标，更好地为社会和公众提供服务。

PPP 模式的组织形式非常复杂，既可能包括私人营利性企业、私人非营利性组织，同时还可能包括公共非营利性组织(如政府)。合作各方之间不可避免地会产生不同层次、类型的利益和责任上的分歧。只有政府与私人企业形成相互合作的机制，才能使得合作各方的分歧模糊化，在求同存异的前提下完成项目的目标。

PPP 模式的机构层次就像金字塔一样，金字塔顶部是政府，是引入私人部门参与基础设施建设项目的有关政策的制定者。政府对基础设施建设项目有一个完整的政策框架、目标和实施策略，对项目的建设和运营过程的各参与方进行指导和约束。金字塔中部是政府有关机构，负责对政府政策指导方针进行解释和运用，形成具体的项目目标。金字塔的底部是项目私人参与者，通过与政府的有关部门签署一个长期的协议或合同，协调本机构的目标、政策目标和政府有关机构的具体目标之间的关系，尽可能使参与各方在项目进行中达到预定的目标。这种模式的一个最显著的特点就是政府或者所属机构与项目的投资者和经营者之间的相互协调及其在项目建设中发挥的作用。PPP 模式是一个完整的项目融资概念，但并不是对项目融资的彻底更改，而是对项目生命周期过程中的组织机构设置提出了一个新的模型。它是政府、营利性企业和非营利性企业基于某个项目而形成以“双赢”或“多赢”为理念的相互合作形式，参与各方可以达到与预期单独行动相比更为有利的结果，其运作思路如图 5－1 所示。参与各方虽然没有达到自身理想的最大利益，但总收益即社会效益却是最大的，这显然更符合公共基础设施建设的宗旨。

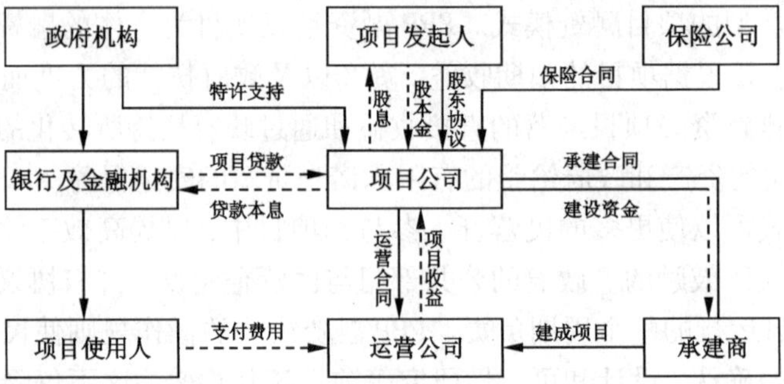

图 5－1 PPP 模式

(2)PPP 模式案例分析

北京地铁 4 号线在国内首次采用 PPP 模式，将工程的所有投资建设任务以 7∶3 的基础比例划分为 A、B 两部分，A 部分包括洞体、车站等土建工程的投资建设，由政府投资方负责；B 部分包括车辆、信号等设备资产的投资、运营和维护，由吸引社会投资组建的 PPP 项目公司来完成。政府部门与 PPP 公司签订特许经营协议，要根据 PPP 项目公司所提供服务的质量、效益等指标，对企业进行考核。在项目成长期，政府将其投资所形成的资产，以无偿或象征性的价格租赁给 PPP 项目公司，为其实现正常投资收益提供保障；在项目成熟期，为收回部分政府投资，同时避免 PPP 项目公司产生超额利润，将通过调整租金(为简便起见，其后在执行过程中采用了固定租金方式)的形式令政府投资公司参与收益的分配；在项目特许期结束后，PPP 项目公司无偿将项目全部资产移交给政府或续签经营合同。

3. TOT 融资模式

TOT(transfer - operate - transfer)即转让—经营—转让模式，是一种通过出售现有资产以获得增量资金进行新建项目融资的一种新型融资方式。在这种模式下，首先私营企业用私人资本或资金购买某项资产的全部或部分产权或经营权，然后，购买者对项目进行开发和建设，在约定的时间内通过对项目经营收回全部投资并取得合理的回报，特许期结束后，将所得到的产权或经营权无偿移交给原所有人。

TOT 使项目公司从 BOT 特许期一开始就有收入，未来稳定的现金流入使 BOT 项目公司的融资变得较为容易。

(1)可行性分析

我国现有融资环境支持 TOT 模式。中国目前经济收益良好稳定的铁路支线、专用线为数不少，而且还有少量城市间高速铁路，这些现金流量可观而且已经基本明朗化的项目对投资者来说极具吸引力。

中国民间资本总额十分庞大，2005 年 12 月末，中国城乡居民储蓄存款已超过 10 万亿元人民币。一直以来，由于缺少丰富的投资渠道和金融产品，加上近年来股票市场低迷，大量的民间资金滞留银行，同时在国际市场上仍有数千亿美元的游离资本在寻找投资对象。这些都表明中国客运专线建设项目实施 TOT 项目融资模式有充分的资金保障。

TOT 融资模式中，政府通过 TOT 一次性融得资金后，会在 BOT 项目中入股，甚至主导项目的实施。这样，其他投资人就不用担心财务上和政府履行合同上的问题，有了政府的强力参与和资金的保证，大大增加了项目实施的成功率。

从国家的政治环境上讲，中国政治稳定，经济稳定快速发展，投资环境逐步优化，政府诚信也在逐步提升，相关法律体系越来越完善。

(2)关键问题

虽然以 BOT 为主的 TOT 项目融资模式兼备了两种融资方式的优点，可广泛在投资规模大、经营周期长、风险大的基础设施项目中应用，但在实施中还有两个关键问题必须解决。

1)TOT 转出项目的经营权如何定价？

TOT 中项目的转出是 TOT 融资模式得以实施的突破口，而转出项目的经营权的合理定价则是转出协议达成的关键。如果转让价格过低，会使转让方遭受财产损失；如果转让价格过高，则会降低受让方的预期投资收益，导致转让协议难以达成，或者项目产品价格过高。在后一种情况下，如果转让方为了达成协议，则需要在其他方面作出较多的让步和承诺，而过多的让步和承诺对于转让方而言同样会造成一定的损失。

相对于账面价值法、重置成本法、现行市价法，收益现值法可以比较真实地反映拟转让项目经营权的真实价值。它通过估算 TOT 项目融资标的的未来预期收益并折算成现值，来确定 TOT 项目融资标的价值，其基本原理是期望价值理论，是基于标的的预期收益角度对其价格所作的评估。

但由于中国国内铁路投资环境，尤其是投资软环境如法律环境、行政环境方面的问题，加大了受让方在经营期间的预期风险，受让方一般比较难以接受收益现值法评估出来的经营权价格，或者会对出让方和政府提出比较苛刻的条件，导致 TOT 协议难以达成。所以，给 TOT 转出项目的经营权定价时，要在收益现值法的基础上，充分考虑各种风险因素，进行修正，使价格趋于合理、可行。目前，国际上比较认同的方法是美国西北大学教授阿尔费雷德 · 巴拉特创立的巴拉特评估法。

2)拟转让经营权的已建TOT项目要与待建项目相匹配。

TOT项目融资模式是以BOT项目为中心进行的，是以建设BOT项目为最终目的的，所以，选择与BOT项目相匹配的拟转让经营权的已建项目也是至关重要的。

①拟转让经营权的已建项目的规模、净现金流，即其经营权在特许期的估价要与待建项目相匹配，有专家认为还要尽可能选择运营成本较低，不需要作较大的固定资产更新换代的已建项目为好。

②为了促成某待建项目的TOT融资建设计划，业主或者是宗主国可选择的拟转让经营权的已建项目不应该局限于铁路项目，也可以是其他项目，如：火电厂，某高速公路段等；只要是与待建项目相匹配，或者说符合潜在投资人的期望要求即可。

③拟转让经营权的项目可不止一个，可以是几个项目的一部分打包，不过，这就会给接手经营的BOT项目公司的管理带来不便，需视具体情况而定。

4. ABS融资模式

ABS(asset - backed securitization)即资产证券化，它是以项目所属的资产为支撑的证券化融资方式，即以项目所拥有的资产为基础，以项目资产可以带来的预期收益为保证，通过在资本市场发行债券来募集资金的一种项目融资方式。这些资产包括房屋抵押贷款及未来租金收入、交通设施未来的收费收入、各类公用设施的收费收入等。ABS资产证券化是国际资本市场上流行的一种项目融资方式，已在许多国家的大型项目中采用。1998年4月13日，我国第一个以获得国际融资为目的的ABS证券化融资方案率先在重庆市推行。这是中国第一个以城市为基础的ABS证券化融资方案。

ABS融资由于能够以较低的资金成本筹集到期限较长、规模较大的项目建设资金，因此，对于投资规模大、周期长、资金回报慢的城市基础设施项目来说，是一种理想的融资方式。在电信、电力、供水、排污、环保等领域的基本建设、维护、更新改造及扩建项目中，ABS得到了广泛的应用。以这些项目为支撑发行的ABS债券，其收入来源通常是协议合同指定的项目收入(如高速公路过路费、机场建设费、电力购买合同、自来水购买合同等)。这些项目的建设，有很多是以社会效益为主的，并可能在不同程度上有公营、私营或者合资、合作经营的情况，为了保证以资产为支撑的债券能够有足够的按期还本付息的能力，增加项目的还款能力，一般由多种不同的资产收入形式共同支撑一个特定的ABS债券。

1)ABS融资模式的运作过程

ABS融资方式的运作过程分为六个主要阶段。

第一阶段：组建项目融资专门公司。采用ABS融资方式，项目主办人需组建项目融资专门公司，可称为信托投资公司或信用担保公司，它是一个独立的法律实体。这是采用ABS融资方式筹资的前提条件。

第二阶段：寻求资信评估机构授予融资专门公司尽可能高的信用等级。由国际上具有权威性的资信评估机构，经过对项目的可行性研究，依据对项目资产未来收益的预测，授予项目融资专门公司AA级或AAA级信用等级。

第三阶段：项目主办人(筹资者)转让项目未来收益权。通过签订合同、项目主办人在特许期内将项目筹资、建设、经营、债务偿还等全权转让给项目融资专门公司。

第四阶段：项目融资专门公司发行债券筹集项目建设资金。由于项目融资专门公司信用等级较高，其债券的信用级别也在A级以上，只要债券一发行，就能吸引众多投资者购买，其筹资成本会明显低于其他筹资方式。

第五阶段：项目融资专门公司组织项目建设、项目经营并用项目收益偿还债务本息。

第六阶段：特许期满，项目融资专门公司按合同规定无偿转让项目资产，项目主办人获得项目所有权。

(2) ABS融资模式的特点

1) ABS融资模式的最大优势是通过在国际市场上发行债券筹集资金，债券利率一般较低，从而降低了筹资成本。

2) 通过证券市场发行债券筹集资金，是ABS不同于其他项目融资方式的一个显著特点。

3) ABS融资模式隔断了项目原始权益人自身的风险，使其清偿债券本息的资金仅与项目资产的未来现金收入有关，加之在国际市场上发行债券是由众多的投资者购买，从而分散了投资风险。

4) ABS融资模式是通过SPV发行高档债券筹集资金，这种负债不反映在原始权益人自身的资产负债表上，从而避免了原始权益人资产质量的限制。

5) 作为证券化项目融资方式的ABS，由于采取了利用SPV增加信用等级的措施，从而能够进入国际高档证券市场，发行那些易于销售、转让以及贴现能力强的高档债券。

6) 由于ABS融资模式是在高档证券市场筹资，其接触的多为国际一流的证券机构，有利于培养东道国在国际项目融资方面的专门人才，也有利于国内证券市场的规范。

3) ABS融资模式的优点

相比其他证券产品，ABS具有以下几个优点：

1) 具有吸引力的收益。在评级为3A级的资产中，ABS比到期日与之相同的美国国债具有更高的收益率，其收益率与到期日和信用评级相同的公司债券或抵押支持型债券的收益率大致相当。

2) 较高的信用评级。从信用角度看，ABS是最安全的投资工具之一。与其他债务工具类似，它们也是在其按期偿还本利息与本金能力的基础之上进行价值评估与评级的。但与大多数公司债券不同的是，ABS得到担保物品的保护，并由其内在结构特征通过外部保护措施使其得到信用增级，从而进一步保证了债务责任得到实现。大多数ABS在主要的信用评级机构处得到了最高信用评级——3A级。

3) 投资多元化与多样化。ABS市场是一个在结构、收益、到期日以及担保方式上都高度多样化的市场。用以支持ABS的资产涵盖了不同的业务领域，从信用卡应收账款到汽车、船只和休闲设施贷款，以及从设备租赁到房地产和银行贷款。另外，ABS向投资者提供了条件，使他们能够将传统上集中于政府债券、货币市场债券或公司债券的固定收益证券进行多样化组合。

4) 可预期的现金流。许多类型ABS的现金流的稳定性与可预测性都得到了很好的设置。购买ABS的投资者有极强的信心按期进行期望中的偿付。然而，对出现的类似于担保的ABS，有可能具有提前偿付的不确定因素，因此投资者必须明白，此时现金流的可预测性就不那么准确了。这种高度不确定性往往由高收益性反映出来。

5) 事件风险小。由于ABS得到标的资产的保证，从而提供了针对事件风险而引起的评级下降的保护措施，与公司债券相比，这点更显而易见。投资者对于没有保证的公司债券的主要担心在于，不论评级有多高，一旦发生对发行人产生严重影响的事件，评级机构将调低其评级。类似的事件包括兼并、收购、重组及重新调整资本结构，这通常都是由于公司的管理层为了提高股东的收益而实行的。

采取 BOT、PPP、TOT、ABS 方式时，获得特许经营权的投资人仍可以以项目融资或公司融资的方式，为项目的投资经营筹集资金。

5.2 工程项目的资金筹措

5.2.1 工程项目的资金来源渠道

在估算出拟建项目所需要的资金量后，应根据资金的可得性、供应的充足性、融资成本的高低选择资金渠道。项目资金筹集过程中资金来源构成分为两大部分：权益资本和债务资本。权益资本是指以权益方式投资于公司，取得公司的产权，它通常构成企业的原始资金来源，而且还是公司以后吸收其他投资或筹措各种债务资本的基础和保证。债务资本是指以负债方式筹集资金，提供资金方只取得对于公司的债权，它主要有短期借款、商业信用、长期借款、长期债券、融资租赁及其他长期筹资方式等方式。债权人优先于股权受偿，但对于公司没有控制权。

5.2.2 资本金的筹措

项目资本金是指由项目的发起人、股权投资人(以下称投资者)以获得项目财产权和控制权的方式投入的资金。项目资本金可以用货币出资，也可以用实物、工业产权、非专利技术、土地使用权、资源开采权等作价出资。作价出资的实物、工业产权、非专利技术、土地使用权和资源开采权，必须经过有资格的资产评估机构评估作价，其中以工业产权和非专利技术作价出资的比例一般不得超过项目资本金总额的 20%(经特别批准，部分高新技术企业可以达到 35% 以上)。为了使建设项目保持合理的资产结构，应根据投资各方及建设项目的具体情况选择项目资本金的出资方式，以保证项目能顺利建设并在建成后能正常运营。

投资项目资本金是在项目的总投资中项目法人除从银行或资金市场外获得的资本金。项目的资本金是获得债务资金的一种信用基础，因为项目的资本金后于负债受偿，可以降低债权人债权回收风险。在项目的融资研究中，应根据项目融资目标的要求，在拟订的融资模式前提下，研究资本金筹措方案。

1. 项目资本金制度

投资项目资本金是指在投资项目总投资中，由投资者认缴的出资额。对投资项目来说是非债务性资金，项目法人不承担这部分资金的任何利息。投资者可按其出资的比例依法享有资金的任何利息和债务等所有者权益，也可转让其出资，但不得以任何方式抽回。

国家为了从宏观上调控固定资产投资，根据不同行业和项目的经济效益等，对投资项目资本金占总投资的比例有不同的具体规定。1996 年 8 月 23 日，国务院发布了《关于固定资产投资项目试行资本金制度的通知》(国发〔1996〕35 号)，该通知规定，从 1996 年开始，对各种经营性投资项目，包括国有单位的基本建设、技术改造、房地产开发项目和集体投资项目试行资本金制度，投资的项目必须首先落实资本金才能进行建设。个体和私营企业的经营性投资项目可参照国发〔1996〕35 号文件的有关规定执行。公益性投资项目不实行资本金制度。外商投资项目(包括外商投资、中外合资、中外合作经营项目)按现行有关法规执行。

(1)固定资产投资项目资本金比例

资本金比例是指各股东以自有资产投资占总投资的比例。作为计算资本金基数的总投资，是指投资项目的固定资产投资与铺底流动资金之和，具体核定时以经批准的动态概算为依据。为应对国际金融危机，扩大国内需求，保持国民经济平稳较快增长，2009 年 5 月 25 日，国务院下发了《关于调整固定资产投资项目资本金比例的通知》(国发〔2009〕27 号)，对固定资产投资项目资本金比例进行适当调整。

1)各行业固定资产投资项目的最低资本金比例按以下规定执行：

钢铁、电解铝项目，最低资本金比例为 40%。

水泥项目，最低资本金比例为 35%。

煤炭、电石、铁合金、烧碱、焦炭、黄磷、玉米深加工、机场、港口、沿海及内河航运项目，最低资本金比例为 30%。

铁路、公路、城市轨道交通、化肥(钾肥除外)项目，最低资本金比例为 25%。

保障性住房和普通商品住房项目的最低资本金比例为 20%，其他房地产开发项目的最低资本金比例为 30%。

其他项目的最低资本金比例为 20%。

2)经国务院批准，对个别情况特殊的国家重大建设项目，可以适当降低最低资本金比例要求。属于国家支持的中小企业自主创新、高新技术投资项目，最低资本金比例可以适当降低。外商投资项目按现行有关法规执行。

3)金融机构在提供信贷支持和服务时，要坚持独立审贷，切实防范金融风险。要根据借款主体和项目实际情况，参照国家规定的资本金比例要求，对资本金的真实性、投资收益和贷款风险进行全面审查和评估，自主决定是否发放贷款以及具体的贷款数量和比例。

(2)外商投资项目的注册资金比例

外商投资项目(包括外商投资、中外合资、中外合作经营项目)目前不执行上述项目资本金制度，而是按照外商投资企业的有关法规执行。按照目前有关法规，要求外商投资企业的注册资金与生产经营规模相适应，明确规定了注册资金占投资总额(是指投资项目的建设投资与流动资金之和)的最低比例(如表 5－1 所示)。

表 5－1　注册资金占投资总额的最低比例

序号	投资总额	注册资金占总投资的最低比例	附加条件
1	300 万美元以下	70%	
2	300 万～1000 万美元	50%	其中投资总额 400 万美元以下的，注册资金不低于 210 万美元
3	1000 万～3000 万美元	40%	其中投资总额在 1250 万美元以下的，注册资金不低于 500 万美元
4	3000 万美元以上	1/3	其中投资总额在 3600 万美元以下的，注册资金不低于 1200 万美元

2. 项目资本金的来源

(1)自有资金

采取传统的融资方式进行项目融资的，项目资本金来自于企业的自有资金：企业现有的现金、企业资产变现、未来生产经营中获得的可用于项目的资金和企业增资扩股等方面。在具体的项目研究中，应通过分析企业的财务报表，判断现有企业是否具备足够的自有资金投资于拟建项目。

1)企业现有现金。

企业的现有现金是指企业的库存现金和银行存款。库存现金和银行存款可以由企业的资产负债表得以反映，它们除了扣除保持必要的日常经营所需货币金额，多余的资金可以用于项目投资。

2)企业资产变现。

采用企业资产变现的方式筹集项目资本金是指企业将现有资产(包括：短期投资、长期投资、固定资产、无形资产)通过转让变现，把取得的现金用于项目投资。流动资产中的应收账款、其他应收款等应收款项和存货的降低，都可以增加企业可以使用的现金，这类流动资产的变现通常在上面的企业未来流动资金占用的增加中总和估计，但是如果没有在未来的企业经营净现金预测中估算，也可以在资产变现中估算。企业资产变现可以采用的方式：单项资产变现、资产组合变现、股权转让变现、经营权变现、对外长期投资变现和证券资产变现等。

3)未来生产经营中获得的可用于项目的资金。

在未来生产经营中获得的可用于项目的资金是指：在未来项目的建设期间，企业从生产经营中获得新的现金，扣除生产经营开支及其他日常开支之后的剩余部分。这部分资金可以用于项目投资。

通常是通过对企业未来现金流量的预测，来估算未来企业经营获得的净现金流量。实践中常采用经营收益间接估算企业未来的经营现金流量。

经营净现金流量 = 经营收益 - 流动资金占用的增加

经营净收益 = 净利润 + 折旧 + 无形及其他资产摊销 + 财务费用

经营净现金流量 = 净利润 + 折旧 + 无形及其他资产摊销 + 财务费用 - 流动资金占用的增加

企业未来经营净现金流量中，可以用来再投资或偿还债务的是：折旧、无形及其他资产摊销，净利润中除了可能需要用于分红或用作盈余公积金和公益金留存剩下的部分。而财务费用及流动资金占用的增加部分将不能用于固定资产投资。由此，可以用于再投资及偿还债务的企业经营净现金可按下式估算：

可以用于再投资及偿还债务的企业经营净现金 = 净利润 + 折旧 + 无形及其他资产摊销 - 流动资金占用的增加 - 利润分红 - 利润中需要留作企业盈余公积金和公益金的部分 (5-1)

(2)股票融资

无论是既有法人融资项目还是新设法人融资项目，凡符合规定条件的，均可以通过发行股票在资本市场募集股本资金。股票融资可以采取公募与私募两种形式。公募又称公开发行，是在证券市场上向不特定的社会公众公开发行股票。为了保障广大投资者的利益，国家对公开发行股票有严格的要求，发行股票的企业要有较高的信用，符合证券监管部门规定的各项发行条件，并获得证券监管部门批准后方可发行。私募又称不公开发行或内部发行，是指将股票直接出售给少数特定的投资者。

股票融资具有下列特点：

1）股票融资所筹资金是项目的股本资金，可作为其他方式筹资的基础，可增强融资主体的举债能力。

2）股票融资所筹资金没有到期偿还的问题，投资者一旦购买股票便不得退股。

3）普通股股票的股利支付，可视融资主体的经营好坏和经营需要而定，因而融资风险较小。

4）股票融资的资金成本较高，因为股利需从税后利润中支付，不具有抵税作用，而且发行费用也较高。

5）上市公开发行股票，必须公开披露信息，接受投资者和社会公众的监督。

（3）政府投资资金

政府投资资金包括各级政府的财政预算内资金、国家批准的各种专项建设基金、统借国外贷款、土地批租收入、地方政府按规定收取的各种费用及其他预算外资金等。政府投资主要用于关系国家安全和市场不能有效配置资源的经济和社会领域，包括加强公益性和公共基础设施建设，保护和改善生态环境，促进欠发达地区的经济和社会发展，推进科技进步和高新技术产业化。中央政府投资除本级政权等建设外，主要安排跨地区、跨流域以及对经济和社会发展全局有重大影响的项目（例如三峡工程、青藏铁路）。

对政府投资资金，国家根据资金来源、项目性质和调控需要，分别采取直接投资、资本金注入、投资补助、转贷和贷款贴息等方式，并按项目安排使用。

在项目评价中，对投入的政府投资资金，应根据资金投入的不同情况进行不同的处理：

1）全部使用政府直接投资的项目，一般为非经营性项目，不需要进行融资方案分析。

2）以资本金注入方式投入的政府投资资金，在项目评价中应视为权益资金。

3）以投资补贴、贷款贴息等方式投入的政府投资资金，对具体项目来说，既不属于权益资金，也不属于债务资金，在项目评价中应视为一般现金流入（补贴收入）。

4）以转贷方式投入的政府投资资金（统借国外贷款），在项目评价中应视为债务资金。

5.2.3　债务资金筹措

1. 债务资金概述

债务资金是项目投资中除资本金外，需要从金融市场借入的资金。债务资金是指项目融资除资本金外，以负债方式取得资金。相比较而言，债务资金具有以下优点：

1）债务资金所筹资金是企业的负债而非资本金。债权人一般只有优先于股东获取利息和收回本金的权利，不能分享企业剩余利润，也没有企业经营管理的表决权，因而不会改变或分散企业的控制权力结构。

2）债务资金成本低。企业取得贷款或发行债券，利率是固定的，到期还本付息。发行股票筹资，股东因投资风险大，要求的报酬率就高。

3）债务资金可为投资所有者带来杠杆效应并具有节税功能。杠杆效应主要体现在降低资金成本及提高权益资本收益率等方面。节税功能反映为负债利息计入财务费用抵扣应税所得额，从而相对减少应纳所得税。在息税前利润大于负债成本的前提下，负债额度越大，节税作用越明显。

4）债务资金速度快，容易取得，且富有弹性，企业需要资金时借入，资金充裕时归还，非常灵活。

2. 债务资金来源

债务资金是项目投资中以负债方式从金融机构、证券市场等资本市场取得的资金。债务资金具有以下特点：

1）资金在使用上具有时间性限制，到期必须偿还。

2）无论项目的融资主体今后经营效果好坏，均需按期还本付息，从而形成企业的财务负担。

3）资金成本一般比权益资金低，且不会分散投资者对企业的控制权。

债务资金的资金来源主要有：商业银行贷款、政策性银行贷款、出口信贷、外国政府贷款、国际金融机构贷款、银团贷款、发行债券、发行可转换债以及融资租赁。

（1）商业银行贷款

我国的商业银行是指依照《中华人民共和国商业银行法》和《中华人民共和国公司法》设立的吸收公众存款、发放贷款、办理结算等业务的企业法人。根据《中华人民共和国商业银行法》的规定，我国商业银行可以经营下列业务：吸收公众存款，发放贷款；办理国内外结算、票据贴现、发行金融债券；代理发行、兑付、承销政府债券，买卖政府债券；从事同业拆借；买卖、代理买卖外汇；提供信用证服务及担保；代理收付款及代理保险业务等。按照规定，商业银行不得从事政府债券以外的证券业务和非银行金融业务。商业银行贷款是项目融资中最基本和最简单的债务资金形式，它可以由一家银行提供，也可以由几家银行联合提供。根据不同的依据，我国的商业银行划分就不一样：按照所有制形式可以分为国有商业银行和股份制银行；按照经营区域可以分为全国性银行和地区性银行。当然，境外的商业银行也是得到银行贷款的来源。我国加入世界贸易组织后，逐步放宽外国银行进入我国开办商业银行业务，从而境外的外资商业银行也将逐步开展外汇及人民币贷款业务。

按照贷款期限，商业银行的贷款可以分为短期贷款、中期贷款和长期贷款。短期贷款是指贷款期限在1年以内（含1年）的贷款，目前主要有6个月、1年等期限档次的短期贷款。这种贷款也称为流动资金贷款，在整个贷款业务中所占比重很大，是金融机构最主要的业务之一。中期贷款是指贷款期限在1年以上（不含1年）5年以下（含5年）的贷款。长期贷款，指贷款期限在5年（不含5年）以上的贷款。人民币中、长期贷款包括固定资产贷款和专项贷款。

按照资金使用途径分，商业银行贷款在银行内部管理中分为固定资产贷款和流动资金贷款。固定资产贷款是指主要用于固定资产项目建设、购置、改造及其相应配套设施建设的中长期本外币贷款。大中型项目的固定资金贷款由国家开发银行、中国建设银行办理。中小型项目的资金，除企业自筹、社会筹集外，也是国有独资商业银行与其他商业银行一项重要的贷款业务。流动资金贷款也称为短期资金周转贷款，是银行为解决企业在生产经营过程中流动资金不足而发放的贷款，可分为工业流动资金贷款和商业流动资金贷款，以及其他流动资金贷款。

商业银行贷款是我国建设项目获得短期、中长期贷款的重要渠道。国内商业银行贷款手续简单、成本较低，适用于有偿债能力的建设项目。

(2)政策性银行贷款

政策性银行是指由政府发起、出资成立，为贯彻和配合政府特定经济政策和意图而进行融资和信用活动的机构。政策性银行不以营利为目的，专门为贯彻、配合政府社会经济政策或意图，在特定的业务领域内，直接或间接地从事政策性融资活动，充当政府发展经济、促进社会进步、进行宏观经济管理的工具。政策性银行贷款一般期限较长、利率较低，是为配合国家产业政策等的实施，对有关的政策性项目提供的贷款。

1994年中国政府设立了国家开发银行、中国进出口银行、中国农业发展银行三大政策性银行，均直属国务院领导。2008年12月16日，国家开发银行股份有限公司挂牌成立，成为第一家由政策性银行转型而来的商业银行，标志着我国政策性银行改革取得重大进展。目前，银监会在统计口径中将中国进出口银行、中国农业发展银行列入政策性银行，将国家开发银行与政策性银行并列统计。2015年4月12日，官方宣布，由中国人民银行会同有关单位提出的国家开发银行、中国进出口银行、中国农业发展银行的改革方案，已经正式获得批准。其中，国家开发银行明确定位为开发性金融机构，设立国家开发银行的主要目的，一方面是为国家重点建设融通资金，保证关系国民经济全局和社会发展的重点建设顺利进行；另一方面是把当时分散管理的国家投资基金集中起来，建立投资贷款审查制度，赋予开发银行一定的投资贷款决策权，并要求其承担相应的责任与风险，以防止盲目投资、重复建设。而中国进出口银行、中国农业发展银行进一步明确了政策性银行的定位。

政策性银行不能吸收活期存款和公众存款，主要资金来源是政府提供的资本金、各种借入资金和发行政策性金融债券筹措的资金，其资金运用多为长期贷款和资本贷款。政策性银行收入的存款也不作转账使用，贷款一般为专款专用，不会直接转化为储蓄存款和定期存款。所以，不会像商业银行那样具备存款和信用创造职能。政策性银行有自己特定的服务领域，不与商业银行产生竞争。它一般服务于那些对国民经济发展、社会稳定具有重要意义，且投资规模大、周期长、经济效益低、资金回收慢的项目领域，如农业开发、重要基础设施建设、进出口贸易、中小企业、经济技术开发等领域。

(3)出口信贷

出口信贷是一国政府为支持和扩大本国大型设备等产品的出口，增强国际竞争力，对出口产品给予利息补贴、提供出口信用保险及信贷担保，鼓励本国的银行或非银行金融机构对本国的出口商或外国的进口商(或其银行)提供利率较低的贷款，以解决本国出口商资金周转的困难，或满足国外进口商对本国出口商支付货款需要的一种国际信贷方式。

出口信贷的主要形式有买方信贷、卖方信贷、混合信贷与福费廷等形式。

1)买方信贷。

出口买方信贷是出口国政府支持出口方银行直接向进口商或进口商银行提供信贷支持，以供进口商购买技术和设备，并支付有关费用。出口买方信贷一般由出口国出口信用保险机构提供出口买方信贷保险。

出口买方信贷主要有两种形式：一是出口商银行将贷款发放给进口商银行，再由进口商银行转贷给进口商；二是由出口商银行直接贷款给进口商，由进口商银行出具担保。

贷款币种为美元或经银行同意的其他货币。贷款金额不超过贸易合同金额的80%～85%。贷款期限根据实际情况而定，一般不超过10年。贷款利率参照“经济合作与发展组织”(OECD)确定的利率水平而定。

出口方银行直接向进口商提供的贷款，而出口商与进口商所签订的成交合同中则规定为即期付款方式。出口方银行根据合同规定，凭出口商提供的交货单据，将货款付给出口商。同时记入进口商的偿款账户内，然后由进口方按照与银行订立的交款时间，陆续将所借款项偿还出口方银行，并付给利息。所以，买方信贷实际上是一种银行信用。

买方信贷的程序是：进口商(买方)与出口商(卖方)签订贸易合同后，进口商(买方)先缴相当于货价15%的现汇定金。现汇定金在贸易合同生效日支付，也可在合同签订后的60天或90天支付；在贸易合同签订后，至预付定金前，进口商(买方)再与出口商(卖方)所在地的银行签订贷款协议，这个协议是以上述贸易合同作为基础的，若进口商不购买出口国设备，则进口商不能从出口商所在地银行取得此项贷款；进口商(买方)用其借到的款项，以现汇付款形式向出口商(卖方)支付货款；进口商(买方)对出口商(买方)所在地银行的欠款，按贷款协议的条件分期偿付。

接受买方信贷的进口商所得贷款仅限于向提供买方信贷国家的出口商或在该国注册的外国出口公司进行支付，不得用于第三国。进口商利用买方信贷，仅限于进口资本货物，一般不能以贷款进口原料和消费品。提供买方信贷国家出口的资本货物限于该国制造的，若该项货物系由多国部件组装，该国部件应占50%以上。贷款只提供贸易合同金额的85%，船舶为80%，其余部分需支付现汇，贸易合同签订后，买方可先付5%的定金，一般须付足15%或20%现汇后才能使用买方信贷。贷款均为分期偿还，一般规定半年还本付息一次。还款期限根据贷款协议的具体规定执行。还款的期限对发达国家为5年，中等发达国家为8.5年，相对贫穷的为10年。

2)卖方信贷。

出口卖方信贷是出口方银行向该国出口商提供的商业贷款。出口商(卖方)以此贷款为垫付资金，允许进口商(买方)赊购自己的产品和设备。出口商(卖方)一般将利息等资金成本费用计入出口货价中，将贷款成本转移给进口商(买方)。卖方信贷是银行直接资助本国出口厂商向外国进口厂商提供延期付款，以促进高品出口的一种方式。一般做法是在签订出口合同后，进口商向出口商支付，在分批交货、验收和保证期满时再分期付给10%～15%的货款，其余75%～85%的货款则由出口厂商在设备制造或交货期间向出口方银行取得中、长期贷款，以便周转。在进口商按合同规定的延期付款时间付讫余款和利息时，出口厂商再向出口方银行偿还所借款项和应付的利息。所以，卖方信贷实际上是出口厂商由出口方银行取得中、长期贷款后，再向进口方提供的一种商业信用。

卖方信贷的程序是：出口商(卖方)以延期付款的方式与进口商(买方)签订贸易合同，出口大型机械设备；出口商(卖方)向所在地的银行借款，签订贷款，以融通资金；进口商随同利息分期偿还出口商的货款后，出口商再偿还银行贷款。

出口卖方信贷的利率一般比较优惠。一国利用政府资金进行利息补贴，可以改善该国出口信贷条件，扩大该国产品的出口，增强该国出口商的国际市场竞争力，进而带动该国经济增长。所以，出口信贷的利率水平一般低于相同条件下资金贷放市场利率，利差由出口国政府补贴。

3)混合信贷。

混合信贷是出口国银行发放卖方信贷或买方信贷的同时，从政府预算中提出一笔资金，作为政府贷款或给予部分赠款，连同卖方信贷或买方信贷一并发放。由于政府贷款收取的利率比一般出口信贷要低，这更有利于出口国设备的出口。卖方信贷或买方信贷与政府信贷或赠款混合贷放的方式，构成了混合信贷。

西方发达国家提供的混合信贷的形式大致有两种：对一个项目的融资，同时提供一定比例的政府贷款(或赠款)和一定比例的买方信贷(或卖方信贷)；对一个项目的融资，将一定比例的政府信贷(或赠款)和一定比例的买方信贷(或卖方信贷)混合在一起，然后根据赠予成分的比例计算出一个混合利率。如英国的 ATP 方式。

4)福费廷(Forfaiting)。

福费廷是指在延期付款的大型设备贸易中，出口商把经进口商承兑的、期限在半年以上到五、六年的远期汇票、无追索权的售予出口商所在地的银行，提前取得现款的一种资金融通形式，它是出口信贷的一个类型。

出口商与进口商在洽谈设备、资本货物的贸易时，若要采用福费廷方式，应该先行与其所在地银行约定。进出口商签订贸易合同言明使用福费廷，由进口商提供担保。出口商发运货物后，将全套货运单据通过银行的正常途径寄给进口商，以换取进口商银行承兑的附有银行担保的汇票。进口商将经承兑的汇票寄交出口商。出口商取得经进口商银行承兑的附有银行担保的汇票后，按照事先的约定，出售给出口地银行，办理贴现手续。

福费廷业务对出口商的作用：能提前融通资金，改善资产负债表，有利于其证券的发行和上市；可以加速资金周转；不受汇率变化与债务人情况变化的影响；减少信贷管理和票据托收费用与风险都转嫁给了银行。

对进口商来说，办理福费廷业务手续比较简单，但也有不利之处：福费廷业务的利息和所发生的费用要计算在货价之中，因此，货价比较高；要有一流银行的担保，保费高。

(4)外国政府贷款。

外国政府贷款是指一国政府向另一国政府提供的，具有一定赠与性质的优惠贷款。它具有政府间开发援助或部分赠与的性质，在国际统计上又叫双边贷款，与多边贷款共同组成官方信贷。目前我国可利用的外国政府贷款主要有：日本国际协力银行贷款、日本能源贷款、美国国际开发署贷款、加拿大国际开发署贷款，以及德国、法国等国的政府贷款。

其资金来源一般分两部分：软贷款和出口信贷。软贷款部分多为政府财政预算内资金；出口信贷部分为信贷金融资金。双边政府贷款是政府之间的信贷关系，由两国政府机构或政府代理机构出面谈判，签署贷款协议，确定具有契约性偿还义务的外币债务。

根据经济合作与发展组织(OECD)的有关规定，政府贷款主要用于城市基础设施、环境保护等非营利项目，若用于工业等营利性项目，则贷款总额不得超过 200 万特别提款权。贷款额在 200 万特别提款权以上或赠与成分在 80% 以下的项目，须由贷款国提交 OECD 审核。目前中国同日本、德国、法国、西班牙、意大利、加拿大、英国、奥地利、澳大利亚、瑞典、科威特、荷兰、芬兰、丹麦、挪威、瑞士、比利时、韩国、以色列、波兰、俄罗斯、卢森堡及北欧投资银行、北欧发展基金共 24 个国家及机构建立了政府(双边)贷款关系。

外国政府贷款的条件有一定的优惠性，一般分四种情况：

第一种为软贷款，也就是政府财政性贷款。一般无息或利率较低，还款期较长，并有较长的宽限期，如科威特政府贷款年利率 1 ~ 5.5%，偿还期 18 ~ 20 年，含宽限期 3 ~ 5 年；比利时政府贷款为无息贷款，偿还期 30 年，含宽限期 10 年。这种贷款一般在项目选择上侧重于非营利的开发性项目，如城市基础设施建设等。

第二种为混合性贷款，由政府财政性贷款和一般商业性贷款混合在一起，比一般商业性贷款优惠。如奥地利政府贷款年利率4.5%，偿还期20年，含宽限期2年。

第三种为一定比例的赠款和出口信贷混合组成。如澳大利亚、挪威、英国、西班牙等国政府贷款中，赠款占25%～45%。

第四种为政府软贷款和出口信贷混合性贷款，又称为“政府混合贷款”，这是最普遍实行的一种贷款。一般软贷款占30%～50%。如法国、意大利、德国、瑞士等国的贷款都采用这种形式。出口信贷的条件，凡是经济合作与发展组织(OECD)的成员，必须采用该组织的所谓OECD条件，目前利率为7.3596%，偿还期10年，宽限期视项目建设期而定。有的还要收取一定的承诺费、手续费和担保费，贷款的支付一般采用外币形式，涉及使用贷款国的货币购买贷款国的设备时，直接以设备体现，借款者实际见不到货币。

外国政府贷款一般根据贷款国的经济实力、经济政策和具有优势的行业，确定贷款投向范围和项目。经济发达的国家，如法国、英国、德国等，贷款一般投向能源、交通、通信、原材料及其他工业项目。某些行业比较先进的发达国家则侧重于该行业的项目贷款，如丹麦重点选择其先进的乳品加工、制糖、冷冻设备方面的项目贷款；卢森堡侧重钢铁工业的项目贷款；瑞士选择精密机械、机床项目贷款；奥地利侧重于水电、火电等项目贷款。

除日本、科威特两国采用国际竞争性招标方式对外采购、一般价格比较合理外，其他国家的贷款均为限制性贷款，物资采购只能在贷款国内进行，供货商报价往往偏高。在这种情况下，要注意选择几家有能力的贷款国厂商参加竞争。同时，还要注意引进技术、设备的先进性与适用性，应与国内配套设备的吸收和消化能力相适应。硬件和软件(包括工艺设计、技术服务和人员培训等)比例要适当，不能忽视软件的引进。这种方式一般不能自由选择贷款币种，汇率风险较大。

外国政府贷款有以下特点：

1)在经济上带有援助性质、期限长、利率低，有的甚至无息。一般年利率为2%～4%，还款平均期限为20～30年，最长可达50年。

2)贷款一般以混合贷款方式提供，即在贷款总额中，政府贷款一般占三分之一，其余三分之二为出口信贷。

3)贷款一般都限定用途，如用于支付从贷款国进口设备，或用于某类项目建设。

我国各级财政可以为外国政府贷款提供担保，按照财政担保方式分为三类：国家财政部担保、地方财政厅(局)担保、无财政担保。

(5)国际金融机构贷款

国际金融机构贷款是由一些国家的政府共同投资组建并共同管理的国际金融机构提供的贷款，旨在帮助成员国开发资源、发展经济和平衡国际收支。国际金融机构贷款的资金主要来源于各成员国缴纳的股金、捐款以及国际金融机构从资本市场的筹资，其资金放贷宗旨通常包含有鼓励成员国从事开发项目、援助发展中国家特别是贫困国家经济发展的内容，不完全等同于仅以营利为目的的商业贷款。其贷款发放对象主要有以下几个方面：对发展中国家提供以发展基础产业为主的中长期贷款，对低收入的贫困国家提供开发项目以及文教建设方面的长期贷款，对发展中国家的私人企业提供小额中长期贷款。国际金融机构贷款的条件通常较为优惠，其利息率普遍低于商业银行贷款，其优惠性贷款的利息率可低于3%甚至为无息；其附加费通常也包括承诺和手续费。尽管国际金融机构贷款不完全等同于政府间的“软贷款”，但其贷款条件的整体优惠性往往并不亚于政府贷款。国际金融机构贷款通常为中长期贷款，其期限较长，贷款期一般为10~30年(最长可达50年)，宽限期多为5年左右。如国际开发协会，主要是对低收入的贫困国家提供开发项目以及文教建设方面的长期贷款，最长期限可达50年，只收0.75%的手续费。

国际金融组织贷款是由国际货币基金组织、世界银行/国际复兴开发银行(IBRD)、国际开发协会(IDA)、国际金融公司(IFC)、亚洲开发银行(ADB)、联合国农业发展基金会和其他国际性、地区性金融组织提供的贷款。目前与我国关系最为密切的国际金融组织是国际货币基金组织、世界银行和亚洲开发银行。国际金融组织一般都有自己的贷款政策，只有这些组织认为应当支持的项目才能得到贷款。使用国际金融组织的贷款需要按照这些组织的要求提供资料，并且需要按照规定的程序和方法来实施项目。

1)国际货币基金组织贷款。国际货币基金组织的贷款只限于成员国财政和金融当局，不与任何企业发生业务，贷款用途限于弥补国际收支逆差或用于经营项目的国际支付，期限为1~5年。

2)世界银行贷款。世界银行贷款具有以下特点：①贷款期限较长。一般为20年左右，最长可达30年，宽限期为5年。②贷款实行浮动利率，随金融市场利率的变化定期调整，但一般低于市场利率。对已订立贷款契约而未使用的部分，要按年征收0.75%的承诺费。③世界银行通常对其资助的项目只提供货物和服务所需要的外汇部分，约占项目总额的30%~40%，个别项目可达50%。但在某些特殊情况下，世界银行也提供建设项目所需要的部分国内费用。④贷款程序严密，审批时间较长。借款国从提出项目到最终同世界银行签订贷款协议获得资金，一般要一年半到两年时间。

3)亚洲开发银行贷款。亚洲开发银行贷款分为硬贷款、软贷款和赠款。硬贷款是由亚行普通资金提供的贷款，贷款的期限为10~30年，含2~7年的宽限期，贷款的利率为浮动利率，每年调整一次。软贷款又称优惠利率贷款，是由亚行开发基金提供的贷款，贷款的期限为40年，含10年的宽限期，不收利息，仅收1%的手续费，此种贷款只提供给还款能力有限的发展中国家。赠款资金由技术援助特别基金提供。

(6)银团贷款

银团贷款又称为辛迪加贷款(Syndicated Loan)，是由获准经营贷款业务的一家或数家银行牵头，多家银行与非银行金融机构参加而组成的银行集团(Banking Group)采用同一贷款协议，按商定的期限和条件向同一借款人提供融资的贷款方式。国际银团是由不同国家的多家银行组成的银行集团。银团贷款除具有一般银行贷款的特点和要求外，由于参加银行较多，需要多方协商，贷款过程周期长。使用银团贷款，除支付利息之外，按照国际惯例，通常还要支付承诺费、管理费、代理费等。银团贷款主要适用于资金需求量大、偿债能力较强的建设项目。

银团贷款具有贷款金额大、期限长的特点。可以满足借款人长期、大额的资金需求。一般用于交通、石化、电信、电力等行业新建项目贷款、大型设备租赁、企业并购融资等。银团贷款的期限比较灵活，短期3~5年，中期7~10年，长期10~20年。

借款人与安排行商定贷款条件后，由安排行负责银团的组建。在贷款的执行阶段，借款人无须面对所有的银团成员，相关的提款、还本付息等贷款管理工作由代理行完成，借款人融资所花费的时间和精力较少。银团代理行是指银团贷款协议签订后，按相关贷款条件确定的金额和进度归集资金向借款人提供贷款，并接受银团委托按银团贷款协议规定的职责对银团资金进行管理的银行。代理行可以由牵头行担任，也可由银团贷款成员协商确定。

在同一银团贷款内，可根据借款人需要提供多种形式的贷款，如定期贷款、周转贷款、备用信用证额度等。同时，还可根据借款人需要，选择人民币、美元、欧元、英镑等不同的货币或货币组合。

(7)发行债券

发行债券是发行人以借贷资金为目的，依照法律规定的程序向投资人要约发行代表一定债权和兑付条件的债券的法律行为。发行债券是证券发行的重要形式之一，是以债券形式筹措资金的行为过程。通过这一过程，发行者以最终债务人的身份将债券转移到它的最初投资者手中。采用这种融资方式，资本成本较低，而且能确保经营控制权，能发挥财务杠杆作用，可减少企业纳税所得额。因为债券利息计入财务费用，在税前利润中抵扣。

按照债券的实际发行价格和票面价格的异同，债券的发行可分为平价发行、溢价发行和折价发行。平价发行是指债券的发行价格和票面额相等，因而发行收入的数额和将来还本数额也相等，前提是债券发行利率和市场利率相同，这在西方国家比较少见。溢价发行是指债券的发行价格高于票面额，以后偿还本金时仍按票面额偿还，只有在债券票面利率高于市场利率的条件下才能采用这种方式发行。折价发行是指债券发行价格低于债券票面额，而偿还时却要按票面额偿还本金，折价发行是因为规定的票面利率低于市场利率。

按照债券的发行对象，可分为私募发行和公募发行两种方式。

私募发行是指面向少数特定的投资者发行债券，一般以少数关系密切的单位和个人为发行对象，不对所有的投资者公开出售。具体发行对象有两类：一类是机构投资者，如大的金融机构或是与发行者有密切业务往来的企业等；另一类是个人投资者，如发行单位自己的职工，或是使用发行单位产品的用户等。私募发行一般多采取直接销售的方式，不经过证券发行中介机构，不必向证券管理机关办理发行注册手续，可以节省承销费用和注册费用，手续比较简便。但是私募债券不能公开上市，流动性差，利率比公募债券高，发行数额一般不大。

2)公募发行是指公开向广泛不特定的投资者发行债券。公募债券发行者必须向证券管理机关办理发行注册手续。由于发行数额一般较大，通常要委托证券公司等中介机构承销。公募债券信用度高，可以上市转让，因而发行利率一般比私募债券利率低。公募债券采取间接销售的具体方式又可分为三种：①代销。发行者和承销者签订协议，由承销者代为向社会销售债券。承销者按规定的发行条件尽力推销，如果在约定期限内未能按照原定发行数额全部销售出去，债券剩余部分可退还给发行者，承销者不承担发行风险。采用代销方式发行债券，手续费一般较低。②余额包销。承销者按照规定的发行数额和发行条件，代为向社会推销债券，在约定期限内推销债券如果有剩余，须由承销者负责认购。采用这种方式销售债券，承销者承担部分发行风险，能够保证发行者筹资计划的实现，但承销费用高于代销费用。③全额包销。首先由承销者按照约定条件将债券全部承购下来，并且立即向发行者支付全部债券价款，然后再由承销者向投资者分次推销。采用全额包销方式销售债券，承销者承担了全部发行风险，可以保证发行者及时筹集到所需要的资金，因而包销费用也较余额包销费用为高。

目前，我国企业债券的发行总量需纳入国家信贷计划，申请发行企业债券必须经过严格的审核，只有实力强、资信好的企业才有可能被批准发行企业债券，还必须有实力很强的第三方提供担保。

(8)可转换债券

可转换债券(convertible bonds)是企业发行的一种特殊形式的债券，在预先约定的期限内，可转换债的债券持有人有权选择按照预先规定的条件将债权转换为发行人公司的股权。把某种债券转换成普通股或优先股的权力是由发行公司给出的，目的是为了取得较低的息票收益率。公司发行的含有转换特征的债券，在招募说明中发行人承诺根据转换价格在一定时间内可将债券转换为公司普通股。转换特征为公司所发行债券的一项义务。可转换债券的优势在于普通股所不具备的固定收益和一般债券不具备的升值潜力。

可转换债券兼有债券和股票的特征，具有以下三个特点：

1)债权性。与其他债券一样，可转换债券也有规定的利率和期限，投资者可以选择持有债券到期，收取本息。

2)股权性。可转换债券在转换成股票之前是纯粹的债券，但在转换成股票之后，原债券持有人就由债券人变成了公司的股东，可参与企业的经营决策和红利分配，这也在一定程度上会影响公司的股本结构。

3)可转换性。可转换性是可转换债券的重要标志，债券持有人可以按约定的条件将债券转换成股票。转股权是投资者享有的、一般债券所没有的选择权。可转换债券在发行时就明确约定，债券持有人可按照发行时约定的价格将债券转换成公司的普通股票。如果债券持有人不想转换，则可以继续持有债券，直到偿还期满时收取本金和利息，或者在流通市场出售变现。如果持有人看好发债公司股票增值潜力，在宽限期之后可以行使转换权，按照预定转换价格将债券转换成为股票，发债公司不得拒绝。正因为具有可转换性，可转换债券利率一般低于普通公司债券利率，企业发行可转换债券可以降低筹资成本。可转换债券的售价由两部分组成：债券本金与利息按市场利率折算的现值；转换权的价值。转换权之所以有价值，是因为当股价上涨时，债权人可按原定转换比率转换成股票，从而获得股票增值的惠益。

可转换债更为接近负债融资，对于公司的其他债权人，不能将其列为准股本。尤其，当可转换债是在证券市场公开发行时，购买人是广大公众，受偿顺序通常还要优于其他债权人。

(9)融资租赁

融资租赁是指出租人根据承租人对租赁物件的特定要求和对供货人的选择，出资向供货人购买租赁物件，并租给承租人使用，承租人则分期向出租人支付租金，在租赁期内租赁物件的所有权属于出租人所有，承租人拥有租赁物件的使用权。租期届满，租金支付完毕并且承租人根据融资租赁合同的规定履行完全部义务后，对租赁物的归属没有约定的或者约定不明的，可以协议补充；不能达成补充协议的，按照合同有关条款或者交易习惯确定，仍然不能确定的，租赁物件所有权归出租人所有。融资租赁的优点是企业可不必预先筹集一笔相当于资产买价的资金就可以获得资产的使用权，这种融资方式适用于以购买设备为主的建设项目。

融资租赁是集融资与融物、贸易与技术更新于一体的新型金融产业。由于其融资与融物相结合的特点，出现问题时租赁公司可以回收、处理租赁物，因而在办理融资时对企业资信和担保的要求不高，所以非常适合中小企业融资。

融资租赁和传统租赁一个本质的区别是：传统租赁以承租人租赁使用物件的时间计算租金，而融资租赁以承租人占用融资成本的时间计算租金，是市场经济发展到一定阶段而产生的一种适应性较强的融资方式。融资租赁的对象一般是寿命较长、价值较高的物品，如机械设备等。

融资租赁除了融资方式灵活的特点外，还具备融资期限长、还款方式灵活、压力小的特点。中小企业通过融资租赁所享有资金的期限可达3年，远远高于一般银行贷款期限。在还款方面，中小企业可根据自身条件选择分期还款，极大地减轻了短期资金压力，防止中小企业本身就比较脆弱的资金链发生断裂。融资租赁虽然以其门槛低、形式灵活等特点非常适合中小企业解决自身融资难题，但是它却非适用于所有的中小企业。融资租赁比较适合生产、加工型中小企业。特别是那些有良好销售渠道，市场前景广阔，但是出现暂时困难或者需要及时购买设备扩大生产规模的中小企业。

融资租赁的特征一般归纳为五个方面：第一，租赁物由承租人决定，出租人出资购买并租赁给承租人使用，并且在租赁期间内只能租给一个企业使用。第二，承租人负责检查验收制造商所提供的租赁物，对该租赁物的质量与技术条件出租人不向承租人作出担保。第三，出租人保留租赁物的所有权，承租人在租赁期间支付租金而享有使用权，并负责租赁期间租赁物的管理、维修和保养。第四，租赁合同一经签订，在租赁期间任何一方均无权单方面撤销合同。只有租赁物毁坏或被证明为已丧失使用价值的情况下方能中止执行合同，无故毁约则要支付相当重的罚金。第五，租期结束后，承租人一般对租赁物有留购和退租两种选择，若要留购，购买价格可由租赁双方协商确定。

融资租赁业务的主要形式有以下几类：

1）直接融资租赁。由承租人指定设备及生产厂家，委托出租人融通资金购买并提供设备，由承租人使用并支付租金，租赁期满由出租人向承租人转移设备所有权。它以出租人保留租赁物所有权和收取租金为条件，由承租人选择需要购买的租赁物件，出租人通过对租赁项目风险评估后出租租赁物件给承租人使用。在整个租赁期间承租人没有所有权但享有使用权，并负责维修和保养租赁物件。出租人对租赁物件的好坏不负任何责任，设备折旧在承租人一方。这是一种最典型的融资租赁方式。

2）经营性租赁。由出租人承担与租赁物相关的风险与收益。使用这种方式的企业不以最终拥有租赁物为目的，在其财务报表中不反映为固定资产。企业为了规避设备风险或者需要表外融资，或需要利用一些税收优惠政策，可以选择经营租赁方式。在融资租赁的基础上计算租金时留有超过10%以上的余值，租期结束时，承租人对租赁物件可以选择续租、退租、留购。出租人对租赁物件可以提供维修保养，也可以不提供，会计处理上由出租人对租赁物件提取折旧。

3）出售回租。出售回租，有时又称售后回租、回租赁等，是指物件的所有权人首先与租赁公司签订《买卖合同》，将物件卖给租赁公司，取得现金。然后，物件的原所有权人作为承租人，与该租赁公司签订《回租合同》，将该物件租回。承租人按《回租合同》还完全部租金，并付清物件的残值以后，重新取得物件的所有权。出售回租的优点在于：一是承租人既拥有原来设备的使用权，又能获得一笔资金；二是由于所有权不归承租人，租赁期满后根据需要决定续租还是停租，从而提高承租人对市场的应变能力；三是回租租赁后，使用权没有改变，承租人的设备操作人员、维修人员和技术管理人员对设备很熟悉，可以节约培训时间和费用。设备所有者可将出售设备的资金大部分用于其他投资，把资金用活，而少部分用于缴纳租金。回租租赁业务主要用于已使用过的设备。

4)转租赁。租赁公司若从其他租赁公司融资租入租赁物件，再转租给下一个承租人，这种业务方式叫融资转租赁，是以同一物件为标的物的多次融资租赁业务，一般在国际间进行。在转租赁业务中，上一租赁合同的承租人同时又是下一租赁合同的出租人，称为转租人。转租人向其他出租人租入租赁物件再转租给第三人，转租人以收取租金差为目的。租赁物品的所有权归第一出租人。此时业务做法同简单融资租赁无太大区别。出租方从其他租赁公司租赁设备的业务过程，由于是在金融机构间进行的，在实际操作过程中，只是依据购货合同确定融资金额，在购买租赁物件的资金运行方面始终与最终承租人没有直接联系。在做法上可以很灵活，有时租赁公司甚至直接将购货合同作为资产签订转租赁合同。这种做法实际是租赁公司融通资金的一种方式，租赁公司作为第一承租人不是设备的最终用户，因此也不能提取租赁物件的折旧。转租赁的另一功能就是解决跨境租赁的法律和操作程序问题。

5)委托租赁。出租人接受委托人的资金或租赁标的物，根据委托人的书面委托，向委托人指定的承租人办理融资租赁业务。在租赁期内租赁标的物的所有权归委托人，出租人只收取手续费，不承担风险。委托租赁有两种方式：一种方式是拥有资金或设备的人委托非银行金融机构从事融资租赁，第一出租人同时是委托人，第二出租人同时是受托人。这种委托租赁的一大特点就是让没有租赁经营权的企业，可以“借权”经营。电子商务租赁即依靠委托租赁作为商务租赁平台。第二种方式是出租人委托承租人或第三人购买租赁物，出租人根据合同支付货款，又称委托购买融资租赁。

6)分成租赁。分成租赁是一种结合投资的某些特点的创新性租赁形式。租赁公司与承租人之间在确定租金水平时，是以租赁设备的生产量与相关收益来确定租金的，而不是以固定或者浮动的利率来确定租金，设备生产量大或与租赁设备相关的收益高，租金就高，反之则少。

3. 准股本资金

准股本资金是一种既具有资本金性质又具有债务资金性质的资金。准股本资金主要包括优先股股票和可转换债券。

(1)优先股股票。

优先股股票是一种兼具资本金和债务资金特点的有价证券。从普通股股东的立场看，优先股可视为一种负债；但从债权人的立场看，优先股可视为资本金。如同债券一样，优先股股息有一个固定的数额或比率，通常大大高于银行的贷款利息，该股息不随公司业绩的好坏而波动，并且可以先于普通股股东领取股息；如果公司破产清算，优先股股东对公司剩余财产有先于普通股股东的要求权。优先股一般不参加公司的红利分配，持股人没有表决权，也不能参与公司的经营管理。

优先股股票相对于其他债务融资，通常处于较后的受偿顺序，且股息在税后利润中支付。在项目评价中优先股股票应视为项目资本金。

(2)可转换债券。

可转换债券是一种可以在特定时间、按特定条件转换为普通股股票的特殊企业债券，兼有债券和股票的特性。在项目评价中，可转换债券应视为项目债务资金。

5.3 工程项目的融资方案分析

在初步确定项目的资金筹措方式和资金来源后，应进一步对融资方案进行分析，其主要是通过对资金来源的可靠性分析、资金结构分析、融资成本分析以及融资风险分析，比选并推荐资金来源可靠、资金结构合理、融资成本低、融资风险小的方案。

5.3.1 资金来源可靠性分析

资金来源可靠性分析主要分析项目建设所需总投资和分年所需投资能否得到足够的、持续的资金供应，即资本金和债务资金供应是否落实、可靠。应力求使筹措的资金、币种及投入时序与项目建设进度和投资使用计划相匹配，确保项目建设顺利进行。

5.3.2 资金结构分析

资金结构是指融资方案中各种资金的比例关系。融资方案分析中，资金结构分析是一项重要内容。资金结构包括项目资本金与项目债务资金的比例、项目资本金内部结构的比例和项目债务资金内部结构的比例。

1. 项目资本金与项目债务资金的比例

1）项目资本金与项目债务资金的比例是项目资金结构中最重要的比例关系。项目投资者希望投入较少的资本金，获得较多的债务资金，尽可能降低债权人对股东的追索。而提供债务资金的债权人则希望项目能够有较高的资本金比例，以降低债权的风险。当资本金比例降低到银行不能接受的水平时，银行将会拒绝贷款。资本金与债务资金的合理比例需要由各个参与方的利益平衡来决定。资本金所占比例越高，企业的财务风险和债权人的风险越小，越可能获得较低利率的债务资金。债务资金的利息是在所得税前列支的，可以起到合理减税的效果。在项目的收益不变、项目投资财务内部收益率高于负债利率的条件下，由于财务杠杆的作用，资本金所占比例越低，资本金财务内部收益率就越高，同时企业的财务风险和债权人的风险也越大。因此，一般认为，在符合国家有关资本金（注册资本）比例规定、符合金融机构信贷法规及债权人有关资产负债比例的要求的前提下，既能满足权益投资者获得期望投资回报的要求，又能较好地防范财务风险的比例是较理想的资本金与债务资金的比例。

2）按照我国有关法规规定，对各种经营性国内投资项目试行资本金制度，投资项目资本金占总投资的比例，根据不同行业和项目的经济效益等因素确定。

3）外商投资项目（包括外商独资、中外合资、中外合作经营项目）的注册资本与投资总额的比例，按照现行法规规定。

2. 项目资本金内部结构比例

项目资本金内部结构比例是指项目投资各方的出资比例不同的出资比例决定各投资方对项目建设和经营的决策权和承担的责任，以及项目收益的分配。

1）采用新设法人融资方式的项目，应根据投资各方在资金、技术和市场开发方面的优势，通过协商确定各方的出资比例、出资形式和出资时间。

2）采用既有法人融资方式的项目，项目的资金结构要考虑既有法人的财务状况和筹资能力，合理确定既有法人内部融资与新增资本金在项目融资总额中所占的比例，分析既有法人内部融资与新增资本金的可能性与合理性。既有法人将现金资产和非现金资产投资于拟建项目长期占用，将使企业的财务流动性降低，其投资额度受到企业自身财务资源的限制。

3）按照我国现行规定，有些项目不允许国外资本控股，有些项目要求国有资本控股。如 2005 年 1 月 1 日起施行的《外商投资产业指导目录（2004 年修订）》中明确规定，核电站、铁路干线路网、城市地铁及轻轨等项目，必须由中方控股。

根据投资体制改革的精神，国家放宽社会资本的投资领域，允许社会资本进入法律法规未禁入的基础设施、公用事业及其他行业和领域。按照促进和引导民间投资（指个体、私营经济以及它们之间的联营、合股等经济实体的投资）的精神，除国家有特殊规定的以外，凡是鼓励和允许外商投资进入的领域，均鼓励和允许民间投资进入。因此，在进行融资方案分析时，应关注出资人出资比例的合法性。

3. 项目债务资金结构比例

项目债务资金结构比例反映债权各方为项目提供债务资金的数额比例、债务期限比例、内债和外债的比例，以及外债中各币种债务的比例等。在确定项目债务资金结构比例时，可借鉴下列经验：

1）根据债权人提供债务资金的条件（包括利率、宽限期、偿还期及担保方式等）合理确定各类借款和债券的比例，可以降低融资成本和融资风险。

2）合理搭配短期、中长期债务比例。适当安排一些短期负债可以降低总的融资成本，但过多采用短期负债，会产生财务风险。大型基础设施项目的负债融资应以长期债务为主。

3）合理安排债务资金的偿还顺序。尽可能先偿还利率较高的债务，后偿还利率低的债务。对于有外债的项目，由于有汇率风险，通常应先偿还硬货币（指货币汇率比较稳定且有上浮趋势的货币）的债务，后偿还软货币（指汇率不稳定且有下浮趋势的货币）的债务。应使债务本息的偿还不致影响企业正常生产所需的现金量。

4）合理确定内债和外债的比例。内债和外债的比例主要取决于项目用汇量。从项目本身的资金平衡考虑，产品内销的项目尽量不要借用外债，可以采用投资方注入外汇或者以人民币购汇。

5）合理选择外汇币种。选择外汇币种应遵循以下原则：

①选择可自由兑换货币。可自由兑换货币是指实行浮动汇率制且有人民币报价的货币，如美元、英镑、日元等，它有助于外汇风险的防范和外汇资金的调拨。

②付汇用软货币，收汇用硬货币。对于建设项目的外汇贷款，在选择还款币种时，尽可能选择软货币。当然，软货币的外汇贷款利率通常较高，这就需要在汇率变化与利率差异之间作出预测和抉择。

6）合理确定利率结构。当资本市场利率水平相对较低，且有上升趋势时，尽量借固定利率贷款；当资本市场利率水平相对较高，且有下降趋势时，尽量借浮动利率贷款。

5.3.3　融资成本分析

融资成本是指项目为筹集和使用资金而支付的费用。融资成本的高低是判断项目融资方案是否合理的重要因素之一。融资成本的分析主要包括以下几个方面：资金成本的构成、名义利率以及有效利率的计算、扣除所得税后的借款资金成本、优先股资金成本、普通股资金成本以及加权平均资金成本。

1. 资金成本的概念

资金成本是为取得资金使用权所支付的费用，主要包括筹资费和资金的使用费。筹资费是指在筹集资金过程中发生的各种费用，一般系一次性支出，比如委托金融机构代理发行股票、债券而支付的注册费和代理费等，向银行贷款而支付的手续费等。资金的使用费是指因使用资金而向资金提供者支付的报酬，如使用发行股票筹集的资金，要向股东支付红利；使用发行债券和银行贷款借入的资金，要向债权人支付利息等。项目投资后所获利润额必须能够补偿资金成本，然后才能有利可言。因此，基准收益率最低限度不应小于资金成本，否则便无利可图。

资金成本一般用资金成本率来反映。在通常分析中，资金成本率就是资金成本。资金成本率一般用下式计算：

$$K = \frac{D}{P - C} \tag{5-2}$$

由于资金筹集费一般与筹集资金总额成正比，所以一般用筹资费用率表示资金筹集费，因此资金成本率公式也可以表示为：

$$K = \frac{D}{P(1-f)} \tag{5-3}$$

式中：K——资金成本率；

P——筹集资金总额；

D——使用费；

C——筹资费；

f——筹资费率（即筹资费占筹集资金总额的比率）。

资金成本也可以利率形式（折现率）表示。借贷资金成本 i 也可按下式进行计算：

$$\sum_{t=1}^{n} \frac{F_t - C_t}{(1+i)^t} = 0 \tag{5-4}$$

式中：F_t——各年实际借贷资金流入额；

C_t——各年实际借贷资金成本支出额，包括资金占用成本及筹措费用；

i——资金成本；

n——借贷期限。

例 5-1：某企业发行面值 200 元的债券，发行价格为 200 元，票面利率年利率为 4%，3 年期，到期一次性还本付息，在债券发行时支付发行费 0.5%，兑付手续费则为 0.5%，计算债券资金成本。

解：根据计算公式：$\sum_{t=1}^{n} \frac{F_t - C_t}{(1+i)^t} = 0$，得：

$$200 - 200 \times 0.5\% - 200 \times (1 + 3 \times 4\%)/(1+4\%)^3 - 200 \times 0.5\%/(1+4\%)^3 = 0$$

计算可得：　　$i = 4.18\%$

即本次企业发行债券的资金成本为 4.18%。

2. 资金成本的作用

在市场经济条件下，资金成本是由于资金所有权与使用权相分离而形成的一种财务概念。资金成本的基础是资金的时间价值，同时又包含投资风险。正确认识和计算资金成本具有如下作用：

1）资金成本是选择资金来源和融资方式的主要依据。企业融资方式多种多样，采用不同的融资方式筹集资金的成本是不同的。资金成本的高低可以作为比较各种融资方式优缺点的依据之一。

2）资金成本是投资者进行资金结构决策的基本依据。企业的资金结构一般是由权益融资和负债融资结合而成，这种组合多种多样，如何寻求两者间的最佳组合，一般可通过计算综合资金成本作为企业决策的依据。因此，融资决策的核心就是通过选择利用各种融资方式，力求以最低的综合资金成本达到融资的目的。

3）资金成本是评价投资项目可行性的主要经济标准之一。在市场经济条件下，只有资金利润率高于资金成本率的投资机会才是有利可图的，才值得进行筹资和投资。相反，对于资金利润率低于资金成本率的投资机会，就没有必要考虑筹资和投资。

4）资金成本是比较追加融资方案的重要依据。企业为了扩大生产经营规模，增加所需资金，往往以边际资金成本作为依据。

3. 各种资金来源的资金成本计算

（1）资本金融资成本的计算

资本金融资成本由资本金筹集费和资本金占用费组成。资本金占用费一般应按机会成本的原则计算。投资的机会成本是指投资者将有限的资金用于除拟建项目而放弃的其他投资机会所能获得的最好收益。换言之，由于资金有限，当把资金投入拟建项目时，将失去从其他最好的投资机会中获得收益的机会。应当看到机会成本是在方案外部形成的，它不可能反映在该方案的财务上，必须通过工程经济分析人员的分析比较，才能确定项目的机会成本。机会成本虽不是实际支出，但在工程经济分析时，应作为一个因素加以认真考虑，有助于选择最优融资方案。当机会成本难以计算时，可参照银行存款利率计算。

1）优先股资金成本。优先股具有固定的股息率，股息支付须在税后净利润中列支。因其每年股息相等，期限永久，则可视为永续年金。其资金成本计算公式如下：

$$K_p = \frac{D_p}{P_p(1-f)} = \frac{F_p \times i_p}{P_p(1-f)} \tag{5-5}$$

式中：K_p——优先股资金成本；

D_p——税后净利润中列支的股息；

i_p——优先股股息率；

P_p——优先股发行价格；

F_p——优先股票面价格；

f——筹资费费率（即筹资费占筹集资金总额的比率）。

例 5-2　某企业发行总面额为 400 万元的优先股，其年股利率为 14%，筹资费率为 3%，试计算该优先股的资金成本。

解：根据式（5-5），优先股资金成本率为：

$$K_p = \frac{F_p \times i_p}{P_p(1-f)} = \frac{400 \times 14\%}{400 \times (1-3\%)} = 14.43\%$$

2）普通股资金成本。普通股除能获得股息外，还能分得红利，但能否收益完全取决于公司的盈利状况，因此收益是不固定的。

假设公司普通股各年的股息固定不变，则其资金成本率可按下式计算：

$$K_c = \frac{D_c}{P_c(1-f)} = \frac{F_c \times i_p}{P_c(1-f)} \tag{5-6}$$

式中：K_c——普通股资金成本；

D_c——税后净利润中列支的股息；

i_c——普通股股息率；

P_c——普通股发行价格；

F_c——普通股票面价格；

f——筹资费费率（即筹资费占筹集资金总额的比率）。

假设公司普通股每年股息增长率为 g，则其资金成本率可按下式计算：

$$K_c = \frac{D_c}{P_c(1-f)} + g = \frac{F_c \times i_p}{P_c(1-f)} + g \tag{5-7}$$

例 5-3 某公司按平价发行普通股 300 万元，筹资费为 4%，第 1 年的股息率为 10%，以后每年增长 5%。试计算该普通股的资金成本。

解：根据式（5-7），有：

$$K_c = \frac{F_c \times i_p}{P_c(1-f)} + g = \frac{300 \times 10\%}{300(1-4\%)} + 5\% = 15.4\%$$

（2）债务资金融资成本的计算

在比选融资方案时，应分析各种债务资金融资方式的利率水平、利率计算方式（固定利率或者浮动利率）、计息（单利、复利）和付息方式，以及偿还期和宽限期，计算债务资金的综合利率，并进行不同方案的比选。

债务资金成本与其他形式的资金成本之间的区别在于：为债务支付的利息可以免征所得税，从税前毛利中列支，而其他形式的资金成本则要在税后净利润中列支。为了使债务资金成本和其他形式的资金成本具有可比性，必须将债务资金的税前成本换算成税后资金成本，即：

$$K_d = K_o(1-T) \tag{5-8}$$

式中：K_d——税后资金成本；

K_o——税前资金成本；

T——所得税税率。

（3）综合资金成本的计算

一般情况下，建设项目的资金来源不是单一的，可能来自多种渠道。项目的综合资金成本可以用加权平均资金成本表示。将项目各种融资的资金成本以该融资额占总融资额的比例为权数加权平均，得到项目的加权平均资金成本。其计算公式如下：

$$K_w = \sum_{j=1}^{n} W_j K_j \tag{5-9}$$

式中：K_w——综合资金总成本；

W_j——第 j 种资金占全部资金的比重；

K_j——第 j 种资金税后成本；

n——筹资方式的种数。

5.3.4　融资风险分析

项目融资方案的实施经常受到各种风险的影响。为了使融资方案稳妥可靠，需要对可能发生的风险因素进行识别、预测。项目的融资可能由于预定的投资人或贷款人没有按预定方案出资而使融资计划失败，这可能是因为预定的出资人没有足够的出资能力，也可能是对于预定的出资人来说，项目没有足够的吸引力或者风险过高。项目的融资方案中需要设计项目的补充融资计划，即在项目出现融资缺口时，应当有及时取得补充融资的计划及能力。项目的融资风险分析主要包括资金供应风险、再融资能力风险、利率风险及汇率风险。

1. 资金供应风险

资金供应风险是指在项目实施过程中由于资金不落实而导致建设工期延长、工程造价上升、原定投资效益目标难以实现的可能性。导致资金不落实的原因很多，主要包括：

1）已承诺出资的股本投资者由于出资能力有限（或者由于拟建项目的投资效益缺乏足够的吸引力）而不能（或不再）兑现承诺。

2）原定发行股票、债券计划不能实现。

3）既有企业法人由于经营状况恶化，无力按原定计划出资。

为防范资金供应风险，必须认真做好资金来源可靠性分析。在选择股本投资者时，应当选择资金实力强、既往信用好、风险承受能力强的投资者。

2. 利率风险

利率风险是指由于利率变动导致资金成本上升，给项目造成损失的可能性。利率水平随金融市场情况而变动，未来市场利率的变动会引起项目资金成本发生变动。采用浮动利率，项目的资金成本随利率的上升而上升，随利率的下降而下降。采用固定利率，如果未来利率下降，项目的资金成本不能相应下降，相对资金成本将升高。因此，无论采用浮动利率还是固定利率都存在利率风险。为了防范利率风险，应对未来利率的走势进行分析，以确定采用何种利率。

3. 汇率风险

汇率风险是指由于汇率变动给项目造成损失的可能性。国际金融市场上各国货币的比价在时刻变动，使用外汇贷款的项目，未来汇率的变动会引起项目资金成本发生变动以及未来还本付息费用支出的变动。某些硬货币贷款利率较低，但汇率风险较高；软货币则相反，汇率风险较低，但贷款利率较高。为了防范汇率风险，使用外汇数额较大的项目应对人民币的汇率走势、所借外汇币种的汇率走势进行分析，以确定借用何种外汇币种以及采用何种外汇币种结算。一般情况下应尽量借用软货币。

例 5-4　某大型水利基础设施项目，部分建设资金利用国际金融机构的贷款，贷款总额为 100 亿日元，年利率为 8.7%，期限为 12 年，到期还本付息总额为 204 亿日元。根据当时的外汇管理体制和其他情况，该建设项目到清偿日元借款时，需要用美元购买日元。日元对美元的即期汇率在借入日为 1 日元兑换 0.0045 美元，到清偿日上涨为 1 日元兑换 0.0091 美元，上涨幅度为 102%。试计算因汇率变化而蒙受的经济损失。

解：从日元对美元的名义汇率上涨的角度进行分析，该项目要清偿 204 亿日元，根据借入日的即期汇率计算，只需要支付 0.918 亿美元（$204\times0.0045=0.918$），而根据清偿日的即期汇率计算，则需要实际支付 1.8564 亿美元（$204\times0.0091=1.8564$），从而蒙受多支付

0.9384 亿美元(1.8564 - 0.918 = 0.9384)的经济损失。

思考与练习

1. 间接融资和直接融资的区别是什么？
2. 权益融资与债务融资的区别是什么？
3. 工程项目的融资组织形式有哪几种？它们各自的特点与主要区别是什么？
4. 何为有限追索权项目融资？何为无追索权项目融资？
5. 基础设施项目融资模式主要有哪些？它们各自的特点是什么？
6. 什么是项目资本金？项目资本金的来源渠道有哪些？
7. 项目债务融资渠道有哪些？
8. 融资租赁有哪些形式？各有何特点？
9. 拟建项目融资风险分析的内容有哪些？
10. 某拟建项目的未来收益有三种可能：比预期差、正常、比预期好，全部资金利润率分别为 6%、12%、18%，借款利率为 12%。试比较负债比例分别为 0、1 和 4 时的项目资本金利润率。
11. 某公司从银行借款 10 万元，年利率 8%，公司所得税率为 33%，筹资费假设为零，如果按下列方式支付利息：①一年计息 2 次；②一年计息 4 次；③一年计息 12 次。试计算借款的资金成本。
12. 某公司为购买新设备，发行了一批新债券。每张债券票面值为 10000 元，年利率 8%，一年计息 4 次，15 年期满。每张债券发行时市价 9500 元。如果所得税率为 33%，试计算公司新发行债券的资本成本。

第6章

工程项目经济评价指标与方法

6.1　工程项目经济评价概述

工程项目经济评价，是可行性研究的重要组成部分，是工程项目决策的重要依据。对于提高工程项目决策的科学化水平，引导和促进各类资源的合理有效配置，优化投资结构，充分发挥投资效益具有重要作用。工程项目经济评价内容包括财务评价和经济评价。其主要作用是在预测、选址、技术方案等项研究的基础上，对项目投入产出的各种经济因素进行调查研究，通过多项指标的计算，对项目的经济合理性、财务可行性及抗风险能力作出全面的分析与评价，为项目决策提供主要依据。

6.1.1　工程项目经济评价的内容

1. 工程项目经济评价的概念

工程项目经济评价是指对拟建项目方案计算期内各种有关技术经济因素和方案投入与产出的有关财务、经济资料数据进行调查、分析、预测，对方案的经济效果进行计算、评价，通过多方案比较，对拟建项目的财务可行性和经济合理性进行分析论证，作出全面的经济评价，为拟建项目的科学决策提供依据。工程项目经济效果的评价，根据评价的角度、范围、作用等分为财务评价和经济评价两个层次。

财务评价是工程项目经济评价的第一步，是从企业角度，根据国家现行财政、税收制度和现行市场价格，计算项目的投资费用、产品成本与产品销售收入、税金等财务数据，进而计算和分析项目的盈利状况、收益水平和清偿能力等，来考察项目投资在财务上的潜在获利能力，据此可明了工程项目的财务可行性和财务可接受性，并得出财务评价的结论。投资者可根据项目财务评价结论、项目投资的财务经济效果和投资所承担的风险程度来决定项目是否应该投资建设。对于一般项目，财务分析结果将对其决策、实施和运营产生重大影响，财务分析必不可少。由于这类项目产出品的市场价格基本上能够反映其真实价值，当财务分析的结果能够满足决策需要时，可以不进行国民经济评价(即经济费用效益)分析。

经济评价是从国家整体角度分析、计算项目对国民经济的净贡献，据以判断项目的经济合理性。对于那些关系国家安全、国土开发、市场不能有效配置资源等具有较明显外部效果的项目(一般为政府审批或核准项目)，需要从国家经济整体利益的角度来考察项目，并以能反映资源真实价值的影子价格来计算项目的经济效益和费用，通过经济评价指标的计算和分析，得出项目是否对整个社会经济有益的结论。

对于特别重大的工程项目，除进行财务分析与经济费用效益分析外，还应专门进行项目对区域经济或宏观经济影响的研究与分析。

2. 工程项目经济评价的主要内容

工程项目经济评价的主要内容包括以下几个方面：

1）盈利能力分析。分析和测算项目计算期的盈利能力和盈利水平。

2）清偿能力分析。分析、测算项目偿还贷款的能力和投资的回收能力。

3）不确定性分析与风险分析。分析项目在建设期和生产期可能遇到的不确定性因素和风险因素对工程项目经济效果的影响程度，考察项目承受各种投资风险的能力，提高项目投资的可靠性和盈利性。

3. 工程项目经济评价的作用

1）工程项目前期研究是在工程项目投资决策前，对项目建设的必要性和项目备选方案的工艺技术、运行条件、环境与社会等方面进行全面的分析论证和评价工作。经济评价是项目前期研究诸多内容中的重要内容和有机组成部分。

2）项目活动是整个社会经济活动的一个组成部分，而且要与整个社会的经济活动相融，符合行业和地区发展规划要求，因此，经济评价一般都要对项目与行业发展规划进行阐述。《国务院关于投资体制改革的决定》明确规定，对属于核准制和备案制的企业投资项目，都要求在行业规划的范围内进行评审。这是国家宏观调控的重要措施之一。

3）在完成项目方案的基础上，采用科学的分析方法，对拟建项目的财务可行性（可接受性）和经济合理性进行科学的分析论证，作出全面、正确的经济评价结论，为投资者提供科学的决策依据。

4）项目前期研究阶段要做技术的、经济的、环境的、社会的、生态影响的分析论证，每一类分析都可能影响投资决策。经济评价只是项目评价的一项重要内容，不能指望由其解决所有问题。同理，对于经济评价，决策者也不能只通过一种指标（如内部收益率）就判断项目在财务上或经济上是否可行，而应同时考虑多种影响因素和多个目标的选择，并把这些影响和目标相互协调起来，才能实现项目系统优化，进行最终决策。

4. 工程项目分类

工程项目可以从不同分析角度进行分类。

1）按项目的目标，分为经营性项目和非经营性项目。

经营性项目通过投资以实现所有者权益的市场价值最大化为目标，以投资牟利为行为趋向。绝大多数生产或流通领域的投资项目都属于这类项目。

非经营性项目不以追求营利为目标，其中包括本身就没有经营活动、没有收益的项目，如城市道路、路灯、公共绿化、航道疏浚、水利灌溉渠道、植树造林等项目，这类项目的投资一般由政府安排，营运资金也由政府支出。另外有的项目的产出直接为公众提供基本生活服务，本身有生产经营活动，有营业收入，但产品价格不由市场机制形成。在后一类项目中，有些能回收全部投资成本，项目有财务生存能力；有些不能回收全部投资成本，需要政府补贴才能维持运营；有些能够回收全部投资成本且略有节余。对于这类工程项目，国家有相应的配套政策。

2）按项目的产品（或服务）属性，分为公共项目和非公共项目。

公共项目是指为满足社会公众需要，生产或提供公共物品（包括服务）的项目，如上述第一类非经营性项目。公共物品的特征是具有非排他性或排他无效率，有很大一类物品无法或不应收费。人们一般认为，由政府生产或提供公共物品可以增进社会福利，是政府的一项合适的职能。

非公共项目是指除公共项目以外的其他项目，相对于“政府部门提供公共物品”的是“私人部门提供的商品”，其重要特征是：供应商能够向那些想消费这种商品的人收费并由此得到利润。

3）按项目的投资管理形式，分为政府投资项目和企业投资项目。

政府投资项目是指使用政府性资金的工程项目以及有关的投资活动。政府性资金包括：财政预算投资资金（含国债资金）；利用国际金融组织和外国政府贷款的主权外债资金；纳入预算管理的专项建设资金；法律、法规规定的其他政府性资金。政府按照资金来源、项目性质和宏观调控需要，分别采用直接投资、资本金注入、投资补助、转贷、贴息等方式进行投资。

不使用政府性资金的投资项目统称企业投资项目。

4）按项目与企业原有资产的关系，分为新建项目和改扩建项目。

改扩建项目与新建项目的区别在于：改扩建项目是在原有企业基础上进行建设的，在不同程度上利用了原有企业的资源，以增量带动存量，以较小的新增投入取得较大的新增效益。建设期内项目建设与原有企业的生产同步进行。

5）按项目的融资主体，分为新设法人项目和既有法人项目。

新设法人项目由新组建的项目法人为项目进行融资，其特点是：项目投资由新设法人筹集的资本金和债务资金构成；由新设项目法人承担融资责任和风险；从项目投产后的财务效益情况考察偿债能力。

既有法人项目要依托现有法人为项目进行融资，其特点是：拟建项目不组建新的项目法人，由既有法人统一组织融资活动并承担融资责任和风险；拟建项目一般是在既有法人资产和信用的基础上进行的，并形成增量资产；从既有法人的财务整体状况考察融资后的偿债能力。

除上述几种分类外，项目还可以从其他角度进行分类。没有一种分类方法可以涵盖各种属性的项目。这些分类对经济评价内容、评价方法、效益与费用估算等都有重要影响。实际工作中可以根据需要从不同的角度另行分类。

5. 经济评价的内容深度要求

1）项目前期研究各个阶段是对项目的内部、外部条件由浅入深、由粗到细的逐步细化过程，一般分为规划、机会研究、项目建议书和可行性研究四个阶段。由于不同研究阶段的研究目的、内容深度和要求等各不相同，因此，经济评价的内容深度和侧重点也随着项目决策不同阶段的要求有所不同。

2）可行性研究阶段的经济评价，应按照本方法的内容要求，对工程项目的财务可接受性和经济合理性进行详细、全面的分析论证。

3）项目建议书阶段的经济评价，重点是围绕项目立项建设的必要性和可能性，分析论证项目的经济条件及经济状况。这个阶段采用的基础数据可适当粗略，采用的评价指标可根据资料和认识的深度适度简化。

4）规划和机会研究是将项目意向变成简要的项目建议的过程，研究人员对项目赖以存在的客观（内外部）条件的认识还不深刻，或者说不确定性比较大，在此阶段，可以用一些综合性的信息资料，计算简便的指标进行分析。

6. 经济评价应遵循的基本原则

经济评价应遵循的基本原则是“有无对比”原则。“有无对比”是指“有项目”相对于“无项目”的对比分析。“无项目”状态指不对该项目进行投资时，在计算期内，与项目有关的资产、费用与收益的预计发展情况；“有项目”状态指对该项目进行投资后，在计算期内，资产、费用与收益的预计情况。“有无对比”求出项目的增量效益，排除了项目实施以前各种条件的影响，突出项目活动的效果。“有项目”与“无项目”两种情况下，效益和费用的计算范围、计算期应保持一致，具有可比性。

1）效益与费用计算口径对应一致的原则。

只有将效益与费用限定在同一个范围内，才有可能进行比较，计算的净效益才是项目投入的真实回报。

2）收益与风险权衡的原则。

投资人关心的是效益指标，但是，对于可能给项目带来风险的因素考虑得不全面，对风险可能造成的损失估计不足，结果往往有可能导致项目失败。收益与风险权衡的原则提示投资者，在进行投资决策时，不仅要看到效益，也要关注风险，权衡得失利弊后再行决策。

3）定量分析与定性分析相结合，以定量分析为主的原则。

经济评价的本质就是要对拟建项目在整个计算期的经济活动，通过效益与费用的计算，对项目经济效益进行分析和比较。一般来说，项目经济评价要求尽量采用定量指标，但对一些不能量化的经济因素，不能直接进行数量分析，而要进行定性分析，并与定量分析结合起来进行评价。

4）动态分析与静态分析相结合，以动态分析为主的原则。

动态分析是指利用资金的时间价值的原理对现金流量进行折现分析。静态分析是指不对现金流量进行折现分析。项目经济评价的核心是折现，所以分析评价要以折现（动态）指标为主。非折现（静态）指标与一般的财务和经济指标内涵基本相同，比较直观，但是只能作为辅助指标。

6.1.2 工程项目经济评价方法的分类

经济评价是工程项目经济分析的核心内容，其目的在于确保决策的正确性和科学性，避免或最大限度地减小投资方案的风险，明确投资方案的经济效果水平，最大限度地提高项目投资的综合经济效益，为项目的投资决策提供科学的依据。因此，正确选择经济评价的方法是十分重要的。

1. 根据是否考虑不确定性因素分类

根据是否考虑不确定性因素，工程项目经济评价分为确定性评价与不确定性评价方法两类。对同一个项目必须同时进行确定性评价和不确定性评价。

2. 按其是否考虑时间因素分类

工程项目经济评价方法分为静态评价方法和动态评价方法。

1）静态评价方法。静态评价方法是不考虑货币的时间因素，亦即不考虑时间因素对货币价值的影响，而对现金流量分别进行直接汇总来计算评价指标的方法。静态评价方法的最大特点是计算简便。因此，在对方案进行粗略评价，或对短期投资项目进行评价，以及对于逐年收益大致相等的项目，静态评价方法还是可采用的。在方案初选阶段，可采用静态评价方法。

2)动态评价方法。动态评价指标强调利用复利方法计算资金的时间价值，它将不同时间内资金的流入和流出换算成同一时点的价值，从而为不同方案的经济比较提供了可比基础，并能反映方案在未来时期的发展变化情况。

在工程项目方案经济评价中，由于时间和利率的影响，对建设方案的每一笔现金流量都应该考虑它所发生的时间，以及时间因素对其价值的影响。它能较全面地反映投资方案整个计算期的经济效果。在进行方案比较时，一般以动态评价方法为主。

6.1.3　工程项目经济评价的指标体系

工程项目方案经济评价效果的好坏，一方面取决于基础数据的完整性和可靠性，另一方面则取决于选取的评价指标体系的合理性。只有选取正确的评价指标体系，经济评价的结果才能与客观实际情况相吻合，才具有实际意义。一般来讲，工程项目的经济评价指标不是唯一的，根据不同的评价深度要求、可获得资料的多少及项目本身所处的条件不同，可选用不同的指标，这些指标有主次之分，可以从不同侧面反映工程项目的经济效果。根据不同的划分标准，对工程项目经济评价指标体系可以进行不同的分类。

1. 按是否考虑资金的时间价值分类

根据工程项目评价指标体系是否考虑资金的时间价值，可分为静态评价指标和动态评价指标，如图6－1所示。静态评价，是指对项目和方案的效益和费用进行计算时，不考虑资金的时间价值，不进行复利计算。动态评价，是指对项目和方案的效益和费用进行计算时，充分考虑到资金的时间价值，要采用复利计算方法，把不同时间点的效益流入和费用流出折算为同一时间点的等值价值，为项目和方案的技术经济比较确立相同的时间基础，并能反映未来时期的发展变化趋势。

- 工程项目经济评价指标
  - 静态评价指标
    - 投资利润率
      - 总投资利润率
      - 资本金净利润率
    - 静态投资回收期
    - 偿债能力
      - 资产负债率
      - 利息备付率
      - 偿债备付率
  - 动态评价指标
    - 内部收益率
    - 动态投资回收期
    - 净现值
    - 净现值率
    - 净年值

图6－1　工程项目经济评价指标体系(考虑资金的时间价值分类)

2. 按工程项目经济评价指标的性质分类

按工程项目经济评价指标的性质不同，可以分为时间性指标、比率性指标和价值性指标，如图 6－2 所示。

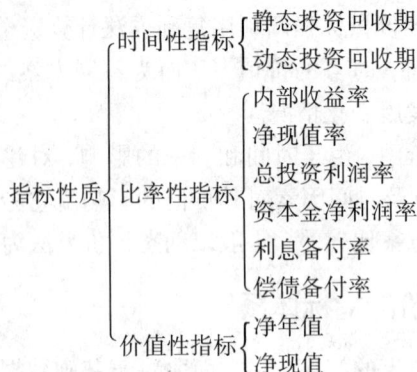

- 指标性质
  - 时间性指标
    - 静态投资回收期
    - 动态投资回收期
  - 比率性指标
    - 内部收益率
    - 净现值率
    - 总投资利润率
    - 资本金净利润率
    - 利息备付率
    - 偿债备付率
  - 价值性指标
    - 净年值
    - 净现值

图 6－2　工程项目经济评价指标体系（按性质分类）

工程项目经济评价主要解决两类问题：第一，评价工程项目方案是否可以满足一定的检验标准，即要解决项目方案的“筛选问题”；第二，比较某一项目的不同方案优劣或确定不同项目的优先次序，即要解决“排序问题”。第一类问题可称为工程项目方案的“绝对效果评价”，绝对效果评价不涉及方案比较，只研究一组项目方案各自的取舍问题，因而只需要研究单个方案能否通过预定的标准即可；第二类问题可称为“相对效果评价”。

6.2　工程项目经济评价参数的选取

工程项目经济评价参数是指用于计算、衡量工程项目费用与效益的主要基础数据，以及判断项目财务可行性和经济合理性的一系列评价指标的基准值和参考值。

6.2.1　项目（或方案）计算期

1）项目计算期是指经济评价中为进行动态分析所设定的期限，包括建设期和运营期。建设期是指项目资金正式投入开始到项目建成投产为止所需要的时间，可按合理工期或预计的建设进度确定；运营期分为投产期和达产期两个阶段。投产期是指项目投入生产，但生产能力尚未完全达到设计能力时的过渡阶段。达产期是指生产运营达到设计预期水平后的时间。运营期一般应以项目主要设备的经济寿命期确定。项目计算期应根据多种因素综合确定，包括行业特点、主要装置（或设备）的经济寿命等。行业有规定时，应从其规定。

2）项目计算期的长短主要取决于项目本身的特性，因此无法对项目计算期作出统一规定。计算期不宜定得太长，一方面是因为按照现金流量折现的方法，把后期的净收益折为现值的数值相对较小，很难对财务分析结论产生有决定性的影响；另一方面由于时间越长，预测的数据会越不准确。

3）计算期较长的项目多以年为时间单位。对于计算期较短的行业项目，在较短的时间间隔内（如月、季、半年或其他非日历时间间隔）现金流水平有较大变化，如油田钻井开发项目、高科技产业项目等，这类项目不宜用“年”做计算现金流量的时间单位，可根据项目的具体情况选择合适的计算现金流量的时间单位。

由于折现评价指标受计算时间的影响，对需要比较的项目或方案应取相同的计算期。

6.2.2　基准收益率

国家行政主管部门统一测定并发布的行业财务基准收益率，在政府投资项目以及按政府要求进行经济评价的工程项目中必须采用；在企业投资等其他各类工程项目的经济评价中可参考选用。

财务基准收益率系指工程项目财务评价中对可货币化的项目费用与效益采用折现方法计算财务净现值的基准折现率，是衡量项目财务内部收益率的基准值，是项目财务可行性和方案比选的主要判据。财务基准收益率反映投资者对相应项目占用资金的时间价值的判断，应是投资者在相应项目上最低可接受的财务收益率。

1. 财务基准收益率的测定规定

财务基准收益率的测定应符合下列规定：

1）在政府投资项目以及按政府要求进行经济评价的工程项目中采用的行业财务基准收益率，应根据政府的政策导向进行确定。

项目产出物（或服务）价格由政府进行控制和干预的项目，其行业财务基准收益率需要结合国家在一定时期的发展战略、发展规划、产业政策、投资管理规定、社会经济发展水平和公众承受能力等因素，权衡效率与公平、局部与整体、当前与未来、受益群体与受损群体等方面的得失利弊，区分不同行业投资项目的实际情况，结合政府资源、宏观调控意图、履行政府职能等因素综合测定。

2）在企业投资等其他各类工程项目的经济评价中参考选用的行业财务基准收益率，应在分析一定时期内国家和行业发展战略、发展规划、产业政策、资源供给、市场需求、资金的时间价值、项目目标等情况的基础上，结合行业特点、行业资本构成情况等因素综合测定。

3）在中国境外投资的工程项目财务基准收益率的测定，应首先考虑国家风险因素。

4）投资者自行测定项目的最低可接受财务收益率，应充分考虑上述第2条中的各种情况，并根据自身的发展战略和经营策略、具体项目特点与风险、资金成本、机会成本等因素综合测定。

5）下列项目风险较大，在确定最低可接受财务收益率时可适当提高其取值：项目投入物属紧缺资源的项目；项目投入物大部分需要进口的项目；项目产出物大部分用于出口的项目；国家限制或可能限制的项目；国家优惠政策可能终止的项目；建设周期长的项目；市场需求变化较快的项目；竞争激烈领域的项目；技术寿命较短的项目；债务资金比例高的项目；资金来源单一且存在资金提供不稳定因素的项目；在国外投资的项目；自然灾害频发地区的项目；研发新技术的项目等。

2. 财务基准收益率的测定方法

财务基准收益率的测定可采用资本资产定价模型法、加权平均资金成本法、典型项目模拟法、德尔菲（Delphi）专家调查法等方法，也可同时采用多种方法进行测算，将不同方法测算的结果互相验证，经协调后确定。

(1)资本资产定价模型法

采用资本资产定价模型法测算行业财务基准收益率，应在确定行业分类的基础上，在行业内抽取有代表性的企业样本，以若干年企业财务报表数据为基础数据，进行行业风险系数、权益资金成本的测算，得出用资本资产定价模型法测算的行业最低可用折现率(权益资金)，作为确定权益资金行业财务基准收益率的下限，再综合考虑采用其他方法测算得出的行业财务基准收益率并进行协调后，确定权益资金行业财务基准收益率的取值。

采用资本资产定价模型法(*CAPM*)测算权益资金行业财务基准收益率，应按下式计算：

$$K = K_f + \beta \times (K_m - K_f) \tag{6-1}$$

式中：K——权益资金成本；

K_f——市场无风险收益率；

β——风险系数；

K_m——市场平均风险投资收益率。

风险系数又称为β系数，是反映行业特点与风险的重要数值，也是测算工作的重点和基础。

(2)加权平均资金成本法

采用加权平均资金成本法(*WACC*)测算行业财务基准收益率(全部资本)，应通过测定行业加权平均资金成本，得出全部投资的行业最低可接受财务折现率，作为全部投资行业财务基准收益率的下限。再综合考虑其他方法得出的行业财务基准收益率并进行协调后，确定全部投资行业财务基准收益率的取值。

采用加权平均资金成本法测算行业财务基准收益率(全部资本)，应按下式计算：

$$WACC = K_e \frac{E}{E+D} + K_D \frac{D}{E+D} \tag{6-2}$$

式中：$WACC$——加权平均资金成本；

K_e——权益资金成本；

K_D——债务资金成本；

E——股东权益；

D——企业负债。

权益资金与负债的比例可采用行业统计平均值，或者由投资者进行合理设定。债务资金成本为公司所得税后债务资金成本。权益资金成本可根据式(6-1)采用资本资产定价模型确定。其中，无风险投资收益率一般可采用政府发行的相应期限的国债利率；市场平均风险投资收益率可依据国家有关统计数据测定。

测算行业财务基准收益率应选择相应行业中有代表性的一定数量的企业(项目)，对其一定时期内的投资筹资、成本费用、财务效益、资产状况等实际情况进行调查，经过统计、分析与测算，分析一定时期内国家和行业发展战略、发展规划、产业政策、资源供给、市场需求、资金的时间价值、项目目标等情况的基础上，结合行业特点、行业资本构成情况等需考虑的主要因素对测算结果进行必要的调整后确定。

(3)典型项目模拟法

采用典型项目模拟法测算行业财务基准收益率，应在合理时间区段内，选取一定数量的具有行业代表性的已进入正常生产运营状态的典型项目，按照项目实施情况采集实际数据，统一评估的时间区段，调整价格水平和有关参数，计算项目的财务内部收益率，并对结果进行必要的分析，结合需考虑的主要因素确定取值。

(4)德尔菲(Delphi)专家调查法

采用德尔菲(Delphi)专家调查法测算行业财务基准收益率，应统一设计调查问卷，征求一定数量的熟悉本行业情况的专家，依据系统的程序，采用匿名发表意见的方式，通过多轮次调查专家对本行业工程项目财务基准收益率取值的意见，逐步形成专家的集中意见，并对调查结果进行必要的分析，结合需考虑的主要因素确定行业财务基准收益率的取值。

6.3　静态评价指标

静态评价是指对项目和方案效益和费用的计算时，不考虑资金的时间价值，不进行复利计算。静态评价指标具有简单明了、易于计算的特点，适用于对技术方案的初步分析和粗略评价。但没有考虑资金的时间价值，不符合实际情况。

6.3.1　投资收益率

投资收益率是衡量投资方案获利水平的评价指标，它是投资方案达到设计生产能力后一个正常生产年份的年净收益总额与方案投资总额的比率。它表明投资方案在正常生产年份中，单位投资每年所创造的年净收益额。对生产期内各年的净收益额变化幅度较大的方案，可计算生产期年平均净收益额与投资总额的比率。投资收益率的计算公式为：

$$R = \frac{A}{TI} \times 100\% \tag{6-3}$$

式中：R——投资收益率；

A——年净收益额或年平均净收益额；

TI——总投资(包括建设投资、建设期贷款利息和流动资金)，下同。

将计算出的投资收益率(R)与所确定的基准投资收益率(R_c)进行比较。

1)若 $R \geqslant R_c$，则方案可以考虑接受；

2)若 $R < R_c$，则方案是不可行的。

工程项目财务评价中，总投资收益率和项目资本金净利润率是采用非折现方法判断项目盈利能力的指标。

1. 总投资收益率(*ROI*)

总投资收益率表示总投资的盈利水平，是指项目达到设计能力后正常年份的年息税前利润或运营期内年平均息税前利润与项目总投资的比率，总投资收益率应按下式计算：

$$ROI = \frac{EBIT}{TI} \times 100\% \tag{6-4}$$

式中：$EBIT$——项目正常年份的年息税前利润或运营期内年平均息税前利润；

TI——项目总投资。

例 6-1　某工程项目建设期 2 年，运营期 8 年。建设投资(不含建设期利息)为 7000 万元。其中，第 1 年自有资金投入 4000 万元，第 2 年年初贷款投入 3000 万元，贷款年利率为 8%。流动资金 800 万元，全部为自有资金。运营期内年平均息税前利润均为 1300 万元。求该项目总投资收益率。

解： $TI=4000+3000(1+8\%)+800=8040$ 万元

$ROI=1300/8040=16.17\%$

2. 资本金净利润率（*ROE*）

资本金净利润率表示项目资本金的盈利水平，是指项目达到设计能力后正常年份的年净利润或运营期内年平均净利润（*NP*）与项目资本金（*EC*）的比率。项目资本金净利润率应按下式计算：

$$ROE=\frac{NP}{EC}\times 100\% \tag{6-5}$$

式中：*NP*——项目正常年份的年净利润或运营期内年平均净利润；

EC——项目资本金。

总投资收益率和资本金净利润率是用来衡量整个投资方案的获利能力，要求项目的总投资收益率（或项目资本金净利润率）应大于行业的平均投资收益率（或平均投资利润率）。总投资收益率（或项目资本金净利润率）越高，从项目所获得的收益或利润就越多。对于建设工程方案而言，若总投资利润率高于同期银行利率，适度举债是有利的；反之，过高的负债比率将损害企业和投资者的利益。由此可以看出，总投资利润率这一指标不仅可以用来衡量工程建设方案的获利能力，还可以作为建设工程投资决策参考的依据。

投资收益率指标的经济意义明确、直观，计算简便，在一定程度上反映了投资效果的优劣，可适用于各种投资规模。但不足的是没有考虑投资收益的时间因素，忽视了资金具有时间价值的重要性，而且指标计算的主观随意性太强。换句话说，就是正常生产年份的选择比较困难，如何确定带有一定的不确定性和人为因素。因此，以投资收益率指标作为主要的决策依据不太可靠。

6.3.2 静态投资回收期

静态投资回收期是在不考虑资金的时间价值的条件下，以方案的净收益回收其总投资（包括建设投资和流动资金）所需要的时间。投资回收期可以自项目建设开始年算起，也可以自 项目投产年开始算起，但应予注明。自建设开始年算起，投资回收期 P_t（以年表示）的计算公式如下：

$$\sum_{t=0}^{P_t}(CI-CO)_t=0 \tag{6-6}$$

式中：P_t——静态投资回收期；

CI——现金流入量；

CO——现金流出量。

$(CI-CO)_t$——第 t 年净现金流量。

静态投资回收期可借助现金流量表，根据净现金流量来计算。其具体计算又分以下两种情况：

1）当项目建成投产后各年的净收益（即净现金流量）均相同时，静态投资回收期的计算公式如下：

$$P_t=\frac{I}{A} \tag{6-7}$$

式中：I——总投资；

A——每年的净收益。

例 6-2　某工程项目估计总投资 2800 万元，项目建成后各年净收益为 320 万元，该项目的静态投资回收期为多久？

解：该项目的静态投资回收期为：

$$P_t=\frac{2800}{320}=8.75(\text{年})$$

2）当项目建成投产后各年的净收益不相同时，静态投资回收期可根据累计净现金流量求得（如图 6-3 所示），也就是在现金流量表中累计净现金流量由负值转向正值之间的年份。其计算公式为：

$$P_t=(\text{累计净现金流量开始出现正值的年份数}-1)+\frac{\text{上一年累计净现金流量的绝对值}}{\text{出现正值年份的净现金流量}} \tag{6-8}$$

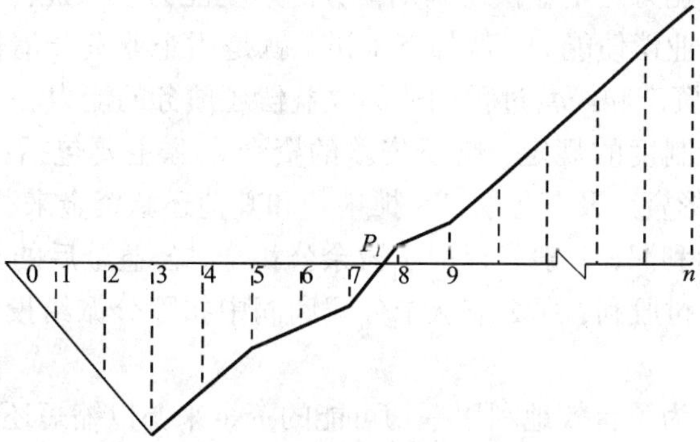

图 6-3　投资回收期示意图

例 6-3　某项目财务现金流量表的数据如表 6-1 所示，计算该项目的静态投资回收期。

表 6-1　某项目财务现金流量表　单位：万元

计算期	1	2	3	4	5	6	7	8
1. 现金流入			800	1200	1200	1200	1200	1200
2. 现金流出	600	900	500	700	700	700	700	700
3. 净现金流量	-600	-900	300	500	500	500	500	500
4. 累计净现金流量	-600	-1500	-1200	-700	-200	300	800	1300

解：根据式（6-8），可得：

$$P_t=(6-1)+\frac{|-200|}{500}=5.4$$

将计算出的静态投资回收期 P_t 与所确定的基准投资回收期 P_c 进行比较。

1）若 $P_t \leqslant P_c$，表明项目投资能在规定的时间内收回，则方案可以考虑接受；

2）若 $P_t > P_c$，则方案是不可行的。

投资回收期指标容易理解，计算也比较简便；项目投资回收期在一定程度上显示了资本的周转速度。显然，资本周转速度愈快，回收期愈短，风险愈小，盈利愈多。对于那些技术上更新迅速的项目，或资金相当短缺的项目，或未来的情况很难预测而投资者又特别关心资金补偿的项目，采用投资回收期评价特别有实用意义。但不足的是投资回收期没有全面地考虑投资方案整个计算期内的现金流量，即：只考虑回收之前的效果，不能反映投资回收之后的情况，故无法准确衡量方案在整个计算期内的经济效果。所以，投资回收期作为方案选择和项目排队的评价准则是不可靠的，它只能作为辅助评价指标，可与其他评价指标结合应用。

6.3.3 偿债能力

偿债能力是指企业用其资产偿还长期债务与短期债务的能力。企业有无支付现金和偿还债务的能力，是企业能否健康生存和发展的关键。企业偿债能力是反映企业财务状况和经营能力的重要标志。偿债能力是企业偿还到期债务的承受能力或保证程度，包括偿还短期债务和长期债务的能力。企业偿债能力，从静态来讲，就是用企业资产清偿企业债务的能力；从动态来讲，就是用企业资产和经营过程创造的收益偿还债务的能力。

根据国家现行财税制度的规定，偿还贷款的资金来源主要包括：可用于归还借款的利润、固定资产折旧、无形资产及其他资产、摊销费和其他还款资金来源。

1）用于归还贷款的利润，一般是提取了盈余公积金、公益金后的未分配利润。如果是股份制企业需要向股东支付股利，那么应从未分配利润中扣除分派给投资者的利润，然后用来归还贷款。

2）固定资产折旧。为了有效地利用一切可能的资金来源以缩短还贷期限，加强企业的偿债能力，可以使用部分新增折旧基金作为偿还贷款的来源之一。最终，所有被用于归还贷款的折旧基金，应由未分配利润归还贷款后的余额垫回，以保证折旧基金从总体上不被挪作他用，在还清贷款后恢复其原有的经济属性。

3）无形资产及其他资产摊销。摊销费是按财务制度计入企业总成本费用，但是企业在提取摊销后，这笔资金没有具体用途的规定，具有“沉淀”性质，因此可以用来归还贷款。

4）其他还款资金。这是指按有关规定可以用减免的营业税金来作为偿还贷款的资金来源。进行预测时，如果没有明确的依据，可以暂不考虑。

在建设期借入的全部建设投资贷款本金及其在建设期的借款利息（即资本化利息）构成建设投资贷款总额，在技术方案投产后可由上述资金来源偿还。

在生产期内，假设投资和流动资金的贷款利息，按现行的财务制度，均应计入技术方案总成本费用中的财务费用。

1. 资产负债率

资产负债率是期末负债总额除以资产总额的百分比，也就是负债总额与资产总额的比例关系。资产负债率反映了总资产中是通过借债来筹资的比例大小，也可以衡量企业在清算时保护债权人利益的程度。资产负债率反映债权人所提供的资本占全部资本的比例，也能反映企业经营风险的程度，是综合反映企业偿债能力的重要指标。计算式如下：

$$资产负债率 = \frac{负债总额}{资产总额} \times 100\% \tag{6-9}$$

式中：负债总额——公司承担的各项负债的总和，包括流动负债和长期负债；

资产总额公司拥有的各项资产的总和，包括流动资产和长期资产。

资产负债率是衡量企业负债水平及风险程度的重要标志。它包含以下几层含义：

①资产负债率能够揭示出企业的全部资金来源中，有多少是由债权人提供的。

②从债权人的角度看，资产负债率越低越好。

③对投资人或股东来说，负债比率较高可能带来一定的好处[财务杠杆、利息税前扣除、以较少的资本(或股本)投入获得企业的控制权]。

④从经营者的角度看，他们最关心的是在充分利用借入资金给企业带来好处的同时，尽可能降低财务风险。

⑤企业的负债比率应在不发生偿债危机的情况下，尽可能择高。

由此可见，在企业管理中，资产负债率的高低也不是一成不变的，它要看从什么角度分析，债权人、投资者(或股东)、经营者各不相同；还要看国际国内经济大环境是顶峰回落期还是见底回升期；还要看管理层是激进者、中庸者还是保守者，所以多年来也没有统一的标准，但是对企业来说：一般认为，资产负债率的适宜水平是 40% ~60%。这个比率对于债权人来说越低越好。因为公司的所有者(股东)一般只承担有限责任，而一旦公司破产清算时，资产变现所得很可能低于其账面价值。所以如果此指标过高，债权人可能遭受损失。当资产负债率大于 100% 时，表明公司已经资不抵债，对于债权人来说风险非常大。资产负债率反映债权人所提供的资金占全部资金的比重，以及企业资产对债权人权益的保障程度。这一比率越低(50% 以下)，表明企业的偿债能力越强。

2. 流动比率

流动比率是流动资产对流动负债的比率，用来衡量企业流动资产在短期债务到期以前，可以变为现金用于偿还负债的能力。该指标主要用来反映企业偿还债务的能力，计算式如下：

$$流动比率 = \frac{流动资产}{流动负债} \tag{6-10}$$

一般说来，比率越高，说明企业资产的变现能力越强，短期偿债能力亦越强；反之则弱。一般认为流动比率应在 2∶1 以上，流动比率 2∶1 表示流动资产是流动负债的两倍，即使流动资产有一半在短期内不能变现，也能保证全部的流动负债得到偿还。

一般而言，该指标应保持在 2∶1 的水平。过高的流动比率是企业财务结构不尽合理的一种信号，它有可能是因为：

①企业某些环节的管理较为薄弱，从而导致企业在应收账款或存货等方面处于较高水平；

②企业可能因经营意识较为保守而不愿扩大负债经营的规模；

③股份制企业在以发行股票、增资配股或举借长期借款、债券等方式筹得资金后尚未充分投入营运等。

但就总体而言，过高的流动比率主要反映了企业的资金没有得到充分利用，而该比率过低，则说明企业偿债的安全性较弱。

但应注意的是，流动比率高的企业并不一定偿还短期债务的能力就很强，因为流动资产之中虽然现金、有价证券、应收账款变现能力很强，但是存货、待摊费用等也属于流动资产的项目则变现时间较长，特别是存货很可能发生积压、滞销、残次等情况，流动性较差。

3. 速动比率

速动比率是速动资产与流动负债之比，又称为酸性试验。速动资产包括货币资金、短期投资、应收票据、应收账款，可以在较短时间内变现。而流动资产中存货、1 年内到期的非流动资产及其他流动资产等则不应计入。它是衡量企业流动资产中可以立即变现、用于偿还流动负债的能力，计算式如下：

$$速动比率=\frac{速动资产}{流动负债} \tag{6-11}$$

速动资产包括货币资金、短期投资、应收票据、应收账款，可以在较短时间内变现。而流动资产中存货、1 年内到期的非流动资产及其他流动资产等则不应计入。

即：

$$速动资产=流动资产-存货-预付费用-待摊费用$$

速动比率相对流动比率而言，扣除了一些流动性非常差的资产，如待摊费用，这种资产其实根本就不可能用来偿还债务；另外，考虑存货的毁损、所有权、现值等因素，其变现价值可能与账面价值的差别非常大，因此，将存货也从流动比率中扣除。

速动比率的高低能直接反映企业的短期偿债能力强弱，它是对流动比率的补充，并且比流动比率反映得更加直观可信。传统经验认为，速动比率维持在 1∶1 较为正常，它表明企业的每 1 元流动负债就有 1 元易于变现的流动资产来抵偿，短期偿债能力有可靠的保证。速动比率过低，企业的短期偿债风险较大，速动比率过高，企业在速动资产上占用资金过多，会增加企业投资的机会成本。但以上评判标准并不是绝对的。速动比率一般应保持在 100% 以上。

4. 利息备付率

利息备付率(interest coverage ratio, ICR)是指项目在借款偿还期内各年可用于支付利息的税息前利润与当期应付利息的比值。利息备付率最好分年计算，计算在借款偿还期内各年的利息备付率；也可以按项目的借款偿还期内总和计算，计算借款偿还期内平均的利息备付率。分年的利息备付率更能反映偿债能力。计算式如下：

$$利息备付率=\frac{税息前利润}{当期应付利息费用} \tag{6-12}$$

式中：税息前利润——利润总额与计入总成本费用的利息费用之和，即税息前利润 = 利润总额 + 计入总成本费用的利息费用；

当期应付利息——计入总成本费用的全部利息。

利息备付率从付息资金来源的充裕性角度反映项目偿付债务利息的能力，它表示使用项目税息前利润偿付利息的保证倍率。根据我国企业历史数据统计分析，一般情况下，利息备付率不宜低于 2。对于正常经营的项目，利息备付率应当大于 1，否则，表示项目的付息能力保障程度不足。尤其是当利息备付率低于 1 时，表示项目没有足够资金支付利息，偿债风险很大。

5. 偿债备付率

偿债备付率(debt service coverage ratio, DSCR)是指项目在借款偿还期内，各年可用于还本付息的资金与当期应还本付息金额的比值。偿债备付率最好在借款偿还期内分年计算，也可以按项目的借款偿还期内总和数据计算，分年计算的偿债备付率更能反映偿债能力。计算式如下：

$$\text{偿债备付率} = \frac{\text{可用于还本付息的资金}}{\text{当期应还本付息的金额}} \tag{6-13}$$

式中：可用于还本付息的资金——包括息税前利润加折旧和摊销减去企业所得税；

当期应还本付息的金额——包括当期应还贷款本金额及计入成本费用的利息。

可用于还本付息的资金，包括可用于还款的折旧和摊销，在成本中列支的利息费用，可用于还款的利润等。偿债备付率表示可用于还本付息的资金偿还借款本息的保证倍率。正常情况下应当大于 1，且越高越好。当指标小于 1 时，表示当年资金来源不足以偿付当期债务，需要通过短期借款偿付已到期债务。

6.4 动态评价指标

动态评价指标考虑了资金的时间价值。与静态指标相比，动态指标更注重考察项目在其计算期内各年现金流量的具体情况，也就能够更加直观地反映项目的财务状况。

1. 净现值

净现值(net present value, NPV)是指按行业的基准收益率或设定的折现率 i_c，将项目整个计算期间内各年所发生的净现金流量都折现到建设期初的现值之和，是考察项目盈利能力的指标。净现值是反映投资方案在计算期内获利能力的动态评价指标。净现值的计算公式为：

$$NPV = \sum_{t=0}^{n} (CI - CO)_t (1 + i_c)^{-t} \tag{6-14}$$

式中：NPV—— 财务净现值；

$(CI - CO)_t$—— 第 t 年的净现金流量(应注意“+”“-”号)；

i_c—— 基准收益率；

n—— 方案计算期。

净现值是评价项目盈利能力的绝对指标，净现值的应用比较简单。当 $NPV > 0$ 时，说明该方案除了满足基准收益率要求的盈利之外，还能得到超额收益，换句话说，该方案现金流入的现值和大于现金流出的现值和，该方案有收益，故该方案财务上可行；当 $NPV = 0$ 时，说明该方案基本能满足基准收益率要求的盈利水平，即方案现金流入的现值正好抵偿技术方案现金流出的现值，该方案财务上还是可行的；当 $NPV < 0$ 时，说明该方案不能满足基准收益率要求的盈利水平，即方案收益的现值不能抵偿支出的现值，该技术方案财务上不可行。

净现值指标考虑了资金的时间价值，并全面考虑了项目在整个计算期内的经济状况，经济意义明确直观，能够直接以货币额表示项目的盈利水平，判断直观。但不足之处是必须首先确定一个符合经济现实的基准收益率，而基准收益率的确定往往是比较困难的；而且在互斥型方案评价时，财务净现值必须慎重考虑互斥型方案的寿命，如果互斥型方案寿命不等，必须构造一个相同的分析期限，才能进行各个方案之间的比选。同样，财务净现值也不能真正反映项目投资中单位投资的使用效率，可以直接应用于寿命期相等的互斥型方案的比较。

2. 净现值率

净现值率(net present value Rate, *NPVR*)是项目净现值与项目总投资现值之比，其经济含义是单位投资现值所能带来的财务净现值，是一个考察项目单位投资盈利能力的指标。由于财务净现值不直接考察项目投资额的大小，故为考察投资的利用效率，常用财务净现值率作为财务净现值的辅助评价指标。净现值的计算公式为：

$$NPVR = \frac{NPV}{I_p} \tag{6-15}$$

$$I_p = \sum_{t=0}^{k} I_t(P/F, i_c, t) \tag{6-16}$$

式中：I_p——投资现值；

I_t——第 t 年投资额；

k——投资年数。

应用 *NPVR* 评价方案时，对于独立型方案，应使 $NPVR \geqslant 0$，方案才能接受；对于多方案评价，凡 $NPVR<0$ 的方案先行淘汰，在余下方案中，应将 *NPVR* 与投资额、财务净现值结合选择方案。而且在评价时应注意计算投资现值与财务净现值的折现率应一致。

3. 净年值

净年值(net annual value, *NAV*)，又称等额年值、等额年金，是指以一定的基准收益率将项目计算期内净现金流量等值换算而成的等额年值。它与前述净现值(*NPV*)的相同之处是，两者都要在给出的基准收益率的基础上进行计算；不同之处是，净现值法把投资过程的现金流量转化为基准期的现值，而净年值法则是把该现金流量转化为等额年值。净现值是项目在计算期内获得的超过基准收益率水平的收益现值，而净年值则是项目在计算期内每期(年)的等额超额收益。由于同一现金流量的现值和等额年值是等价的(或等效的)，所以净现值法与净年值法在方案评价中能得出相同的结论。而在多方案评价时，特别是各方案的计算期不相同时，应用净年值比净现值更为方便。计算公式为：

$$NAV = \left[\sum_{t=0}^{n}(CI-CO)_t(1+i_c)^{-t}\right](A/P, i_c, n) \tag{6-20}$$

或：

$$NAV = NPV(A/P, i_c, n) \tag{6-21}$$

对独立项目方案而言，若 $NAV \geqslant 0$，则项目在经济效果上可以接受，若 $NAV<0$，则项目在经济效果上不可接受。

多方案比选时，净年值越大且非负的方案越优(净年值最大准则)。对于单个方案评价，与 *NPV* 相同；对于多个方案比较时应用 *NAV* 指标评价，一般适用于现金流量和利率已知、初始投资额相近，但各方案的寿命期不同的方案比较。具有 *NAV* 最大值的方案是最优的。

4. 内部收益率

内部收益率(internal rate of return, *IRR*)是使项目在整个计算期内各年净现金流量现值累计等于零时的折现率，它反映项目所占用资金的盈利率，是考察项目盈利能力的主要动态评价指标。

内部收益率的经济含义可以这样理解：在项目的整个寿命期内按利率 $i=IRR$ 计算，始终存在未能收回的投资，而在寿命期结束时，投资恰好被完全收回。也就是说，在项目寿命期内，项目始终处于"偿付"未被收回的投资的状况。因此，项目的"偿付"能力完全取决于项目内部，故有"内部收益率"之称谓。内部收益率的经济含义还有另一种表达方式，即它是项目寿命期内没有回收的投资的盈利率。它不是初始投资在整个寿命期内的盈利率，因而它不仅受到项目初始投资规模的影响，而且受项目寿命期内各年净收益大小的影响。

对具有常规现金流量（即在计算期内，开始时有支出而后才有收益；且方案的净现金流量序列的符号只改变一次的现金流量）的投资方案，其财务净现值的大小与折现率的高低有直接的关系。工程经济中常规投资项目的财务净现值函数曲线在其定义域（即 $0 < i < +\infty$）内，随着折现率的逐渐增大，财务净现值由大变小，由正变负，*NPV* 与 i 之间的关系一般如图 6 - 4所示。

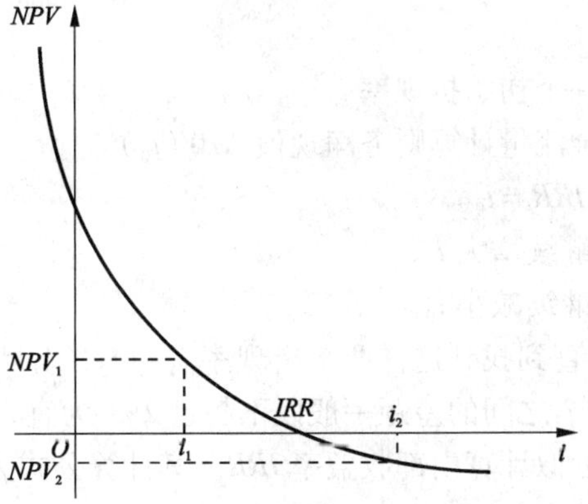

图 6 - 4　常规投资项目的净现值函数曲线

按照净现值的评价准则，只要 $NPV(i) \geqslant 0$，方案或项目就可接受，但由于 $NPV(i)$ 是 i 的递减函数，故折现率 i 定得越高，方案被接受的可能越小。很明显，i 可以大到使 $NPV(i) = 0$，这时 $NPV(i)$ 曲线与横轴相交，i 达到了其临界值 *IRR*，可以说 *IRR* 是财务净现值评价准则的一个分水岭，将 *IRR* 称为内部收益率。其实质就是使投资方案在计算期内各年净现金流量的现值累计等于零时的折现率。其数学表达式为：

$$\sum_{t=1}^{n} (CI - CO)_t (1 + FIRR)^{-t} = 0 \qquad (6-19)$$

式中：*CI*—— 现金流入量；

CO——现金流出量；

$(CI - CO)_t$——第 t 年的净现金流量；

n——计算期年数。

FIRR——内部收益率。

内部收益率是一个未知的折现率，由式（6 - 19）可知，求方程式中的折现率需解高次方程，不易求解。在实际工作中，一般通过计算机计算，手算时可采用试算法确定内部收益率 *IRR*。

若工程项目现金流量为一般常规现金流量，则计算 *IRR* 可用线性内插法，见图 6 - 5。

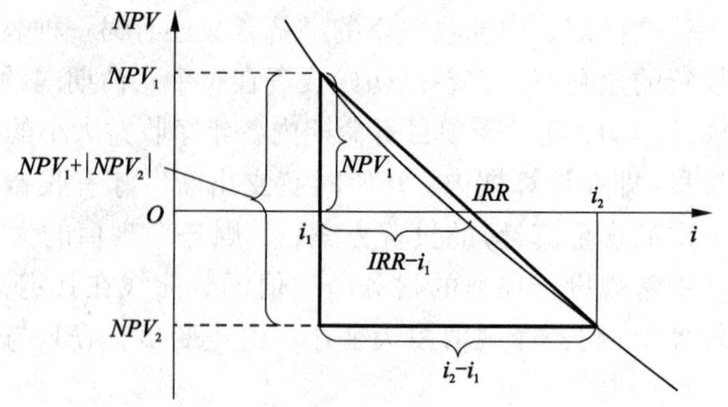

图6-5　线性内插法求出 *IRR*

1)首先根据经验确定一个初始折现率 i_0。

2)根据投资方案的现金流量计算财务净现值 $NPV(i_0)$。

3)若 $NPV(i_0)=0$，则 $IRR=i_0$。

4)若 $NPV(i_0)>0$，则继续增大 i_0；

5)若 $NPV(i_0)<0$，则继续减小 i_0。

6)重复步骤4)和5)，直到找到这样两个折现率 i_1 和 i_2，满足 $NPV_1>0$，$NPV_2<0$，其中为了保证 *IRR* 的精度，i_1 与 i_2 之间的差距一般以不超过2% 为宜，最大不要超过5%。

7)利用线性插值公式近似计算内部收益率 *IRR*。其计算公式为：

$$IRR=i_1+\frac{NPV_1}{NPV_1+|NPV_2|}(i_2-i_1) \tag{6-20}$$

净现金流序列符号只变一次的项目称作常规项目，净现金流序列符号变化多次的项目称作非常规项目。常规项目，只要其累积净现金流量大于零，内部收益率就有唯一解。非常规项目，只要内部收益率方程存在多个正根，则所有的根都不是真正的项目内部收益率。但若非常规项目的内部收益率方程只有一个正根，则这个根就是项目的内部收益率。

采用线性内插法计算 *IRR* 只适用于具有常规现金流量的投资方案。而对于具有非常规现金流量的方案，由于其内部收益率的存在可能不是唯一的，因此线性内插法就不太适用。

内部收益率计算出来后，将求出的内部收益率(*IRR*)与给定的行业基准收益率或设定的折现率(i_c)进行比较，若 $IRR\geqslant i_c$，则认为项目的盈利能力已满足最低要求，方案在经济上可以接受；若 $IRR<i_c$，则方案在经济上应予拒绝。

内部收益率法的优点是能够把项目寿命期内的收益与其投资总额联系起来，指出这个项目的收益率，便于将它同行业基准投资收益率对比，确定这个项目是否值得建设。使用借款进行建设，在借款条件(主要是利率)还不很明确时，内部收益率法可以避开借款条件，先求得内部收益率，作为可以接受借款利率的高限。

但内部收益率表现的是比率，不是绝对值，一个内部收益率较低的方案，可能由于其规模较大而有较大的净现值，因而更值得考虑。所以在各个方案比选时，必须将内部收益率与净现值结合起来考虑；对于具有非常规现金流量的项目来讲，其财务内部收益率在某些情况下甚至不存在或存在多个内部收益率。

例6－4　某企业计划投资一个项目，一次性投入100万元，预计项目的使用年限为5年，每年的收益情况如图6－6所示。假定基准收益率为12%，试对该项目进行经济效果评价。

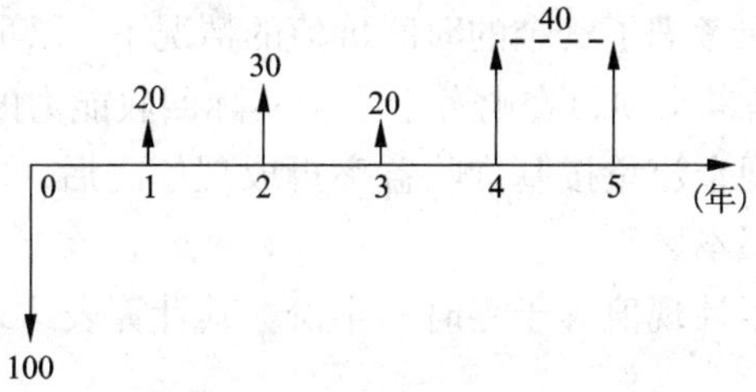

图6－6　现金流量图(单位：万元)

解：根据内部收益率的计算公式可得：

$$NPV(IRR)=-100+20(1+IRR)^{-1}+30(1+IRR)^{-2}+20(1+IRR)^{-3}+40(1+IRR)^{-4}+40(1+IRR)^{-5}=0$$

求解这个高次方程较为困难，可通过线性内插法求得项目的内部收益率。

设 $i_1=10\%$，$i_2=15\%$，分别计算其净现值如下：

$$NPV(10\%)=-100+20(1+10\%)^{-1}+30(1+10\%)^{-2}+20(1+10\%)^{-3}+40(1+10\%)^{-4}+40(1+10\%)^{-5}=10.16(\text{万元})$$

$$NPV(15\%)=-100+20(1+15\%)^{-1}+30(1+15\%)^{-2}+20(1+15\%)^{-3}+40(1+15\%)^{-4}+40(1+15\%)^{-5}=-4.02(\text{万元})$$

再由公式(6－20)得：

$$IRR=10\%+(15\%-10\%)\frac{10.16}{10.16+4.02}=13.5\%$$

因为 $IRR>i_0=12\%$，所以该项目在经济效果上是可以接受的。

净现值法和内部报酬率法都是对投资方案未来现金流量计算现值的方法。

运用净现值法进行投资决策时，其决策准则是：NPV为正数(投资的实际报酬率高于资本成本或最低的投资报酬率)，方案可行；NPV为负数(投资的实际报酬率低于资本成本或最低的投资报酬率)，方案不可行；如果是相同投资的多方案比较，则NPV越大，投资效益越好。净现值法的优点是考虑了投资方案的最低报酬水平和资金的时间价值的分析；缺点是NPV为绝对数，不能考虑投资获利的能力。所以，净现值法不能用于投资总额不同的方案的比较。

运用内部报酬率法进行投资决策时，其决策准则是：IRR大于公司所要求的最低投资报酬率或资本成本，方案可行；IRR小于公司所要求的最低投资报酬率，方案不可行；内部报酬率法的优点是考虑了投资方案的真实报酬率水平和资金的时间价值；缺点是计算过程比较复杂、烦琐。

在一般情况下，对同一个投资方案或彼此独立的投资方案而言，使用两种方法得出的结论是相同的。但在不同而且互斥的投资方案时，使用这两种方法可能会得出相互矛盾的结论。造成不一致的最基本的原因是对投资方案每年的现金流入量再投资的报酬率的假设不同。净现值法是假设每年的现金流入以资本成本为标准再投资；内部报酬率法是假设现金流入以其计算所得的内部报酬率为标准再投资。资本成本是更现实的再投资率，因此，在无资本限制的情况下，净现值法优于内部报酬率法。

5. 动态投资回收期

动态投资回收期是指在考虑了资金的时间价值的情况下，以项目每年的净收益回收项目全部投资所需要的时间，是考察项目在财务上投资实际回收能力的动态指标。动态投资回收期是把投资项目各年的净现金流量按基准收益率折成现值之后，再来推算投资回收期，这就是它与静态投资回收期的根本区别。

动态投资回收期就是累计现值等于零时的年份。其计算表达式为：

$$\sum_{t=0}^{P_t'}(CI-CO)_t(1+i_c)^{-t}=0 \qquad (6-21)$$

式中：P_t'——动态投资回收期；

i_c——基准收益率。

在实际应用中根据项目的现金流量表中的净现金流量现值，用下列近似公式计算：

$$P_t'=(\text{累计净现金流量开始出现正值的年份数}1)+\frac{\text{上一年累计净现金流量的绝对值}}{\text{出现正值年份的净现金流量}} \qquad (6-22)$$

例 6-5 某项目财务现金流量见表 6-2，已知基准投资收益率 $i_c=8\%$。试计算该项目的动态投资回收期。

表 6-2 某项目财务现金流量表 单位：万元

计算期	0	1	2	3	4	5	6	7	8
1. 净现金流量	—	-600	-900	300	500	500	500	500	500
2. 净现金流量现值	—	-555.54	-771.57	238.14	367.50	340.3	315.15	291.75	270.15
3. 累计净现金流量	—	-555.54	-1327.11	-1088.97	-721.47	-381.17	-66.07	225.68	495.83

解：根据式(6-5)，可以得到：

$$P_t'=(71)+\frac{|-66.07|}{291.75}=6.23\text{ 年}$$

若 $P_t'\leqslant P_c$（基准投资回收期）时，说明项目或方案能在要求的时间内收回投资，是可行的；若 $P_t'>P_c$ 时，则项目或方案不可行，应予拒绝。

但若考虑时间因素，用折现法计算出的动态投资回收期要比用传统方法计算出的静态投资回收期长些。

投资回收期指标容易理解，计算也比较简便；项目投资回收期在一定程度上显示了资本的周转速度。显然，资本周转速度愈快，回收期愈短，风险愈小，盈利愈多。对于那些技术上更新迅速的项目，或资金相当短缺的项目，或未来的情况很难预测而投资者又特别关心资金补偿的项目，采用投资回收期评价特别有实用意义。但不足的是投资回收期没有全面地考虑投资方案整个计算期内现金流量，即：只考虑回收之前的效果，不能反映投资回收之后的情况，故无法准确衡量方案在整个计算期内的经济效果。所以，投资回收期作为方案选择和项目排队的评价准则是不可靠的，它只能作为辅助评价指标，或与其他评价指标结合应用。

思考与练习

1. 简述工程项目经济评价的概念及主要内容。

2. 简述工程项目经济评价方法的分类。

3. 简述经济评价指标体系的分类及主要评价指标内容。

4. 简述利息备付率与偿债备付率的区别。

5. 简述净现值指标与内部收益率指标的概念及相互之间的区别。

6. 某大型基础设施项目拟订一个9年投资计划，分3期建成，开始投资60000万元，3年后再投资80000万元，6年后再投资40000万元。每年的运营费用是：前3年每年1500万元，第二个3年每年2500万元，最后3年每年3500万元，第9年年末残值为8000万元。试用10%的基准收益率计算该拟建项目的费用现值和费用年值。

7. 某投资方案初始投资为120万元，年销售收入为100万元，寿命为6年，残值为10万元，年经营费用为50万元。试计算该投资方案的财务净现值和财务内部收益率。

8. 投资建一个临时仓库需80000元，一旦拆除即毫无价值，假定仓库每年净收益为13600元。试计算：

1) 当该临时仓库使用8年时，其内部收益率为多少？

2) 若希望获得10%的收益率，则该仓库至少使用多少年才值得投资？

第 7 章

工程项目多方案的经济比较与选择

由于技术的进步，为实现某种目标会形成多种不同的工程项目方案，这些方案或是采用不同的技术工艺和设备，或是利用不同的原材料和半成品，或是规模和坐落位置不同，或是寿命周期不同等。当这些方案在技术上都是可行的时，经济分析的任务就是通过多方案的经济比较，从中选择较优的工程项目方案。

7.1 方案的创造和制订

通过不同的途径或运用不同的方案创造方法，产生多种备选方案，有利于最优方案的制订与选择。

7.1.1 提出和确定备选方案的途径

备选方案是指作为决策者用来解决问题、达成目标的可供选择的方案。提出和确定备选方案的途径主要有以下几种：

1）机构内的个人灵感、经验和创新意识以及集体智慧。

2）技术招标、方案竞选。

3）技术转让、技术合作、技术入股和技术引进。

4）技术创新和技术扩散。

5）社会公开征集。

6）专家咨询和建议。

7.1.2 备选方案提出的思路

通常通过提出诸如以下问题来拓宽备选方案提出的思路：

1）现行的方案行吗？

2）有没有更新的方案？

3）反过来想一想怎么样？

4）有别的东西替代吗？

5）能换个地方或方式使用吗？

6）有无相似的东西？

7）可以改变吗？

8)能重新组合吗?

7.1.3 方案创造的方法

方案创造是指一项创造性工作，需要运用集体的智慧，发挥人的头脑思维能力。提出的方案越多，择优的余地就越大。方案创造的方法有很多种，下面介绍几种常用的方法。

1. 头脑风暴法

头脑风暴法出自“头脑风暴”一词。所谓头脑风暴(brain - storming)最早是精神病理学上的用语，指精神病患者的精神错乱状态，现在转化为无限制的自由联想和讨论，其目的在于产生新观念或激发创新设想。头脑风暴法又称智力激励法、BS 法、自由思考法，是由美国创造学家 A・F・奥斯本于 1939 年首次提出、1953 年正式发表的一种激发性思维的方法。此法经各国创造学研究者的实践和发展，已经形成了一个发明技法群，如奥斯本智力激励法、默写式智力激励法、卡片式智力激励法等。

当一群人围绕一个特定的兴趣领域产生新观点的时候，这种情境就叫作头脑风暴。由于团队讨论使用了没有拘束的规则，人们就能够更自由地思考，进入思想的新区域，从而产生很多的新观点和问题解决方法。当参加者有了新观点和想法时，他们就大声说出来，然后在他人提出的观点之上建立新观点。所有的观点被记录下但不进行批评。只有头脑风暴会议结束的时候，才对这些观点和想法进行评估。头脑风暴的特点是让参会者敞开思想使各种设想在相互碰撞中激起脑海的创造性风暴，可分为直接头脑风暴法和质疑头脑风暴法，前者是在专家群体决策基础上尽可能激发创造性，产生尽可能多的设想的方法，后者则是对前者提出的设想、方案逐一质疑，考量其现实可行性的方法，这是一种集体开发创造性思维的方法。

头脑风暴法存在以下缺点：头脑风暴法在会议一开始就将目的提出来，这种方式容易使见解流于表面，难免肤浅；头脑风暴法会议的与会者往往坚信唯有自己的设想才是解决问题的上策，这就限制了他的思路。

2. 哥顿法

哥顿法又称“提喻法”，是美国人哥顿于 1964 年提出的决策方法。该法与头脑风暴法相类似，先由会议主持人把决策问题向会议成员作笼统的介绍，然后由会议成员(即专家成员)海阔天空地讨论解决方案；当会议进行到适当时机，决策者将决策的具体问题展示给小组成员，使小组成员的讨论进一步深化，最后由决策者吸收讨论结果，进行决策。其中的一个基本观点就是“变熟悉为陌生”，即抛开对事物性质原有的认识，在“零起点”上对事物进行重新认识，从而得出相应的结论。

为了克服头脑风暴法缺点，哥顿法规定除了会议主持人之外，不让与会者知道真正的意图和目的。在会议上把具体问题抽象为广义的问题来提出，以引起人们广泛的设想，从而给主持人暗示出解决问题的方案。

哥顿法的优点是将问题抽象化，有利于减少束缚、产生创造性想法，难点在于主持者如何引导。

3. 德尔菲法

德尔菲法(Delphi method)，是采用背对背的通信方式征询专家小组成员的预测意见，经过几轮征询，使专家小组的预测意见趋于集中，最后作出符合市场未来发展趋势的预测结论。德尔菲法又名专家意见法或专家函询调查法，是依据系统的程序，采用匿名发表意见的方式，即团队成员之间不得互相讨论，不发生横向联系，只能与调查人员发生关系，以反复地填写问卷，以集结问卷填写人的共识及搜集各方意见，经过几次反复征询和反馈，专家组成员的意见逐步趋于集中，最后获得具有很高准确率的集体判断结果。

由此可见，德尔菲法是一种利用函询形式进行的集体匿名思想交流过程，可用来构造团队沟通流程，应对复杂任务难题。它有三个明显区别于其他专家预测方法的特点，即匿名性、多次反馈、小组的统计回答。

(1)匿名性

因为采用这种方法时所有专家组成员不直接见面，只是通过函件交流，这样就可以消除权威的影响。这是该方法的主要特征。匿名是德尔菲法的极其重要的特点，从事预测的专家彼此互不知道其他有哪些人参加预测，他们是在完全匿名的情况下交流思想的。后来改进的德尔菲法允许专家开会进行专题讨论。

(2)反馈性

该方法需要经过3~4轮的信息反馈，在每次反馈中使调查组和专家组都可以进行深入研究，使得最终结果基本能够反映专家的基本想法和对信息的认识，所以结果较为客观、可信。小组成员的交流是通过回答组织者的问题来实现的，一般要经过若干轮反馈才能完成预测。

(3)统计性

最典型的小组预测结果是反映多数人的观点，少数派的观点至多概括地提一下，但是这并没有表示出小组的不同意见的状况。而统计回答却不是这样，它报告1个中位数和2个四分点，其中一半落在2个四分点之内，一半落在2个四分点之外。这样，每种观点都包括在这样的统计中，避免了专家会议法只反映多数人观点的缺点。

4. 检查提问法

检查提问法是指人们对存在的问题往往不知该从哪里入手提出解决方案，这时可以提出一些事先准备的问题要点，一起发散思维，产生新方案。检查提问法适合于新产品设计和老产品更新的价值分析。

5. 特征列举法

特征举例法是美国布拉斯加大学教授R. 克劳斯特发明的一种创造技法，他认为通过对需要革新改进的对象作观察分析，尽量列举该事物的各种不同的特征或属性，然后确定应加改善的方向及如何实施，可以大大提高创新效率。特征列举法，也称属性列举法，是一种通过把创新对象的特征，包括名词性的、形容词性的和动词性的等一一举例出来，然后分析、探讨能否以更好的特性替代，最后提出革新的方案的创新技法，多用于新产品的设计。

6. 缺点列举法

缺点列举法分析是通过会议的形式从列举事物的缺点入手，找出现有事物的缺点和不足之处，然后再探讨解决问题的方法和措施。

用缺点列举法进行创造发明的具体做法是：召开一次缺点列举会，会议由5~10人参加，会前先由主管部门针对某项事务，选举一个需要改革的主体，在会上发动与会者围绕这一主题尽量列举各种缺点，愈多愈好，另请人将提出的缺点逐一编号，记在一张张小卡片上，然后从中挑选出主要的缺点，并围绕这些缺点制订出切实可行的改新方案。一次会议的时间大约在一两小时之内，会议讨论的主题宜小不宜大，即使是大的主题，也要分成若干小题，分次解决，这样，原有的缺点就不致被遗漏。该方法多用于老产品的改进设计。

7. 希望点列举法

希望点列举法是由 Nebrasa 大学的克劳福特(Robert Crawford)发明的。这是一种不断地提出“希望”“怎么样才会更好”等的理想和愿望，进而探求解决问题和改善对策的技法。此法是通过提出对该问题的事物的希望或理想，使问题和事物的本来目的聚合成焦点来加以考虑的技法。

希望点列举法进行创造发明的具体做法是：召开希望点列举会议，每次可有 5 ~ 10 人参加。会前由会议主持人选择一件需要革新的事情或者事物作为主题，随后发动与会者围绕这一主题列举出各种改革的希望点；为了激发与会者产生更多的改革希望，可将各人提出的希望用小纸片写出，公布在小黑板上，并在与会者之间传阅，这样可以在与会者中产生连锁反应。会议一般举行 1 ~ 2 h，产生 50 ~ 100 个希望点，即可结束。

7.2　多方案之间的关系类型及其可比性

7.2.1　多方案之间的关系类型

由于技术、经济条件的不同，实现同一目的的方案也不同。要想正确评价项目方案的经济性，仅凭对单个项目方案评价指标的计算及判别是不够的，还必须了解方案之间的相互关系，从而按照方案之间的相互关系确定适合的评价方法和指标，为最终作出正确的投资决策提供科学依据。所谓方案类型是指一组备选方案之间所具有的相互关系。这种关系一般分为独立型、互斥型、混合型、互补型、现金流量相关型、组合互斥型和混合相关型等方案类型。

1. 互斥型

互斥型方案是指在若干备选方案中，如果选择其中一个方案，则其他方案就必然被排斥的一组方案。因此，方案之间具有排他性。例如，在某确定的建设场地新建住宅项目和商场项目两个方案，如果选择其中一个方案，则另一个方案就无法实施，因此这两个方案之间的关系为互斥型方案。互斥型方案还可按以下因素进行分类。

(1)按服务寿命长短不同分类

1)相同服务寿命的方案，即参与对比或评价方案的服务寿命均相同。

2)不同服务寿命的方案，即参与对比或评价方案的服务寿命均不相同。

3)无限长寿命的方案，即参与对比或评价方案可视为无限长寿命的工程，如大型水坝、运河工程等。

(2)按规模不同分类

1)相同规模的方案，即参与对比或评价的方案具有相同的产出量或容量，在满足相同功能数量方面的要求具有一致性和可比性。

2)不同规模的方案，即参与对比或评价的方案具有不同的产出量或容量，在满足相同功能数量方面的要求不具有一致性和可比性。

2. 独立型

独立型方案是指备选方案之间互不干扰、在经济上互不相关的方案，即这些技术方案是彼此独立无关的，选择或放弃其中一个技术方案，并不影响其他方案的选择。如果两个方案不存在资本、资源的限制，这两个方案就是相互独立的，其中每一个方案称为独立型方案，如某企业有三个项目可供选择，一个是房地产项目，一个是生物制药项目，一个是信息工程项目，如果企业的资金等是充足的，这三个方案就是独立型方案。显然，单一方案是独立型方案的特例。

3. 混合型

混合型方案是指备选方案中，方案之间部分互斥、部分独立的方案。如某房地产开发集团，在深圳、上海、北京的分公司分别有一个开发项目，项目目标市场互不影响，相互独立；每个开发项目又有若干个开发方案，开发方案间相互排斥，此时集团面临的问题就属于混合型方案的选择。

4. 互补型

互补型方案是指方案之间存在技术经济互补关系的一组方案。某一方案的接受有助于其他方案的接受，方案之间存在着相互补充的关系。根据互补方案之间相互依存的关系，互补方案可能是对称的。例如，建设一个大型非港口电站，必须同时建设铁路、电厂，它们无论在建成时间、建设规模上都要彼此适应，缺少其中任何一个项目，其他项目就不能正常运行，因此它们之间是互补型方案。此外，还存在着大量非对称的经济互补关系，如建造一座建筑物 A 和增加一个空调系统 B，建筑物 A 本身是有用的，增加空调系统 B 后使建筑物 A 更有用，但采用方案 A 后并不一定要采用方案 B。

5. 现金流量相关型

现金流量相关型方案是指在一组方案中，方案之间不完全互斥，也不完全相互依存，但任一方案的取舍会导致其他方案现金流量的变化。例如，某跨江项目考虑两个建设方案，一个是建桥方案 A，另一个是轮渡方案 B，两个方案都是收费的，此时，任一方案的实施或放弃都会影响另一方案的现金流量。

6. 组合互斥型

组合互斥型方案是指在若干可采用的独立型方案中，如果有资源约束条件(如受资金、劳动力、材料、设备及其他资源拥有量限制)，则只能从中选择一部分方案实施，可以将它们组合为互斥型方案。例如，现有独立型方案 A、B、C、D，它们所需的投资分别为 1000 万元、600 万元、400 万元、300 万元。当资金总额限量为 1000 万元时，除 A 方案具有完全的排他性外，其他方案由于所需金额不大，可以互相组合。这样，可能选择的方案共有 A、B、C、D、B + C、B + D、C + D 7 个组合方案。因此，当受某种资源约束时，独立型方案可以组成各种组合方案，这些组合方案之间是互斥或排他的。

在方案评价前，弄清各方案之间属于何种类型是非常重要的，因为方案类型不同，其评价方法、选择和判断的尺度就不同。如果方案类型划分不当，就会带来错误的评价结果。

7.2.2 多方案之间的可比性

进行多方案之间的比选，必须遵循可比原则，以保证分析和论证能全面、正确地反映实际情况，有助于正确决策。多方案之间的可比性有以下几个方面。

(1)满足需求的可比性

满足需求的可比性是指比较方案应满足具有相同的需求。需求的可比性分为两个层次：一是方案间功能质量可比，如住房和厂房不具有可比性，因为两者满足不同的功能，比较其单位建筑面积造价孰高孰低没有意义；二是功能指标数量可比，如直接比较一条过江隧道与一座跨江大桥投资高低没有意义，因为尽管两者功能相同(均为通行车辆)，但功能水平(通行车辆能力)未必相同。

满足需求的可比，并不是要求比较方案之间功能质量和数量完全相同。当遇到不同时，应采取措施消除功能需求差异，使之具有可比性。如比较北方住宅和南方住宅单位造价时，应剔除北方住宅满足保温要求所支付的费用；比较过江隧道与跨江大桥投资时，应计算单位通行能力的投资费用。

(2)满足消耗费用的可比性

满足消费费用的可比性是指比较方案的消费费用不仅应考虑方案的全部社会劳动消耗，还应考虑全寿命社会消耗；不仅要考虑建设投资，还要考虑流动资金投入。只有这样才具有可比性。

(3)时间上的可比性

满足时间上的可比性，一是要求比较方案具有相同的计算期，不同技术方案的经济比较应采用相等的计算期作为比较基础；二是比较方案具有相同的时间点，应该考虑资金投入时间先后产生的影响，不同时间点发生的现金流量不能直接相加。

(4)价格指标的可比性

价格指标的可比性要求考虑价格的合理性和时效性。由于历史的原因，我国某些原材料和商品的价格未与国际市场接轨，多方案之间比较时，必须做价格修正，使方案之间在相同的、合理的价格基础上有可比性。另外，价格具有时效性，不同时期价格水平不同，应注意剔除价格水平的影响，使价格具有可比性。

7.3　互斥型方案的比较选择

互斥型方案之间的选择，使我们在备选方案中只能选择一个方案实施，由于每一个方案都具有同等可供选择的机会，为使资金发挥最大的效益，我们当然希望所选出的一个方案是备选方案中经济性最优的。因此，互斥型方案的比较选择包含两部分内容：一是考察每个方案自身的经济效果，即进行“绝对经济效果检验”；二是考察哪个方案相对经济效果最优，即“相对经济效果检验”。两种检验的目的和作用不同，通常缺一不可，从而确保所选方案不但最优而且可行。互斥型方案的比较选择主要有净现值法、年值法、差额净现值法和差额内部收益率法。

7.3.1　净现值法

(1)概念

净现值法是在建项目经济评价中计算投资效果的一种常用的动态分析方法。净现值法是指通过规定的折现率，计算各个备选方案的净现值，在绝对经济效果合格的方案中(即 $NPV \geqslant 0$)，比较其净现值，选取净现值最大的方案为最优方案。其比选过程通常遵循以下两个步骤：

1)先分别检验各方案自身绝对经济效果，将不能通过评价标准的方案淘汰。

2)检验方案的相对经济效果，根据净现值最大准则，对方案进行选优。

计算公式为：

$$NPV = \sum_{t=0}^{n} (CI - CO)_t (P/F, i, t) = \sum_{t=0}^{n} (CI - CO)_t (1 + i)^{-t} \qquad (7-1)$$

式中：*NPV*—— 净现值；

CI—— 现金流入；

CO—— 现金流出；

I—— 基准投资收益率；

N—— 计算期。

（2）判别标准

对于单一方案的互斥型方案而言，若 $NPV \geqslant 0$，表示项目实施后的收益率不小于基准收益率，方案予以接受；若 $NPV < 0$，表示项目实施后的收益率未达到基准收益率，方案予以拒绝。

对于多方案的互斥型方案，以净现值大的方案为最优方案。

例 7－1 某项目总投资为10000 万元，连续5 年每年生产等额收入5300 万元，第5 年末有2000 万元的市场残值。每年的费用大概是3000 万元，公司愿意接受的投资收益率为10%，用净现值法估算该项目是否被接受？

解：现金流量图如图 7－1 所示：

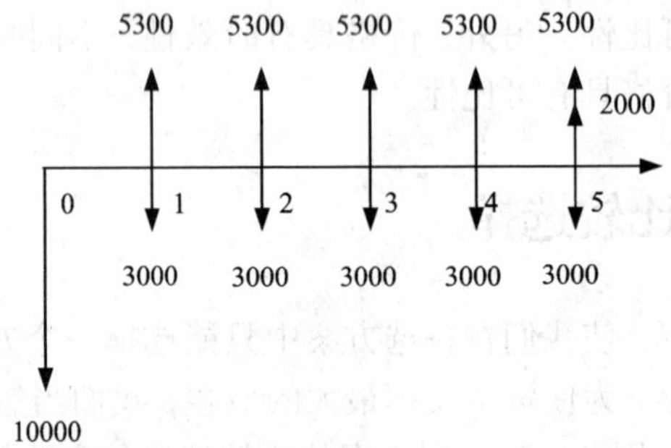

图 7－1 项目现金流量图（单位：万元）

$$\begin{aligned} NPV &= -10000 + (5300 - 3000) \times (P/A, 10\%, 5) + 2000(P/F, 10\%, 5) \\ &= -10000 + 2300 \times 3.7908 + 2000 \times 0.6209 \\ &= -39 \text{ 万元} < 0 \end{aligned}$$

所以该公司不能接受该项目。

例 7－2 现有两种可选择的小型机床，其有关资料如表 7－1 所示，它们的使用寿命相同，都是五年，基准折现率为8%，试用净现值法评价选择最优可行方案。

表7-1　机床有关资料　单位：元

项目／方案	投资	年收入	年支出	净残值
机床A	10000	5000	2200	2000
机床B	12500	7000	4300	3000

解：第一步，分别计算两个方案的 NPV 值

$$NPV_A = -10000 + (5000-2200)(P/A,8\%,5) + 2000(P/F,8\%,5)$$
$$= -10000 + 2800\times 3.993 + 2000\times 0.6806$$
$$= 2542\text{ 元} > 0$$
$$NPV_B = -12500 + (7000-4300)(P/A,8\%,5) + 3000(P/F,8\%,5)$$
$$= -12500 + 2700\times 3.993 + 3000\times 0.6806$$
$$= 323\text{ 元} > 0$$

第二步，比较两方案 NPV 的大小。NPV_A，$NPV_B>0$，所以机床A、B两个均能达到基准收益率8%外，还能分别获得2541元和323元的超额净现值收益，说明两个方案经济上都是合理的，都可以接受，但由于 $NPV_A>NPV_B$，故选择机床A为最优方案。

注意：净现值法用于多方案比选时，方案的寿命期必须相等。

(3)优缺点

净现值法的优点：

1)考虑了资金的时间价值，并全面考虑了方案在整个计算期内现金流量的时间分布状况。

2)经济意义明确直观，能够直接以货币额表示技术方案的盈利水平。

3)判断直观。

4)既能在费用效益对比上进行评价，又能和别的投资方案进行收益率的比较。

净现值法的缺点：

1)使用此法必须先确定一个符合经济现实的基准收益率 i，而基准收益率的确定往往是比较困难的。

2)用净现值法进行多方案比选时，方案的寿命期必须相等。

3)净现值不能真正反映方案投资中单位投资的使用效率，不能直接说明在方案运营期间各年的经营成果，没有给出该投资过程确切的收益大小，不能反映投资的回收速度。

7.3.2　年值法

(1)概念

年值法也是在建项目财务评价中计算投资效果的一种常用的动态分析方法。年值法是指通过规定的折现率，将各个备选方案在不同时点的净现金流量折算成与其等值的整个寿命期内的等额支付序列年值后，再进行评价、比较和选择的方法。与净现值法相同，其比选过程通常遵循以下两个步骤：

1)先分别检验各方案自身绝对经济效果，将不能通过评价标准的方案淘汰。

2)再检验方案的相对经济效果，根据年值最大值或最小值准则，对方案进行选优。

计算公式为：

$$NAV = [\sum_{t=0}^{n} (CI - CO)_t (P/F, i, t)](A/P, i, t) = NPV(A/P, i, t) \quad (7-2)$$

式中：NAV——年值；

CI——现金流入；

CO——现金流出；

I——基准投资收益率；

N——计算期。

(2)判别标准

对于单一方案的互斥型方案而言，若 $NAV \geqslant 0$，方案予以接受；若 $NAV < 0$，方案予以拒绝。

对于多方案的互斥型方案，以年值最大或年值最小的方案为最优方案。

显而易见，年值法的数额是表明方案在寿命期内每年除获得按基准收益率应得的收益外，所取得的等额超额收益。

将式(7-2)与式(7-1)相比较可知，年值法与净现值法在评价的结论上总是一致的。因此，就项目的评价结论而言，年值与净现值是等效评价指标。净现值给出的信息是项目在整个寿命期内获取的超出最低期望盈利的超额收益的现值，与净现值不同的是，年值给出的信息是项目在整个寿命期内每年的等额超额收益。年值比净现值特别的是，年值法可针对多方案不同寿命周期的项目进行比选。

例7-3 某投资方案的净现金流量如图7-2所示，设基准收益率为10%，运用年值法判断该方案是否可行。

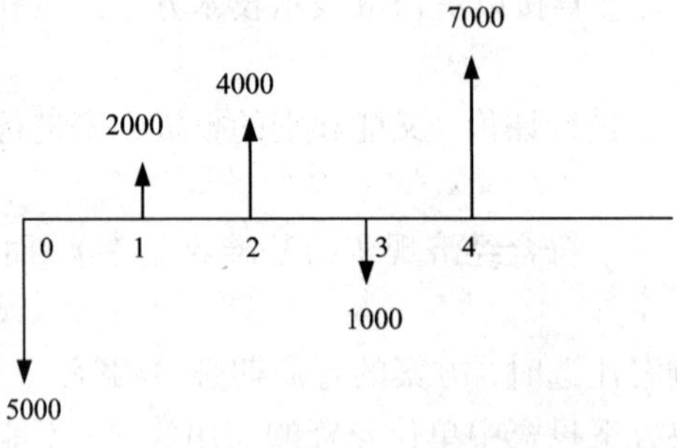

图7-2 投资方案现金流量图(单位：万元)

解：$NAV = [-5000(F/P, 10\%, 4) + 2000(F/P, 10\%, 3)$

$+4000(F/P, 10\%, 2) - 1000(F/P, 10\%, 1) + 7000](A/F, 10\%, 4)$

$= (-5000 \times 1.4641 + 2000 \times 1.331 + 4000 \times 1.2100$

$-1000 \times 1.1000 + 7000) \times 0.2155$

$= 1311$ 万元 > 0

所以，此方案可行。

例7-4 某项工程有A、B、C三个方案可供选择，有关资料如表7-2所示，若基准收益率为10%，用年值法比较并选择一个有利的方案。

表 7-2　各互斥型方案的现金流量　单位：元

方案	初始投资	收益	残值	寿命/年
A	20000	3000	0	20
B	35000	5000	0	20
C	100000	9000	10000	20

解：$NAV_A = 3000 - 20000(A/P, 10\%, 20)$

$= 3000 - 20000 \times 0.1175$

$= 650.95$ 元 >0

$NAV_B = 5000 - 35000(A/P, 10\%, 20)$

$= 5000 - 35000 \times 0.1175$

$= 889.25$ 元 >0

$NAV_C = 9000 - 100000(A/P, 10\%, 20) + 10000(A/F, 10\%, 20)$

$= 9000 - 100000 \times 0.1175 + 10000 \times 0.0175$

$= -2572.31$ 元 <0

因为 $NAV_C < 0$，故淘汰 C 方案。

根据年值的最大准则原理，$NAV_B > NAV_A > 0$，故选择 B 方案。

7.3.3　差额净现值法

对于互斥型方案，利用不同方案的净现金流量差额来计算净现值的分析方法，称为差额净现值法。设 A、B 为投资不等的互斥型方案，A 方案比 B 方案投资大，两方案的差额净现值可由下式求出：

$$\begin{aligned}\Delta NPV &= \sum_{t=0}^{n}[(CI_A - CO_A)_t - (CI_B - CO_B)_t](1+i)^{-t} \\ &= \sum_{t=0}^{n}(CI_A - CO_A)_t(1+i)^{-t} - \sum_{t=0}^{n}(CI_B - CO_B)_t(1+i)^{-t} \\ &= NPV_A - NPV_B \end{aligned} \tag{7-3}$$

其计算步骤为：

1）按项目方案投资额从小到大将方案进行排序，并增加一个零方案（即不投资方案）作为临时最优方案。

2）分别计算各比较方案之间的差额净现金流量之差。

3）最后分析投资大的方案相对投资小的方案所增加的投资在经济上是否合理，即差额净现值是否大于零。若 $\Delta NPV \geqslant 0$，表明增加的投资在经济上是合理的，投资大的方案优于投资小的方案；反之，则说明投资小的方案是更经济的。

必须注意的是，差额净现值只能用来检验差额投资的效果，或者说是相对效果。差额净现值大于零表明增加的投资是合理的，并不表明全部投资是合理的。因此，在采用差额净现值法对方案进行比较时，首先必须增加一个不投资方案，保证比选的方案都是可行方案。

例 7-5　有三个互斥型的投资方案，寿命周期均为 10 年，各方案的初始投资和年净收益如表 7－3 所示。试在基准收益率为 10% 的条件下，运用差额净现值法选择最佳方案。

表 7－3　互斥型方案 A、B、C 的净现金流量表　单位：万元

方案	初始投资	年净收益
A	170	44
B	260	59
C	300	68

解：第一步，按项目方案投资额从小到大将 A、B、C 方案进行排序，并增加一个零方案（即不投资方案）作为临时最优方案，如表 7－4 所示。

表 7－4　互斥型方案 0、A、B、C 的净现金流量排序表　单位：万元

方案	初始投资	年净收益
0	0	0
A	170	44
B	260	59
C	300	68

第二步，将 A 方案与最优方案进行比较，计算 0、A 方案的净现金流量差，如表 7－5 所示，并计算 ΔNPV_{A-0}。

表 7－5　互斥型方案 0、A 的净现金流量比较表　单位：万元

方案	初始投资	年净收益
0	0	0
A	170	44
A－0	170	44

$$\Delta NPV_{A-0} = -170 + 44(P/A, 10\%, 10) = -170 + 44 \times 6.1446 = 100.34 \text{ 万元} > 0$$

由于 $\Delta NPV_{A-0} > 0$，说明 A 方案是经济合理的，作为临时最优方案；

第三步，将 B 方案与最优方案 A 方案进行比较，计算 B、A 方案的净现金流量差，如表 7－6 所示，并计算 ΔNPV_{B-A}。

表 7－6　互斥型方案 B、A 的净现金流量比较表　单位：万元

方案	初始投资	年净收益
A	170	44
B	260	59
B－A	90	15

$$\Delta NPV_{B-A} = -90 + 15(P/A, 10\%, 10) = -90 + 15 \times 6.1446 = 2.17 \text{ 万元} > 0$$

由于 $\Delta NPV_{B-A} > 0$，说明 B 方案优于 A 方案，淘汰 A 方案，将 B 方案作为临时最优方案。

第四步，将 C 方案与最优方案 B 方案进行比较，计算 C、B 方案的净现金流量差，如表 7-7所示，并计算 ΔNPV_{C-B}。

表 7-7　互斥型方案 B、A 的净现金流量比较表　单位：万元

方案	初始投资	年净收益
B	260	59
C	300	68
C-B	40	9

$$\Delta NPV_{C-B} = -40 + 9(P/A, 10\%, 10) = -40 + 9 \times 6.1446 = 15.30 \text{ 万元} > 0$$

由于 $\Delta NPV_{C-B} > 0$，说明 C 方案优于 B 方案，淘汰 B 方案，则 C 方案为最终的最优方案。

7.3.4　差额内部收益率法

差额内部收益率是指两个相比较方案的各年净现金流量差额的现值之和等于零时的折现率，其计算公式为：

$$\sum_{t=0}^{n} (\Delta CI - \Delta CO)_t (1 + \Delta IRR)^{-t} = 0 \quad (7-4)$$

式中：ΔCI—— 互斥型方案 A、B 的差额现金流入，$\Delta CI = CI_A - CI_B$；

ΔCO—— 互斥型方案 A、B 的差额现金流出，$\Delta CO = CO_A - CO_B$；

ΔIRR—— 互斥型方案 A、B 的差额内部收益率。

因为 $\Delta CI = CI_A - CI_B$，$\Delta CO = CO_A - CO_B$，则式(7-4) 又可以写成：

$$\sum_{t=0}^{n} (\Delta CI_A - \Delta CO_A)_t (1 + \Delta IRR)^{-t} - \sum_{t=0}^{n} (\Delta CI_B - \Delta CO_B)_t (1 + \Delta IRR)^{-t} = 0 \quad (7-5)$$

因此，差额内部收益率又可表述为互斥型方案净现值(或净年值)相等时的折现率。

用差额内部收益率比选方案的判别准则是：若 $\Delta IRR > i_0$，则投资大的方案为优；若 $\Delta IRR < i_0$，则投资小的方案为优。我们可以用图 7-3 的净现值函数曲线来说明其方案比选原理。

在图 7-3 中曲线 A、B 分别为方案 A、B 的净现值函数曲线。在 A、B 两方案净现值曲线的交点处，两方案净现值相等，该点所对应的折现率即为两方案的差额内部收益率 ΔIRR。图 7-3 显示，当基准收益率为 i_0时，$\Delta IRR > i_0$，则 $NPV_A > NPV_B$，投资大的方案为优；当基准收益率为 i_1时，$\Delta IRR < i_1$，则 $NPV_A < NPV_B$，投资小的方案为优。由此可见，用差额内部收益率和净现值指标比选方案结论是一致的。

7.3.5　内部收益率、差额内部收益率法、净现值、差额净现值之间的关系

内部收益率、差额内部收益率法、净现值、差额净现值均是在建项目经济评价中计算投

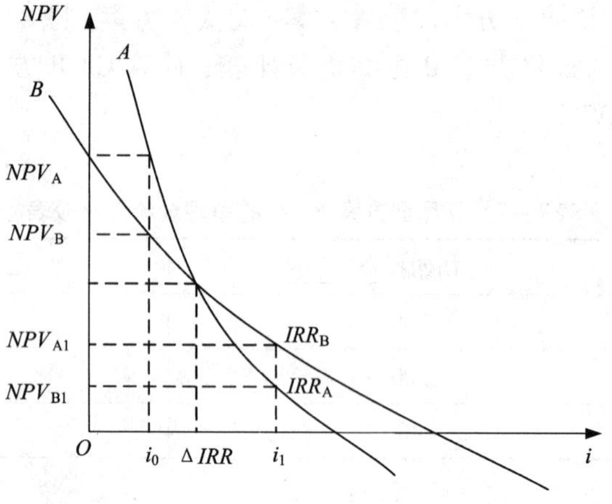

图 7－3　方案 A、B 的净现值函数曲线

资效果常用的动态分析方法。在进行项目经济评价与比选时，它们之间的关系主要表现在以下几个方面：

1）内部收益率和净现值用来考察方案自身的经济效果，即进行绝对经济效果检验；差额内部收益率法、差额净现值用来考察哪个方案相对最优，即进行相对经济效果检验。

2）互斥型方案中，可利用差额内部收益率进行方案比选，但不能直接用内部收益率指标来对互斥型方案进行比选。

例 7－6　方案 A、B 是互斥型方案，其各年的现金流量如表 7－8 所示，设基准收益率为 10%，试对方案进行评价选择。

表 7－8　互斥型方案 A、B 的净现金流量及经济效果指标　　单位：万元

方案＼年份	0	1～10	*NPV*	*IRR*/%
A	－2300	650	1693.6	25.34
B	－1500	500	1572	31.22
B－A	－800	150	121.6	13.6

解：由表 7－8 可知，$NPV_A = 1693.6$ 万元，$NPV_B = 1572$ 万元，$IRR_A = 25.34\%$，$IRR_B = 31.22\%$，两个互斥型方案的净现值 *NPV* 均大于零，内部收益率 *IRR* 均大于基准收益率，方案 A 和方案 B 都能通过绝对经济效益检验，且使用 *NPV* 指标和使用 *IRR* 指标进行绝对经济效果检验结论是一致的。

由于 $NPV_A > NPV_B > 0$，则方案 A 优于方案 B。又 $IRR_A > IRR_B$，若以内部收益率最大为比选准则，方案 B 优于方案 A，这与按净现值最大准则比选的结论相矛盾。而投资额不等的互斥型方案比选的实质是判断增量投资的经济合理性，即投资大的方案相对于投资小的方案多投入的资金能否带来满意的增量收益。显然，若增量投资能够带来满意的增量收益，则投资额小的方案优于投资额大的方案。因此，互斥型方案不能直接用内部收益率来比选。

3)用差额内部收益率法和差额净现值法判断方案优劣的结论是一致的。差额净现值法是常用的方法，差额内部收益率法适用于无法确定基准收益率的情况。

例 7-7　设有两个互斥型方案，其使用寿命均为 10 年，有关资料如表 7-9 所示，基准收益率 $i_0=15\%$，试用净现值法和差额内部收益率法比较和选择最优可行方案。

表 7-9　方案 A、B 的有关资料表　单位：万元

方案	初始投资	年收入	年支出	净残值
A	5000	1600	400	200
B	6000	2000	600	0

解： 1)计算净现值，判别可行性：

$$NPV_A=-5000+(1600-400)(P/A,15\%,10)+200(P/F,15\%,10)$$
$$=-5000+1200\times5.0188+200\times0.2472$$
$$=1072.00\text{ 万元}$$
$$NPV_B=-6000+(2000-600)(P/A,15\%,10)$$
$$=-6000+1400\times5.0188$$
$$=1026.32\text{ 万元}$$

因为 $NPV_A>NPV_B>0$，所以方案均可行，方案 A 优于方案 B。

2)计算差额内部收益率，比较和选择最优可行方案：

$$\Delta NPV_{B-A}=-1000+200(P/A,i,10)-200(P/F,i,10)$$

设 $i_1=12\%$，则

$$\Delta NPV_{B-A}(12\%)=-1000+200(P/A,12\%,10)-200(P/F,12\%,10)$$
$$=-1000+200\times5.6502-200\times0.3220$$
$$=66\text{ 万元}$$

设 $i_1=14\%$，则

$$\Delta NPV_{B-A}(14\%)=-1000+200(P/A,14\%,10)-200(P/F,14\%,10)$$
$$=-1000+200\times5.2161-200\times0.2697$$
$$=-10\text{ 万元}$$

用线性内插法计算求得差额内部收益率为：

$$\Delta IRR=i_1+\frac{\Delta NPV_{B-A}(i_1)}{\Delta NPV_{B-A}(i_1)+|\Delta NPV_{B-A}(i_2)|}(i_2-i_1)$$
$$=12\%+\frac{66}{66+10}(14\%-12\%)$$
$$=13.7\%$$

因为 $\Delta IRR=13.7\%<i_0(i_0=15\%)$，所以投资小的方案 A 优于方案 B，此结果与净现值法评价结果一致。

必须指出的是，虽然在多数情况下，采用内部收益率法评价互斥型方案能够得到与追加投资内部收益率法相同的选优结果，但在相当多的情况下，直接按互斥型方案的内部收益率的高低选择方案并不一定能选出在基准收益率下净现值最大的方案。

7.4 独立型方案和混合型方案的比较选择

7.4.1 独立型方案的比较选择

独立型方案的采用与否，只取决于方案自身的经济性，它不影响其他方案的采用与否。在对独立型方案进行选择时，我们可能会遇到两种情况：一是无资源约束条件下的独立型方案的比较选择；二是有资源约束条件下的独立型方案的比较选择。对于无约束条件下独立型方案的选择评价与单一方案的评价方法相同，只要资金充裕，凡是能通过自身经济效果检验(即绝对效果检验)的方案都可采纳。

1. 无资源约束的独立型方案的比较选择

无资源约束下独立型方案的特点是只要认为各方案在经济效果上是可以接受的，方案即可入选，且各入选方案可以并存。常采用的方法如下：

(1)净现值法和净年值法

用净现值法和净年值法选择独立型方案时，只需按基准收益率分别计算各方案的净现值和净年值，当方案的净现值或净年值大于零时，则说明该方案取得了超过基准收益率水平以上的收益，方案可取；反之，则不可取。

例 7-8 某工程项目有 A、B、C、D 四个独立型方案，有关资料如表 7-10 所示，当基准收益率为 20% 时，试对方案进行选择。

表 7-10 各独立型方案的现金流量表

方案	投资/元	寿命/年	残值/元	年收益/元
A	20000	5	4000	6000
B	150000	10	-10000	40000
C	30000	20	0	10000
D	160000	30	10000	40000

解： 1)用净现值法选择方案

$$NPV_A = -20000 + 6000(P/A, 20\%, 5) + 4000(P/F, 20\%, 5)$$
$$= -20000 + 6000 \times 2.9906 + 4000 \times 0.4019$$
$$= -448.8 \text{ 元} < 0$$

$$NPV_B = -150000 + 40000(P/A, 20\%, 10) - 10000(P/F, 20\%, 10)$$
$$= -150000 + 40000 \times 4.1925 - 10000 \times 0.1615$$
$$= 16085 \text{ 元} > 0$$

$$NPV_C = -30000 + 10000(P/A, 20\%, 20)$$
$$= -30000 + 10000 \times 4.8696$$
$$= 18696 \text{ 元} > 0$$

$$NPV_C = -160000 + 40000(P/A, 20\%, 30) + 10000(P/F, 20\%, 30)$$

$$= -160000 + 40000 \times 4.9789 + 10000 \times 0.0042$$
$$= 39576\text{ 元} > 0$$

由于 $NPV_A < 0$，$NPV_B > 0$，$NPV_C > 0$，$NPV_D > 0$，则方案A不合理，应予以拒绝；B、C、D合理，予以接受。

2)用净年值法选择方案

$$NAV_A = 6000 - 20000(A/P, 20\%, 5) + 4000(A/F, 20\%, 5)$$
$$= 6000 - 20000 \times 0.3344 + 4000 \times 0.1344$$
$$= -150.4\text{ 元} < 0$$
$$NAV_B = 40000 - 150000(A/P, 20\%, 10) - 10000(A/F, 20\%, 10)$$
$$= 40000 - 150000 \times 0.2385 - 10000 \times 0.0385$$
$$= 4610\text{ 元} > 0$$
$$NAV_C = 10000 - 30000(A/P, 20\%, 20)$$
$$= 10000 - 30000 \times 0.2054$$
$$= 3838\text{ 元} > 0$$
$$NAV_D = 40000 - 160000(A/P, 20\%, 30) + 10000(A/F, 20\%, 30)$$
$$= 40000 - 160000 \times 0.2008 + 10000 \times 0.0008$$
$$= 7865\text{ 元} > 0$$

由于 $NAV_A < 0$，$NAV_B > 0$，$NAV_C > 0$，$NAV_D > 0$，则方案A不合理，应予以拒绝；B、C、D合理，予以接受。

从例7-8可知，净现值法和净年值法评价独立型方案的结果是一致的。

(2)内部收益率法

用内部收益率法选择独立型方案时，只需计算出内部收益率，当方案的内部收益率大于基准收益率时，方案可取；反之，则不可取。

例7-9 问题及数据同例7-8。

解：$NPV_A = -20000 + 6000(P/A, IRR_A, 5) + 4000(P/F, IRR_A, 5) = 0$

取 $IRR_A = 18$，得 $NPV_A(18\%) = -20000 + 6000(P/A, 18\%, 5) + 4000(P/F, 18\%, 5) = -20000 + 6000 \times 3.1272 + 4000 \times 0.4371 = 511.6$ 元 > 0

取 $IRR_A = 20$，得 $NPV_A(20\%) = -20000 + 6000(P/A, 20\%, 5) + 4000(P/F, 20\%, 5) = -20000 + 6000 \times 2.9906 + 4000 \times 0.4019 = -448.8$ 元 < 0

用线性内插法计算求得内部收益率为：

$$IRR_A = i_1 + \frac{NPV_A(i_1)}{NPV_A(i_1) + |NPV_A(i_2)|}(i_2 - i_1)$$
$$= 18\% + \frac{511.6}{511.6 + 448.8}(20\% - 18\%)$$
$$= 19\% < 20\%$$

同理可得 $IRR_B = 23.3\%$，$IRR_C = 30\%$，$IRR_D = 25\%$，由于B、C、D的内部收益率均大于基准收益率，所以这三个方案为入选方案。

(3)效益-费用对比法

效益-费用(B/C)之比是一种效率型指标，其表达式为：

$$B/C=\frac{净效益(现值或年值)}{净费用(现值或年值)} \tag{7-6}$$

净效益包括投资方案所带来的全部收益，并减去方案实施所带来的损失；净费用包括方案的所有费用，并扣除方案实施对投资者带来的所有节约。若方案的净效益大于净费用，即 B/C 大于 1，则认为这个方案在经济上是可以接受的，反之则方案不可取。

例 7-10 问题及数据同例 7-8。

解：根据效益-费用法的计算公式得：

A 方案：

$$\begin{aligned}成本\ C &= 20000(A/P, 20\%, 5) - 4000(A/F, 20\%, 5)\\ &= 20000 \times 0.3344 - 4000 \times 0.1344\\ &= 6150\ 元\end{aligned}$$

收益 $B = 6000$

$$(B/C)_A = \frac{6000}{6150} = 0.97$$

同理可得 $(B/C)_B = 1.10$，$(B/C)_C = 1.62$，$(B/C)_D = 1.25$

根据 B/C 法的选择原则可知，应选择 B/C 值大于 1 的方案，即 B、C、D 方案。

2. 有资源约束的独立型方案的比较选择

独立型方案虽然在选择时互不影响，但当资源有限额时，即使所有的备选方案都是可供选择的有利方案，也不可能全部被采纳。这时选择方案的原则是：在资源限额内使用所有资源能最有效地发挥作用，取得最大的总效益。常采用的方法如下：

（1）净现值率法

净现值率法是通过计算各方案的净现率，把它们按高低顺序排序。在资金有约束的条件下，选择最佳方案组合，使有限资金能获得最大效益。该方法的方案选择步骤如下：

1）计算各方案的净现值率。

2）将方案按“净现值率”由大到小的顺序，在直角坐标系上画成直方图进行排列。横坐标表示资源数量，纵坐标表示净现值率。

3）将各种投资的基准利率（可能接受的资金代价）排列在同一坐标图上。

4）根据方案的直方图折线、基准利率线以及资源限额的界线进行分析，界线以内基准利率线以上的方案则为入选方案。

例 7-11 某公司投资预算资金为 500 万元，有 6 个独立型方案 A、B、C、D、E、F 可供选择，寿命均为 8 年，各方案的现金流量如表 7-11 所示，基准收益率为 12%，判断其经济性，并选择方案。

表 7-11 各方案现金流量表 单位：万元

年份 \ 方案	A	B	C	D	E	F
0	-100	-140	-80	-150	-180	-170
1~8	34	45	30	34	47	30

解：计算出各方案的 *NPVR*，见表 7 – 12，淘汰 *NPVR* <0 的 F 方案。

表 7 – 12　各方案现金流量表　单位：万元

方案	A	B	C	D	E	F
NPV	81.36	100.08	80.05	31.39	70.75	– 9.95
NPVR	0.8139	0.7148	1.0006	0.2093	0.3930	– 0.0585
按 *NPVR* 大小排序	2	3	1	5	4	6(舍去)

按 *NPVR* 从大到小顺序选择方案，满足限制条件的组合方案为 C、A、B、E。所用资源总额刚好为 500 万元(图 7 – 4)，总净现值为 332.27 万元。

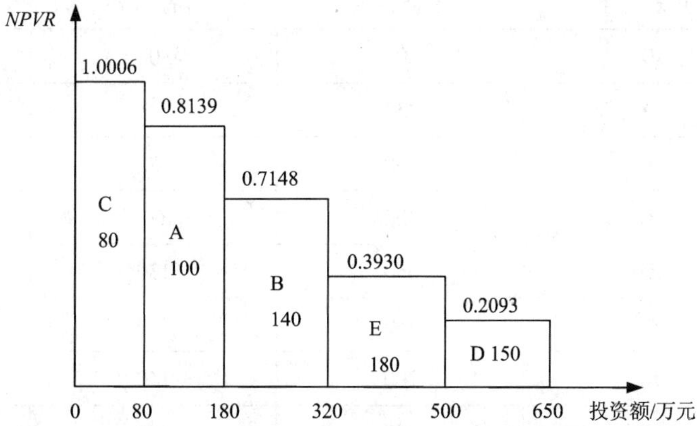

图 7 – 4　各方案净现值率指标排列图

(2) 方案组合法

方案组合法是把受资金限制的独立型方案都组合成相互排斥的方案，其中每一个组合方案代表一个相互排斥的组合，这就可以利用前述互斥型方案的比较方法，选择最优的组合方案。

方案组合法的一般步骤如下：

1) 列出独立型方案的所有可能组合(m 个独立型方案有 2^m 个组合方案，其中包括 0 方案，即投资为 0，收益也为 0)，形成若干个新的组合方案。

2) 每个组合方案的现金流量为被组合的各独立型方案的现金流量的叠加。

3) 将所有组合方案按初始投资额大小排列。

4) 排除总额超过投资资金限额的组合方案。

5) 对所剩的组合方案按互斥型方案的比较方法确定最优的组合方案。

6) 最优组合方案包含的独立型方案即为该组独立型方案的最佳选择。

例 7 – 12　某企业现有三个独立的投资方案 A、B、C，期初投资及年净收益见表 7 – 13，基准收益率为 12%，寿命期为 10 年。各方案的净现值也列于该表中。现企业可用于投资的金额为 700 万元，应怎样选取方案？

表 7－13 各方案的现金流量与经济指标 单位：万元

方案	A	B	C
初始投资	250	400	300
年净收益	50	80	60
净现值	282.51	52.02	39.01

解：1)组成所有互斥的方案组合。对 n 个独立型方案，共有 2^n 个互斥型方案组合，本例共有 $2^3=8$ 个，见表 7－14。

表 7－14 各方案的互斥组合 单位：万元

序号	方案组合	投资总额	年净收益	净现值
1	0	0	0	0
2	A	250	50	282.5
3	B	400	80	52.02
4	C	300	60	39.01
5	AB	650	130	334.5
6	AC	550	110	321.5
7	BC	700	140	91.03
8	ABC	950	190	573.5

2)进行方案比选。根据表 7－14，前 7 个方案组合满足资金约束条件，其中第 5 个方案组合(A、B 方案)的净现值最大，故 A、B 方案组合为最优方案组合。

7.4.2 混合型方案的比较选择

混合型方案的结构类型不同，选择方法也不一样，可分两种情形讨论：

1. 在一组独立多方案中，每个独立型方案下又有若干个互斥型方案的情形

例 7－13 A、B 两方案是相互独立的，A 方案下有 3 个互斥型方案 A_1、A_2、A_3，B 方案下有 2 个互斥型方案 B_1、B_2，如何选择最佳方案呢？这种结构类型的混合型方案也是采用方案组合法进行比较选择，基本方法与过程和独立型方案是相同的，不同的是在方案组合构成上，其组合方案数目比独立型方案的组合方案数目少，所有可能组合方案见表 7－15。

表 7－15 中各组合方案的现金流量为被组合方案的现金流量的叠加。所有组合方案形成互斥型方案关系，按互斥型方案的比较方法，确定最优组合方案，最优组合方案中被组合的方案即为该混合型方案的最佳选择。

2. 在一组互斥多方案中，每个互斥型方案下又有若干个独立型方案的情形

表 7－15　混合型方案组合

序号	方案组合					组合方案
	A			B		
	A_1	A_2	A_3	B_1	B_2	
1	0	0	0	0	0	0
2	1	0	0	0	0	A_1
3	0	1	0	0	0	A_2
4	0	0	1	0	0	A_3
5	0	0	0	1	0	B_1
6	0	0	0	0	1	B_2
7	1	0	0	1	0	A_1+B_1
8	1	0	0	0	1	A_1+B_2
9	0	1	0	1	0	A_2+B_1
10	0	1	0	0	1	A_2+B_2
11	0	0	1	1	0	A_3+B_1
12	0	0	1	0	1	A_3+B_2

例 7－14　C、D 是互斥型方案，C 方案下有 C_1、C_2、C_3这 3 个独立型方案，D 方案下有 D_1、D_2、D_3、D_4这 4 个独立型方案，如何确定最优方案？

分析一下方案之间的关系，就可以找到确定最优方案的方法。由于 C、D 是互斥的，最终的选择将只会是其中之一，所有 C_1、C_2、C_3的选择与 D_1、D_2、D_3、D_4的选择相互之间没有制约，可分别对这两组独立型方案选择确定最优组合方案，然后再按互斥型方案的方法确定选择哪一个组合方案，具体过程为：

①对 C_1、C_2、C_3这 3 个独立型方案，按独立型方案的选择方法确定最优的组合方案，见表 7－16，假设最优组合方案是第 5 个组合方案，即 C_1+C_2，以此作为方案 C。

表 7－16　C 方案下独立型方案的组合

序号	方案组合			组合方案
	C_1	C_2	C_3	
1	0	0	0	0
2	1	0	0	C_1
3	0	1	0	C_2
4	0	0	1	C_3
5	1	1	0	C_1+C_2
6	1	0	1	C_1+C_3
7	0	1	1	C_2+C_3
8	1	1	1	$C_1+C_2+C_3$

②对 D_1、D_2、D_3、D_4 这 4 个独立型方案，按独立型方案的选择方法确定最优的组合方案，见表 7－17，假设最优组合方案是第 13 个组合方案，即 $D_1+D_2+D_4$，以此作为方案 D。

表 7－17　D 方案下独立型方案的组合

序号	方案组合				组合方案
	D_1	D_2	D_3	D_4	
1	0	0	0	0	0
2	1	0	0	0	D_1
3	0	1	0	0	D_2
4	0	0	1	0	D_3
5	0	0	0	1	D_4
6	1	1	0	0	D_1+D_2
7	1	0	1	0	D_1+D_3
8	1	0	0	1	D_1+D_4
9	0	1	1	0	D_2+D_3
10	0	1	0	1	D_2+D_4
11	0	0	1	1	D_3+D_4
12	1	1	1	0	$D_1+D_2+D_3$
13	1	1	0	1	$D_1+D_2+D_4$
14	1	0	1	1	$D_1+D_2+D_4$
15	0	1	1	1	$D_2+D_3+D_4$
16	1	1	1	1	$D_1+D_2+D_3+D_4$

③将由最优组合方案构成的 C、D 两方案按互斥型方案的比较方法确定最优方案，假设最后的最优方案为 D 方案，则该组混合型方案的最佳选择应是 $D_1+D_2+D_4$。

7.5　收益相同或未知的互斥型方案比较选择

实际工作中，常常会遇到比较特殊的方案，方案之间的效益相同或基本相同而其具体的数值是难以估算的或者是无法以货币衡量的。例如：一座人行天桥无论采用钢结构还是钢筋混凝土结构，其功能是一致的。这时只需要以费用的大小作为比较方案的标准，以费用最小的方案为最优方案，这一方法称为最小费用法。其只能比较互斥型方案的相对优劣，并不能表明各方案在经济上是否合理。最小费用法包括：费用现值法、年费用法、差额净现值法、差额内部收益率法。差额净现值法、差额内部收益率法前面已经介绍，本节只介绍费用现值法和年费用法。

1. **费用现值法**

费用现值，是指通过规定的折现率，把备选方案计算期内的年成本换算为基准年的现值，再加上方案的总投资现值。费用现值越小，其方案经济效益越好。

计算公式为：

$$PC = \sum_{t=0}^{n} CO_t(P/F, i, t) \tag{7-7}$$

式中：PC—— 费用现值；

CO_t—— 第 t 年的现金流出。

在运用费用现值法进行多方案比较时，应注意以下几点：

1）各方案除费用指标外，其他指标和有关因素应基本相同，如产量、质量、收入基本相同，在此基础上比较费用的大小。

2）被比较的各方案，特别是费用现值最小的方案，应是能够达到盈利目的的方案。因为费用现值法只能反映费用的大小，而不能反映净收益情况，所以这种方法只能比较互斥型方案的优劣，而不能用于判断方案是否可行。

2. **费用年值法**

与净现值和净年值指标的关系类似，费用年值与费用现值也是一对等效评价指标。费用年值是将方案计算期内不同时点发生的所有支出费用，按基准收益率折算成与其等值的等额支付序列年费用。费用年值越小，其方案经济效益越好。

计算公式为：

$$AC = PC(A/P, i, n) = \sum_{t=0}^{n} CO_t(P/F, i, t)(A/P, i, n) \tag{7-8}$$

式中：AC—— 费用年值；

CO_t—— 第 t 年的现金流出。

例 7－15　某施工机械有 A、B 两种型号可供选择，两种型号机械的生产能力均相同（即年收益相同），但购置费、年运营成本和残值不同，如表 7－18 所示，两种机械的使用寿命均为 5 年，基准收益率为 10%，试选择最经济的机械型号。

表 7－18　A、B 两种型号机械的费用　　单位：元

型号	购置费	年运营成本	残值
A	20000	6000	1000
B	25000	5000	2000

解： 1）用费用现值法比选：

$$\begin{aligned} PC_A &= 20000 + 6000(P/A, 10\%, 5) - 1000(P/F, 10\%, 5) \\ &= 20000 + 6000 \times 3.791 - 1000 \times 0.621 \\ &= 42125 \text{ 元} \end{aligned}$$

$$\begin{aligned} PC_B &= 25000 + 5000(P/A, 10\%, 5) - 2000(P/F, 10\%, 5) \\ &= 25000 + 5000 \times 3.791 - 2000 \times 0.621 \\ &= 42713 \text{ 元} \end{aligned}$$

由于 $PC_A < PC_B$，所以 A 型号机械比较经济。

2）用费用年值法比选：

$$AC_A = 6000 + 20000(A/P,\ 10\%,\ 5) - 1000(A/F,\ 10\%,\ 5)$$
$$= 6000 + 20000 \times 0.2638 - 1000 \times 0.1638$$
$$= 11112.2\ 元$$
$$AC_B = 5000 + 25000(A/P,\ 10\%,\ 5) - 2000(A/F,\ 10\%,\ 5)$$
$$= 25000 + 5000 \times 0.2638 - 2000 \times 0.1638$$
$$= 11267.4\ 元$$

由于 $AC_A < AC_B$，所以 A 型号机械比较经济。

7.6 寿命无限和寿命期不等的互斥型方案比较选择

互斥型方案比较选择时，会出现方案的寿命周期相同、寿命无限和寿命周期不等 3 种情况。

7.6.1 寿命无限的互斥型方案比较选择

有一些公共事业工程项目方案，如铁路、桥梁、运河、大坝等，可以通过大修或反复更新使其寿命延长至很长的年限直到无限，这时其现金流大致也是周期性地重复出现。根据这一特点，可以发现寿命无限方案的现金流量的现值与年值之间的特别关系。

按资金等值原理，由年金现值公式可知：

$$P = A(P/A,\ i,\ n) = A\frac{(1+i)^n - 1}{i\,(1+i)^n}P = A(P/A,\ i,\ n) = A\frac{(1+i)^n - 1}{i\,(1+i)^n}$$

对于寿命期无限的项目来说，意味着 $n \to \infty$，这时

$$P = \lim_{n\to\infty}\left[A\frac{(1+i)^n - 1}{i\,(1+i)^n}\right] = \frac{A}{i}\lim_{n\to\infty}\left[1 - \frac{1}{(1+i)^n}\right] = \frac{A}{i} \tag{7-9}$$

应用上式可以方便地解决无限寿命期互斥型方案的比较问题。方案的初始投资费用再加上假设永久运营所需要的成本支出和维护费用支出的现值，构成了方案的费用现值，此过程称为资本化成本。比较互斥型方案的费用现值，较小者为优。

例 7－16 为修建某河的大桥，经研究有两处可以选点建造，在 A 点建桥初始投资为 3000 万元，年维护费用为 10 万元，每 10 年大修一次，费用为 150 万元；在 B 点建桥初始投资 2800 万元，年维护费用为 15 万元，每 5 年大修一次，费用为 100 万元，若基准收益率为 8%，哪一个方案更经济？

解： 1）用现值法比较选择：

A 方案的费用现值为：

$$PC_A = 3000 + \frac{10}{8\%} + \frac{150 \times (A/F,\ 8\%,\ 10)}{8\%} = 3254.43\ 万元$$

B 方案的费用现值为：

$$PC_B = 2800 + \frac{15}{8\%} + \frac{100 \times (A/F,\ 8\%,\ 5)}{8\%} = 3200.58\ 万元$$

由于 $PC_A > PC_B$，所以 B 方案比较经济。

2)用年值法比较选择：

A 方案的年费用为：

$$AC_A = 10 + 3000 \times 8\% + 150 \times (A/F, 8\%, 10) = 260.35 \text{ 万元}$$

B 方案的年费用为：

$$AC_B = 15 + 2800 \times 8\% + 100 \times (A/F, 8\%, 5) = 256.05 \text{ 万元}$$

由于 $AC_A > AC_B$，所以 B 方案比较经济。

7.6.2 寿命期不等的互斥型方案比较选择

前面我们讨论的各种方案的比选，在没有特别说明的情况下，实际上都是假设了各个参与比选的方案寿命期是相等的。严格地说，如果两个方案的寿命期不等，是不能直接用上述的净现值等方法进行经济性比较选择的，因为它们不具备时间可比性。但是，在实际工作中又常会遇到寿命期不等的互斥型方案比较问题，这时必须对方案的服务期限作出某种假设，使得备选方案在相同服务寿命的基础上进行比较，以保证得到合理的结论。常用的方法有以下几种：

(1)最小公倍数法

最小公倍数法又称为方案重复性假设法，是以各备选方案计算期的最小公倍数作为方案比选的共同计算期，并假设各个方案均在这一个共同的计算期内重复进行，即各备选方案在其原计算期结束后，均按照原计算期内的现金流量系列重复出现在第 2 个、第 3 个…重复的计算期内，直到共同的计算期结束。在此基础上计算各个方案的净现值，以净现值最大且大于零的方案为最优方案。

该方法是通常采用的一种方法，它基于重复型更新假设理论，该假设包括：

①在较长时间内，方案可以连续地以同种方案进行重复更新，直到多方案的最小公倍数寿命期或无限寿命期。

②替代更新方案与原方案现金流量完全相同，延长寿命后的方案现金流量以原方案寿命为周期重复变化。

例 7－17　A、B 方案为两个互斥型方案，各年的现金流量如表 7－19 所示，基准收益率为 10%，试用最小公倍数法比选方案。

表 7－19　A、B 方案现金流量　　单位：万元

方案	初始投资额	年净现金流	残值	寿命/年
A	10	3	1.5	6
B	15	4	2	9

解：以寿命期的最小公倍数作为计算期，采用方案重复假设。A、B 两方案寿命期的最小公倍数为 18，即以 18 年作为计算期。A 方案重复实施 3 次，B 方案重复实施 2 次。此时，两方案在 18 年计算期的基础上的净现值为：

$$NPV_A = -10 \times [1 + (P/F, 10\%, 6) + (P/F, 10\%, 12)] + 3 \times (P/A, 10\%, 18) + 1.5 \times [(P/F, 10\%, 6) + (P/F, 10\%, 12) + (P/F, 10\%, 18)] = 7.37 \text{ 万元}$$

$NPV_B = -15 \times [1 + (P/F, 10\%, 9)] + 4 \times (P/A, 10\%, 18) + 2 \times [(P/F, 10\%, 9)$
$+ (P/F, 10\%, 18)] = 12.65$ 万元

由于 $NPV_A < NPV_B$，所以 B 方案为最优方案。

如果根据备选方案的寿命期算得的最小公倍数很大，上述计算比较麻烦，则可以取无穷大计算期法计算净现值，按照前述关于无穷大寿命期方案的评价方法来计算各个方案的净现值，以净现值最大且大于零的方案为最优方案。

利用最小公倍数法能够有效解决寿命期不等的方案之间的净现值的可比性问题，但这种方法并不适用于所有的情况，比如对于某些不可再生资源的开发项目，在进行寿命期不等的互斥型方案比选的时候，方案重复性假设就没有什么意义，这种情况下就不能用最小公倍数确定方案的计算期。有的时候最小公倍数求得的计算期过长，甚至远远超过项目所生产产品的市场寿命期，这样就降低了所计算方案经济效果指标的可靠性和真实性，故也不适合采用最小公倍数法。

(2)研究期法

在重复更新理论不太适用的情况下，原方案的重复更新是不经济的，甚至有时是不可能实现的。处理这一问题的方法是研究期法，这种方法是根据对方案产品市场前景的预测，直接选取一个适合的分析期作为各个备选方案共同的计算期，这样各个方案就具备时间可比性了。

研究期的选择视具体情况而定，主要有以下三类：

1)以寿命最短方案的寿命为各方案共同的服务年限，令寿命较长的方案在共同服务年限末保留一定的残值。

2)以寿命最长方案的寿命为各方案共同的服务年限，令寿命较短方案在寿命中止时，以同种固定资产或其他新型固定资产进行更替，直至达到共同服务年限，期末可能尚存一定残值。

3)统一规定方案的计划服务年值，计划服务年限不一定同于各个方案的寿命。在达到计划服务年限前，有的方案或许需要进行固定资产更替；服务期满时，有的方案可能存在残值。

研究期法残值的处理方法主要有以下三种：

1)完全承认未使用的价值，即将方案的未使用价值全部折算到研究期末。

2)完全不承认未使用价值，即研究期后的方案未使用价值均忽略不计。

3)对研究期末的方案未使用价值进行客观的估计，以估计值计在研究期末。

例 7-18 A、B 方案为两个互斥型方案，各年的现金流量如表 7-20 所示，基准收益率为 14%，试用研究期法评价两个互斥型方案的优劣。

表 7-20 A、B 方案现金流量 单位：万元

方案	初始投资额	年净现金流	寿命/年
A	800	360	6
B	1200	480	8

解： 用最短的寿命 6 年作为共同的分析期，用研究期法来求各方案的净现值。

A 方案的净现值：

$$NPV_A = -800 + 360 \times (P/A, 12\%, 6) = -800 + 360 \times 4.1114 = 679.96 \text{ 万元}$$

B 方案的净现值：

$$NPV_B = -1200(A/P, 12\%, 8)(P/A, 12\%, 6) + 480 \times (P/A, 12\%, 6) = -1200 \times 0.2013 \times 4.1114 + 480 \times 4.1114 = -993.17 + 1973.47 = 980.30 \text{ 万元}$$

由于 $NAV_B > NAV_A > 0$，所以 B 方案为最优方案。

(3)净年值法

用净年值进行寿命不等的互斥型方案经济效果评价，实际上隐含着这样一个假定：各个备选方案在其寿命结束时均按原方案重复实施或用与原方案的经济效果水平相同的方案继续实施。

对于各备选方案的净年值进行比较，评价的标准为：净年值最大且大于零的方案为最优。

例7－19　用净现值法评价例7－17两个互斥型方案的优劣。

解： A 方案的净年值：

$$NAV_A = -10 \times (A/P, 10\%, 6) + 3 + 1.5 \times (A/F, 10\%, 6) = 0.09 \text{ 万元}$$

$$NAV_B = -15 \times (A/P, 10\%, 9) + 4 + 2 \times (A/F, 10\%, 9) = 1.54 \text{ 万元}$$

由于 $NAV_B > NAV_A > 0$，所以 B 方案为最优方案。

思考与练习

1. 多方案之间有哪几种关系类型？
2. 互斥型方案的比较选择的方法有哪几种？
3. 什么是净现值法？有什么优缺点？
4. 内部收益率、差额内部收益率、净现值和差额净现值之间的关系？
5. 独立型方案和混合型方案的比较选择的方法有哪些？
6. 两个互斥型方案 A 和 B，其各年的净现金流量如表7－21所示，基准收益率为12%，试用净年值法、净现值法、差额内部收益率法和差额净现值法评价两个互斥型方案的优劣。

表7－21　A、B 方案现金流量　　单位：万元

方案	0	1	2	3	4
A	100	50	50	50	50
B	100	40	40	60	60

7. 有甲、乙两个投资项目，甲项目投资2000万元，年收入为1000万元，年经营成本为500万元；乙项目投资3000万元，年收入为1500万元，年经营成本为800万元。两个项目的

寿命周期都为 6 年，试分别计算两个投资项目的净现值和内部收益率，并说明作为互斥型方案时，该如何选择？

8. 有三个独立型方案 A、B、C，寿命期皆为 10 年，现金流量见表 7－22，基准收益率为 10%，投资资金限额为 12000 万元。要求选择最优方案组合。

表 7－22　A、B、C 的现金流量表　　单位：万元

方案	初始投资	年净收益	寿命
A	3000	600	10
B	5000	850	10
C	7000	1200	10

9. 某公司拟投资购买某种设备，设备 A、B 均可满足使用需求，具体数据见表 7－23。设该公司的基准投资收益率为 10%，试问选择哪台设备在经济上可行？

表 7－23　寿命不等的互斥型方案　　单位：万元

方案	初始投资	年净收益	寿命
A	10	4.0	4
B	20	5.3	6

10. 两方案 A 和 B，方案 A 原始投资费用为 2300 万元，经济寿命为 3 年，寿命期内年运行费比 B 多 250 万元，寿命期末无残值；方案 B 原始投资费用比方案 A 多 900 万元，经济寿命为 4 年，寿命期末残值为 400 万元，基准收益率为 15%，试用合适的方法比较两个方法。

11. 某桥梁工程，初步拟订 2 个结构类型方案供备选，A 方案为钢筋砼结构，初始投资为 1500 万元，年维护费用为 10 万元，每 5 年大修一次，费用为 100 万元；方案 B 为钢结构，初始投资 2000 万元，年维护费用为 5 万元，每 10 年大修一次，费用为 100 万元，折现率为 5%，哪一个方案经济？

12. 讨论多方案的比选在工程管理中的应用。

第 8 章

工程项目财务评价

8.1　财务评价概述

8.1.1　工程项目的分类

根据不同的划分标准，工程项目可分为不同的类型。

1. 生产性工程项目和非生产性工程项目

生产性工程项目是指形成物质产品生产能力的工程项目，例如工业、农业、交通运输、建筑业、邮电通信等产业部门的工程项目。非生产性工程项目是指不形成物质产品生产能力的工程项目，例如公用事业、文化教育、卫生体育、科学研究、社会福利事业、金融保险等部门的工程项目。

2. 基本建设工程项目(简称工程项目)和更新改造项目

基本建设工程项目是指以扩大生产能力或新增工程效益为主要目的的新建、扩建工程及有关方面的工作。工程项目一般在一个或几个建设场地上，并在同一总体设计或初步设计范围内，由一个或几个有内存联系的单项工程所组成，经济上实行统一核算，行政上有独立的组织形式，实行统一管理。通常是以一企业、事业、行政单位或独立工程作为一个建设单位。更新改造项目是指对原有设施进行固定资产更新和技术改造相应配套的工程以及有关工作。更新改造项目一般以提高现有固定资产的生产效率为目的，土建工程量的投资占整个项目投资的比重按现行管理规定应在 30% 以下。

3. 新建、扩建、改建、恢复和迁建项目

新建项目一般是指为经济、科学技术和社会发展而进行的平地起家的投资项目。有的单位原有基础很小，经过建设后其新增的固定资产的价值超过原有固定资产原值三倍以上的也算新建。扩建项目一般是指为扩大生产能力或新增效益而增建的分厂、主要车间、矿井、铁路干线、码头泊位等工程项目。改建项目一般是指为技术进步，提高产品质量，增加花色品种，促进产品升级换代，降低消耗和成本，加强资源综合利用、“三废”治理和劳动安全等，采用新技术、新工艺、新设备、新材料等而对现有工艺条件进行技术改造和更新的项目。恢复项目一般是指因遭受各种灾害而使原有固定资产全部或部分报废，以后又恢复建设的项目。迁建工程项目一般是指为改变生产力布局而将企业或事业单位搬迁到其他地点建设的项目。

4. 大、中、小型项目

大型项目、中型项目和小型项目是按项目的建设总规模或总投资额来划分的。生产单一产品的工业项目按产品的设计能力划分；生产多种产品的工业项目按其主要产品的设计能力划分；生产品种繁多、难以按生产能力划分的按投资额划分。划分标准以国家颁布的《大中小型工程项目划分标准》为依据。

5. 内资项目、外资项目和中外合资项目

内资项目、外资项目和中外合资项目是以资本金的来源为标准进行划分，其中内资项目是指运用国内资金作为资本金进行投资的工程项目；外资项目是指利用外国资金作为资本金进行投资的工程项目；中外合资项目是指运用国内和外国资金作为资本金进行投资的工程项目。

8.1.2 财务评价的概念和目的

财务评价是在国家现行财税制度和市场价格体系下，分析预测项目的财务效益与费用，计算财务评价指标，考察拟建项目的盈利能力、偿债能力，据以判断项目的财务可行性。财务评价从工程项目角度出发，使用的是市场价格，根据国家现行财税制度和现行价格体系，分析计算项目直接发生的财务效益和费用。财务评价应在初步确定建设方案、投资估算和融资方案的基础上进行，财务评价结果又可以反馈到方案设计中，用于方案比选，优化方案设计。

财务评价的目的是：

1)从企业或项目角度出发，分析投资效果，评价项目竣工投产后的获利能力。

2)确定进行某项目所需资金来源，制订资金规划。

3)估算项目的贷款偿还能力。

4)为协调企业利益和国家利益提供依据。

8.1.3 财务评价的内容

财务评价是在确定的建设方案、投资估算和融资方案的基础上进行财务可行性研究。根据不同决策的需要，财务评价分为融资前分析和融资后分析。

经营性项目主要分析：项目的盈利能力、偿债能力和财务生存能力。非经营性项目应主要分析项目的财务生存能力。

1)项目的盈利能力：其主要分析指标包括：项目投资财务内部收益率和财务净现值、项目资本金财务内部收益率、投资回收期、总投资收益率和项目资本金净利润率。

2)偿债能力：其主要指标包括利息备付率、偿债备付率和资产负债率等。

3)财务生存能力：分析项目是否有足够的净现金流量维持正常运营，以实现财务可持续性。财务可持续性，首先体现在有足够大的经营活动净现金流量。其次各年累计盈余资金不应出现负值。若出现负值，应进行短期借款，同时分析该短期借款的年份长短和数额大小，进一步判断项目的财务生存能力。

财务评价的主要内容与步骤如下：

1)选取财务评价的基础数据与参数，包括主要投入品和产品财务价格、税率、利率、汇率、计算期、固定资产折旧率、无形资产和递延资产摊销年限，生产负荷及基准收益率等基础数据和参数。

2）计算销售（营业）收入，估算成本费用。

3）编制财务报表，主要有：项目投资现金流量表、项目资本金现金流量表、投资各方现金流量表、利润与利润分配表、借款还本付息计划表、资产负债表、财务计划现金流量表。

4）计算财务评价指标，进行盈利能力分析和偿还能力分析。

5）进行不确定性分析，包括敏感性分析和盈亏平衡分析。

6）编写财务评价报告。

项目财务评价内容、评价报表、评价指标之间的关系如表 8－1 所示。

表 8－1　财务评价指标体系

<table>
<tr><th rowspan="2">评价内容</th><th rowspan="2" colspan="2">基本报表</th><th colspan="2">评价指标</th></tr>
<tr><th>静态指标</th><th>动态指标</th></tr>
<tr><td rowspan="4">盈利能力分析</td><td>融资前分析</td><td>项目投资现金流量表</td><td>项目投资回收期</td><td>项目投资财务内部收益率
项目投资财务净现值</td></tr>
<tr><td rowspan="3">融资后分析</td><td>项目资本金现金流量表</td><td></td><td>项目资本金财务内部收益率</td></tr>
<tr><td>投资各方现金流量表</td><td></td><td>投资各方财务内部收益率</td></tr>
<tr><td>利润与利润分配表</td><td>总投资收益率
项目资本金净利润率</td><td></td></tr>
<tr><td rowspan="2">偿债能力分析</td><td colspan="2">借款还本付息计划表</td><td>偿债备付率
利息备付率</td><td></td></tr>
<tr><td colspan="2">资产负债表</td><td>资产负债率
流动比率
速动比率</td><td></td></tr>
<tr><td>财务生存能力分析</td><td colspan="2">财务计划现金流量表</td><td>累计盈余资金</td><td></td></tr>
<tr><td>外汇平衡分析</td><td colspan="2">财务外汇平衡表</td><td></td><td></td></tr>
<tr><td rowspan="2">不确定性分析</td><td colspan="2">盈亏平衡分析</td><td>盈亏平衡产量
盈亏平衡生产能力利用率</td><td></td></tr>
<tr><td colspan="2">敏感性分析</td><td>灵敏度
不确定因素的临界值</td><td></td></tr>
<tr><td rowspan="2">风险分析</td><td colspan="2" rowspan="2">概率分析</td><td>NPV≥0 的累计概率</td><td></td></tr>
<tr><td>定性分析</td><td></td></tr>
</table>

财务评价的内容和步骤以及与财务效益与费用估算的关系如图 8－1 所示。

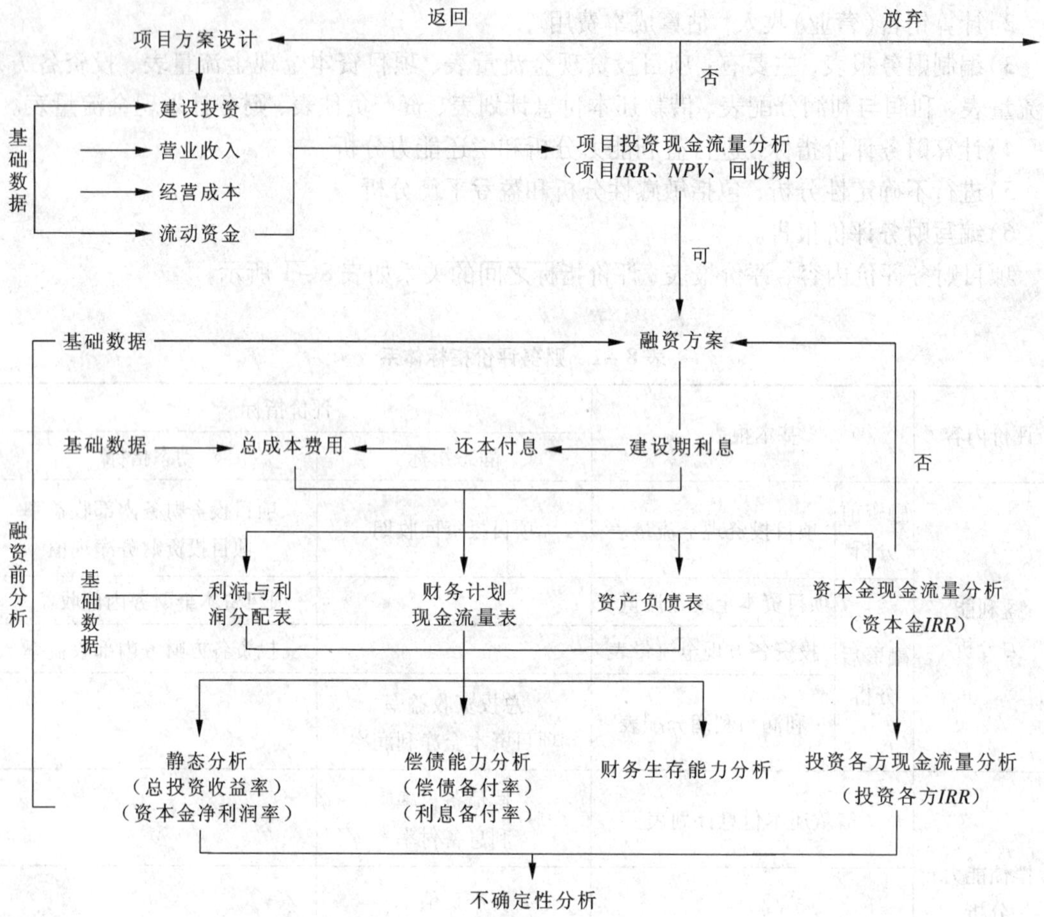

图8－1 财务分析图

8.2 财务评价的基本报表

财务分析可分为融资前分析和融资后分析，一般宜先进行融资前分析，在融资前分析结论满足要求的情况下，初步设定融资方案，再进行融资后分析。

8.2.1 融资前分析

融资前分析排除了融资方案变化的影响，从项目投资总获利能力的角度，考察项目方案设计的合理性。融资前分析应以动态分析为主，静态分析为辅。

融资前动态分析应以营业收入、建设投资、经营成本和流动资金的估算为基础，考察整个计算期内现金流入和现金流出，编制项目投资现金流量表，利用资金的时间价值的原理进行折现，计算项目投资内部收益率和净现值等指标。

融资前项目投资现金流量分析，为了体现与融资方案无关的要求，各项现金流量的估算中都需要剔除利息的影响。例如：采用不含利息的经营成本作为现金流出，而不是总成本费用；在流动资金估算、经营成本中的修理费和其他费用估算过程中应注意避免利息的影响等。

项目投资现金流量表如表 8－2 所示。

表 8－2　项目投资现金流量表

单位：万元

序号	项目	合计	计算期					
			1	2	3	4	…	n
1	现金流入							
1.1	营业收入							
1.2	补贴收入							
1.3	回收固定资产余值							
1.4	回收流动资金							
2	现金流出							
2.1	建设投资							
2.2	流动资金							
2.3	经营成本							
2.4	营业税金及附加							
2.5	维持运营投资							
3	所得税前净现金流量(1－2)							
4	累计所得税前净现金流量							
5	调整所得税							
6	所得税后净现金流量(3－5)							
7	累计所得税后净现金流量							

计算指标：
项目投资财务内部收益率(%)(所得税前)
项目投资财务内部收益率(%)(所得税后)
项目投资财务净现值(所得税前)(i_c =　%)
项目投资财务净现值(所得税后)(i_c =　%)
项目投资回收期(年)(所得税前)
项目投资回收期(年)(所得税后)

注：1. 本表适用于新设法人项目与既有法人项目的增量和“有项目”的现金流量分析。

2. 调整所得税为以息税前利润为基数计算的所得税，区别于“利润与利润分配表”“项目资本金现金流量表”和“财务计划现金流量表”中的所得税。

项目投资现金流量表中的“所得税”应根据息税前利润(*EBIT*)乘以所得税率计算，称为“调整所得税”。原则上，息税前利润的计算应完全不受融资方案变动的影响，即不受利息多少的影响，包括建设期利息对折旧的影响(因为这样的变化会对利润总额产生影响，进而影响息税前利润)。但如此将会出现两个折旧和两个息税前利润(用于计算融资前所得税的息税前利润和利润表中的息税前利润)。为简化起见,当建设期利息占总投资比例不是很大时,也可按利润表中的息税前利润计算调整所得税。

8.2.2 融资后分析

融资后分析应以融资前分析和初步的融资方案为基础,考察项目在拟订融资条件下的盈利能力、偿债能力和财务生存能力,判断项目方案在融资条件下的可行性。融资后分析用于比选融资方案,帮助投资者作出融资决策。

1. 融资后的盈利能力分析应包括动态分析和静态分析两种

1)动态分析。动态分析是通过编制财务现金流量表,根据资金的时间价值原理,计算财务内部收益率、财务净现值等指标,分析项目的获利能力。融资后的动态分析包括下列两个层次:

①项目资本金现金流量分析。

项目资本金现金流量分析是从项目权益投资者整体的角度,考察项目给项目权益投资者带来的收益水平。它是在拟订的融资方案下进行的息税后分析,依据的报表是项目资本金现金流量表,见表8-3。

表8-3 项目资本金现金流量表 单位:万元

序号	项目	合计	计算期					
			1	2	3	4	…	n
1	现金流入							
1.1	营业收入							
1.2	补贴收入							
1.3	回收固定资产余值							
1.4	回收流动资金							
2	现金流出							
2.1	项目资本金							
2.2	借款本金偿还							
2.3	借款利息支付							
2.4	经营成本							
2.5	营业税金及附加							
2.6	所得税							
2.7	维持运营投资							
3	净现金流量(1-2)							

计算指标:
资本金财务内部收益率/%

注:1. 项目资本金包括用于建设投资、建设期利息和流动资金的资金。

2. 对外商投资项目,现金流出中应增加职工奖励及福利基金科目。

3. 本表适用于新设法人项目与既有法人项目“有项目”的现金流量分析。

②投资各方现金流量分析。

应从投资各方实际收入和支出的角度，确定其现金流入和现金流出，分别编制投资各方现金流量表，见表8-4，计算投资各方的财务内部收益率指标，考察投资各方可能获得的收益水平。

表8-4　投资各方现金流量表　　单位：万元

序号	项目	合计	计算期					
			1	2	3	4	…	n
1	现金流入							
1.1	实分利润							
1.2	资产处置收益分配							
1.3	租赁费收入							
1.4	技术转让或适用收入							
1.5	其他现金流入							
2	现金流出							
2.1	实缴资本							
2.2	租赁资产支出							
2.3	其他现金流出							
3	净现金流量(1-2)							

计算指标：

投资各方财务内部收益率/%

注：本表可按不同投资方分别编制。

1. 投资各方现金流量表既适用于内资企业也适用于外商投资企业；既适用于合资企业也适用于合作企业。

2. 投资各方现金流量表中现金流入是指出资方因该项目的实施将实际获得的各种收入；现金流出是指出资方因该项目的实施将实际投入的各种支出。表中科目应根据项目具体情况调整。

1）实分利润是指投资者由项目获取的利润。

2）资产处置收益分配是指对有明确的合营期限或合资期限的项目，在期满时对资产余值按股比或约定比例的分配。

3）租赁费收入是指出资方将自己的资产租赁给项目使用所获得的收入，此时应将资产价值作为现金流出，列为租赁资产支出科目。

4）技术转让或适用收入是指出资方将专利或专有技术转让或允许该项目使用所获得的收入。

2）静态分析是不采取折现方式处理数据，主要依据利润与利润分配表，见表8-5，并借助现金流量表计算相关盈利能力指标。

表 8－5 利润与利润分配表 单位：万元

序号	项目	合计	计算期					
			1	2	3	4	…	n
1	营业收入							
2	营业税金及附加							
3	总成本费用							
4	补贴收入							
5	利润总额(1－2－3＋4)							
6	弥补以前年度亏损							
7	应纳税所得额(5－6)							
8	所得税							
9	净利润(5－8)							
10	期初未分配利润							
11	可供分配的利润(9＋10)							
12	提取法定盈余公积金							
13	可供投资者分配的利润(11－12)							
14	应付优先股股利							
15	提取任意盈余公积金							
16	应付普通股股利(13－14－15)							
17	各投资方利润分配							
	其中：××方							
	××方							
18	未分配利润(13－14－15－16－17)							
19	息税前利润(利润总额＋利息支出)							
20	息税折旧摊销前利润(息税前利润＋折旧＋摊销)							

注：1. 对于外商出资项目由第 11 项减去储备基金、职工奖励与福利基金和企业发展基金后，得出可供投资者分配的利润。

2. 第 14～16 项根据企业性质和具体情况选择填列。

3. 法定盈余公积金按净利润计提。

2. 偿债能力分析

主要需编制借款还本付息计划表和资产负债表。

1)借款还本付息计划表，见表 8 -6。该表反映项目计算期内各年借款本金偿还和利息支付情况。

表 8 -6　借款还本付息计划表　　单位：万元

序号	项目	合计	计算期					
			1	2	3	4	…	n
1	借款 1							
1.1	期初借款余额							
1.2	当期还本付息							
	其中：还本							
	付息							
1.3	期末借款余额							
2	借款 2							
2.1	期初借款余额							
2.2	当期还本付息							
	其中：还本							
	付息							
2.3	期末借款余额							
3	借款 3							
3.1	期初借款余额							
3.2	当期还本付息							
	其中：还本							
	付息							
3.3	期末借款余额							
4	借款 4							
4.1	期初借款余额							
4.2	当期还本付息							
	其中：还本							
	付息							
4.3	期末借款余额							
计算指标	利息备付率/%							
	偿债备付率/%							

注：1. 本表与财务分析辅助表“建设期利息估算表”可合二为一。

2. 本表直接适用于新设法人项目，如有多种借款或债券，必要时应分别列出。

3. 对于既有法人项目，在按有项目范围进行计算时，可根据需要增加项目范围内原有借款的还本付息计算；在计算企业层次的还本付息时，可根据需要增加项目范围外借款的还本付息计算；当简化直接进行项目层次新增借款还本付息计算时，可直接按新增数据进行计算。

4. 本表可另加流动资金借款的还本付息计算。

2)资产负债表，见表8－7。资产负债表用于综合反映项目计算期内各年年末资产、负债和所有者权益的增减变化及对应关系。

表8－7　资产负债表　　单位：万元

序号	项目	合计	计算期					
			1	2	3	4	…	*n*
1	资产							
1.1	流动资产总额							
1.1.1	货币资金							
1.1.2	应收账款							
1.1.3	预付账款							
1.1.4	存货							
1.1.5	其他							
1.2	在建工程							
1.3	固定资产净值							
1.4	无形及其他资产净值							
2	负债及所有者权益(2.4+2.5)							
2.1	流动负债总额							
2.1.1	短期借款							
2.1.2	应付账款							
2.1.3	预收账款							
2.1.4	其他							
2.2	建设投资借款							
2.3	流动资金借款							
2.4	负债小计(2.1+2.2+2.3)							
2.5	所有者权益							
2.5.1	资本金							
2.5.2	资本公积							
2.5.3	累计盈余公积金							
2.5.4	累计未分配利润							
计算指标	利息备付率/%							
	偿债备付率/%							

注：1. 对外商投资项目，第2.5.3项改为累计储备基金和企业发展基金。

2. 对既有法人项目，一般只针对法人编制，可按需要增加科目，此时表中资本金是指企业全部实收资本，包括原有和新增的实收资本。必要时，也可针对“有项目”范围编制。此时表中资本金仅指“有项目”范围的对应数值。

3. 货币资金包括现金和累计盈余资金。

3. 财务生存能力分析

在项目(企业)运营期间，确保从各项经济活动中得到足够的净现金流量是项目能够持续生存的条件。财务分析中应根据财务计划现金流量表，见表 8 - 8，综合考虑项目计算期内各年的投资活动、融资活动和经营活动所产生的各项现金流入和流出，计算净现金流量和累计盈余资金，分析项目是否有足够的净现金流量维持正常运营。为此，财务生存能力分析亦可称为资金平衡分析。

表 8 - 8　财务计划现金流量表　　单位：万元

序号	项目	合计	计算期					
			1	2	3	4	…	n
1	经营活动净现金流量(1.1 - 1.2)							
1.1	现金流入							
1.1.1	营业收入							
1.1.2	增值税销项税额							
1.1.3	补贴收入							
1.1.4	其他流入							
1.2	现金流出							
1.2.1	经营成本							
1.2.2	增值税进项税额							
1.2.3	营业税金及附加							
1.2.4	增值税							
1.2.5	所得税							
1.2.6	其他流出							
2	投资活动净现金流量(2.1 - 2.2)							
2.1	现金流入							
2.2	现金流出							
2.2.1	建设投资							
2.2.2	维持运营投资							
2.2.3	流动资金							
2.2.4	其他流出							
3	筹资活动净现金流量(3.1 - 3.2)							
3.1	现金流入							
3.1.1	项目资本金投入							
3.1.2	建设投资借款							
3.1.3	流动资金借款							

续表 8-8

序号	项目	合计	计算期					
			1	2	3	4	…	n
3.1.4	债券							
3.1.5	短期借款							
3.1.6	其他流入							
3.2	现金流出							
3.2.1	各种利息支出							
3.2.2	偿还债务本金							
3.2.3	应付利润(股利分配)							
3.2.4	其他流出							
4	净现金流量(1+2+3)							
5	累计盈余资金							

注：1. 对于新设法人项目，本表投资活动的现金流入为零。

2. 对于既有法人项目，可适当增加科目。

3. 必要时，现金流出中可增加应付优先股股利科目。

4. 对外商投资项目应将职工奖励与福利基金作为经营活动现金流出。

财务生存能力分析应结合偿债能力分析进行，如果拟安排的还款期过短，致使还本付息负担过重，导致为维持资金平衡必须筹措的短期借款过多，可以调整还款期，减轻各年还款负担。

通常因运营期前期的还本付息负担过重，故应特别注重运营期前期的财务生存能力分析。

通过以下相辅相成的两个方面可具体判断项目的财务生存能力：

1)拥有足够的经营净现金流量是财务可持续的基本条件，特别是在运营初期。一个项目具有较大的经营净现金流量，说明项目方案比较合理，实现自身资金平衡的可能性大，不会过分依赖融资来维持运营；反之，一个项目不能产生足够的经营净现金流量，或经营净现金流量为负值，说明维持项目正常运行会遇到财务上的困难，项目方案缺乏合理性，实现自身资金平衡的可能性小，有可能要靠短期融资来维持运营；或者是非经营项目本身无能力实现自身资金平衡，而要靠政府补贴。

2)各年累计盈余资金不出现负值是财务生存的必要条件。在整个运营期间，允许个别年份的净现金流量出现负值，但不能容许任一年份的累计盈余资金出现负值。一旦出现负值时应适时进行短期融资，该短期融资应体现在财务计划现金流量表中，同时短期融资的利息也应纳入成本费用和其后的计算。较大的或较频繁的短期融资，有可能导致以后的累计盈余资金无法实现正值，致使项目难以持续经营。

财务计划现金流量表是项目财务生存能力分析的基本报表，其编制基础是财务分析辅助报表和利润与利润分配表。

8.3　财务评价的辅助报表

1. 进行财务效益和费用估算，需要编制下列财务分析辅助报表

1）建设投资估算表。

2）建设期利息估算表。

3）流动资金估算表。

4）项目总投资使用计划与资金筹措表。

5）营业收入、营业税金及附加和增值税估算表。

6）总成本费用估算表。若用生产要素法编制总成本费用估算表，还应编制下列基础报表：

①外购原材料费估算表。

②外购燃料和动力费估算表。

③固定资产折旧费估算表。

④无形资产和其他资产摊销估算表。

⑤工资及福利费估算表。

2. 财务基础数据测算表之间的相互关系

各财务基础数据测算表之间的关系可如图 8－2 所示。

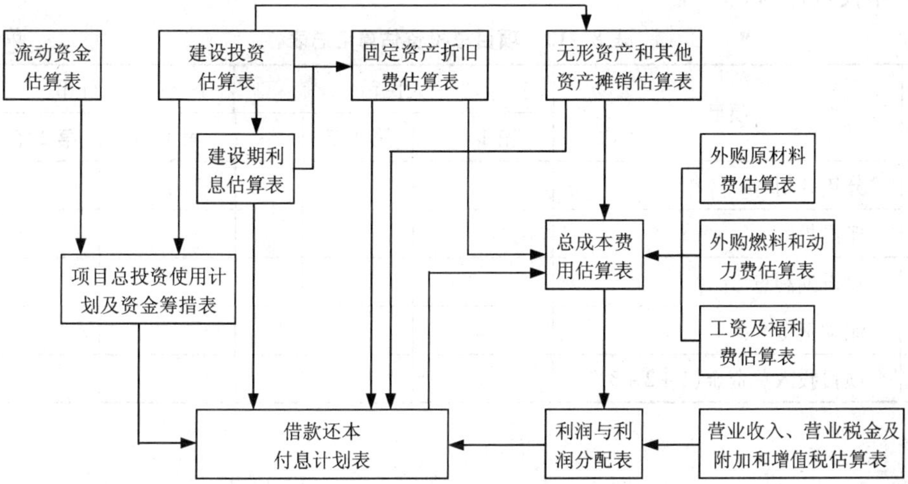

图 8－2　财务基础数据测算表关系图

*注：借款还本付息计划表和利润与利润分配表不是财务基础数据测算表，如此绘制只是为了保持该图的完整性。

3. 项目总投资与分年投资计划

1）项目总投资及其构成。

表 8－9 项目总投资估算汇总表 单位：万元

序号	费用名称	投资额		估算说明
		合计	其中：外汇	
1	建设投资			
1.1	建设投资静态部分			
1.1.1	建筑工程费			
1.1.2	设备及工器具购置费			
1.1.3	安装工程费			
1.1.4	工程建设其他费用			
1.1.5	基本预备费			
1.2	建设投资动态部分			
1.2.1	价差预备费			
2	建设期利息			
3	流动资金			
	项目总投资(1+2+3)			

2）分年投资计划。

表 8－10 项目总投资估算汇总表 单位：万元

序号	项目	人民币			外币		
		第1年	第2年	…	第1年	第2年	…
	分年计划/%						
1	建设投资						
2	建设期利息						
3	流动资金						
4	项目投入总资金(1+2+3)						

8.4 财务评价的案例

8.4.1 投资估算案例

某集团公司拟建设 A、B 两个工业项目，A 项目为拟建年产 30 万 t 铸钢厂，根据调查统计资料提供的当地已建年产 25 万 t 铸钢厂的主厂房工艺设备投资约 2400 万元。A 项目的生产能力指数为 1。已建类似项目资料：主厂房其他各专业工程投资占工艺设备投资的比例，见表 8－11，项目其他各系统工程及工程建设其他费用占主厂房投资的比例，见表 8－12。

表 8－11　主厂房其他各专业工程投资占工艺设备投资的比例表

加热炉	汽化冷却	余热锅炉	自动化仪表	起重设备	供电与传动	建安工程
0.12	0.01	0.04	0.02	0.09	0.18	0.40

表 8－12　项目其他各系统工程及工程建设其他费用占主厂房投资的比例表

动力系统	机修系统	总图运输系统	行政及生活福利设施工程	工程建设其他费用
0.30	0.12	0.20	0.30	0.20

A 项目建设资金来源为自有资金和贷款，贷款本金为 8000 万元，分年度按投资比例发放，贷款利率 8%（按年计息）。建设期 3 年，第 1 年投入 30%，第 2 年投入 50%，第 3 年投入 20%。预计建设期物价年平均上涨率 3%，投资估算到开工的时间按一年考虑，基本预备费率 10%。

B 项目为拟建一条化工原料生产线，厂房的建筑面积为 5000 m^2，同行业已建类似项目的建筑工程费用为 3000 元/m^2，设备全部从国外引进，经询价，设备的货价（离岸价）为 800 万美元。

问题：

1）对于 A 项目，已知拟建项目与类似项目的综合调整系数为 1.25，试用生产能力指数法估算 A 项目主厂房的工艺设备投资；用系数估算法估算 A 项目主厂房投资和项目的工程费用与工程建设其他费用。

2）估算 A 项目的建设投资。

3）对于 A 项目，若单位产量占用流动资金额为 33.67 元/t，试用扩大指标估算法估算该项目的流动资金。确定 A 项目的建设总投资。

4）对于 B 项目，类似项目建筑工程费用所含的人工费、材料费、机械费和综合税费占建筑工程造价的比例分别为 18.26%、57.63%、9.98%、14.13%。因建设时间、地点、标准等不同，相应的综合调整系数分别为 1.25、1.32、1.15、1.2。其他内容不变。

计算 B 项目的建筑工程费用。

5）对于 B 项目，海洋运输公司的现行海运费率 6%，海运保险费率 3.5‰，外贸手续费率、银行手续费率、关税税率和增值税率分别按 1.5%、5‰、17%、17% 计取。国内供销手续费率 0.4%，运输、装卸和包装费率 0.1%，采购保管费率 1%。美元兑换人民币的汇率均按 1 美元＝6.2 元人民币计算，设备的安装费率为设备原价的 10%。估算进口设备的购置费和安装工程费。

分析要点：

本案例所考核的内容涉及工程项目投资估算类问题的主要内容和基本知识点。投资估算的方法有：单位生产能力估算法、生产能力指数估算法、比例估算法、系数估算法、指标估算法等。对于 A 项目，本案例是在可行性研究深度不够、尚未提出工艺设备清单的情况下，先运用生产能力指数估算法估算出拟建项目主厂房的工艺设备投资，再运用系数估算法，估算拟建项目建设投资，即：用设备系数估算法估算该项目与工艺设备有关的主厂房投资额；用主体专业系数估算法估算与主厂房有关的辅助工程、附属工程以及工程建设的其他费用；再估算基本预备费、价差预备费；最后，估算建设期贷款利息，并用流动资金的扩大指标估算法，估算出项目的流动资金投资额，得到拟建项目的建设总投资。对于B项目的建设投资的估算，本案例先计算建筑工程造价综合差异系数，再采用指标估算法估算建筑工程费用，并分别估算进口设备购置费和安装费。

问题1：

1）拟建项目主厂房工艺设备投资

$$C_2 = C_1(Q_2/Q_1)^n \times f \tag{8-1}$$

式中：C_2——拟建项目主厂房工艺设备投资；

C_1——类似项目主厂房工艺设备投资；

Q_2——拟建项目主厂房生产能力；

Q_1——类似项目主厂房生产能力；

n——生产能力指数，由于$(Q_2/Q_1)<2$，可取$n=1$；

f——综合调整系数。

2） $$拟建项目主厂房投资 = 工艺设备投资 \times (1 + \sum K_i) \tag{8-2}$$

式中：K_i—— 主厂房其他各专业工程投资占工艺设备投资的比例。

$$拟建项目工程费与工程建设其他费用 = 拟建项目主厂房投资 \times (1 + \sum K_j) \tag{8-3}$$

式中：K_j——A项目其他各系统工程及工程建设其他费用占主厂房的比例。

问题2：

1） $$预备费 = 基本预备费 + 价差预备费 \tag{8-4}$$

式中：基本预备费 =（工程费用 + 工程建设其他费用）× 基本预备费率；

$$价差预备费\ P = \sum I_t[(1+f)^m(1+f)^{0.5}(1+f)^{t-1}]$$

式中：I_t—— 建设期第t年的投资计划额（工程费用 + 工程建设其他费用 + 基本预备费）；

f—— 建设期年均投资价格上涨率；

m—— 建设前期年限。

2） $$建设投资 = 工程费用 + 工程建设其他费用 + 基本预备费 + 涨价预备费 \tag{8-5}$$

问题3：

流动资金用扩大指标估算法估算：

$$项目的流动资金 = 拟建项目年产量 \times 单位产量占用流动资金的数额 \tag{8-6}$$

$$建设期贷款利息 = \sum(年初累计借款 + 本年新增借款 \div 2) \times 贷款利率 \tag{8-7}$$

$$拟建项目总投资 = 建设投资 + 建设期贷款利息 + 流动资金 \tag{8-8}$$

问题4：根据费用权重，计算拟建工程的综合调价系数，并对拟建项目的建筑工程费用进行修正。

问题5：

$$进口设备的购置费 = 设备原价 + 设备运杂费 \tag{8-9}$$

其中，进口设备的原价是指进口设备的抵岸价。

进口设备抵岸价 = 货价 + 国外运费 + 国外运输保险费 + 银行财务费 + 外贸手续费 + 进口关税 + 增值税 + 消费税 + 海关监管手续费 (8-10)

这里应注意抵岸价与到岸价的内涵不同，到岸价只是抵岸价(CIF)的主要组成部分，到岸价=货价+国外运费+国外运输保险费。

设备的运杂费=设备原价×设备运杂费率。

对于进口设备，这里的设备运杂费是指由我国到岸港口或边境车站起至工地仓库(或施工组织设计指定的需安装设备的堆放地点)止所发生的运费和装卸费。

设备的安装费=设备原价×安装费率。

答案:

问题1:

解:

1)用生产能力指数估算法估算A项目主厂房工艺设备投资:

A项目主厂房工艺设备投资 $=2400\times(30/25)^{1}\times1.25=3600$(万元)

2)用系数估算法估算A项目主厂房投资:

A项目主厂房投资 $=3600\times(1+12\%+1\%+4\%+2\%+9\%+18\%+40\%)$

$=3600\times(1+0.86)=6696$(万元)

其中，建安工程投资 $=3600\times0.4=1440$(万元)

设备购置投资 $=3600\times1.46=5256$(万元)

3)A项目工程费用与工程建设其他费用 $=6696\times(1+30\%+12\%+20\%+30\%+20\%)$

$=6696\times(1+1.12)=14195.52$(万元)

问题2:

解: 计算A项目的建设投资

1)基本预备费计算:

基本预备费 $=14195.52\times10\%=1419.55$(万元)

由此得：静态投资 $=14195.52+1419.55=15615.07$(万元)

建设期各年的静态投资额如下:

第1年 $15615.07\times30\%=4684.52$(万元)

第2年 $15615.07\times50\%=7807.54$(万元)

第3年 $15615.07\times20\%=3123.01$(万元)

2)价差预备费计算:

$$
\begin{aligned}
\text{价差预备费} &= 4684.52\times[(1+3\%)^{1}(1+3\%)^{0.5}(1+3\%)^{1-1}-1] \\
&\quad +7807.54\times[(1+3\%)^{1}(1+3\%)^{0.5}(1+3\%)^{2-1}-1] \\
&\quad +3123.01\times[(1+3\%)^{1}(1+3\%)^{0.5}(1+3\%)^{3-1}-1] \\
&= 221.38+598.81+340.40=1151.59\text{(万元)}
\end{aligned}
$$

由此得：预备费 $=1419.55+1151.59=2571.14$(万元)

A项目的建设投资 $=14195.52+2571.14=16766.66$(万元)

问题3:

解: 估算A项目的总投资

1)流动资金 $=30\times33.67=1010.10$(万元)

2)建设期贷款利息计算:

第 1 年贷款利息 $=(0+8000\times30\%\div2)\times8\%=96$(万元)

第 2 年贷款利息 $=[(8000\times30\%+96)+(8000\times50\%\div2)]\times8\%$

$=(2400+96+4000\div2)\times8\%=359.68$(万元)

第 3 年贷款利息 $=[(2400+96+4000+359.68)+(8000\times20\%\div2)]\times8\%$

$=(6855.68+1600\div2)\times8\%=612.45$(万元)

建设期贷款利息 $=96+359.68+612.45=1068.13$(万元)

3)拟建项目总投资 = 建设投资 + 建设期贷款利息 + 流动资金

$=16766.66+1068.13+1010.10=18844.89$(万元)

问题 4:

解: 对于 B 项目, 建筑工程造价综合差异系数:

$18.26\%\times1.25+57.63\%\times1.32+9.98\%\times1.15+14.13\%\times1.2=1.27$

B 项目的建筑工程费用为:

$3000\times5000\times1.27=1905.00$(万元)

问题 5:

解: B 项目进口设备的购置费 = 设备原价 + 设备国内运杂费, 如表 8-13 所示。

表 8-13 进口设备原价计算表 单位: 万元

费用名称	计算公式	费用
货价	货价 $=800\times6.20=4960.00$	4960.00
国外运输费	国外运输费 $=4960\times6\%=297.60$	297.60
国外运输保险费	国外运输保险费 $=(4960.00+297.60)\times3.5‰/(1-3.5\%‰)=18.47$	18.47
关税	关税 $=(4960.00+297.60+18.47)\times17\%=5276.07\times17\%=896.93$	896.93
增值税	增值税 $=(4960.00+297.60+18.47+896.93)\times17\%$ $=6173.00\times17\%=1049.41$	1049.41
银行财务费	银行财务费 $=4960.00\times5‰=24.80$	24.80
外贸手续费	外贸手续费 $=(4960.00+297.60+18.47)\times1.5\%=79.14$	79.14
进口设备原价	合计	7326.35

由表 8-13 得知, 进口设备的原价为: 7326.35 万元

国内供销、运输、装卸和包装费 = 进口设备原价 × 费率

$=7326.35\times(0.4\%+0.1\%)=36.63$(万元)

设备采保费 =(进口设备原价 + 国内供销、运输、装卸和包装费)× 采保费率

$=(7326.35+36.63)\times1\%=73.63$(万元)

进口设备国内运杂费 = 国内供销、运输、装卸和包装费 + 引进设备采保费

$=36.63+73.63=110.26$(万元)

进口设备购置费 $=7326.35+110.26=7436.61$(万元)

设备的安装费 = 设备原价 × 安装费率

$=7326.35\times10\%=732.64$(万元)

8.4.2　总成本费用估算

某拟建工业项目的有关基础数据如下：

1）项目建设期 2 年，运营期 6 年，建设投资 2000 万元，预计全部形成固定资产。

2）项目资金来源为自有资金和贷款。建设期内，每年均衡投入自有资金和贷款本金各 500 万元，贷款年利率为 6%。流动资金全部用项目资本金支付，金额为 300 万元，于投产当年投入。

3）固定资产使用年限为 8 年，采用直线法折旧，残值为 100 万元。

4）项目贷款在运营期间按照等额还本、利息照付的方法偿还。

5）项目投产第 1 年的营业收入和经营成本分别为 700 万元和 250 万元，第 2 年的营业收入和经营成本分别为 900 万元和 300 万元，以后各年的营业收入和经营成本分别为 1000 万元和 320 万元。不考虑项目维持运营投资、补贴收入。

6）企业所得税率为 25%，营业税金及附加税率为 6%。

问题：

1）列式计算建设期贷款利息、固定资产年折旧费和计算期第 8 年的固定资产余值。

2）计算各年还本、付息额及总成本费用，并编制借款还本付息计划表和总成本费用估算表。

3）计算运营期内各年的息税前利润，并计算总投资收益率和项目资本金净利润率。

4）从项目资本金出资者的角度，计算计算期第 8 年的净现金流量。

分析要点：

本案例考核固定资产投资贷款还本付息估算时，还款方式为等额还本、利息照付，并编制借款还本付息计划表和总成本费用表。计算总投资收益率时应注意：总投资 = 建设投资 + 建设期贷款利息 + 全部流动资金，年息税前利润 = 利润总额 + 当年应还利息。

等额还本、利息照付是指在还款期内每年等额偿还本金，而利息按年初借款余额和利率的乘积计算，利息不等，而且每年偿还的本利和不等，计算步骤如下：

1）计算建设期末的累计借款本金和未付的资本化利息之和 I_c。

2）计算在指定偿还期内，每年应偿还的本金 A。

$$A = I_c / n \quad (n\ \text{为贷款偿还期，不包括建设期}) \tag{8-13}$$

3）计算每年应付的利息额。

$$\text{年应付利息} = \text{年初借款余额} \times \text{年利率} \tag{8-14}$$

4）计算每年的还本付息总额。

$$\text{年还本付息总额} = A + \text{年应付利息} \tag{8-15}$$

答案：

问题 1：

解： 1）建设期借款利息：

第 1 年贷款利息 = 500/2 × 6% = 15.00（万元）

第 2 年贷款利息 = [（500 + 15）+ 500/2] × 6% = 45.90（万元）

建设期借款利息 = 15 + 45.90 = 60.90（万元）

2）固定资产年折旧费 =（2000 + 60.90 − 100）/8 = 245.11（万元）

3)计算期第8年的固定资产余值＝固定资产年折旧费×(8－6)＋残值
＝245.11×2＋100＝590.22(万元)

问题2:

解: 借款还本付息计划表，见表8－14。总成本费用估算表，见表8－15。

表8－14 借款还本付息计划表 单位：万元

项目		计算期							
		1	2	3	4	5	6	7	8
期初借款余额			515.00	1060.90	884.08	707.26	530.44	353.62	176.80
当期还本付息				240.47	229.86	219.26	208.65	198.04	187.43
其中	还本			176.82	176.82	176.82	176.82	176.82	176.82
	付息			63.65	53.04	42.44	31.83	21.22	10.61
期末借款余额		515.00	1060.90	884.08	707.26	530.44	353.62	176.80	0

表8－15 总成本费用估算表 单位：万元

序号	年份项目	3	4	5	6	7	8
1	年经营成本	250.00	300.00	320.00	320.00	320.00	320.00
2	年折旧费	245.11	245.11	245.11	245.1	245.11	245.11
3	长期借款利息	63.65	53.04	42.44	31.83	21.22	10.61
4	总成本费用	558.76	598.15	607.55	596.94	586.33	575.72

问题3:

解: 1)计算期内各年的息税前利润，见表8－16。

表8－16 某项目利润表的部分数据 单位：万元

序号	年份项目	3	4	5	6	7	8
1	营业收入	700.00	900.00	1000.00	1000.00	1000.00	1000.00
2	总成本费用	558.76	598.15	607.55	596.94	586.33	575.72
3	营业税金及附加(1)×6%	42.00	54.00	60.00	60.00	60.00	60.00
4	补贴收入						
5	利润总额(1－2－3＋4)	99.24	247.85	332.45	343.06	353.67	364.28
6	弥补以前年度亏损						
7	应纳所得税额(5－6)	99.24	247.85	332.45	343.06	353.67	364.28
8	所得税(7)×25%	24.81	61.96	83.11	85.77	88.42	91.07
9	净利润(5－8)	74.43	185.89	249.34	257.29	265.25	273.21
10	息税的利润＝(5)＋当年应还利息	162.89	300.89	374.89	374.89	374.89	374.89

2）计算项目的总投资收益率

运营期的 6 年内，项目正常年份的息税前利润为 374.89 万元。

项目总投资 = 建设投资 + 建设期借款利息 + 全部流动资金

= 2000.00 + 60.90 + 300.00 = 2360.90（万元）

项目的总投资收益率 = 正常年份的息税前利润 ÷ 项目总投资

= 374.89 ÷ 2360.90 × 100% = 15.88%

3）计算项目的资本金净利润率

运营期的 6 年内，项目的年平均净利润计算为：

（74.43 + 185.89 + 249.34 + 257.29 + 265.25 + 273.21）÷ 6 = 1305.41 ÷ 6 = 217.57（万元）

项目的资本金 = 1000 + 300 = 1300（万元）

资本金净利润率 = 年平均净利润 ÷ 项目的资本金 = 217.57 ÷ 1300 × 100% = 16.74%

问题 4：

解：计算第 8 年的现金流入

第 8 年的现金流入 =（营业收入 + 回收固定资产余值 + 回收流动资金）

= 1000 + 590.22 + 300 = 1890.22（万元）

计算第 8 年的现金流出

第 8 年所得税（1000 − 1000 × 6% − 575.72）× 25% = 91.07（万元）

第 8 年的现金流出 =（借款本金偿还 + 借款利息支付 + 经营成本 + 营业税金及附加 + 所得税）

= 176.82 + 10.61 + 320 + 60 + 91.07 = 658.50（万元）

计算第 8 年的净现金流量

第 8 年的净现金流量 = 现金流入 − 现金流出

= 1890.22 − 658.50 = 1231.72（万元）

8.4.3　项目融资前财务分析案例

某企业拟全部使用自有资金建设一个市场急需产品的工业项目。建设期 1 年，运营期 6 年。项目投产第 1 年收到当地政府扶持该产品生产的启动经费 100 万元，其他基本数据如下：

1）建设投资 1000 万元。预计全部形成固定资产，固定资产使用年限 10 年，按直线法折旧，期末残值 100 万元，固定资产余值在项目运营期末收回。投产当年又投入资本金 200 万元作为运营期的流动资金。

2）正常年份年营业收入为 800 万元，经营成本 300 万元，产品营业税及附加税率为 6%，所得税率为 25%，行业基准收益率 10%；基准投资回收期 6 年。

3）投产第 1 年仅达到设计生产能力的 80%，预计这一年的营业收入、经营成本和总成本均达到正常年份的 80%。以后各年均达到设计生产能力。

4）运营 3 年后，预计需花费 20 万元更新新型自动控制设备配件，才能维持以后常运营需要，该维持运营投资按当期费用计入年度总成本。

问题：

1）编制拟建项目投资现金流量表。

2）计算项目的静态投资回收期。

3）计算项目的财务净现值。

4）计算项目的财务内部收益率。

5）从财务角度分析拟建项目的可行性。

分析要点：

本案例全面考核了工程项目融资前财务分析。融资前财务分析应以动态分析为主，静态分析为辅。编制项目投资现金流量表，计算项目财务净现值、投资内部收益率等动态盈利能力分析指标；计算项目静态投资回收期。

本案例主要解决以下五个概念性问题：

1）融资前财务分析只进行盈利能力分析，并以投资现金流量分析为主要手段。

2）项目投资现金流量表中，回收固定资产余值的计算，可能出现两种情况：

营运期等于固定资产使用年限，则固定资产余值 = 固定资产残值；

营运期小于使用年限，则固定资产余值 =（使用年限 − 营运期）× 年折旧费 + 残值。

3）项目投资现金流量表中调整所得税，是以息税前利润为基础，按下列公式计算：

$$调整所得税 = 息税前利润 \times 所得税率 \tag{8-16}$$

式中：

$$息税前利润 = 利润总额 + 利息支出 \tag{8-17}$$

或

$$息税前利润 = 营业收入 - 营业税金及附加 - 总成本费用 + 利息支出 + 补贴收入 \tag{8-18}$$

$$总成本费用 = 经营成本 + 折旧费 + 摊销费 + 利息支出 \tag{8-19}$$

或

$$息税前利润 = 营业收入 - 营业税金及附加 - 经营成本 - 折旧费 - 摊销费 + 补贴收入 \tag{8-20}$$

注意这个调整所得税的计算基础区别于“利润与利润分配表”中的所得税计算基础的应纳税所得额。

4）财务净现值是指把项目计算期内各年的财务净现金流量，按照基准收益率折算到建设期初的现值之和。各年的财务净现金流量均为当年各种现金流入和流出在年末的差值合计。不管当年各种现金流入和流出发生在期末、期中还是期初，当年的财务净现金流量均按期末发生考虑。

5）财务内部收益率反映了项目所占用资金的盈利率，是考核项目盈利能力的主要动态指标。在财务评价中，将求出的项目投资或资本金的财务内部收益率 IRR 与行业基准收益率 i_c 比较。当 $IRR \geqslant i_c$ 时，可认为其盈利能力已满足要求，在财务上是可行的。

注意区别利用静态投资回收期与动态投资回收期判断项目是否可行的不同。当静态投资回收期小于等于基准投资回收期时，项目可行；只要动态投资回收期不大于项目寿命期，项目就可行。

答案：

问题 1：

解： 编制拟建项目投资现金流量表：

编制现金流量表之前需要计算以下数据，并将计算结果填入表 8－17 中。

1)计算固定资产折旧费：

固定资产折旧费＝(1000－100)÷10＝90(万元)

2)计算固定资产余值：固定资产使用年限 10 年，运营期末只用了 6 年，还有 4 年未折旧，所以，运营期末固定资产余值为：

固定资产余值＝年固定资产折旧费×4＋残值＝90×4＋100＝460(万元)

3)计算调整所得税：

调整所得税＝(营业收入－营业税金及附加－经营成本－折旧费－维持运营投资＋补贴收入)×25%

第 2 年调整所得税＝(640－38.40－240－90＋100)×25%＝92.90(万元)

第 3、4、6、7 年调整所得税＝(800－48－300－90)×25%＝90.50(万元)

第 5 年调整所得税＝(800－48－300－90－20)×25%＝85.50(万元)

表 8－17　项目投资现金流量表　　单位：万元

序号	项目	建设期	运营期					
		1	2	3	4	5	6	7
1	现金流入	0.00	740.00	800.00	800.00	800.00	800.00	1460.00
1.1	营业收入		640.00	800.00	800.00	800.00	800.00	800.00
1.2	补贴收入		100.00					
1.3	回收固定资产余值							460.00
1.4	回收流动资金							200.00
2	现金流出	1000.00	571.30	438.50	438.50	453.50	438.50	438.50
2.1	建设投资	1000.00						
2.2	流动资金投资		200.00					
2.3	经营成本		240.00	300.00	300.00	300.00	300.00	300.00
2.4	营业税及附加		38.40	48.00	48.00	48.00	48.00	48.00
2.5	维持运营投资					20.00		
2.6	调整所得税		92.90	90.50	90.50	90.50	90.50	90.50
3	净现金流量	－1000	168.70	361.50	361.50	346.50	361.50	1021.20
4	累计净现金流量	－1000	－831.30	－469.80	－108.30	238.20	599.70	1621.20
5	基准收益率 10%	0.9091	0.8264	0.7513	0.6830	0.6209	0.5645	0.5132
6	折现后净现金流	－909.10	139.41	271.59	246.90	215.14	204.07	524.23
7	累计折现净现金流	－909.10	－769.69	－498.10	－251.20	－36.06	168.01	692.24

问题 2：

解：计算项目的静态投资回收期：

静态投资回收期＝(累计净现金流量出现正值年份－1)＋｜出现正值年份上年累计净现金流量｜/出现正值当年净现金流量

$=(5-1)+108.30/346.5=4+0.31=4.31$ 年

项目静态投资回收期为：4.31 年。

问题 3：

解：项目财务净现值是把项目计算期内各年的净现金流量，按照基准收益率折算到建设期初的现值之和，也就是计算期末累计折现后净现金流量 692.26 万元（表 8－18）。

问题 4：

解：计算项目的财务内部收益率：

编制项目财务内部收益率试算表 8－18。

首先确定 $i_1=26\%$，以 i_1 为设定的折现率，计算出各年的折现系数。利用财务内部收益率试算表，计算出各年的折现净现金流量和累计折现净现金流量，从而得到财务净现值 $NPV_1=38.74$（万元），见表 8－18。

再设定 $i_2=28\%$，以 i_2 作为设定的折现率，计算出各年的折现系数。同样，利用财务内部收益率试算表，计算各年的折现净现金流量和累计折现净现金流量，从而得到财务净现值 $NPV_2=-6.85$（万元），见表 8－18。

试算结果满足：$NPV_1>0$，$NPV_2<0$，且满足精度要求，可采用插值法计算出拟建项目的财务内部收益率 IRR。

表 8－18 财务内部收益率试算表

单位：万元

序号	项目	建设期	运营期					
		1	2	3	4	5	6	7
1	现金流入		740.00	800.00	800.00	800.00	800.00	1460.00
2	现金流出	1000.00	571.30	438.50	438.50	453.50	438.50	438.50
3	净现金流量	－1000	168.70	361.50	361.50	346.50	361.50	1021.50
4	折现系数 26%	07937	06299	0.4999	0.3968	0.3149	0.2499	0.1983
5	折现后净现金流	－793.70	106.26	180.71	143.44	109.11	90.34	202.56
6	累计折现净现金流	－793.70	－687.44	－506.72	－363.28	－254.17	－163.83	38.74
7	折现系数 28%	0.7813	0.6104	0.4768	0.3725	0.2910	0.2274	0.1776
8	折现后净现金流	－781.30	102.97	172.36	134.66	100.83	82.21	181.42
9	累计折现净现金流	－781.30	－678.33	－505.96	－371.30	－270.47	－188.27	－6.85

由表 8－18 可知：

$i_1=26\%$ 时，$NPV_1=38.74$

$i_2=28\%$ 时，$NPV_2=-6.85$

用插值法计算拟建项目的内部收益率 IRR。即：

$IRR=26\%+(28\%-26\%)\times[38.74\div(38.74+|-6.85|)]$

$=26\%+1.70\%=27.70\%$

问题 5：

从财务角度分析拟建项目的可行性，本项目的静态投资回收期为 4.31 年，小于基准投资回收期 6 年；财务净现值为 692.26 万元 >0；财务内部收益率 $FIRR = 27.70\%$ >行业基准收益率 10%，所以，从财务角度分析该项目可行。

8.4.4　项目融资后财务分析案例

1）某拟建项目固定资产投资估算总额为 3600 万元，其中：预计形成固定资产 3060 万元（含建设期借款利息 60 万元），无形资产 540 万元。固定资产使用年限 10 年，残值率为 4%，固定资产余值在项目运营期末收回。该项目建设期为 2 年，运营期为 6 年。

2）项目的资金投入、收益、成本等基础数据，见表 8－19。

表 8－19　工程项目资金投入、收益及成本表　　单位：万元

序号	年份项目	1	2	3	4	5~8
1	建设投资 其中：资本金 借款本金	1200	340 2000			
2	流动资金 其中：资本金 借款本金			300 100	400	
3	年销售量（万件）			60	120	120
4	年经营成本			1682	230	3230

3）建设投资借款合同规定的还款方式为：运营期的前 4 年等额还本，利息照付。借款利率为 6%（按年计息）；流动资金借款利率为 4%（按年计息）。

4）无形资产在运营期 6 年中，均匀摊入成本。

5）流动资金为 800 万元，在项目的运营期末全部收回。

6）设计生产能力为年产量 120 万件某产品，产品售价为 38 元/件，营业税金及附加税率为 6%，所得税率为 25%，行业基准收益率为 8%。

7）行业平均总投资收益率为 10%，资本金净利润率为 15%。

8）应付投资者各方股利按股东会事先约定计取：运营期头两年按可供投资者分配利润 10% 计取，以后各年均按 30% 计取，亏损年份不计取。期初未分配利润作为企业继续投资或扩大生产的资金积累。

9）本项目不考虑计提任意盈余公积金。

问题：

1）编制借款还本付息计划表、总成本费用估算表和利润与利润分配表。

2）计算项目总投资收益率和资本金净利润率。

3）编制项目资本金现金流量表。计算项目的动态投资回收期和财务净现值。

4）从财务角度评价项目的可行性。

分析要点：

本案例全面考核了工程项目融资后的财务分析。重点考核还款方式为：等额还本利息照付情况下，借款还本付息计划表、总成本费用估算表和利润与利润分配表的编制方法和总投资收益率、资本金净利润率等静态盈利能力指标的计算。未分配利润一部分用于偿还本金，另一部分作为企业的积累。要求掌握未分配利润、法定盈余公积金和应付投资者各方股利之间的分配关系。本案例主要解决以下九个概念性问题：

1）经营成本是总成本费用的组成部分，即：

$$总成本费用 = 经营成本 + 折旧费 + 摊销费 + 利息支出 \tag{8-21}$$

2）
$$净利润 = 该年利润总额 - 应纳所得税额 \times 所得税率 \tag{8-22}$$

式中：

$$应纳所得税额 = 该年利润总额 - 弥补以前年度亏损 \tag{8-23}$$

3）
$$可供分配利润 = 净利润 + 期初未分配利润 \tag{8-24}$$

式中：

$$期初未分配利润 = 上年度期末的未分配利润(LR) \tag{8-25}$$

4）
$$可供投资者分配利润 = 可供分配利润 - 法定盈余公积金 \tag{8-26}$$

5）
$$法定盈余公积金 = 净利润 \times 10\% \tag{8-27}$$

法定盈余公积金累计额为资本金的50%以上的，可不再计提。

6）应付各投资方的股利 = 可供投资者分配利润 × 约定的分配比例（亏损年份不计取）

7）
$$未分配利润 = 可供投资者分配利润 - 应付各投资方的股利 \tag{8-28}$$

式中：未分配利润按借款合同规定的还款方式，编制等额还本利息照付的利润与利润分配表时，可能会出现以下两种情况：

①未分配利润 + 折旧费 + 摊销费 ≤ 该年应还本金，则该年的未分配利润全部用于还款，不足部分为该年的资金亏损，并需用临时借款来弥补偿还本金的不足部分；

②未分配利润 + 折旧费 + 摊销费 > 该年应还本金，则该年为资金盈余年份，用于还款的未分配利润按以下公式计算：

$$该年用于还款的未分配利润 = 该年应还本金 - 折旧费 - 摊销费$$

8）项目总投资收益率：项目正常年份息税前利润或营运期内年平均息税前利润

（*EBIT*）与项目总投资（*TI*）的比率。只有在正常年份中各年的息税前利润差异较大时，才采用营运期内年平均息税前利润计算。按下列公式计算：

$$总投资收益率 = (正常年份息税前利润或营运期内年平均息税前利润 \div 总投资) \times 100\% \tag{8-29}$$

9）项目资本金净利润率：正常生产年份的年净利润或营运期内年平均净利润与项目资本金的比率。按下列公式计算：

$$资本金净利润率 = (正常生产年份年净利润或营运期内年平均净利润 \div 资本金) \times 100\% \tag{8-30}$$

流动资金借款在生产经营期内只计算每年所支付的利息，本金在运营期末一次性偿还。短期借款利息的计算与流动资金借款利率相同，短期借款本金的偿还按照随借随还的原则处理，即当年借款尽可能于下年偿还。

答案

问题1：

解：1)第3年初累计借款(建设投资借款及建设期利息)为2000+60=2060(万元)，运营期前4年等额还本，利息照付；则各年等额偿还本金=第3年初累计借款÷还款期=2060÷4=515(万元)。

其余计算结果，见表8-20。

表8-20　某项目借款还本付息计划表　　单位：万元

序号	项目	计算期							
		1	2	3	4	5	6	7	8
1	借款1(建设投资借款)								
1.1	期初借款余额			2060.00	1545.00	1030.00	515.00		
1.2	当期还本付息			638.60	607.70	576.80	545.90		
	其中：还本			515.00	515.00	515.00	515.00		
	付息(6%)			123.60	92.70	61.80	30.90		
1.3	期末借款余额		2060.00	1545.00	1030.00	515.00			
2	借款2(流动资金借款)								
2.1	期初借款余额			100.00	500.00	500.00	500.00	500.00	500.00
2.2	当期还本付息			4.00	20.00	20.00	20.00	20.00	520.00
	其中：还本								500.00
	付息(4%)			4.00	20.00	20.00	20.00	20.00	20.00
2.3	期末借款余额			100.00	500.00	500.00	500.00	500.00	
3	借款3(临时借款)								
3.1	期初借款余额				131.24				
3.2	当期还本付息				136.49				
	其中：还本				131.24				
	付息(4%)				5.25				
3.3	期末借款余额			131.24					
4	借款合计								
4.1	期初借款余额			2160.00	2176.24	1530.00	1015.00	500.00	500.00
4.2	当期还本付息			642.60	764.19	596.80	565.90	20.00	520.00
	其中：还本			515.00	646.24	515.00	515.00		500.00
	付息			127.60	117.95	81.80	50.90	20.00	20.00
4.3	期末借款余额		2060.00	1776.24	1530.00	1015.00	500.00	500.00	

2）根据总成本费用的构成列出总成本费用估算表的费用名称，见表 8－21。计算固定资产折旧费和无形资产摊销费，并将折旧费、摊销费、年经营成本和借款还本付息表中的第 3 年贷款利息与该年流动资金贷款利息等数据，并填入总成本费用估算表 8－21 中，计算出该年的总成本费用。

①计算固定资产折旧费和无形资产摊销费

折旧费＝［（固定资产总额－无形资产）×（1－残值率）］÷使用年限

＝［（3600－540）×（1－4%）］÷10＝293.76（万元）

摊销费＝无形资产÷摊销年限＝540÷6＝90（万元）

②计算各年的营业收入、营业税金及附加，并将各年的总成本逐一填入利润与利润分配表表 8－22 中。

第 3 年营业收入＝60×38＝2280（万元）

第 4～8 年营业收入＝120×38＝4560（万元）

第 3 年营业税金及附加＝2280×6%＝136.80（万元）

第 4～8 年营业税金及附加＝4560×6%＝273.60（万元）

表 8－21 某项目总成本费用估算表 单位：万元

序号	项目＼年	3	4	5	6	7	8
1	经营成本	1682.00	3230.00	3230.00	3230.00	3230.00	3230.00
2	折旧费	293.76	293.76	293.76	293.76	293.76	293.76
3	摊销费	90.00	90.00	90.00	90.00	90.00	90.00
4	建设投资借款利息	123.60	92.70	61.80	30.90		
5	流动资金借款利息	4.00	20.00	20.00	20.00	20.00	20.00
6	短期借款利息		5.25				
7	总成本费用	2193.36	3731.71	3695.56	3664.66	3633.76	3633.76

3）将第 3 年总成本计入该年的利润与利润分配表中，并计算该年的其他费用：利润总额、应纳所得税额、所得税、净利润、可供分配利润、法定盈余公积金、可供投资者分配利润、应付各投资方股利、还款未分配利润以及下年期初未分配利润等，均按利润与利润分配表中的公式逐一计算求得，见表 8－22。

第 3 年利润为负值，是亏损年份。该年不计所得税、不提取盈余公积金和可供投资者分配的股利，并需要临时借款。

借款额＝515－293.76－90＝131.24（万元）。见借款还本付息表表 8－20。

4）第 4 年期初累计借款额＝2060－515＋131.24＋500＝2176.24（万元），将应计利息计入总成本费用估算表表 8－21 中，汇总得该年总成本。将总成本计入利润与利润分配表表 8－22 中，计算第 4 年利润总额、应纳所得税额、所得税和净利润。该年净利润 428.56 万元，大于还款未分配利润与上年临时借款之和，故为盈余年份，可提取法定取盈余公积金和可供投资者分配的利润等。

表8－22　某项目利润与利润分配表　单位：万元

序号	项目＼年	3	4	5	6	7	8
1	营业收入	2280.00	4560.00	4560.00	4560.00	4560.00	4560.00
2	总成本费用	2193.36	3731.71	3695.56	3664.66	3633.76	3633.76
3	营业税金及附加(1)×6%	136.80	273.60	273.60	273.60	273.60	273.60
4	补贴收入						
5	利润总额(1－2－3＋4)	－50.16	554.69	590.84	621.74	652.64	652.64
6	弥补以前年度亏损		50.16				
7	应纳税所得额(5－6)		504.53	590.84	621.74	652.64	652.64
8	所得税(7)×25%		126.13	147.71	155.44	163.16	163.16
9	净利润(5－8)	－50.16	428.56	443.13	466.30	489.48	489.48
10	期初未分配利润			39.51	175.59	285.44	508.18
11	可供分配利润(9＋10－6)		378.40	482.64	641.89	774.92	997.66
12	法定盈余公积金(9)×10%		42.86	44.31	46.63	48.95	48.95
13	可供投资者分配利润(11－12)		335.54	438.33	595.26	725.97	948.71
14	应付投资者各方股利		33.55	131.50	178.58	217.79	284.61
15	未分配利润(13－14)		301.99	306.83	416.68	508.18	664.10
15.1	用于还款未分配利润		262.48	131.24	131.24		
15.2	剩余利润(转下年度期初未分配利润)		39.51	175.59	285.44	508.18	664.10
16	息税前利润(5＋当年利息支出)	77.44	672.64	672.64	672.64	672.64	672.64

第4年应还本金＝515＋131.24＝646.24(万元)

第4年还款未分配利润＝646.24－293.76－90＝262.48(万元)

第4年法定盈余公积金＝净利润×10%－428.56×10%－42.86(万元)

第4年可供分配利润＝净利润－期初未弥补的亏损＋期初未分配利润

＝428.56－50.16＋0＝378.40(万元)

第4年可供投资者分配利润＝可供分配利润－盈余公积金

＝378.40－42.86＝335.54(万元)

第4年应付各投资方的股利＝可供投资者分配股利×10%

＝335.54×10%＝33.55(万元)

第4年剩余的未分配利润 = 335.54 − 33.55 − 262.48 − 301.99 − 262.48 = 39.51(万元)(为下年度的期初未分配利润),见表8−22。

5)第5年年初累计欠款额 = 1545 + 131.24 − 646.24 = 1030(万元),见表8−20,用以上方法计算出第5年的利润总额、应纳所得税额、所得税、净利润、可供分配利润和法定盈余公积金。该年期初无亏损,期初未分配利润为39.51万元。

所以第5年可供分配利润 = 净利润 − 弥补以前年度亏损 + 期初未分配利润

= 443.13 − 0 + 39.51 = 482.64(万元)

第5年法定盈余公积金 = 443.13 × 10% = 44.31(万元)

第5年可供投资者分配利润 = 可供分配利润 − 法定盈余公积金

= 482.64 − 44.31 = 438.33(万元)

第5年应付各投资方的股利 = 可供投资者分配股利 × 30%

438.33 × 30% = 131.50(万元)

第5年还款未分配利润 = 515 − 293.76 − 90 = 131.24(万元)

第5年剩余未分配利润 = 438.33 − 131.50 − 131.24 − 306.83 − 131.24 = 175.59(万元)(为第6年度的期初未分配利润)

6. 第6年各项费用计算同第5年。

以后各年不再有贷款利息和还款未分配利润,只有下年度积累的期初未分配利润。

问题2:

解: 项目的总投资收益率、资本金净利润率等静态盈利能力指标,按以下计算:

1)计算总投资收益率 = 正常年份的息税前利润 ÷ 总投资

投资收益率 = [672.64 ÷ (3540 + 60 + 800)] × 100% = 15.29%

2)计算资本金净利润率

由于正常年份净利润差异较大,故用运营期的年平均净利润计算:

年平均净利润 = (−50.16 + 428.56 + 443.13 + 466.30 + 489.48 + 489.48) ÷ 6 = 2266.79 ÷ 6 = 377.80(万元)

资本金利润率 = [377.80 ÷ (1540 + 300)] × 100% = 20.53%

问题3:

解: 1)根据背景资料、借款还本付息表中的利息、利润与利润分配表中的营业税、所得税等数据编制拟建项目资本金现金流量表表8−23。

2)计算回收固定资产余值,填入项目资本金现金流量表表8−23内。

固定资产余值 = 293.76 × 4 + 3060 × 4% = 1297.44(万元)

3)计算回收全部流动资金,填入资本金现金流量表表8−23内。

全部流动资金 = 300 + 100 + 400 = 800(万元)

4)根据项目资本金现金流量表8−23,计算项目的动态投资回收期。

动态投资回收期 = (累计净现金流量现值出现正值的年份 − 1) + (出现正值年份上年累计净现金流量现值绝对值 ÷ 出现正值年份当年净现金流量现值)

= (8 − 1) + (| −625.48 | ÷ 1334.91) = 7.47(年)

项目的财务净现值就是计算期累计折现净现金流量值,即 $FNPV$ = 709.43(万元)。

表 8－23　某项目资本金现金流量表　单位：万元

序号	项目	1	2	3	4	5	6	7	8
1	现金流入			2280.00	4560.00	4560.00	4560.00	4560.00	6657.44
1.1	营业收入			2280.00	4560.00	4560.00	4560.00	4560.00	4560.00
1.2	回收固定资产余值								1297.44
1.3	回收流动资金								800.00
2	现金流出	1200.00	340.00	2761.40	4393.92	4248.11	4224.94	3686.76	4186.76
2.1	项目资本金	1200.00	340.00	300.00					
2.2	借款本金偿还			515.00	646.24	515.00	515.00		500.00
2.3	借款利息支付			127.60	117.95	81.80	50.90	20.00	20.00
2.4	经营成本			1682.00	3230.00	3230.00	3230.00	3230.00	3230.00
2.5	营业税金及附加			136.80	273.60	273.60	273.60	273.60	273.60
2.6	所得税				126.13	147.71	155.44	163.16	163.16
3	净现金流量	－1200.00	－340.00	－350.16	166.08	311.89	335.07	873.24	2470.68
4	累计净现金流量	－1200.00	－1540.00	－1890.16	－1724.08	－1412.19	－1077.12	－203.88	2266.80
5	折现系数 $i_c=8\%$	0.9259	0.8573	0.7938	0.7350	0.6806	0.6302	0.5835	0.5403
6	折现现金流量	－1111.08	－291.48	－277.96	122.07	212.27	211.16	509.54	1334.91
7	累计折现净现金流量	－1111.08	－1402.56	－1680.52	－1558.45	－1346.18	－1135.02	－625.48	709.43

问题 4：

从财务评价角度评价该项目的可行性。

因为：项目投资收益率为 15.29% ＞行业平均值 10%，项目资本金净利润率为20.53% ＞行业平均值 15%，项目的自有资金财务净现值 $FNPV=605.24$ 万元＞0，动态投资回收期 7.47 年，不大于项目寿命期 8 年。所以，表明项目的盈利能力大于行业平均水平。该项目可行。

8.4.5　清偿能力分析案例

某拟建工业项目的基础数据如下：

1）固定资产投资估算总额为 5263.90 万元（其中包括无形资产 600 万元）。建设期 2 年，运营期 8 年。

2）本项目固定资产投资来源为自有资金和贷款。自有资金在建设期内均衡投入；贷款本金为2000 万元，在建设期内每年贷入 1000 万元。贷款年利率 10%（按年计息）。贷款合同规定的还款方式为：运营期的前 4 年等额还本付息。无形资产在运营期 8 年中均匀摊入成本。固定资产残值 300 万元，按直线法折旧，折旧年限 12 年。所得税率为 25%。

3）本项目第 3 年投产，当年达产率为 70%，第 4 年达产率为 90%，以后各年均达到设计生产能力。流动资金全部为自有资金。

4)股东会约定正常年份按可供投资者分配利润50%比例，提取应付投资者各方的股利。营运期的头两年，按正常年份的70%和90%比例计算。

5)项目的资金投入、收益、成本，见表8-24。

表8-24 工程项目资金投入、收益、成本费用表 单位：万元

序号	项目	1	2	3	4	5	6	7	8~10
1	建设投资 其中：资本金 贷款本金	 1529.45 1000.00	 1529.45 1000.00						
2	营业收入			3500.00	4500.00	5000.00	5000.00	5000.00	5000.00
3	营业税金及附加			210.00	270.00	300.00	300.00	300.00	300.00
4	经营成本			2490.84	3202.51	3558.34	3558.34	3558.34	3558.34
5	流动资产(现金+应收账款+预付账款+存货)			532.00	684.00	760.00	760.00	760.00	760.00
6	流动负债(应付账款+预收账款)			89.83	115.50	128.33	128.33	128.33	128.33
7	流动资金[(5-6)]			442.17	568.50	631.67	631.67	631.67	631.67

问题：

1)计算建设期贷款利息和运营期年固定资产折旧费、年无形资产摊销费。

2)编制项目的借款还本付息计划表、总成本费用估算表和利润与利润分配表。

3)编制项目的财务计划现金流量表。

4)编制项目的资产负债表。

5)从清偿能力角度，分析项目的可行性。

分析要点：

本案例重点考核融资后投资项目财务分析中，还款方式为等额还本付息情况下，借款还本付息表、总成本费用估算表和利润与利润分配表的编制方法。为了考察拟建项目计算期内各年的财务状况和清偿能力，还必须掌握项目财务计划现金流量表以及资产负债表的编制方法。

1)根据所给贷款利率计算建设期与运营期贷款利息，编制借款还本付息计划表。

运营期各年利息=该年期初借款余额×贷款利率

运营期各年期初借款余额=(上年期初借款余额-上年偿还本金)

运营期每年等额还本付息金额按以下公式计算：

$$A=P\times(1+i)^n\times i/[(1+i)^n-1]=P\times(A/P,\ i,\ n)$$

2)根据背景材料所给数据，按以下公式计算利润与利润分配表的各项费用：

营业税金及附加=营业收入×营业税金及附加税率

利润总额=营业收入-成本费用-营业税金及附加

所得税=(利润总额-弥补以前年度亏损)×所得税率

在未分配利润+折旧费+摊销费>该年应还本金的条件下：

用于还款的未分配利润 = 应还本金 - 折旧费 - 摊销费　(8-30)

3)编制财务计划现金流量表应掌握净现金流量的计算方法：

该表的净现金流量等于经营活动、投资活动和筹资活动三个方面的净现金流量之和。

①经营活动的净现金流量 = 经营活动的现金流入 - 经营活动的现金流出　(8-31)

式中：经营活动的现金流入包括营业收入、增值税销项税额、补贴收入以及与经营活动有关的其他流入。

经营活动的现金流出包括经营成本、增值税进项税额、营业税金及附加、增值税、所得税以及与经营活动有关的其他流出。

②投资活动的净现金流量 = 投资活动的现金流入 - 投资活动的现金流出

式中：对于新设法人项目，投资活动的现金流入为 0。

投资活动的现金流出包括建设投资、维持运营投资、流动资金以及与投资活动有关的其他流出。

③筹资活动的净现金流量 = 筹资活动的现金流入 - 筹资活动的现金流出

式中：筹资活动的现金流入包括项目资本金投入、建设投资借款、流动资金借款、债券、短期借款以及与筹资活动有关的其他流入。

筹资活动的现金流出包括各种利息支出、偿还债务本金、应付利润(股利分配)以及与筹资活动有关的其他流出。

4) 累计盈余资金 = $\sum$ 净现金流量(即各年净现金流量之和)。

5)编制资产负债表应掌握以下各项费用的计算方法：

资产：流动资产总额(货币资金、应收账款、预付账款、存货、其他之和)、在建工程、固定资产净值、无形及其他资产净值，其中货币资金包括现金和累计盈余资金。

负债：指流动负债、建设投资借款和流动资金借款。

所有者权益：资本金、资本公积金、累计盈余公积金和累计未分配利润。

以上费用大都可直接从利润与利润分配表和财务计划现金流量表中取得。

6)清偿能力分析：包括资产负债率和流动比率。

资产负债率 = 负债总额/资产总额 ×100%　(8-32)

流动比率 = 流动资产总额/流动负债总额 ×100%　(8-33)

答案：

问题 1：

解：1)建设期贷款利息计算：

第 1 年贷款利息 = (0 + 1000 ÷ 2) × 10% = 50(万元)

第 2 年贷款利息 = [(1000 + 50) + 1000 ÷ 2] × 10% = 155(万元)

建设期贷款利息总计 = 50 + 155 = 205(万元)

2)年固定资产折旧费 = (5263.9 - 600 - 300) ÷ 12 = 363.66(万元)

3)年无形资产摊销费 = 600 ÷ 8 = 75(万元)

问题 2：

解：1)根据贷款利息公式列出借款还本付息表中的各项费用，并填入建设期两年的贷款利息，见表 8-25。第 3 年年初累计借款额为 2205 万元，则运营期的前 4 年应偿还的等额本息：

$$A = P \times (1+i)^n \times i / [(1+i)^n - 1]$$
$$= 2205 \times (1+10\%)^4 \times 10\% / [(1+10\%)^4 - 1]$$
$$= 2205 \times 0.31547 = 695.61(万元)$$

表 8－25　借款还本付息计划表　　单位：万元

项目		计算期					
		1	2	3	4	5	6
借款(建设投资借款)							
期初借款余额			1050.00	2205.00	1729.89	1207.27	632.39
当期还本付息				695.61	695.61	695.61	695.61
其中	还本			475.11	522.62	574.88	632.39
	付息	50.00	155.00	220.50	172.99	120.73	63.24
期末借款余额		1050.00	2205.00	1729.89	1207.27	632.39	

2)根据总成本费用的组成，列出总成本费用中的各项费用，并将借款还本付息表中第3年应计利息＝2205×10%＝220.50(万元)和年经营成本、年折旧费、摊销费一并填入总成本费用表中，汇总得出第3年的总成本费用为3150万元，见表8－26。

表 8－26　总成本费用估算表　　单位：万元

序号	费用名称	3	4	5	6	7	8	9	10
1	经营成本	2490.84	3202.51	3558.34	3558.34	3558.34	3558.34	3558.34	3558.34
2	折旧费	363.66	363.66	363.66	363.66	363.66	363.66	363.66	363.66
3	摊销费	75.00	75.00	75.00	75.00	75.00	75.00	75.00	75.00
4	利息支出	220.50	172.99	120.73	63.24				
5	总成本费用	3150.00	3814.16	4117.73	4060.24	3997.00	3997.00	3997.00	3997.00

3)将各年的营业收入、营业税金及附加和第3年的总成本费用3150万元一并填入利润与利润分配表表8－27的该年份内，并按以下公式计算出该年利润总额、所得税及净利润。

①第3年利润总额＝3500－3150－210＝140(万元)

第3年应交纳所得税＝140×25%＝35(万元)

第3年净利润＝140－35＝105(万元)

期初未分配利润和弥补以前年度亏损为，本年净利润＝可供分配利润

第3年提取法定盈余公积金＝105×10%＝10.50(万元)

第3年可供投资者分配利润＝105－10.5＝94.50(万元)

第3年应付投资者各方股利＝94.50×50%×70%＝33.08(万元)

第3年未分配利润＝94.5－33.08＝61.42(万元)

第 3 年用于还款的未分配利润 =475.11 -363.66 -75 =36.45(万元)

第 3 年剩余未分配利润 =61.42 -36.45 =24.97(万元)(为下年度期初未分配利润)

(2)第 4 年初尚欠贷款本金 =2205 -475.11 =1729.89(万元)，应计利息 172.99 万元，填入总成本费用估算表 8 -26 中，汇总得出第 4 年的总成本费用为：3814.16 万元。

将总成本代入利润与利润分配表 8 -27 中，计算出净利润 311.88 万元。

第 4 年可供分配利润 =311.88 +24.97 =336.85(万元)

第 4 年提取法定盈余公积金 =311.88 ×10% =31.19(万元)

第 4 年可供投资者分配利润 =336.85 -31.19 =305.66(万元)

第 4 年应付投资者各方股利 =305.66 ×50% ×90% =137.55(万元)

第 4 年未分配利润 =305.66 -137.55 =168.11(万元)

第 4 年用于还款的未分配利润 =522.62 -363.66 -75 =83.96(万元)

第 4 年剩余未分配利润 =168.11 -83.96 =84.15(万元)，为下年度期初未分配利润。

(3)第 5 年初尚欠贷款本金 =1729.89 -522.62 =1207.27(万元)，应计利息 120.73 万元，填入总成本费用估算表 8 -26 中，汇总得出第 5 年的总成本费用为：4117.73 万元。

将总成本代入利润与利润分配表 8 -27 中，计算出净利润 436.70 万元。

第 5 年可供分配利润 =436.70 +84.15 =520.85(万元)

第 5 年提取法定盈余公积金 =436.70 ×10% =43.67(万元)

表 8 -27　利润与利润分配表　单位：万元

序号	费用名称	3	4	5	6	7	8	9	10
1	营业收入	3500	4500	5000	5000	5000	5000	5000	5000
2	营业税金及附加	210	270	300	300	300	300	300	300
3	总成本费用	3150	3814.16	4117.73	4060.24	3997.00	3997.00	3997.00	3997.00
4	补贴收入								
5	利润总额(1 -2 -3 +4)	140	415.84	582.27	639.76	703.00	703.00	703.00	703.00
6	弥补以前年度亏损								
7	应纳税所得额(5 -6)	140	415.84	582.27	639.76	703.00	703.00	703.00	703.00
8	所得税(7) ×25%	35.00	103.95	145.57	159.94	175.75	175.75	175.75	175.75
9	净利润(5 -8)	105.00	311.88	436.70	479.82	527.25	527.25	527.25	527.25
10	期初未分配利润		24.97	84.15	102.37	73.37	273.94	374.23	424.37
11	可供分配利润(9 +10)	105.00	336.85	520.85	582.19	600.62	801.19	901.48	951.62
12	提取法定盈余公积金(9) ×10%	10.50	31.19	43.67	47.98	52.73	52.73	52.73	52.73
13	可供投资者分配的利润(11 -12)	94.50	305.66	477.18	534.21	547.89	748.46	848.75	898.89
14	应付投资者各方股利	33.08	137.55	238.59	267.11	273.95	374.23	424.38	449.45
15	未分配利润(13 -14)	61.42	168.11	238.59	267.10	273.94	374.23	424.37	449.44
15.1	用于还款利润	36.45	83.96	136.22	193.73				
15.2	剩余利润转下年期初未分配利润	24.97	84.15	102.37	73.37	273.94	374.23	424.37	449.44
16	息税前利润(5 +利息支出)	360.50	588.83	703.00	703.00	703.00	703.00	703.00	703.00

第 5 年可供投资者分配利润 = 520.85 - 43.67 = 477.18(万元)

第 5 年应付投资者各方股利 = 477.18 × 50% = 238.59(万元)

第 5 年未分配利润 = 477.18 - 238.59 = 238.59(万元)

第 5 年用于还款的未分配利润 = 574.88 - 363.66 - 75 = 136.22(万元)

第 5 年剩余未分配利润 = 238.59 - 136.22 = 102.37(万元)，为下年度期初未分配利润。

4)第 6 年初尚欠贷款本金 = 1207.27 - 574.88 = 632.39(万元)，应计利息 63.24 万元，填入总成本费用估算表 8-26 中，汇总得出第 6 年的总成本费用为：4060.24 万元。将总成本代入利润与利润分配表 8-27 中，计算出净利润 479.82 万元。

本年的可供分配利润、提取法定盈余公积金、可供投资者分配利润、用于还款的未分配利润、剩余未分配利润的计算均与第 5 年相同。

5)第 7、8、9 年和第 10 年已还清贷款，所以，总成本费用表中不再有固定资产贷款利息，总成本均为 3997 万元；利润与利润分配表中用于还款的未分配利润也均为 0；净利润只用于提取盈余公积金 10% 和应付投资者各方股利 50%，剩余的未分配利润转下年期初未分配利润。

问题 3：

解：编制项目财务计划现金流量表，见表 8-28。

表中各项数据均取自于借款还本付息表、总成本费用估算表和利润与利润分配表。

表 8-28　项目财务计划现金流量表　　单位：万元

序号	项目	1	2	3	4	5	6	7	8	9	10
1	经营活动净现金流量			764.16	923.53	996.09	981.72	965.91	965.91	965.91	965.91
1.1	现金流入			3500.00	4500.00	5000.00	5000.00	5000.00	5000.00	5000.00	5000.00
1.1.1	营业收入			3500.00	4500.00	5000.00	5000.00	5000.00	5000.00	5000.00	5000.00
1.2	现金流出			2735.84	3576.47	4003.91	4018.28	4034.09	4034.09	4034.09	4034.09
1.2.1	经营成本			2490.84	3202.51	3558.34	3558.34	3558.34	3558.34	3558.34	3558.34
1.2.2	营业税金及附加			210.00	270.00	300.00	300.00	300.00	300.00	300.00	300.00
1.2.3	所得税			35.00	103.96	145.57	159.94	175.75	175.75	175.75	175.75
2	投资活动净现金流量	-2579.45	-2684.45	-442.17	-126.33	-63.17					
2.1	现金流入										
2.2	现金流出	2579.45	2684.45	442.17	126.33	63.17					
2.2.1	建设投资	2579.45	2684.45								
2.2.2	流动资金			442.17	126.33	63.17					
3	筹资活动净现金流量	2579.45	2684.45	-286.52	-706.83	-871.04	-962.72	-273.96	-374.24	-424.38	-449.45
3.1	现金流入	2579.45	2684.45	442.17	126.33	63.17					
3.1.1	项目资本金投入	1529.45	1529.45	442.17	126.33	63.17					
3.1.2	建设投资借款	1050.00	1155.00								

续表 8－28

序号	项目	1	2	3	4	5	6	7	8	9	10
3.1.3	流动资金借款										
3.2	现金流出			728.69	833.16	934.21	962.72	273.96	374.24	424.38	449.45
3.2.1	各种利息支出			220.50	172.99	120.73	63.24				
3.2.2	偿还债务本金			475.11	522.62	574.89	632.38				
3.2.3	应付利润			33.08	137.55	238.59	267.10	273.96	374.24	424.38	449.45
4	净现金流量(1+2+3)			35.47	90.37	61.89	19.00	691.95	591.67	541.53	516.46
5	累计盈余资金	0.00	0.00	35.47	125.85	187.74	206.72	898.68	1490.36	2031.89	2548.35

问题 4：

解：编制项目的资产负债表，见表 8－29，表中各项数据均取自背景资料、财务计划现金流量表、借款还本付息计划表和利润与利润分配表。

表 8－29　资产负债表　　单位：万元

序号	费用名称	1	2	3	4	5	6	7	8	9	10
1	资产	2579.45	5263.90	5392.71	5221.40	5004.78	4687.47	5014.14	5441.10	5918.20	6420.37
1.1	流动资产总额			567.47	834.82	1056.86	1178.21	1943.54	2809.16	3724.92	4665.75
1.1.1	流动资产			532	684	760	760	760	760	760	760
1.1.2	累计盈余资金	0	0	35.47	125.85	187.74	206.72	898.68	1490.36	2031.89	2548.35
1.1.3	累计期初分配利润			0	24.97	109.12	211.49	284.86	558.80	933.03	1357.40
1.2	在建工程	2579.45	5263.90								
1.3	固定资产净值			4300.24	3936.58	3572.92	3209.26	2845.60	2481.94	2118.28	1754.62
1.4	无形资产			525	450	375	300	225	150	75	0
2	负债及所有者权益	2579.45	5263.90	5392.71	5221.39	5004.77	4687.46	5014.13	5441.09	5918.19	6420.36
2.1	负债	1050	2205	1819.72	1322.77	760.72	128.33	128.33	128.33	128.33	128.33
2.1.1	流动负债			89.83	115.50	128.33	128.33	128.33	128.33	128.33	128.33
2.1.2	贷款负债	1050	2205	1729.89	1207.27	632.39					
2.2	所有者权益	1529.45	3058.90	3572.99	3898.62	4244.05	4559.13	4885.80	5312.76	5789.86	6292.03
2.2.1	资本金	1529.45	3058.90	3501.07	3627.40	3690.57	3690.57	3690.57	3690.57	3690.57	3690.57
2.2.2	累计盈余公积金	0	0	10.50	41.69	85.36	133.34	186.07	238.80	291.53	344.26
2.2.3	累计未分配利润	0	0	61.42	229.53	468.12	735.22	1009.16	1383.39	1807.76	2257.20
计算指标	资产负债率/%	40.71	41.89	33.74	25.33	15.20	2.74	2.56	2.36	2.17	2.00
	流动比率/%			631.72	722.79	823.55	918.11	1514.49	2189.01	2901.61	3635.74

表中：

(1)资产

1)流动资产总额：流动资产、累计盈余资金额以及期初未分配利润之和。流动资产取自背景材料中表8－24；期初未分配利润取自利润与利润分配表表8－27中数据的累计值。累计盈余资金取自财务计划现金流量表表8－28。

2)在建工程：建设期各年的固定资产投资额，取自背景材料中的表8－24。

3)固定资产净值：投产期逐年从固定资产投资中扣除折旧费后的固定资产余值。

4)无形资产净值：投产期逐年从无形资产中扣除摊销费后的无形资产余值。

(2)负债

1)流动资金负债：取自背景材料中的表8－24中的应付账款。

2)投资贷款负债：取自借款还本付息计划表表8－25。

(3)所有者权益

1)资本金：取自背景材料中的表8－24。

2)累计盈余公积金：根据利润与利润分配表表8－27中盈余公积金的累计计算。

3)累计未分配利润：根据利润与利润分配表表8－27中未分配利润的累计计算。

上述表中，各年的资产与各年的负债和所有者权益之间应满足以下条件：

资产＝负债＋所有者权益

评价：根据利润与利润分配表计算出该项目的借款能按合同规定在运营期前4年内等额还本付息还清贷款。并自投产年份开始就为盈余年份。还清贷款后，每年的资产负债率均在3%以内，流动比率大，说明偿债能力强。该项目可行。

思考与练习

1. 建设项目财务评价中的项目分类与特点有哪些？

2. 建设项目财务评价的概念如何？

3. 建设项目财务评价的内容与步骤有哪些？

4. 建设项目财务评价报表包括哪些？各有什么作用？

5. 某市一家房地产开发公司以BOT方式，投资11700万元，获得某学校新校区公寓区的20年经营使用权，20年后返还给学校，预计当公寓第3年正常运营后，每年的纯收益为2000万元，从第3年起，纯收益每5年增长5%，该公寓园区的建设期为2年，总投资分两年投入：一期6000万元，二期为5700万元。试计算项目的财务净现值、财务内部收益率和动态投资回收期，并判断项目的财务可行性。(假设投资发生在年初，其他收支发生在年末，基准收益率取12%)。

6. 某集团公司以400万元购得一商业楼15年的使用权，用于出租经营，投资资金以分期付款方式支付，第1年年初支付40%，第2年年初支付60%，为使出租较为顺利，第1年年初进行了装修，总费用为50万元，第2年正式出租，从第2年到第4年的净租金收入为70万元、70万元、70万元，从第5年全部租出，纯收入为100万元，以后每5年增长5%，若该类投资的基准收益率为12%，试计算该投资的财务净现值、财务内部收益率和动态投资回收期，并判断财务可行性。(假设投资发生在年初，其他收支发生在年末)

7. 某人年初欲购商业店铺，总价为 20 万元，可经营 15 年，经市场调查及预测，市场上同类店铺的销售利润率可达 20%，营业额每 5 年增长 10%，问在 15 年经营期内，各年营业额为多少才能保证收益率达到 14%？若营业额为 20 万元，销售利润率为多少才能保证 14% 的收益率？若按 20% 的销售利润率，营业额为 18 万，试计算其基准收益率 14% 下的财务净现值、财务内部收益率和动态投资回收期。

第 9 章 工程项目经济分析

9.1 工程项目经济分析概述

9.1.1 工程项目经济分析的概念和意义

1. 工程项目经济分析的概念

工程项目经济评价应根据国民经济与社会发展以及行业、地区发展规划的要求在项目初步方案的基础上，采用科学的分析方法，对拟建项目的财务可行性和经济合理性进行分析论证，为项目的科学决策提供经济方面的依据。工程项目的经济评价包括财务评价（也称财务分析）和国民经济评价（也称经济分析）两个层次。财务评价是在国家现行财税制度和价格体系的前提下，从项目的角度出发，计算项目范围内的效益与费用，分析项目的盈利能力、清偿能力，以考察项目在财务上的可行性；国民经济评价（也称经济分析）是在合理配置社会资源的前提下，从国家整体角度出发，计算项目对国民经济的贡献，分析项目的经济效益、效果和对社会的影响，评价项目在宏观经济上的合理性。

工程项目经济评价内容的选择，应根据项目性质、项目目标、项目投资者、项目财务主体以及项目对经济和社会的影响程度等具体情况确定。对于费用效益计算比较简单的、建设期和运营期较短、不涉及进出口平衡等的一般项目，如果财务评价的结论能够满足投资决策需要，可不进行国民经济评价；对于关系公共利益、国家安全和市场不能有效配置资源的经济和社会发展项目，除应进行财务评价外，还应进行国民经济评价；对于特别重大的工程项目尚应辅以区域经济和宏观经济影响分析方法进行国民经济评价。

2. 工程项目经济分析的意义

（1）项目经济分析是宏观上合理配置国家有限资源的需要

国家的资源（资金、土地、劳动力等）总是有限的，而同一种资源可以有不同的用途，必须从这些相互竞争的用途中作出选择。这时，就需要从国家整体利益的角度来考虑，借助于项目经济分析。国民经济是一个大系统，项目建设是这个大系统中的一个子系统，项目经济分析就是要分析项目从国民经济中所吸取的投入以及项目产出对国民经济这个大系统的经济目标的影响，从而选择对大系统目标最有利的项目或方案。

（2）项目经济分析是真实反映项目对国民经济净贡献的需要。

在我国，不少商品的价格不能反映价值，也不反映供求关系，即所谓的价格“失真”。在这样的条件下，按现行价格来考察项目的投入或产出，不能确切地反映项目建设给国民经济带来的效益和费用。

通过项目经济分析，进行价格调整，运用能反映资源真实价值的价格，来计算工程项目的费用和效益，以便得出该项目的建设是否有利于国民经济总目标的结论。

(3)项目经济分析是投资决策科学化的需要

1)有利于引导投资方向。运用项目经济分析的相关指标以及有关参数，可以影响项目经济分析的最终结论，进而起到鼓励或抑制某些行业或项目发展的作用，促进国家资源的合理分配。

2)有利于抑制投资规模。当投资规模过大时，将引发通货膨胀，这时可通过适当提高折现率，控制一些项目的通过，从而控制投资规模。

3)有利于提高项目计划的质量。

9.1.2　经济分析与财务评价的异同

财务评价是根据国家现行财税制度、价格体系对项目评价的有关规定，从项目的财务角度，分析计算项目的直接效益和直接费用，编制财务报表，计算财务评价指标。通过项目的财务盈利能力、清偿能力分析，凭借一系列评价指标的测算和分析来论证工程项目财务上的可行性，并进行不确定分析，为投资决策提供科学的依据。财务评价既是经济评价的重要核心内容，又为项目经济分析提供了调整计算的基础。

经济分析是项目经济评价的重要组成部分。它是按照资源合理配置的原则，从国家整体角度考察和确定项目的效益和费用，用货物影子价格、影子工资、影子汇率和社会折现率等经济参数，计算和分析项目对国民经济的净贡献，以评价项目经济上的合理性。项目财务评价是从项目微观层次考察项目财务上是否可行；而经济分析则是从国家整体角度考察项目经济上的合理性，国家必须按照一定的准则对资源进行合理配置，并力求对国家的基本贡献目标最大。

1. 经济分析与财务评价的共同点

(1)两种评价的方法相同

它们都是经济效果评价，都使用基本的经济评价理论，即效益与费用比较的理论方法。它们都要寻求以最小的投入获取最大的产出，都要考虑资金的时间价值，都采用内部收益率、净现值等盈利性指标评价工程项目的经济效果。

(2)两种评价的基础工作相同

两种分析都要在完成产品需求预测、工艺技术选择、投资估算、资金筹措方案等可行性研究内容的基础上进行。经济分析利用财务评价中已经使用过的数据资料，以财务评价为基础进行所需要的调整计算，得到经济分析的结论。

(3)两种评价的计算期相同

无论经济分析还是财务评价，都使用包括建设期、生产期在内相同的计算寿命期。

2. 经济分析与财务评价的区别

(1)两种评价的基本出发点不同

财务评价是站在项目的层次上，从项目经营者、投资者、未来债权人的角度分析项目在财务上能够生存的可能性，分析各方的实际收益或损失，分析投资或贷款的风险及收益。项目经济分析则是站在国民经济的层次上，从全社会的角度分析项目的国民经济费用和效益。

(2)两种评价中费用和效益的含义和划分范围不同

财务评价是根据企业直接发生的财务收支计算项目的费用和效益。项目经济分析是根据项目消耗的有用资源和对社会提供的有用产品(包括服务)考察项目的费用和效益。税金、国内借款的利息和补贴视为国民经济内部转移支付，不列入项目的费用和效益，同时还要对项目引起的间接费用和间接效益进行分析计算。

(3)两种评价所使用的价格体系不同

财务评价对投入物和产出物采用财务价格，财务价格是以现行价格(市场交易价格)体系为基础的预测价格；而项目经济分析采用影子价格体系，来代替不合理的国内市场价格。这种影子价格反映资源的价值及稀缺程度，可以使有限的资源得到最优分配，从而实现最高的经济效益。

(4)两种评价使用的参数不同

财务评价所采用的汇率为官方汇率，并以因行业差异的基准折现率为行业基准收益率(见《工程项目经济评价方法和参数》)；项目经济分析则采用影子汇率和国家统一测定的社会折现率。

(5)两种评价的内容不同

财务评价主要有两个方面，一是盈利能力分析，另一个是清偿能力分析。而项目经济分析则只做盈利能力分析，不做清偿能力分析。

3. 项目经济分析结论与财务评价结论的关系

由于财务评价和项目经济分析有所区别，虽然在很多情况下两者结论是一致的，但也有不少时候两种评价结论是不同的。下面分析可能出现的四种情况及其相应的决策原则。

1)财务评价和经济分析(国民经济评价)结论均可行的项目，可予以通过。

2)财务评价和经济分析(国民经济评价)均不可行的项目，应予以否定。

3)对于关系公共利益、国家安全和市场不能有效配置资源的经济和社会发展的项目，如果经济分析(国民经济评价)结论可行，但财务评价结论不可行，应重新考虑方案，必要时可提出经济优惠措施的建议，使项目具有财务生存能力。

4)财务评价可行，经济分析(国民经济评价)不可行的项目，一般应予否定。

9.2 国民经济费用和效益的识别

经济费用效益分析是按照资源合理配置的原则，从国家整体角度考察项目的费用和效益，用货物的影子价格、影子工资、影子汇率和社会折现率等经济参数分析、计算项目对国民经济的净贡献，从而在宏观上评价项目的经济合理性。

经济费用效益分析是从资源配置的角度，分析项目投资的经济效益和对社会福利所做的贡献，评价项目经济合理性。对于财务现金流量不能全面、真实地反映其经济价值，需要进行经济费用效益分析的项目，应将经济费用效益分析的结论作为项目决策的主要依据之一。

下列项目应做经济费用效益分析：

1)具有垄断特征的项目。

2)产出具有公共产品特征的项目。

3)外部效果显著的项目。

4)资源开发项目。

5)涉及国家安全的项目。

6)受过度行政干预的项目。

9.2.1　费用与效益识别的基本原则

国民经济评价的费用与效益，与财务评价中的划分范围是不同的。国民经济评价以工程项目耗费资源的多少，以及项目给国民经济带来的收益来界定项目的费用与效益，无论最终由谁支付和获取，都视为该项目的费用和效益，而不仅仅是考察项目账面上直接显现的收支。因此，在国民经济评价中，需要对这些直接或者间接的费用与收益，逐一加以识别、归类和处理。进行国民经济评价首先要对项目的费用和效益进行识别和划分，也就是要认清所评价的项目在哪些方面对整个国民经济产生费用，又在哪些方面产生效益。

国民经济费用与效益识别的基本原则是：凡投资项目对国民经济发展所做的贡献，均计为投资项目的国民经济效益；凡国民经济为投资项目付出的代价，均计为投资项目的国民经济费用。在考察投资项目的国民经济效益与费用时，应遵循国民经济效益和费用计算范围相对应的原则。国民经济费用和效益可分为直接国民经济费用、直接国民经济效益以及间接国民经济费用、间接国民经济效益。

同时，要注意剔除转移支付原则。转移支付代表购买力的转移行为，接受转移支付的一方所获得的效益与付出方所产生的费用相等，转移支付行为本身没有导致新增资源的发生。

9.2.2　经济效益与费用的估算原则

项目投资所造成的经济费用或效益的计算，应在利益相关者分析的基础上，研究在特定的社会经济背景条件下相关利益主体获得的收益以付出的代价，计算项目相关的费用和效益。

1. 支付意愿原则

支付意愿原则是项目产出物的正面效果的计算遵循支付意愿(WTP)原则，用于分析社会成员为项目所产出的效益愿意支付的价值。

2. 受偿意愿原则

受偿意愿原则是项目产出物的负面效果的计算遵循支付意愿(WTP)原则，用于分析社会成员为接受这种不利影响所得到补偿的价值。

3. 机会成本原则

项目投入的经济费用的计算应遵循机会成本原则，用于分析项目所占用的所有资源的机会成本。

4. 实际价值计算原则

项目经济费用效益分析应对所有费用和效益采用反映资源真实价值的实际价值进行计算，不考虑通货膨胀因素的影响，但考虑相对价格变动。

9.2.3 直接费用和直接效益

1. 直接费用

项目的直接费用主要是指国家为满足项目投入(包括固定资产投资、流动资金及经常性投入)的需要而付出的代价。这些投入物用影子价格计算的经济价值即为项目的直接费用。

项目的直接费用的确定，也分为两种情况：

1)如果拟建项目的投入物来自国内供应量的增加，即增加国内生产来满足拟建项目的需求，其费用就是增加国内生产所消耗的资源价值。

2)如果国内总供应量不变，则应分以下三种情况：

①若项目投入物来自国外，即增加进口来满足项目需求，其费用就是所花费的外汇；

②若项目的投入物本来可以出口，为满足项目需求，减少了出口量，其费用就是减少的外汇投入；

③若项目的投入物本来用于其他项目，由于改用于拟建项目将减少对其他项目的供应因此而减少的效益，也就是其他项目对该投入物的支付意愿。

2. 直接效益

项目的直接效益是指由项目本身产生的，由其产出物提供的，并用影子价格计算的产出物的经济价值。

项目直接效益的确定分为两种情况：

1)如果项目的产出物用以增加国内市场的供应量，其效益就是所满足的国内需求，用消费者支付意愿来确定。

2)如果国内市场的供应量不变，则应分为以下三种情况考虑：

①若项目产出物增加了出口量，其收益为所获得的外汇；

②项目产出物减少了总进口量，即代替了进口货物，其收益为节约的外汇；

③若项目产出物顶替了原有项目的生产，致使其减产或者停产的，其效益为原有项目减产或停产向社会释放出来的资源，其价值也就等于这些资源的支付意愿。

9.2.4 间接费用和间接效益

间接费用亦称外部费用，是指社会为项目付出了代价，但在项目的直接费用中未得到反映的那部分费用；间接效益亦称外部效果，是指项目为社会作出了贡献，而在直接效益中未得到反映的那部分效益。间接费用和间接效益统称为外部效果。对显著的外部效果应做定量分析，计入项目的总效益和总费用中；不能定量的，应尽可能做定性描述。

外部效果通常难以计量，为了减少计量上的困难，应力求明确项目的“边界”。一般情况下可扩大项目的范围，把一些相互关联的项目结合在一起作为“联合体”进行评价。另外采用影子价格计算效益和费用，在很大程度上使项目的外部效果在项目内部得到体现。因此通过扩大计算范围和调整价格两项工作，实际上已经将很多“外部效果”内部化了。这样处理之后，在考虑某些外部效果时，还应注意以下几个问题：

1)对上下游企业的生产效果，是指由于拟建项目的投入与产出使其上下游企业原来限制的生产能力得以发挥或达到经济规模所产生的效果。为防止外部效果的扩大化，计算时需要注意，随着时间的推移，如果没有该拟建项目，上下游企业的生产能力的利用可能会发生变化，要按照有无对比的原则计算增量效果；并注意其他拟建项目是否也有类似的效果，如果有，就不应把上下游企业的闲置生产能力的利用都归因于该拟建项目，以免引起外部效果的重复计算。

2）技术扩散效果。建设技术先进的项目，由于技术培训、人才流动、技术的推广和扩散，整个社会都将受益，这种效果通常都未在影子价格中得到体现，不过由于计算上的困难，一般只做定性说明。

3）工业项目造成的环境污染和对生态的破坏，是一种间接费用，可参照现有同类企业造成的损失来计算，至少也应做定性的描述。

4）拟建项目的产出增加了国内市场供应量，导致产品价格下降，可以使原用户或消费者从中得到产品降价的好处，但这种好处一般不应计作项目的间接效益，因为产品将使原生产厂的效益减少。但是，如果该拟建项目的产出增加了出口量，导致原出口产品价格下降，减少了创汇的效益，则应计为该项目的间接费用。

5）计算外部效果时，还应区别是否已经在项目投入物和产出物的影子价格中得到充分反映。由于项目使用投入物，提供产出物，因其上下游工业效益或费用的变化，一般多在投入物、产出物的影子价格中得到反映，不必再计算间接效益或费用。

6）项目的外部效果一般只计算一次相关效果，不应连续扩展。

9.2.5　转移支付

在识别费用与效益范围的过程中，将会遇到税金、国内借款利息和补贴的处理问题。这些都是企业经济评价中的实际收入或支出，但是从国民经济的角度看，企业向国家缴纳税金，向国内银行支付利息，或企业从国家得到某种形式的补贴，都未造成资源的实际耗费和增加，它们只是项目和各种社会实体之间的货币转移，因此不能作为项目的费用或效益，称为国民经济内部的“转移支付”。

如果以项目的财务评价为基础进行国民经济评价时，应从财务效益与费用中剔除在国民经济评价中计作转移支付的部分。

在经济费用效益分析中，税金、补贴、借款和利息属于转移支付。

1. 税金

包括增值税、消费税、资源税、关税等。税金对投资项目来说是一项支出，从国家财政来说是一项收入。这是企业与国家之间的一项资金转移。税金不是投资项目使用资源的代价，所有财政性的税金，都不能算作国民经济费用。

2. 补贴

包括出口补贴、价格补贴等。国家以各种形式给予的补贴，都不能算是国民经济效益。

3. 国内银行利息

利息是利润的转化形式，是企业与银行之间的一种资金转移，并不涉及资源的增减变化，所以，利息也不能作为国民经济费用。

9.3 国民经济评价重要参数

国民经济评价参数是国民经济评价的基础。正确理解和使用评价参数，对正确计算费用、效益和评价指标，以及类比优化方案具有重要作用。

国民经济评价参数体系有两类，一类是通用参数，如社会折现率、影子汇率换算系数和影子工资换算系数等，这些通用系数由国家发展和改革委员会与住建部组织审定、发布，一般情况下有效期为一年；另一类是货物影子价格等一般参数，由有关部门(行业)可根据需要自行测算、补充经济评价所需的其他行业参数，并报国家发展和改革委员会与住建部备案。

9.3.1 社会折现率

社会折现率是工程项目经济评价的通用参数。在国民经济评价中用计算经济净现值时的折现率，并作为经济内部收益率的基准值，是工程项目经济可行性的主要判别依据。

社会折现率是社会对资金的时间价值的估算，是从整个国民经济角度所要求的资金投资收益率标准，代表占用社会资金所应获得的最低收益率。资金的机会成本，又称为资金的影子价格，单位资金的影子价格就叫影子利率。因此国民经济评价中所用的社会折现率就是资金的影子利率。在投资项目的国民经济评价中，社会折现率主要用来作为计算净现值时的折现率，或者用作评价项目国民经济内部收益率高低的基准(即用作基准内部收益率)。社会折现率表征社会对资金的时间价值的估量，适当的社会折现率有助于合理分配建设资金，引导资金投向对国民经济贡献大的项目，调节资金供需关系，促进资金在短期和长期项目间的合理配置。社会折现率应体现国民经济发展目标和宏观调控意图。根据我国目前的投资收益水平、资金机会成本、资金供需情况以及社会折现率，对长、短期项目的影响等因素。

原国家计委首次于1987年公布的社会折现率为10%；1993年第二次公布的为12%；2006年《国家发展改革委、建设部关于印发工程项目经济评价方法与参数的通知》附件中推荐的我国现阶段社会折现率为8%，对于一些特殊项目，主要是水利工程、环境改良工程、某些稀缺资源的开发利用项目，采取较低的社会折现率。交通运输项目的社会折现率要比水利项目高；对于远期收益大的项目，允许对远期收益计算采取较低的折现率；对于永久性工程或者受益期超长的项目，宜采用低于8%的社会折现率；对于超长期项目，社会折现率可用按时间分段递减的取值方法。社会折现率的取值不可低于6%。

9.3.2 影子汇率

所谓影子汇率(shadow exchange rate)，是指能正确反映外汇真实价值的汇率，即外汇的影子价格。在项目国民经济评价中，使用影子汇率是为了计算外汇的真实经济价值。影子汇率在国民经济分析中应用的是区别于官方汇率的外汇率。官方汇率是本国政府规定的单位外币的国内价格，影子汇率则是外币与本国货币的真实比价。官方汇率不能反映外币的真实价值。影子汇率是单位外币用国内货币表示的影子价格，反映外币的真实价值，即一国货币真正能够换取的外汇的汇率。影子汇率取值的高低，直接影响项目(或方案)比选中的进出口抉择；影响产品进口代替性项目或产品出口型项目的决策。

在国民经济评价中，影子汇率是通过影子汇率换算系数计算的。影子汇率换算系数是影子汇率与国家外汇牌价的比值。工程项目投入物和产出物设计进出口的，应采用影子汇率换算系数计算影子汇率，目前影子汇率换算系数取1.08。影子汇率应按下式计算：

$$影子汇率 = 国家外汇牌价 \times 影子汇率换算系数 \tag{9-1}$$

例9-1　中国银行外汇牌价为1美元兑换6.35元人民币，试求人民币对美元的影子汇率。

解：人民币对美元的影子汇率 = 影子汇率换算系数 ×6.35 = 1.08 ×6.35 = 6.86(元)

9.3.3　影子工资

影子工资是指项目使用劳动力资源而使社会付出的代价，项目国民经济评价中以影子工资计算劳动力费用。反映该劳动力用于拟建项目而使社会为此放弃的原有效益，由劳动力的边际产出和劳动力的就业或转移而引起的社会资源消耗构成。

影子工资一般是通过影子工资换算系数计算，影子工资换算系数是指影子工资与项目财务分析中的劳动力工资之间的比值。即：

$$影子工资 = 财务工资 \times 影子工资换算系数 \tag{9-2}$$

影子工资的确定，应符合以下规定：

1)影子工资应该根据项目所在地的劳动力就业状况、劳动力就业或转移成本测定。

2)技术劳动力的工资报酬一般可由市场供求决定，影子工资可以以财务实际支付工资计算，即影子工资换算系数取值为1。

3)对于非技术劳动力，其影子工资换算系数取值为0.25～0.8；根据当地的非技术劳动力供求状况决定，非技术劳动力较为富余的地区可取较低值，不太富余的地区可取较高值，中间状况可取0.5。

9.3.4　土地的影子价格

土地的影子价格是指项目使用土地资源而使社会付出的代价。土地影子价格反映土地用于拟建项目而使社会为此放弃的国民经济效益，以及国民经济为此增加的资源消耗。工程项目占用土地的支出，从国民经济角度来看，这笔支出除居民搬迁费等系社会为项目增加的资源消耗应计作项目的费用外，其他支出都为国民经济内部的转移支付。因此，在工程项目国民经济评价时不应列为项目的费用。但土地也是一项收入，它被项目占用后，就不能再作其他用途。同时，也不能从其他供应来源得到代替。基于这一点，土地的影子价格应包括：土地的机会成本，即土地用于该工程项目而使社会放弃的原有的效益；土地用于该工程项目而使社会增加的资源消耗，如拆迁补偿费、农民安置补助费等。土地影子价格应按下式计算：

$$土地影子价格 = 土地机会成本 + 新增资源消耗 \tag{9-3}$$

在项目的国民经济评价中，应当充分估计占用土地的机会成本和新增资源消耗。项目占用的土地位于城镇或者农村，具有不同的机会成本和新增资源消耗构成，需采取不同的估算方法。

(1)城镇土地影子价格的确定

城镇土地影子价格应根据项目占用土地所处地理位置、项目情况以及取得方式的不同分别确定，具体应符合下列规定：

1)通过招标、拍卖和挂牌出让的方式取得使用权的国有土地，其影子价格应按财务价格计算。

2)通过划拨、双方协议方式取得使用权的土地，应分析价格优惠或扭曲情况，参照公平市场交易价格，对价格进行调整。

3)对经济开发区优惠出让使用权的国有土地，其影子价格应参照当地土地市场交易价格类比确定。

4)当难以用市场交易价格类比方法确定土地影子价格时，可采用收益现值法或以开发投资应得收益加土地开发成本确定。

5)当采用收益现值法确定影子价格时，应以社会折现率对土地的未来收益及费用进行折现。

(2)农村土地影子价格的确定

工程项目如需占用农村土地，应以土地征用费为基础调整计算土地影子价格。具体应符合下列规定：

1)项目占用农村土地时，土地征收补偿费中的土地补偿费及青苗补偿费应视为土地机会成本，地上附着物补偿费及安置补助费应视为新增资源消耗，征地管理费、耕地占用税、耕地开垦费、土地管理费、土地开发费等其他费用应视为转移支付，不列入费用。

2)土地补助费、青苗补偿费、安置补助费在确定时，如与农民进行了充分协商，能够充分保证农民的应得利益时，则土地影子价格可按土地征收补偿费中的相关费用来确定。

3)如果存在征地费用优惠，或在征地过程中缺乏充分协商，导致土地征收补偿费低于市场定价，不能充分保证农民利益，则土地影子价格应参照当地正常土地征收补偿费标准进行调整。

国民经济评价对土地费用有两种常用具体的处理方式：一种是把占用土地在整个占用期间逐年效益的现值之和作为土地费用计入项目建设投资中；二是将逐年净效益的现值之和换算为年等效益，作为项目每年的收入。一般采取第一种方式。

例 9-2 某工程项目建设期为 4 年，生产期为 16 年，占用水稻耕地 1000 亩，占用前 3 年平均亩产量 0.8 t，预计该地区水稻亩产可以逐渐递增 4%。每吨稻谷的生产成本为 800 元。稻谷为外贸商品，按出口处理，其出口口岸价格为每吨 300 美元。项目所在地离口岸 500 km，稻谷运费为 0.10 元/(t · km)，贸易费用为货价的 6%。影子汇率换算系数为 1.08，外汇牌价 8.6335 元/美元，社会折现率 12%，试计算有关农田的土地费用。

解：

①每吨稻谷按口岸价格计算的影子价格为：

$300\times1.08\times8.6335-500\times0.1-(300\times1.08\times8.6335-500\times0.1)\div1.06\times6\%$
$=2591.75$ 元

②该土地生产每吨稻谷的净收益为：

$$2591.75-800=1791.75\text{ 元}$$

320 年内每亩水稻的净收益现值为：

$$P=\sum_{t=1}^{20}1791.75\times0.8\times\left(\frac{1+4\%}{1+12\%}\right)^t=14404.85\text{ 元}$$

41000 亩水稻田地 20 年内的净收益现值为：

$$14404.85\times1000=1440.485\text{ 万元}$$

工程项目国民经济评价中，以 1440.485 万元作为土地费用计入固定资产投资。

9.4　影子价格

影子价格是进行项目国民经济评价、计算国民经济效益与费用时专用的价格，是指依据一定原则确定的、能够反映投入物和产出物真实经济价值、反映市场供求状况、反映资源稀缺程度、使资源得到合理配置的价格。进行国民经济评价时，项目的主要投入物和产出物价格在原则上都应采用影子价格。

影子价格应当根据项目的投入物和产出物对国民经济的影响，从“有无对比”的角度研究确定。项目使用了投入物，将造成两种影响：对国民经济造成资源消耗或挤占其他用户。项目生产的产品及提供的服务也会造成两种影响：用户使用得到效益或挤占其他供应者的市场份额。

9.4.1　市场定价货物的影子价格

随着我国市场经济的发展和贸易范围的扩大，大部分货物的价格由市场形成，价格可以近似反映其真实价值。进行国民经济评价可将这些货物的市场价格加上或者减去国内运杂费等，作为投入物或者产出物的影子价格。

在确定影子价格前，首先应将市场定价的货物区分为外贸货物和非外贸货物。

外贸货物是指其生产、使用将直接或间接影响国家进口或出口的货物，即产出物中直接出口（增加出口）、间接出口（代替其他企业产品使其增加出口）或代替进口（内销产品替代进口使进口减少）的货物；投入物中直接进口（增加进口）、间接进口（挤占其他企业的投入物使其增加进口）或减少出口（挤占原可用于出口的国内产品）的货物。

非外贸货物是指其生产、使用将不影响国家进口或出口的货物。其中包括“天然”不能进行外贸的货物或服务，如建筑物、国内运输等，还包括受地理位置所限、运输费用过高或受国内外贸易政策等限制而不能进行外贸的货物。

1. 外贸货物的影子价格

外贸货物是指项目使用或生产某种货物将直接或间接影响国家对这种货物的进口或出口，包括项目产出物中直接出口、间接出口和替代进口的货物，以及项目投入物中直接进口、间接进口和减少出口的货物。

外贸货物影子价格是指以口岸价为基础，乘以影子汇率，再加上或者减去国内运杂费和贸易费用。

$$\text{投入物影子价格(项目投入物的到厂价格)} = \text{到岸价}(CIF) \times \text{影子汇率} + \text{国内运杂费} + \text{贸易费用} \tag{9-4}$$

$$\text{产出物影子价格(项目产出物的出厂价格)} = \text{离岸价}(FOB) \times \text{影子汇率} - \text{国内运杂费} - \text{贸易费用} \tag{9-5}$$

贸易费用是指外经贸机构为进出口货物所耗用的、用影子价格计算的流通费用，包括货物的储运、再包装、短途运输、装卸、保险、检验等环节的费用支出，以及资金占用的机会成本，但不包括长途运输费用。贸易费用一般用货物的口岸价乘以贸易费率来计算。贸易费率由项目评价人员根据项目所在地区流通领域的特点和项目的实际情况测定。

2. 非外贸货物的影子价格

非外贸货物的影子价格应按其对国民经济的实际价值和供求关系来确定。非外贸货物的影子价格是指以市场价格加上或者减去国内运杂费作为影子价格。投入物影子价格为到厂价，产出物影子价格为出厂价，即：

$$投入物影子价格(到厂价)=市场价格+国内运杂费 \tag{9-6}$$

$$产出物影子价格(出厂价)=市场价格-国内运杂费 \tag{9-7}$$

9.4.2 政府调控价格货物的影子价格

我国尚有少部分产品或服务不完全由市场机制决定价格，而是由政府调控价格。政府调控价格包括：政府定价、指导价、最高限价、最低限价等。这些产品或服务的价格不能完全反映真实的价格。在国民经济评价中，这些产品或服务的影子价格不能简单地根据市场价格确定，而要采取特殊的方法测定。这些影子价格的测定方法主要有：成本分解法、机会成本和消费者支付意愿。

成本分解法是确定非外贸货物影子价格的一个重要方法，用成本分解法对某种货物的成本进行分解并用影子价格进行调整换算，得到该货物的分解成本。分解成本是指某种货物的制造生产所需要耗费的全部社会资源的价值，这种耗费包括各种物料投入及人工、土地等投入，也包括资本投入所应分摊的机会成本费用，这种耗费的价值都以影子价格计算。支付意愿是指消费者为获得某种商品或服务所愿意付出的价格。在国民经济评价中采用消费者支付意愿测定影子价格也是常用的方法。机会成本是指用于项目的某种资源若不用于本项目而用于其他替代机会，在所有其他替代机会中所能获得的最大效益。在国民经济评价中采用机会成本也是测定影子价格的重要方法之一。

几种主要的政府调控价格产品及服务的影子价格：

(1)电力的影子价格

作为项目的投入物时，电力的影子价格可以按成本分解法测定。一般情况下应按当地的电力供应完全成本口径分解定价。有些地区，存在阶段性的电力过剩，可以按电力生产的边际成本分解定价。作为项目的产出物时，电力的影子价格应当按照电力对当地经济的边际贡献确定。

(2)铁路运输的影子价格

铁路运输作为项目投入时，一般情况下按完全成本分解定价，在铁路运输紧张地区，应当按照被挤占用户的支付意愿定价。铁路工程项目中，铁路运输作为产出物，其国民经济效益的计算采取专门的方法，即按替代运输量运输成本的节约、诱发运输量的支付意愿等测算。

(3)水的影子价格

作为项目的投入物时，按后备水源的成本分解定价，或者按照恢复水功能的成本定价。作为项目的产出物时，水的影子价格按照消费者支付意愿或者按消费者承受能力加政府补贴测定。

9.5　国民经济评价指标

9.5.1　经济评价的基本报表和辅助报表

国民经济评价的基本报表为项目投资经济费用效益流量表，其辅助报表为经济费用效益分析投资费用估算调整表、经济费用效益分析经营费用估算调整表、项目直接效益估算调整表、项目间接费用估算表、项目间接效益估算表等。

1. 基本报表——项目投资经济费用效益流量表(见表 9 – 1)

该表用以计算经济内部收益率、经济净现值等指标，考察项目投资对国民经济的净贡献，衡量项目的盈利能力，并根据此判别项目的经济合理性。该表可以按照经济费用效益识别和计算的原则和方法直接进行编制，也可以在财务分析的基础上将财务现金流量转换为反映真正资源变动状况的经济费用效益流量后编制。

表 9 – 1　项目投资经济费用效益流量表　　(单位：万元)

序号	项目	合计	计算期(年)									
			1	2	3	4	5	6	7	8	…	n
1	效益流量											
1.1	项目直接效益											
1.2	项目余值回收											
1.3	项目间接效益											
2	费用流量											
2.1	建设投资											
2.2	维持运营投资											
2.3	流动资金											
2.4	经营费用											
2.5	项目间接费用											
3	净效益流量(1 – 2)											

计算指标：

经济内部收益率(*EIRR*)

经济净现值[$ENPV(i_s = \%)$]

直接进行经济费用效益流量识别和计算的，基本步骤如下：

1)对于项目的各种产出物，应按照机会成本的原则计算其经济价值。

2)识别项目产出物可能带来的各种影响效果。

3)对于具有市场价格的产出物，以市场价格为基础计算其经济价值。

4)对于没有市场价格的产出效果，应按照支付意愿及接受补偿意愿的原则计算其经济价值。

5)对于难以进行量化的产出效果，应尽可能地采用其他量纲进行量化。难以量化的，应进行定性描述，以全面反映项目的产出效果。

在财务分析基础之上进行经济费用效益流量识别和计算的基本步骤如下：

1)剔除财务现金流量中的通货膨胀因素，得到以实价表示的财务现金流量。

2)剔除运营期财务现金流量中不反映真实资源流量变动状况的转移支付因素。

3)用影子价格和影子汇率进行调整建设投资各项组合，并剔除其费用中的转移支付项目。

4)调整流动资金，将流动资产和流动负债中不反映实际资源耗费的有关现金、应收、应付、预收、预付款项，从流动资金中剔除。

5)调整经营费用，用影子价格调整主要原材料、燃料及动力费用、工资及福利费等。

6)调整营业收入，对于具有市场价格的产出物，以市场价格为基础计算其影子价格；对于没有市场价格的产出效果，根据支付意愿或接受补偿意愿的原则计算其影子价格。

7)对于可货币化的外部效果，应将货币化的外部效果计入经济效益费用流量；对于难以进行货币化的外部效果，应尽量地采用其他量纲进行量化。难以量化的，应进行定性描述，以全面反映项目的产出效果。

2. 辅助报表

1)经济费用效益分析投资费用估算调整表(见表9－2)。

表9－2　经济费用效益分析投资费用估算调整表　(单位：万元)

序号	项目	财务分析			经济费用效益分析			经济费用效益分析比财务分析增减
		外币	人民币	合计	外币	人民币	合计	
1	建设投资							
1.1	建筑工程费							
1.2	设备构筑费							
1.3	安装工程费							
1.4	其他费用							
1.4.1	其中：土地费用							
1.4.2	专利及专有技术费							
1.5	基本预备费							
1.6	涨价预备费							
1.7	建设期利息							
2	流动资金							
3	合计(1+2)							

注：若投资费用是通过直接估算得到的，本表应略去财务分析的相关栏目。

(2)经济费用效益分析经营费用估算调整表(表 9 -3)。

表 9 -3　经济费用效益分析经营费用估算调整表　(单位：万元)

序号	项目	单位	投入量	财务分析		经济费用效益分析	
				单价/元	成本	单价/元	费用
1	外购原材料						
1.1	原材料 A						
1.2	原材料 B						
1.3	原材料 C						
1.4	…						
2	外购燃料及动力						
2.1	煤						
2.2	电						
2.3	水						
2.4	重油						
2.5	…						
3	工资及福利费						
4	修理费						
5	其他费用						
6	合计						

注：若经营费用是通过直接估算得到的，本表应略支财务分析的相关栏目。

(3)项目直接效益估算调整表(表 9 -4)。

表 9 -4　项目直接效益估算调整表　(单位：万元)

产出物名称		投产第一期负荷/%				投产第二期负荷/%				…	正常生产年份/%			
		A产品	B产品	⋮	小计	A产品	B产品	⋮	小计		A产品	B产品	⋮	小计
年产出量	计算单位													
	国内													
	国际													
	合计													

产出物名称			投产第一期负荷/%				投产第二期负荷/%				…	正常生产年份/%			
			A产品	B产品	⋮	小计	A产品	B产品	⋮	小计		A产品	B产品	⋮	小计
财务分析	国内市场	单价/元													
		现金收入													
	国际市场	单价/美元													
		现金收入													
经济费用效益分析	国内市场	单价/元													
		直接效益													
	国际市场	单价/美元													
		直接效益													
合计/万元															

注：若直接效益是通过直接估算得到的，本表应列出财务分析的相关栏目。

9.5.2 费用效益流量分析指标

1. 经济净现值(*ENPV*)

经济净现值是工程项目按照社会折现率 i_s 将计算期内各年的经济净效益流量折现到建设初期的现值之和，是经济费用效益评价的主要评价指标，其计算公式为：

$$ENPV = \sum_{t=0}^{n} (B - C)_t (1 + i_s)^{-t} \quad (9-8)$$

式中：B—— 经济效益流量；

C—— 经济费用流量；

$(B - C)_t$—— 第 t 期的经济净效益流量；

n—— 项目计算期；

i_s—— 社会折现率。

计算结果的经济净现值等于或大于 0 表示国家拟建项目付出代价后，可以得到符合社会折现率的社会盈余，或除了得到符合社会折现率的社会盈余外，还可以得到以现值计算的超额社会盈余，说明项目可以达到社会折现率要求的效率水平，可以认为项目从经济资源配置的角度而言是可以接受的。反之，经济净现值小于 0，则应认为立足于国家和社会的角度，项目不可以接受。

2. 经济内部收益率(*EIRR*)

经济内部收益率是项目在计算期内经济净效益流量的现值累计等于 0 时的折现率，是经济费用效益分析的辅助评价指标，其计算公式为：

$$\sum_{t=0}^{n} (B - C)_t (1 + EIRR)^{-t} = 0 \quad (9-9)$$

式中：$EIRR$—— 经济内部收益率；

其他符号意义同上。

如果经济内部收益率大于或等于社会折现率 i_s，则表明项目资源配置的经济效益达到了可接受的水平，项目可以接受；反之，项目经济内部收益率小于社会折现率 i_s，项目不可接受。

实际国民经济评价中，按分析费用效益的口径不同，可分为整个项目的全部投资经济内部收益率和经济净现值、国内投资经济内部收益率和经济净现值。如果项目没有国外投资和国外借款，全部投资指标和国内投资指标相同；如果项目有国外资金流入与流出，应以国内投资的经济内部收益率和经济净现值作为项目国民经济评价的决策指标。

3. 经济效益费用比(R_{BC})

经济效益费用比是项目在计算期内效益流量的现值和费用流量的现值的比率，是国民经济费用效益分析的辅助评价指标，其计算公式为：

$$R_{BC} = \frac{\sum_{t=0}^{n} B_t (1 + i_s)^{-t}}{\sum_{t=0}^{n} C_t (1 + i_s)^{-t}} \tag{9-10}$$

式中：R_{BC}—— 经济效益费用比；

其他符号意义同上。

如果经济效益费用比大于或等于1，表明项目资源配置的经济效益达到了可以被接受的水平，项目可以接受；反之，经济效益费用比小于1，项目不可接受。

例9-3　某市投资新建城市道路项目，要求对第一标段工程进行国民经济评价。该项目第一标段全长约15 km，其中立交桥8座，建设标准为6车道全封闭城市快速路，快速路的部分特性和高速公路相似，该投资项目的主要目的是为了获得较好的社会效益和环境效益。其中投资估算为110623万元，分年建设投资表见表9-5。估算初期运营成本为270万元，影子价格调整系数为0.96，以后每年按5%的速度增长。拟在建成10年后安排一次大修，预计大修费用为当年运营成本经济费用的10倍。建设期为5年，运营期为20年，社会折现率为 $i_s = 8\%$。运营期第1年投入流动资金为11062万元，项目结束回收残值为55312万元。表9-6为预计各年成本节约效益、旅客时间节约效益、减少交通拥堵效益等的总效益值。

表9-5　建设期各年费用投入值

建设期/年	1	2	3	4	5
费用流量/万元	7521	13328	35492	36574	17708

表9-6　城市道路项目预计总效益值

运营期/年	1	2	3	4	5	6	7	8	9	10
总效益值/万元	14851	15503	16756	17604	20668	23310	25607	27880	29549	32544
运营期/年	11	12	13	14	15	16	17	18	19	20
总效益值/万元	35284	38633	42619	44912	48316	49784	52299	50766	50591	48360

解：用影子价格调整系数计算项目运营成本经济费用：

经济费用 = 运营成本 × 影子价格换算系数

分别计算各阶段净效益流量，并运用公式（9－8），计算得到经济净现值见表9－7和表9－8。

表9－7 建设期净效益流量

建设期/年	1	2	3	4	5
效益流量/万元	0	0	0	0	0
建设费用/万元	7521	13328	35492	36574	17708
净效益流量/万元	－7521	－13328	－35492	－36574	－17708

表9－8 运营期净效益流量和费用效益评价指标计算

运营期/年	1	2	3	4	5	6	7	8	9	10
运营费用/万元	259.2	272.2	285.8	300.1	315.1	330.8	347.4	364.7	383.0	402.1
流动资金/万元	11062									
大修费用/万元										4021
总效益值/万元	14851	15503	16756	17604	20668	23310	25607	27880	29549	32544
净效益流量/万元	3530	15231	16470	17304	20353	22979	25260	27515	29166	28121
运营期/年	11	12	13	14	15	16	17	18	19	20
运营费用/万元	422.2	443.3	465.5	488.8	513.2	538.9	565.8	594.1	623.8	655.0
效益流入/万元	35284	38633	42619	44912	48316	49784	52299	50766	50591	48360
回收残值/万元										55312
回收流动资金/万元										11062
净效益流量/万元	34862	38190	42154	44423	47803	49245	51733	50172	49967	114079

计算指标：

经济内部收益率（*EIRR*）= 15.53%；

经济净现值[$ENPV(i_s = 8\%)$] = 105368.9 万元

效益费用比（R_{BC}）= 2.09

由计算结果可以看出，项目的经济内部收益率大于8%的社会折现率，经济净现值大于0，经济效益费用比大于1。各项指标表明，项目从资源配置的角度完全可以接受，项目是经济可行的。

9.5.3 外汇效果分析指标

涉及产品出口创汇及替代进口结汇的项目，要计算经济外汇净现值、经济换汇成本和经济节汇成本等指标。

1. 经济外汇净现值($ENPVF$)

经济外汇净现值是反映项目实施后对国家外汇收支造成的直接或间接影响的重要指标，用以衡量项目对国家外汇的真正贡献率(创汇)或净消耗(用汇)。经济外汇净现值可以通过经济外汇流量表计算求得，其计算公式为：

$$ENPVF = \sum_{t=1}^{n} \frac{(FI - FO)_t}{(1 + i_s)^t} \tag{9 - 11}$$

式中：FI—— 外汇流入量；

FO—— 外汇流出量；

$(FI - FO)_t$—— 第 t 年的净外汇流量；

n—— 项目计算期或经济寿命。

当有产品替代进口时，可以按净外汇效果计算经济外汇净现值。一般情况下，经济外汇净现值大于或等于零的项目，从外汇获得或节约的角度看，应认为是可以考虑接受的。

2. 经济换汇成本

经济换汇成本是指项目在计算期内为生产出口产品而投入的国内资源(包括投资、原材料、工资、其他投入和贸易费用)。现值用影子价格计算(以人民币元为单位)与生产出口产品经济外汇净现值(以美元为单位)之比，亦即换取1美元外汇(现值)所需要的人民币金额。它是分析、评价项目实施后在国际上的竞争力，进而判断其产品应否出口的指标。其计算公式为：

$$经济换汇成本 = \frac{\sum_{t=1}^{n} DR_t (1 + i_s)^{-t}}{\sum_{t=1}^{n} (FI' - FO')_t (1 + i_s)^{-t}} \tag{9 - 12}$$

式中：DR_t—— 项目在第 t 年生产出口产品投入的国内资源，用人民币表示；

FI'—— 出口产品的外汇流入量，用美元表示；

FO'—— 生产出口产品的外汇流出量，用美元表示。

经济换汇成本(元/美元)不大于影子汇率，表明该项目产品的国际竞争能力强，出口或代替进口是有利的。

3. 经济节汇成本

当产品按替代进口考虑时，应计算经济节汇成本。该指标等于项目计算期内生产替代进口产品所投入的国内资源的现值与生产替代进口产品的经济外汇净现值之比，即节约1美元外汇(现值)所需要的人民币金额。其计算公式为：

$$经济节汇成本 = \frac{\sum_{t=1}^{n} DR'_t (1 + i_s)^{-t}}{\sum_{t=1}^{n} (FI'' - FO'')_t (1 + i_s)^{-t}} \tag{9 - 13}$$

式中：DR'_t—— 项目在第 t 年生产替代进口产品投入的国内资源，用人民币表示；

FI''—— 生产替代进口产品所节约的外汇，用美元表示；

FO''—— 生产替代进口产品的外汇流出量，用美元表示。

经济节汇成本(元/美元)小于或等于影子汇率，表明该项目产品的国际竞争力强，出口或替代进口是有利的。

思考与练习

1. 工程项目经济评价的含义是什么?

2. 工程项目经济评价与财务评价有何异同点?

3. 项目国民经济费用和项目经济效益的含义分别是什么? 费用与效益的类型有几种?

4. 国民经济评价的参数有哪些? 请作简要说明。

5. 影子价格的含义是什么? 非外贸货物的影子价格如何确定?

6. 国民经济评价的主要指标有哪些, 分别应怎么样计算?

7. 某进口产品的国内现行市场价格为 800 元/t, 其影子价格换算系数为 2.2, 国内运费和贸易费用为 120 元/t, 影子汇率为 6.28 元/美元, 试求该进口产品的到岸价格。

8. A 项目的投入物 H 产品由 B 厂生产, 由于 A 的建成使原用户 G 由 B 厂供应的投入物减少, 一部分要靠进口来供应。已知 A 距离 B 为 100 km, B 距离 G 为 130 km, G 距离港口为 200 km, 进口到岸价格为 300 美元/t, 影子汇率为 1 美元 =9 元人民币, 贸易费用按采购价格的 6% 计算, 国内运费为 0.1 元/(t·km), 求项目 A 投入物的影子价格。

第 10 章

设备更新的经济性分析

企业在设备使用方面需要考虑现在使用的设备是报废、更新还是继续使用、改装等，日趋激烈的竞争不断对企业提出更高的要求——生产和提供更优的质量或服务，企业因此不得不经常考虑设备更新问题。

设备更新是对旧设备的整体更换，就其本质来说可分为原型设备更新和新型设备更新。原型设备更新是简单更新，就是用结构相同的新设备去更换有形磨损严重而不能继续使用的旧设备。这种更新主要是解决设备的损坏问题，不具有更新技术的性质。新型设备更新是以结构更先进、技术更完善、效率更高、性能更好、能源和原材料消耗更少的新型设备来替换那些技术上陈旧、在经济上不宜继续使用的旧设备。

通常所说的设备更新主要是指后一种，它是技术发展的基础。因此，就实物形态而言，设备更新是用新的设备替换陈旧落后的设备；就价值形态而言，设备更新是设备在运动中消耗掉的价值的重新补偿。设备更新是消除设备有形磨损和无形磨损的重要手段，目的是为了提高企业生产的现代化水平，尽快地形成新的生产能力。

10.1　设备的磨损与补偿

10.1.1　设备磨损的类型

设备是企业生产的重要物质条件。企业为了进行生产，必须花费一定的投资，用以购置各种机器设备。设备购置后，无论是使用还是闲置，都会发生磨损。设备在使用(或闲置)过程中将会发生有形磨损(又称物理磨损)和无形磨损(又称精神磨损、经济磨损)。设备磨损是有形磨损和无形磨损共同作用的结果。设备磨损分为两大类、四种形式。

1. 有形磨损(又称物质磨损)

设备有形磨损是指设备实体的物理磨损。有形磨损有两种形式:

设备在使用过程中，在外力的作用下实体产生的磨损、变形和损坏，称为第一种有形磨损，这种磨损的程度与使用强度和使用时间长度有关。

设备在闲置过程中受自然力的作用而产生的实体磨损，如金属件生锈、腐蚀、橡胶件老化等，称为第二种有形磨损，这种磨损与闲置的时间长度和所处环境有关。

以上两种有形磨损都造成设备的性能、精度等的降低，使得设备的运行费用和维修费用增加，效率低下，反映了设备使用价值的降低。

2. 无形磨损(又称精神磨损、经济磨损)

设备无形磨损不是由生产过程中使用或自然力的作用造成的，而是由于社会经济环境变化造成的设备价值贬值，是技术进步的结果，无形磨损有两种形式：

设备的技术结构和性能并没有变化，但由于技术进步，设备制造工艺不断改进，社会劳动生产率水平的提高，同类设备的再生产价值降低，因而设备的市场价格也降低了，致使原设备相对贬值，这种磨损称为第一种无形磨损。这种无形磨损的后果只是现有设备原始价值部分贬值，设备本身的技术特性和功能即使用价值并未发生变化，故不会影响现有设备的使用。因此，不产生提前更换现有设备的问题。

第二种无形磨损是由于科学技术的进步，不断创新出结构更先进、性能更完善、效率更高、耗费原材料和能源更少的新型设备，使原有设备相对陈旧落后，其经济效益相对降低而发生贬值。第二种无形磨损的后果不仅使原有设备价值降低，而且由于技术上更先进的新设备的发明和应用会使原有设备的使用价值局部或全部丧失，这就产生了是否用新设备代替现有陈旧落后设备的问题。

设备同时存在有形磨损和无形磨损的损坏和贬值的综合情况。对任何特定的设备来说，这两种磨损必然同时发生和同时互相影响。某些方面的技术要求可能加快设备有形磨损的速度，例如高强度、高速度、大负荷技术的发展，必然使设备的物质磨损加剧。同时，某些方面的技术进步又可提供耐热、耐磨、耐腐蚀、耐振动、耐冲击的新材料，使设备的有形磨损减缓，但是其无形磨损加快。

有形和无形两种磨损都引起设备原始价值的贬值，这一点两者是相同的。不同的是，遭受有形磨损的设备，特别是有形磨损严重的设备，在修理之前，常常不能工作；而遭受无形磨损的设备，并不表现为设备实体的变化和损坏，即使无形磨损很严重，其固定资产物质形态却可能没有磨损，仍然可以使用，只不过继续使用它在经济上是否合算，需要分析研究。

10.1.2 设备磨损的补偿方式

设备发生磨损后，需要进行补偿，以恢复设备的生产能力。由于设备遭受磨损的形式不同，补偿磨损的方式也不一样。补偿分局部补偿和完全补偿。

设备有形磨损的局部补偿是修理，设备无形磨损的局部补偿是现代化改装。设备有形磨损和无形磨损的完全补偿是更新，见图 10－1。设备大修理是更换部分已磨损的零部件和调整设备，以恢复设备的生产功能和效率为主；设备现代化改造是对设备的结构作局部的改进和技术上的革新，如增添新的、必需的零部件，以增加设备的生产功能和效率为主；更新是对整个设备进行更换。

由于设备总是同时遭受到有形磨损和无形磨损，因此，对其综合磨损后的补偿形式应进行更深入的研究，以确定恰当的补偿方式。对于陈旧落后的设备，即消耗高、性能差、使用操作条件不好、对环境污染严重的设备，应当用较先进的设备尽早替代；对整机性能尚可，有局部缺陷，个别技术经济指标落后的设备，应选择适应技术进步的发展需要，吸收国内外的新技术，不断地加以改造和现代化改装。

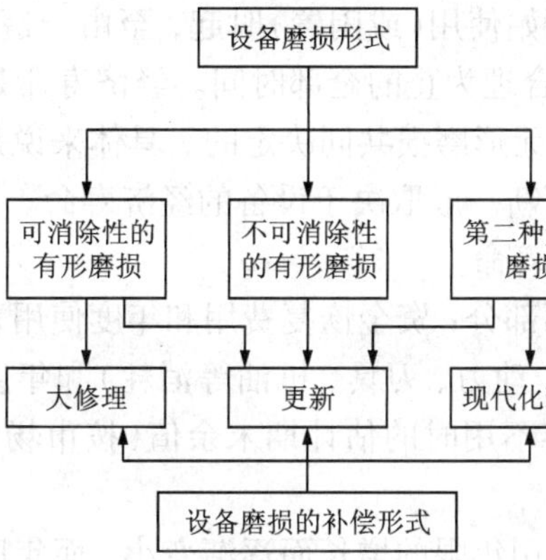

图 10－1　设备磨损形式及补偿方式之间的关系

10.2　设备的经济寿命

设备的寿命在不同需要情况下有不同的内涵和意义，不同的寿命形态。现代设备的寿命，不仅要考虑自然寿命，而且还要考虑设备的技术寿命和经济寿命。

10.2.1　设备的寿命形态

由于设备在使用(或闲置)过程中，受无形磨损和有形磨损的影响，设备寿命具备以下几种不同的形态。

1. 自然寿命

设备的自然寿命，又称物质寿命。它是指设备从投入使用开始，直到因物质磨损严重而不能继续使用、报废为止所经历的全部时间。它主要是由设备的有形磨损所决定的。做好设备维修和保养可延长设备的物质寿命，但不能从根本上避免设备的磨损，任何一台设备磨损到一定程度时，都必须进行更新。因为随着设备使用时间的延长，设备不断老化，维修所支出的费用也逐渐增加，从而出现恶性使用阶段，即经济上不合理的使用阶段，因此，设备的自然寿命不能成为设备更新的估算依据。

2. 技术寿命

由于科学技术迅速发展，一方面，对产品的质量和精度的要求越来越高；另一方面，也不断涌现出技术上更先进、性能更完善的机械设备，这就使得原有设备虽还能继续使用，但已不能保证产品的精度、质量和技术要求而被淘汰。因此，设备的技术寿命就是指设备从投入使用到因技术落后而被淘汰所延续的时间，即设备在市场上维持其价值的时间，故又称有效寿命。例如一台电脑，即使完全没有使用过，它的功能也会被更为完善、技术更为先进的电脑所取代，这时它的技术寿命可以认为等于零。由此可见，技术寿命由要是由设备的无形磨损所决定的，它一般比自然寿命要短，而且科学技术进步越快，技术寿命越短。所以，在估算设备寿命时，必须考虑设备技术寿命期限的变化特点及其使用的制约或影响。

3. 经济寿命

设备的经济寿命指设备从开始使用(或闲置)时起，至由于遭受有形磨损和无形磨损(贬值)再继续使用在经济上已经不合理为止的全部时间。经济寿命是从经济角度看设备最合理的使用期限，它是由有形磨损和无形磨损共同决定的。具体来说是指能使一台设备的年平均使用成本最低的年数。设备的更新一般取决于设备的经济寿命。只要设备的平均使用成本得到最小值，即可确定设备的经济寿命。

设备的年度费用一般包括两部分：资金恢复费用和年度使用费用。年度使用费用是指设备的年度运行费用(人工、燃料、动力、刀具、机油等消耗)和年度维修费。资金恢复费用是指设备的原始费用扣除设备置弃不用时的估计期末余值(按市场价值估计)后分摊到设备使用各年上的费用。

设备的资金恢复费用，随使用年限的增长而逐渐变小，而年度使用费一般随使用年限的增长而变大，设备的年度费用曲线见图 10－2。

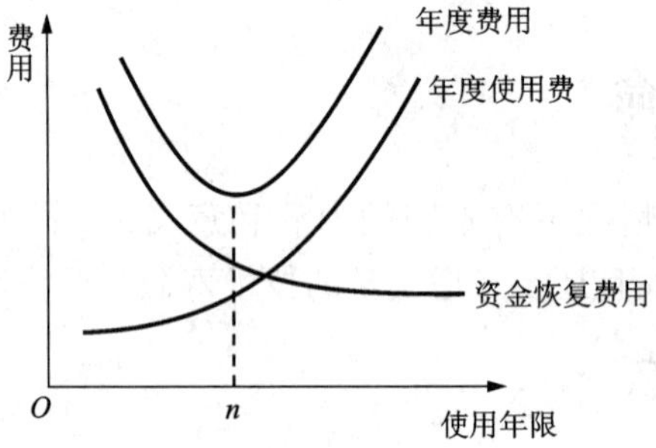

图 10－2　年度费用曲线

从图上可以看出在第 n 年年度费用最小(图中 n 点)，这 n 年就是设备的经济寿命。使用年限超过设备的经济寿命，设备的年度费用就将上升，所以设备使用到其经济寿命的年限时更新是最为经济的。

10.2.2　不考虑资金的时间价值的经济寿命

设 AC 代表年度费用，P 代表设备的原始费用，C 代表年度使用费用，L 代表估计余值，N 代表服务年限，在不考虑资金的时间价值的情况，计算公式如下：

$$AC_N = \frac{P - L_N}{N} + \frac{\sum_{t=1}^{n} C_t}{N} \tag{10-1}$$

在式(10－1)中，如果使用年限为变量，通过计算年度费用，当年度费用为最小时的使用寿命，即为经济寿命。

例 10－1　某设备目前实际价值为 30000 元，有关统计资料见表 10－1，求其经济寿命。

表 10－1　某设备有关统计资料　　单位：元

使用年限 t	1	2	3	4	5	6	7
年运行成本	5000	6000	7000	9000	11500	14000	17000
年末残值	15000	7500	3750	1875	1000	1000	

解：由统计资料可知，该设备在不同使用年限时的年度费用如表 10－2 所示。

表 10－2　年度费用　　单位：元

(1)	(2)	(3)	(4)	(5)	(6)	(7)
使用年限 N	资产消耗成本 $(P-L_N)$	年均资金恢复费用 (3) = (2)/(1)	年度运行成本 C_i	运行成本累计 $\sum C_t$	平均年度运行成本 (6) = (5)/(1)	年度费用 C_N (7) = (3) + (6)
1	15000	15000	5000	5000	5000	20000
2	22500	11250	6000	11000	5500	16750
3	26250	8750	7000	18000	6000	14750
4	28125	7031	9000	27000	6750	13781
5	29000	5800	11500	38500	7700	13500*
6	29000	4833	14000	52500	8750	13583
7	29000	4143	17000	69500	9929	14072

由计算结果可以看出，该设备在使用 5 年时，其平均使用成本 13500 元为最低。因此，该设备的经济寿命为 5 年。

例 10－2　某小车的购置费为 6 万元，年使用费用和年末余值见表 10－3。在不考虑资金的时间价值的情况下，试确定其经济寿命。

表 10－3　某小车各年的年使用费和年末余值　　单位：元

年末	1	2	3	4	5	6	7
年度费用	10000	12000	14000	18000	23000	28000	34000
年末估计余值	30000	15000	7500	3750	2000	2000	2000

解：静态计算：

按式(10－1)计算，结果列于表 10－4。

表 10-4 静态计算结果 单位：元

(1)	(2)	(3)	(4)	(5)	(6)	(7)
使用年限 N	年末使用费	年末使用费 $\sum C$	年末平均使用费 C/N	年末的估计余值 L	年均资金恢复费用 $(60000-L)/N$	年度费用 (4)+(6)
1	10000	10000	10000	30000	30000	40000
2	12000	22000	11000	15000	22500	33500
3	14000	36000	12000	7500	17500	29500
4	18000	54000	13500	3750	14063	27563
5	23000	77000	15400	2000	11600	27000
6	28000	105000	17500	2000	9667	27167
7	34000	139000	19857	2000	8286	28143

由表 10-4 可知，$AC_4 > AC_5$，$AC_5 < AC_6$，所以小卡车的经济寿命为 5 年。

设备的运营成本包括：能源费、保养费、修理费、停工损失、废次品损失等。一般而言，随着设备使用期限的增加，年运营成本每年以某种速度在递增，这种运营成本的逐年递增称为设备的劣化。每年运营设备的有形磨损和无形磨损越加剧，导致设备的维护修理费用越增加，成本的增量是均等的，即经营成本呈线性增长，如图 10-3 的现金流量图所示。

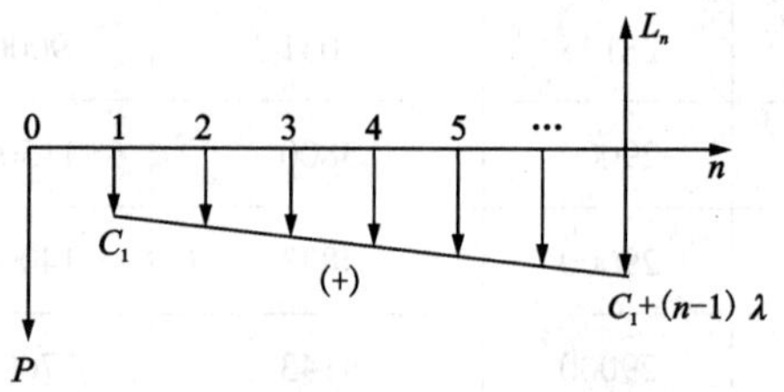

图 10-3 劣化增量均等的现金流量图

假定运营成本均发生在年末，设每年运营成本增加额为 λ，若设备使用期限为 n 年，则第 n 年时的运营成本为：

$$C_n = C_1 + (n-1)\lambda \tag{10-2}$$

式中：C_1——运营成本的初始值，即第 1 年的运营成本；

n——设备使用年限。

n 年内设备运营成本的平均值为：

$$C_1 + \frac{n-1}{2}\lambda$$

除运营成本外，在年等额总成本中还包括设备的年等额资产恢复成本，其金额为$\frac{P-L_n}{n}$，则年等额总成本的计算公式为：

$$AC_n = \frac{P-L_n}{n} + C_1 + \frac{n-1}{2}\lambda \tag{10-3}$$

通过求式(10-3)的极值，可找出设备的经济寿命计算公式。

设 L_n 为一常数，令 $\frac{d(AC_n)}{dn}=0$，则经济寿命 N^* 为：

$$N^* = \sqrt{\frac{2(P-L)}{\lambda}} \tag{10-4}$$

例 10－3　一台设备买价为 1000 万元，残值忽略不计，年度使用费第 1 年为 150 万元，以后每年增加 75 万元，不考虑时间价值，求该设备的经济寿命。

解：由式(10－4)可得

$$N^* = \sqrt{\frac{2\times 1000}{75}} \approx 5(年)$$

10.2.3　考虑资金的时间价值的经济寿命

设 AC 代表年度费用，P 代表设备的原始费用，C 代表年度使用费用，L 代表估计余值，N 代表服务年限，在考虑资金的时间价值的情况下，计算公式如下：

$$AC_N = \left[P + \sum_{t=1}^{n} C_t(P/F,i,t) - L_N(P/F,i,N)\right](A/P,i,N) \tag{10-5}$$

1)资金恢复费用：

$$\begin{aligned} P_0(A/P,i_C,n) - L_n(A/F,i_C,n) &= P_0(A/P,i_C,n) - L_n[(A/P,i_C,n) - i_C] \\ &= (P_0 - L_n)(A/P,i_C,n) + L_n i_C \end{aligned} \tag{10-6}$$

2)年度使用费：

$$\sum_{t=1}^{n} C_t(P/F,i_C,t)(A/P,i_C,t) \tag{10-7}$$

例 10－4　某设备目前实际价值为 30000 元，有关统计资料见表 10－5，假设利率为 6%。试求该设备在动态模式下的经济寿命。

解：计算设备不同使用年限的年成本 AC，如表 10－5 所示。

表 10－5　设备不同使用年限的年成本表　　单位：元

(1)	(2)	(3)	(4)	(5)	(6)	(7)	(8)	(9)
N	P_0-L_N	$(A/P, 6\%, t)$	$L_N\times 6\%$	(2)×(3)+(4)	C_t	$(P/F, 6\%, t)$	[Σ(6)×(7)]×(3)	AC=(5)+(8)
1	15000	1.0600	900	16800	5000	0.9434	5000	21800
2	22500	0.5454	450	12721.5	6000	0.8900	54851	18206.6
3	26250	0.3741	225	10045.l	7000	0.8396	59610	16006.1
4	28125	0.2886	125.5	8229.4	9000	0.792l	66560	14885.4
5	29000	0.2374	60	6944.6	11500	0.7473	75154	14460.0
6	29000	0.2034	60	5958.6	14000	0.7050	84466	14405.2
7	29000	0.1791	60	5253.9	17000	0.6651	94625	14716.4

从表 10－5 中可以看出，第 6 年的年成本 AC 最小，为 14405.2 元，因此该设备的经济寿命为 6 年。与静态模式下该设备的经济寿命相比，经济寿命增加了 1 年。

例 10-5 沿用例 10-2，在考虑资金的时间价值的情况下，试确定其经济寿命（基准贴现率为 10%）。

解： 由公式(10-5)得：

$$PC_1 = 60000 - 30000(P/F, 10\%, 1) + 10000(P/F, 10, 1)$$
$$= 60000 - 30000 \times 0.9091 + 10000 \times 0.9091 = 41818(\text{元})$$
$$AC_1 = PC_1(A/P, 10\%, 1) = 41818 \times 1.1000 = 46000(\text{元})$$

同理可得：

$$AC_2 = 38382(\text{元})$$
$$AC_3 = 33733(\text{元})$$
$$AC_4 = 31317(\text{元})$$
$$AC_5 = 30300(\text{元})$$
$$AC_6 = 30027(\text{元})$$
$$AC_7 = 30467(\text{元})$$

显然 $AC_6 < AC_5$，$AC_6 < AC_7$，所以该卡车的经济寿命为 6 年。与静态模式下该设备的经济寿命相比，经济寿命增加了 1 年。

10.3 设备更新决策

10.3.1 设备更新

1. 设备更新的概念

设备更新是指对在技术上或经济上不宜继续使用的设备，用新的设备更换或用先进的技术对原有设备进行局部改造；或者说是以结构先进、技术完善、效率高、耗能少的新设备，来代替物质上无法继续使用，或经济上不宜继续使用的陈旧设备。

设备更新主要是由磨损引起的。设备的磨损有两类：①有形磨损（或叫物质磨损）。即设备物理上的磨损，其中主要是使用磨损与自然磨损。②无形磨损（或叫精神磨损）。即因技术进步、劳动生产率提高而引起的价值损耗。

设备受到磨损需要补偿，设备磨损的形式不同，补偿方式也不同。补偿方式一般有大修理、现代化改装和更新。如果有形磨损较轻，可通过修理进行补偿，如果磨损严重，可以通过大修理或更新补偿；无形磨损的补偿可以是现代化改装或更新。设备补偿可划分为局部补偿和完全补偿。设备大修理属于局部补偿；设备更新属于完全补偿。

2. 更新前分析

设备更新是消除设备有形磨损和无形磨损的一种重要手段，更新时应该对设备的三种寿命进行技术经济分析：

1）设备的物质寿命（或叫自然寿命）。

2）设备的技术寿命。

3）设备的经济寿命。

3. 更新形式

由于对设备更新的要求不同，在实际工作中可以采用不同的设备更新形式：

1)设备的原型更新(或叫简单更新)。指设备已磨损到不能继续使用的程度时，以相同的设备进行替换。

2)设备的技术改造(或叫现代化改造)。指采用先进技术改变现有设备的结构或给旧设备装上自动上下料、自动测量、自动控制等装置，改善现有设备的性能，使之达到或局部达到新设备的水平。

3)设备的技术更新。指以技术上更加先进、经济上更加合理的新设备，换下工艺落后、技术陈旧的老设备。

上述设备更新的三种形式，都有它存在的一定客观必要和约束条件，因此，它们之间是互相补充的关系。但是，其中以技术改造与技术更新为主要形式。在设备更新过程中，要把设备的更新改造同加强对原有设备的维护修理结合起来。在一般情况下，现有设备是完成生产任务的主力，因此，要加强对现有设备的管理，做好维护修理工作。在设备更新时，要合理地处理老设备。因设备更新而退役的老设备，凡降级转用的，必须符合新用途的工艺要求，不得造成产品质量下降和消耗增加，不宜转用的老设备应当报废。

4. 设备更新的决策

设备是否更新，需要进行设备更新的决策。设备更新决策是指确定一套正在使用的设备应何时以及应怎样用更经济的设备来代替。对于企业来说，设备更新决策决不能轻率从事。设备更新的决策，就其本质来说，可分为原型更新和新型更新。

1)原型设备更新是简单更新，就是用结构相同的新设备去更换有形磨损严重而不能继续使用的旧设备。这种更新主要是解决设备的损坏问题，不具有更新技术的性质。

2)新型设备更新是以结构更先进、技术更完善、效率更高、性能更好、能源和原材料消耗更少的新型设备来替换那些技术上陈旧、在经济上不宜继续使用的旧设备。通常所说的设备更新主要是指新型设备更新，它是技术发展的基础。

设备更新决策是企业生产发展和技术进步的客观需要，对企业的经济效益有着重要的影响。过早的设备更新，将造成资金的浪费，失去其他的收益机会；过迟的设备更新，将造成生产成本的迅速上升，失去竞争的优势。因此，设备是否更新、何时更新、选用何种设备更新，既要考虑技术发展的需要，又要考虑经济方面的效益，这就需要不失时机地做好设备更新决策工作。这属于互斥型方案决策问题。

5. 设备更新方案比选的原则

设备更新方案比选的基本原理和评价方法与互斥型方案比选相同。但在设备更新方案比选时，应遵循如下原则。

(1)不考虑沉没成本

在进行方案比选时，原设备的价值应按目前实际价值计算，而不考虑其沉没成本。因为不论是将该费用考虑进去，还是不予考虑，其结论是相同的。沉没成本一般不会影响方案的新选择。例如，某设备 4 年前购置时的原始成本是 30 万元，目前的账面价值是 15 万元，现在的净残值仅为 8 万元。在进行设备更新分析时，4 年前的原始成本 30 万元是过去发生的，与现在的决策无关，因此是沉没成本。目前该设备的价值等于净残值 8 万元。

(2)客观正确地描述新旧设备的现金流量

应该站在一个客观的立场上，遵循供求均衡的原则来考虑原设备目前的价值(或净残值)。只有这样，才能客观地、正确地描述新、旧设备的现金流量。

(3)逐年滚动比较

该原则意指在确定最佳更新时机时，应首先计算现有设备的剩余经济寿命和新设备的经济寿命，然后利用逐年滚动计算方法进行比较。

例 10－6 假定某工厂在 4 年前以原始费用 2200 万元买了机器 A，估计还可使用 6 年。第 6 年末估计残值为 200 万元，年度使用费为 700 万元。现在市场上出现了机器 B，原始费用为 2400 万元，估计可以使用 10 年，第 10 年末残值为 300 万元，年度使用费为 400 万元。现采用两个方案：方案甲继续使用机器 A；方案乙把机器 B 以 800 万元出售，然后购买机器 B，如 i 规定为 15%，比较方案甲、乙。

解：方法一：从设备所有者角度分析，该方案的现金流量图如图 10－4 所示。

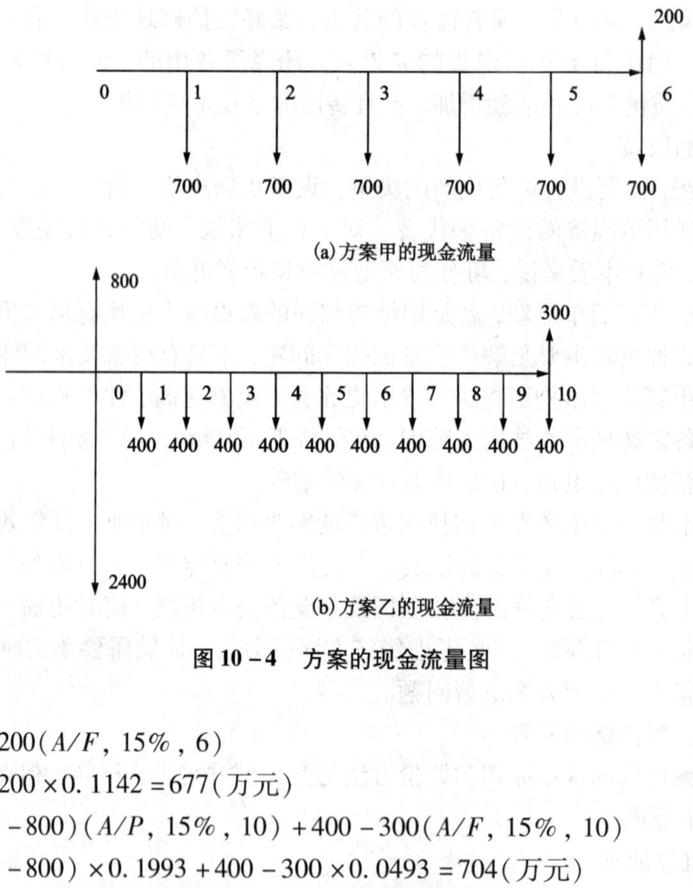

图 10－4 方案的现金流量图

$$AC_{甲}=700-200(A/F, 15\%, 6)$$
$$=700-200\times0.1142=677(万元)$$
$$AC_{乙}=(2400-800)(A/P, 15\%, 10)+400-300(A/F, 15\%, 10)$$
$$=(2400-800)\times0.1993+400-300\times0.0493=704(万元)$$

由于方案甲的年度费用低于方案乙，应继续使用机器 A。

方法二：从购买者角度分析，见图 10－5。

$$AC_{甲}=800(A/P, 15\%, 6)+700-200(A/F, 15\%, 6)$$
$$=800\times0.2642+700-200\times0.1142=889(万元)$$
$$AC_{乙}=2400(A/P, 15\%, 10)+400-300(A/F, 15\%, 10)$$
$$=2400\times0.1993+400-300\times0.0493=864(万元)$$

由于方案甲的年费用大于方案乙，所以方案乙较优，现有设备应该更新。

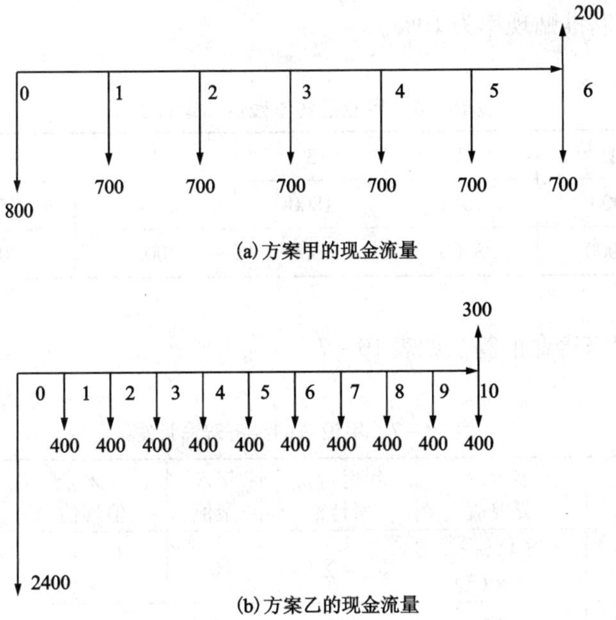

图 10－5　方案的现金流量图

由上可见，以上两种方法所站的立场不同，设备 A 与 B 前后两次年度费用比较的结果是不同的。对于设备更新的经济分析应站在客观者的立场上进行分析，即从购买者的角度进行分析。从购买者角度分析来说，这 800 万元是一项投资支出，计算旧设备 A 的年度费用时，将其按寿命 6 年换算为年度支出。

设备更新经济分析只考虑未来发生的现金流量，对更新决策之前发生的现金流量及沉没成本不需要再参与经济计算。因此它们都属于不可恢复的费用，与更新决策无关，不会影响方案的选择。由于不同设备更新方案的使用寿命常常不同。通常采用年度费用进行比较。通常假设设备产生的收益相同，因而在进行方案比较时只对其费用进行比较。

前面已讲过，设备更新有两种：原型设备更新和新型设备更新。因此，本节设备的更新决策分别从原型设备更新决策和新型设备更新决策进行分析。

10.3.2　原型设备更新决策

设备使用中由于有形磨损，将引起维修费用及其他运行费用不断增加。若无更先进的设备出现，用原型设备替代旧设备在经济上也是可行的，可以通过分析设备经济寿命进行更新决策。

以经济寿命为依据的更新方案比较时，要注意以下问题：

1）不考虑沉没成本。

2）求出各设备的经济寿命，如果年度使用费固定不变，估计余值也固定不变，应选定尽可能长的寿命。如果年度使用费用逐年增加而目前余值和未来余值相等，应选定尽可能短的寿命。

3）取经济寿命时年度费用小者为优。

例 10 –7 甲设备原值 15000 元，使用寿命为 6 年，其各年有关费用见表 10 –6，计算甲设备的更新时间。(基准贴现率为 10%)。

表 10 –6 甲设备各年残值和运行费用

单位：元

使用年限	1	2	3	4	5	6
年运行费	1000	1300	1800	2300	2500	4000
年末残值	10000	8000	6000	4000	3000	1000

解： 甲设备的经济寿命的算法如表 10 –7。

表 10 –7 甲设备的经济寿命计算

使用年限	年运行费	折现系数	年运行费现值	年运行费累计额	年末余值	年末余值现值	资金回收系数	年度费用
(1)	(2)	(3)	(4) = (2) × (3)	(5) = ∑(4)	(6)	(7) = (6) × (3)	(8)	[P + (5) – (7)] × (8)
1	1000	0. 909	909	909	10000	9091	1. 10	7500
2	1300	0. 826	1074	1983	8000	6612	0. 58	5976
3	1800	0. 751	1352	3336	6000	4508	0. 40	5560
4	2300	0. 683	1571	4907	4000	2732	0. 32	5418
5	2500	0. 621	1552	6459	3000	1863	0. 26	5169
6	4000	0. 564	2258	8717	1000	564	0. 23	5316

注：P 为设备购置费 15000 元。

从表 10 –10 可知，设备第 5 年的年度费用最小，即设备的经济寿命为 5 年，此时进行原型设备更新较为经济。

10.3.3 新型设备更新决策

新型设备更新是以结构更先进、技术更完善、效率更高、性能更好、能源和原材料消耗更少的新型设备来替换那些技术上陈旧、在经济上不宜继续使用的旧设备。因此，在新型设备更新决策分析中，应该考虑生产效率高和产品高质量带来的影响。常用的方法是年费用比较法，该方法是分别计算出旧设备年使用成本和新型设备经济寿命期内的使用成本(应考虑收益增加额的影响)，总成本低的方案较优。

例 10 –8 假定某工厂在 3 年前花 20000 元安装了一套消除废水污染的设备。这套设备的年度使用费估计下一年度为 14500 元，以后逐年增加 500 元。现在设计了一套新设备，其原始费用为 10000 元，年度使用费估计第 1 年为 9000 元，以后逐年增加 1000 元。新设备的使用寿命估计为 12 年。由于这两套设备都是为这个工厂所专门设计制造的，其任何时候的残值都等于零。如果 $i = 12\%$，该工厂对现有设备是否应进行更新？

解： (1) 计算旧设备的经济寿命

由于旧设备目前的残值和未来的残值都等于零，如果原设备再保留使用 N 年，那么旧设备

$$AC_N = [(P - L_N)(A/P, 12\%, N) + L_N(0.12)] + [14500 + 500(A/G, 12\%, N)]$$

从式中可以看出旧设备的年度费用等于年度使用费，由于旧设备的年度使用费逐年增加，因而年度费用也逐年增加。由此可见，为了使年度费用最小，经济寿命必须尽可能取短的时间，即 1 年。旧设备保留使用 1 年，年度费用为 14500 元。

(2)计算新设备的经济寿命

新设备的经济寿命求解列表 10－8，从表中可以看出新设备的经济寿命为 5 年。

表 10－8　新设备的经济寿命　单位：元

n	资金恢复费用	年度使用费	年度费用
1	11200	9000	20200
2	5917	9470	15387
3	4164	9920	14084
4	3292	10360	13652
5	2774	10770	13549
6	2432	11170	13602

(3)年度费用比较

设备经济寿命 1 年、新设备经济寿命 5 年时的年度费用为

$$旧设备\ AC_1 = 14500(元/年)$$

$$新设备\ AC_5 = 13549(元/年)$$

因此，现有设备应该更新。

例 10－9　假如某工厂已有某台设备，目前的残值为 7000 元，估计还能使用 3 年，如保留使用旧机器 1、2、3 年，其年末残值和使用费用如表 10－9 所示。

现有一种新设备，原始费用为 30000 元，经济寿命为 12 年，12 年末的残值为 2000 元，年度使用费用固定为 1000 元。如果基准贴现率为 15%，问设备是否要更换？如果旧设备不需要马上更换，何时更换最好？

解：根据新旧设备经济寿命的等值年度费用确定旧设备是否马上更换。

表 10－9　余值和使用费用　单位：元

保留使用年数	年末残值	年使用费
1	5000	3000
2	3000	4000
3	2000	6000

新设备的平均成本：

$$AC(15\%) = (30000 - 2000)(A/P, 15\%, 12) + 2000 \times 0.15 + 1000 = 6465(元/年)$$

旧设备的经济寿命：

旧设备再保留使用 1 年

$AC(15\%)=(7000-5000)(A/P,15\%,1)+5000\times0.15+3000=6050$（元/年）

旧设备再保留使用 2 年

$$AC(15\%)=(7000-3000)(A/P,15\%,2)+3000\times0.15+[3000(P/F,15\%,1)+4000(P/F,15\%,2)](A/P,15\%,2)=6376\text{（元/年）}$$

旧设备再保留使用 3 年

$$AC(15\%)=6685\text{（元/年）}$$

旧设备的经济寿命为1年时的等值年度费用 $AC(15\%)=6050$ 元/年，由于设备经济寿命等值年度费用 $AC(15\%)=6465$ 元/年，可见旧设备不需要马上更换。

正确的做法应该是逐年进行比较，即计算各年旧设备的年度费用。设备的年度费用进行比较。

马上更换旧设备，现金流量见图 10－6(a)，有

$$AC(15\%)=6465\text{（元）}$$

旧设备使用 1 年的情况，现金流量见图 10－6(b)，有

$$AC(15\%)=6065\text{（元）}<6465\text{（元）}$$

旧设备使用 2 年的情况，第 2 年的现金流量见图 10－6(c)，第 2 年的年度费用为

$$AC(15\%)=(5000-3000)(A/P,15\%,1)+3000\times0.15+4000=6750\text{（元）}>6465\text{（元）}$$

因此，旧设备使用 1 年后就应该更换。

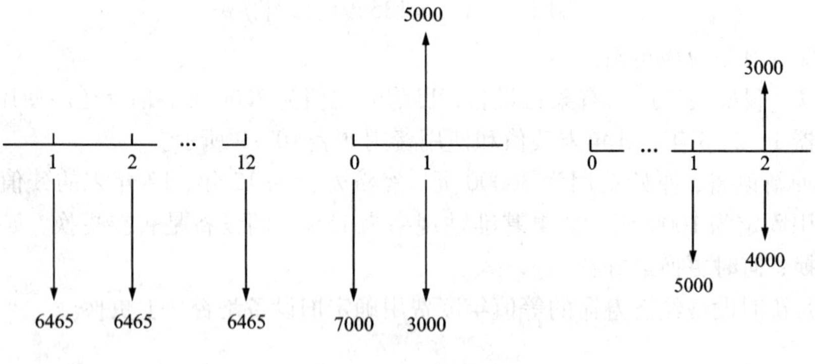

(a) 马上更换　(b) 旧设备使用一年更换　(c) 旧设备使用两年更换

图 10－6　不同更新方案的现金流量（单位：元）

10.4 设备租赁决策

在企业生产经营管理中，设备租赁常见于企业设备投资决策。在什么情况下企业选择租赁设备或直接购买设备，作出何种抉择取决于投资决策者对两者的费用与风险的全面综合比较分析。

10.4.1　设备租赁

1. 设备租赁的概念

设备租赁是设备的使用单位向设备所有单位(如租赁公司)租赁，并付给一定的租金，在租赁期内享有使用权，而不变更设备所有权的一种交换形式。

(1)设备租赁对承租者的益处

1)有利于减少资金占用和减轻资金负债状况。

2)适应季节性和暂时性的需要。

3)加快设备更新、避免技术落后的同时，降低投资风险。

4)可避免通货膨胀的冲击。

(2)设备租赁对出租者的益处

1)促进资产的合理使用，提高设备利用率。

2)扩大设备销路，提高经济效益。

3)享受税赋和加速折旧的优惠，减少税金的支出。

(3)设备租赁的不足之处

1)在租赁期间承租人对租用设备无所有权，只有使用权，故承租人无权随意对设备进行改造，不能处置设备，也不能用于担保、抵押贷款；

2)承租人在租赁期间所交的租金总额一般比直接购置设备的费用要高；

3)长年支付租金，形成长期负债；

4)融资租赁合同规定严格，毁约要赔偿损失，罚款较多等。

正是由于设备租赁有利有弊，故在租赁前要进行慎重的决策分析。

2. 设备租赁的形式

设备租赁一般有融资租赁和经营租赁两种方式。

(1)融资租赁(financial lease)

融资租赁是指由双方明确租让的期限和付费义务，出租者按照要求提供规定的设备，然后以租金形式回收设备的全部资金，出租者对设备的整机性能、维修保养、老化风险等不承担责任；该种租赁方式是以融资和对设备的长期使用为前提的，租赁期相当于或超过设备的寿命期，具有不可撤销性、租期长等特点，适用于大型机床、重型施工等贵重设备；融资租入的设备属承租方的固定资产，可以计提折旧计入企业成本，而租赁费一般不直接计入企业成本，由企业税后支付。但租赁费中的利息和手续费可在支付时计入企业成本，作为纳税所得额中准予扣除的项目。

融资租赁的特征一般归纳为五个方面：①租赁物由承租人决定，出租人出资购买并租赁给承租人使用，并且在租赁期间内只能租给一个企业使用；②承租人负责检查验收制造商所提供的租赁物，对该租赁物的质量与技术条件出租人不向承租人作出担保；③出租人保留租赁物的所有权，承租人在租赁期间支付租金而享有使用权，并负责租赁期间租赁物的管理、维修和保养；④租赁合同一经签订，在租赁期间任何一方均无权单方面撤销合同。只有租赁物毁坏或被证明为已丧失使用价值的情况下方能中止执行合同，无故毁约则要支付相当重的罚金；⑤租期结束后，承租人一般对租赁物有留购和退租两种选择，若要留购，购买价格可由租赁双方协商确定。

(2)经营租赁(operating lease)

经营租赁，又称为业务租赁，是融资租赁的对称。是为了满足经营使用上的临时或季节性需要而发生的资产租赁。经营租赁是一种短期租赁形式，它是指出租人不仅要向承租人提供设备的使用权，还要向承租人提供设备的保养、保险、维修和其他专门性技术服务的一种租赁形式(融资租赁不需要提供这个服务)。

经营租赁是一种纯粹的、传统意义上的租赁。承租人租赁资产只是为了满足经营上短期的、临时的或季节性的需要，并没有添置资产上的企图。经营租赁泛指融资租赁以外的其他一切租赁形式。

经营租赁是一项可撤销的、不完全支付的短期租赁业务(融资租赁不得随意撤销)。其业务特征表现为：①租赁物件的选择由出租人决定；②租赁物件一般是通用设备或技术含量很高、更新速度较快的设备；③租赁目的主要是短期使用设备；④出租人既提供租赁物件，又同时提供必要的服务；⑤出租人始终拥有租赁物件的所有权，并承担有关的一切利益与风险；⑥租赁期限短，中途可解除合同；⑦租赁物件的使用有一定的限制条件。

3. 融资租赁与经营租赁的区别

(1)作用不同

由于租赁公司能提供现成的融资租赁资产，这样使企业能在极短的时间，用少量的资金取得并安装投入使用，并能很快发挥作用，产生效益，因此，融资租赁行为能使企业缩短项目的建设期限，有效规避市场风险，同时，避免企业因资金不足而错过稍纵即逝的市场机会。经营租赁行为能使企业有选择地租赁企业急用但并不想拥有的资产。特别是工艺水平高、升级换代快的设备更适合经营租赁。

(2)两者判断方法不同

融资租赁资产是属于专业租赁公司购买，然后租赁给需要使用的企业，同时，该租赁资产行为的识别标准，一是租赁期占租赁开始日该项资产尚可使用年限的75%以上；二是支付给租赁公司的最低租赁付款额现值等于或大于租赁开始日该项资产账面价值的90%及以上；三是承租人对租赁资产有优先购买权，并在行使优先购买权时所支付购买金额低于优先购买权日该项租赁资产公允价值的5%。四是承租人有继续租赁该项资产的权利，其支付的租赁费低于租赁期满日该项租赁资产正常租赁费的70%。总而言之，融资租赁其实质就是转移了与资产所有权有关的全部风险和报酬，某种意义来说对于确定要行使优先购买权的承租企业，融资租赁实质上就是分期付款购置固定资产的一种变通方式，但要比直接购买高得多。而对经营租赁则不同，仅仅转移了该项资产的使用权，而对该项资产所有权有关的风险和报酬却没有转移，仍然属于出租方，承租企业只按合同规定支付相关费用，承租期满的经营租赁资产由承租企业归还出租方。

(3)租赁程序不同

经营租赁出租的设备由租赁公司根据市场需要选定，然后再寻找承租企业，而融资租赁出租的设备由承租企业提出要求购买或由承租企业直接从制造商或销售商那里选定。

(4)租赁期限不同

经营租赁期限较短，短于资产有效使用期，而融资租赁的租赁期较长，接近于资产的有效使用期。

(5)设备维修、保养的责任方不同

经营租赁由租赁公司负责，而融资租赁由承租方负责。

(6)租赁期满后设备处置方法不同

经营租赁期满后，承租资产由租赁公司收回，而融资租赁期满后，企业可以很少的“名义货价”(相当于设备残值的市场售价)留购。

(7)租赁的实质不同

经营租赁实质上并没有转移与资产所有权有关的全部风险和报酬，而融资租赁的实质是将与资产所有权有关的全部风险和报酬转移给了承租人。

10.4.2 设备租赁费用与支付

设备租赁费用主要包括：租赁保证金、租金、担保费。

(1)租赁保证金

为了确认租赁合同并保证其执行，承租人必须先交纳租赁保证金。当租赁合同结束时，租赁保证金将被退还给承租人或在偿还最后一期租金时加以抵消。保证金一般按合同金额的一定比例计，或是某一期数的金额(如一个月的租金额)。

(2)担保费

出租人一般要求承租人请担保人对该租赁交易进行担保，当承租人由于财务危机付不起租金时，由担保人代为支付租金。一般情况下，承租人需要付给担保人一定数目的担保费。

(3)租金

租金是签订租赁合同的一项重要内容，直接关系到出租人与承租人双方的经济利益。出租人要从取得的租金中得到出租资产的补偿和收益，即要收回租赁资产的购进原价、贷款利息、营业费用和一定的利润。承租人则要比照租金核算成本。影响租金的因素很多，如设备的价格、融资的利息及费用、各种税金、租赁保证金、运费、租赁利差、各种费用的支付时间，以及租金采用的计算公式等。

对于租金的计算主要有附加率法和年金法。

(1)附加率法

附加率法是在租赁资产的设备货价或概算成本上再加上一个特定的比率来计算租金。每期租金表达式为：

$$R = P\frac{(1 + N \times i)}{N} + P \times r \tag{10-8}$$

式中：P——租赁资产的价格；

N——租赁期数，可按月、季、半年、年计；

i——与租赁期数相对应的利率；

r——附加率。

例10-10 租赁公司拟出租给某企业一台设备，设备的价格为68万元，租期为5年，每年年末支付租金，折现率为10%，附加率为4%，问每年租金为多少?

解：

$$R = 68 \times \frac{(1 + 5 \times 10\%)}{5} + 68 \times 4\% = 23.12(\text{万元})$$

(2)年金法

年金法是将一项租赁资产价值按动态等额分摊到未来各租赁期间内的租金计算方法。年金法计算有期末支付和期初支付租金之分。

①期末支付方式是在每期期末等额支付租金。其支付方式的现金流量如图 10－7(a)所示。由期末等额支付可知，期末支付租金 R_a 的表达式为：

$$R_a = P\frac{i(1+i)^N}{(1+i)^N - 1} \tag{10-9}$$

式中：R_a——每期期末支付的租金额；

P——租赁资产的价格；

N——租赁期数，可按月、季、半年、年计；

i——与租赁期数相对应的利率或折现率。

$\frac{i(1+i)^N}{(1+i)^N - 1}$一般称为等额系列资金回收系数，用符号$(A/P, i, N)$表示。

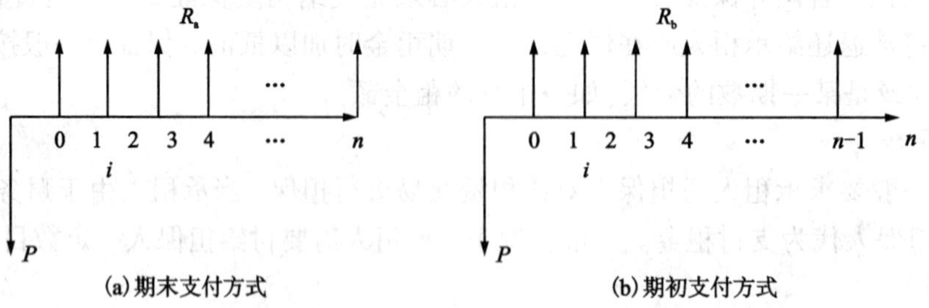

图 10－7 年金法计算租金现金流量示意图

(a)期末支付方式；(b)期初支付方式

②期初支付方式是在每期期初等额支付租金，期初支付要比期末支付提前一期支付租金，其支付方式的现金流量如图 10－7(b)所示。每期租金 R_b 的表达式为：

$$R_b = P\frac{i(1+i)^{N-1}}{(1+i)^N - 1} \tag{10-10}$$

式中：R_b——每期期初支付的租金额。

例 10－11 折现率为 12%，其余数据与例 10－10 相同，试分别按每年年末、每年年初支付方式计算租金。

解：若按年末支付方式：

$$R_b = 68 \times \frac{12\% \times (1+12\%)^5}{(1+12\%)^5 - 1} = 68 \times 0.2774 = 18.86 \text{ 万元}$$

若按年初支付方式：

$$R_b = 68 \times \frac{12\% \times (1+12\%)^{5-1}}{(1+12\%)^5 - 1} = 68 \times 0.2477 = 16.84 \text{ 万元}$$

10.4.3 设备租赁决策分析

对使用者来说，是采用购置设备或是租赁设备方式应取决于这两种方法在经济上的比较，其比较原则和方法与一般的互斥投资方案并无实质上的差别。

采用设备租赁方案，就没有资金恢复费用，租赁费可以直接进入成本，其净现金流量为：

净现金流量 = 销售收入 - 经营成本 - 租赁费

- 所得税税率 ×(销售收入 - 经营成本 - 租赁费)　(10-11)

而在相同条件下的购置设备方案为:

净现金流量 = 销售收入 - 经营成本 - 设备购置费(已发生)

- 所得税税率 ×(销售收入 - 经营成本 - 折旧)　(10-12)

例10-12　某企业需要某种设备，其购置费为100000元，打算使用10年，余值为零。这种设备也可租到，每年租赁费为16000元。运行费都是12000元/年。政府规定的所得税税率为25%，采用直线折旧。计算两者所得税的差额。

解: 企业若采用购置方案，年折旧费10000元计入总成本，而租赁方案每年16000元计入总成本，因此后者税金少付

$$25\% \times (16000 - 10000) = 1500(元/年)$$

思考与练习

1. 什么是设备更新? 设备更新的类型有哪些?

2. 设备磨损有哪几种形式? 各种形式的补偿方式是什么?

3. 什么是设备的经济寿命? 设备寿命的形态有哪些?

4. 什么是设备租赁? 其形式有哪些?

5. 瑞华公司有一项固定资产，原值50000元，估计使用年限5年，预计清理费用2000元，预计残值收入2800元。请分别用平均年限法、双倍余额递减法和年数总和法计算年折旧额。

6. 某种机器，原始费用为20000元，第1年年度使用费用为10000元，以后每年增加2000元，任何时候都不计残值，不计利息，不计所得税，求机器的经济寿命，并用表格的形式表明年度费用。

7. 有一台特殊效用的机器原始费用为20000元。表10-10列出了机器各年尚可使用费和各服务年年末的残值。假如基准收益率为10%，求这台机器的经济寿命。

表10-10　机器的各年费用数据

服务年数	年度使用费/元	年末残值/年
1	2200	10000
2	3300	9000
3	4400	8000
4	5500	7000
5	6600	6000
6	8800	4000
7	9900	3000
8	11000	2000
9	12100	1000

8. 某公司需要使用计算机，花30000元购置一台小型计算机，服务寿命6年，第6年末余值6000元，运行费每天50元，年维修费为3000元。这种计算机也可租到，每天租赁费为160元。如果公司一年中用机的天数预计为180天，政府规定的所得税税率为25%，采用直线折旧，试为公司决定采用购置或是租赁方案(基准贴现率为12%)。

9. 某公司2年前用80万元购买了一台软水处理机，经济寿命为7年，在今后5年的服务寿命期中，其年度运行费用分别为2万元、10万元、18万元、25.3万元、34万元，目前的残值为40万元，今后各年的残值为0。目前市场上出现一种新型软水处理机，价格为70万元，使用寿命为5年，该机器一旦使用就无残值，每年运行费用均为8万元。试问：

1)新型机器的经济寿命为几年？

2)假设 $i_c=18\%$，如果公司长期经营，是否更新旧软水处理机，何时更新最为有利？

第 11 章

不确定性分析与风险分析

11.1　不确定性分析概述

不确定性分析是技术方案经济效果评价中的一个重要内容。因为技术方案经济效果评价都是以一些确定的数据为基础，如技术方案总投资、建设期、年销售收入、年经营成本、年利率和设备残值等指标值，认为这些都是已知的、确定的。但事实上，对技术方案经济效果的评价通常都是对技术方案未来经济效果的计算，一个拟实施技术方案的所有未来结果都是未知的。因为计算中所使用的数据大都是预测或估计值，而不论用什么方法预测或估计，都会包含有许多不确定性因素，可以说不确定性是所有技术方案固有的内在特性，只是对不同的技术方案，这种不确定性的程度有大有小。工程经济分析的一个重要工作就是要研究各种不确定性和风险，找出各种估计和预测可能出现的偏差以及偏差的边界，这些边界可能导致我们选择不同于确定性情况下的技术方案。

11.1.1　不确定性产生的原因

不确定性是指由于对项目将来面临的运营条件、技术发展和各种环境缺乏准确的认识而对产生的决策没有把握。一般情况下，产生不确定性的主要原因有以下几点。

1) 所依据的基本数据存在不足或者统计偏差。这是指由于原始统计上的误差、统计样本点的不足、公式或模型的套用不合理等所造成的误差。比如说技术方案建设投资和流动资金是技术方案经济效果评价中重要的基础数据，但在实际中，往往会由于各种原因而高估或低估了它的数额，从而影响技术方案经济效果评价的结果。

2) 预测方法的局限，预测的假设不准确。

3) 未来经济形势的变化，如通货膨胀、市场供求结构的变化。由于有通货膨胀的存在，会产生物价的波动，从而会影响技术方案经济效果评价中所用的价格，进而导致诸如年营业收入、年经营成本等数据与实际发生偏差；同样，由于市场供求结构的变化会影响到产品的市场供求状况，进而对某些指标值产生影响。

4) 技术进步，如生产工艺或技术的发展和变化。技术进步会引起产品和工艺的更新替代，这样根据原有技术条件和生产水平所估计出的年营业收入、年经营成本等指标就会与实际值发生偏差。

5) 无法以定量来表示的定性因素的影响。

6)其他外部影响因素，如政府政策的变化，新的法律、法规的颁布，国际政治经济形势的变化等，均会对项目的经济效果产生一定的甚至是难以预料的影响。

在评价中，如果我们想全面分析这些因素的变化对技术方案经济效果的影响是十分困难的，因此在实际工作中，我们往往要着重分析和把握那些对技术方案影响大的关键因素，以期取得较好的效果。

11.1.2 不确定性分析的概念

不确定性分析(uncertainty analysis)是指对决策方案受到各种事前无法控制的外部因素变化与影响所进行的研究和估计。它是决策分析中常用的一种方法，通过该分析可以尽量弄清和减少不确定性因素对经济效益的影响，预测项目投资对某些不可预见的政治与经济风险的抗冲击能力，从而证明项目投资的可靠性和稳定性，避免投产后不能获得预期的利润和收益，致使企业亏损。对工程项目投资方案进行不确定性分析，就是对工程项目未来将要发生的情况加以掌握，分析这些不确定因素在什么范围内变化，以及这些不确定因素的变化对方案的技术经济效果的影响程度如何。即计算和分析工程项目不确定因素的假想变动对方案技术经济效果评价的影响程度。

不确定性的直接后果是使方案经济效果的实际值与评价值相偏离，从而使得按评价值做出的经济决策带有风险。为了分析不确定因素对经济评价指标的影响，应根据拟建项目的具体情况，分析各种外部条件发生变化或者测算数据误差对方案经济效果的影响程度，以估计项目可能承担的不确定性风险及其承受能力，确定项目在经济上的可靠性。这里所说的不确定性分析包含了不确定性分析与风险分析两项内容，严格来讲，两者是有差异的。不确定性分析是不知道未来可能发生的结果，或不知道各种结果发生的可能性，由此产生的问题称为不确定性问题；风险分析是知道未来可能发生的各种结果的概率，由此产生的问题称为风险问题。人们习惯于将以上两种分析方法统称为不确定性分析。

风险与不确定性既有紧密的联系，又有区别。两者的关系可归纳为以下几个方面：

(1)不确定性是风险的起因

人们对未来事物认识的局限性，可获信息的不完备性以及未来事物本身的不确定性使得未来经济活动的实际结果偏离预期目标，这就形成了经济活动结果的不确定性，从而使经济活动的主体可能得到高于或低于预期的效益，甚至遭受一定的损失，导致经济活动有“风险”。

(2)不确定性与风险相伴而生

正是由于不确定性是风险的起因，不确定性与风险总是相伴而生。如果不是从定义上去刻意区分，往往会将它们混为一谈。即使从理论上刻意区分，实践中这两个名词也常混合使用。

(3)不确定性与风险的区别

不确定性的结果可以优于预期，也可能低于预期，而普遍的认识是低于预期甚至遭受损失的可能称为“有风险”。

还可以用是否得知发生的可能性来区分不确定性和风险，即不知发生的可能性时，称之为不确定性；而已知发生的可能性时，就称之为有风险。

(4) 投资项目的不确定性与风险

在经济活动中，风险是不以人们意志为转移的客观存在，投资项目也不例外。尽管在投资项目的决策分析与评价的全过程中已尽可能对基本方案的方方面面进行了详细的研究，但由于预测结果的不确定性，项目经营的将来状况会与设想状况发生偏差，项目实施后的实际结果可能与预测的基本方案结果产生偏差，有可能使实际结果低于预期，因而使投资项目面临潜在的风险。

实际上人们对风险的研究由来已久，同时也赋予了风险各种各样的定义。《投资项目可行性研究指南》对投资风险的定义是：投资项目风险是指由于不确定性的存在导致实际结果偏离预期结果造成损失的可能性。风险大小既与损失发生的可能性(概率)成正比，也与损失的严重性成正比。

与“不确定性”和“风险”的关系一样，不确定性分析与风险分析也是既有联系又有区别。

不确定性分析(指敏感性分析)与风险分析的主要区别在于：两者的分析内容、方法和作用不同。不确定性分析是指对投资项目受各种不确定因素的影响进行分析，并不可能知道这些不确定因素可能出现的各种状况及其产生影响发生的可能性；而风险分析则要通过预知不确定因素(以下称风险因素)可能出现的各种状况发生的可能性，求得其对投资项目影响发生的可能性，进而对风险程度进行判断。

不确定性分析与风险分析之间也有一定的联系。由敏感性分析可以得知项目效益的敏感因素和敏感程度，但不知这种影响发生的可能性，如需得知可能性，就必须借助于概率分析。但是通过敏感性分析所找出的敏感因素又可以作为概率分析风险因素的确定依据。

11.1.3　不确定性分析的作用

不确定性分析是项目经济评价中的一个重要内容。因为前面所讲的项目评价都是以一些确定的数据为基础，如项目总投资、建设期、年销售收入、年经营成本、年利率、设备残值等指标值，认为它们都是已知的，是确定的，即使是对某个指标值所做的估计或预测，也认为是可靠、有效的。但实际上，由于前述各种影响因素的存在，这些指标值与其实际值之间往往存在着差异，这样就对项目评价的结果产生了影响。如果不对此进行分析，仅凭一些基础数据所做的确定性分析为依据来取舍项目，就可能会导致投资决策的失误。比如说，某项目的标准折现率 i_c 定为 8%，根据项目基础数据求出的项目的内部收益率为 10%，由于内部收益率大于标准折现率，根据方案评价准则自然会认为项目是可行的。但如果凭此就做出投资决策则是欠周到的，因为我们还没有考虑到不确定性问题。如果在项目实施的过程中存在通货膨胀，并且通货膨胀率高于 2%，则项目的风险就很大，甚至会变成不可行的。因此，为了有效地减少不确定性因素对项目经济效果的影响，提高项目的风险防范能力，进而提高项目投资决策的科学性和可靠性，除对项目进行确定性分析以外，还很有必要对项目进行不确定性分析，估计出项目效益的变动幅度和范围，提高项目决策水平和决策的可靠性、科学性。具体作用有：

1) 明确不确定因素对项目效益指标的影响范围，从而确定项目效益指标的变动幅度。

2) 可以确定项目经济评价结论的有效范围，提高项目结论的可靠性。

3) 明确项目效益指标所能允许的因素变化的极限值。

11.1.4 不确定性分析的方法

常用的不确定分析方法有盈亏平衡分析和敏感性分析。在具体应用时，要在综合考虑项目的类型、特点，决策者要求的相应的人力、财力，以及项目对国民经济的影响程度等条件下来选择。一般来讲，盈亏平衡分析只适用于项目的财务评价，而敏感性分析则可用于财务评价和经济评价。风险分析是在市场预测、技术方案、工程方案、融资方案和社会评价论证中已进行的初步风险分析的基础上，进一步综合分析识别拟建项目在建设和运营中潜在的主要风险因素，揭示风险来源，判别风险程度，提出规避风险对策，降低风险损失。

11.2 盈亏平衡分析

11.2.1 盈亏平衡分析的概念

盈亏平衡分析(break - even analysis)是通过盈亏平衡点(break even point, BEP)分析项目成本与收益的平衡关系的一种方法。各种不确定因素(如投资、成本、销售量、产品价格、项目寿命期等)的变化会影响投资方案的经济效果，当这些因素的变化达到某一临界值时，就会影响方案的取舍。盈亏平衡分析的目的就是找出这种临界值，即盈亏平衡点(BEP)，判断投资方案对不确定因素变化的承受能力，为决策提供依据。

盈亏平衡分析又称保本点分析或本量利分析法，是根据产品的业务量(产量或销量)、成本、利润之间的相互制约关系的综合分析，用来预测利润、控制成本、判断经营状况的一种数学分析方法。

11.2.2 盈亏平衡分析的分类

1)按采用的分析方法的不同分为图解法和方程式法。

2)按分析要素间的函数关系不同分为线性和非线性盈亏平衡分析。盈亏平衡分析可以分为线性盈亏平衡分析和非线性盈亏平衡分析，投资项目决策分析与评价中一般进行线性盈亏平衡分析。

3)按分析的产品品种数目多少，可以分为单一产品和多产品盈亏平衡分析。

4)按是否考虑货币的时间价值分为静态和动态的盈亏平衡分析。

11.2.3 盈亏平衡分析的基本的损益方程式

在项目盈亏平衡分析中，首先要做的就是盈亏平衡点的确定，然后据此来分析和判断项目风险的大小。所谓盈亏平衡点是项目盈利与亏损的分界点，它标志着项目不盈不亏的生产经营临界水平，反映了在达到一定的生产经营水平时，该项目的收益与成本的平衡关系。盈亏平衡点通常用产量来表示，也可以用生产能力利用率、销售收入或产品单价来表示。

根据盈亏平衡点的定义，在盈亏平衡点处，项目处于不盈不亏的状态，也即项目的收益与成本相等，用公式表示如下：

$$TR = TC \tag{11-1}$$

式中：TR——项目的总收益；

TC——项目的总成本。

由于 TR 和 TC 通常都是产品产量的函数，因此由式(11-1)即可求出项目在盈亏平衡点处的产量 Q^*，它也可称为盈亏平衡产量或最低经济产量。

例 11-1　某新建项目生产一种电子产品，根据市场预测估计每件售价为 500 元，已知该产品单位产品变动成本为 400 元，固定成本为 150 万元，试求该项目的盈亏平衡产量。

解：根据收益、成本与产量的关系可有：

$$产量 = P \times Q = 500Q$$

$$\begin{aligned} TC &= 固定成本 + 变动成本 = 固定成本 + 单位产品变动成本 \times 产量 \\ &= 1500000 + 400Q \end{aligned}$$

设该项目的盈亏平衡产量为 Q^*，则当产量为 Q^* 时应有：

$$TR = TC$$

即：

$$500Q^* = 1500000 + 400Q^*$$

解得：

$$Q^* = 15000 \text{ 件}$$

一般说来，企业收入 = 成本 + 利润，如果利润为零，则有收入 = 成本 = 固定成本 + 变动成本，而收入 = 销售量 × 价格，变动成本 = 单位变动成本 × 销售量，这样由销售量 × 价格 = 固定成本 + 单位变动成本 × 销售量，可以推导出盈亏平衡点的计算公式为：

$$盈亏平衡点(销售量) = 固定成本 \div (价格 - 单位变动成本) \quad (11-2)$$

11.2.4　线性盈亏平衡分析

线性盈亏平衡分析是指项目的收益与成本都是产量的线性函数，进行线性盈亏平衡分析需要有一些假设条件：

1)生产量等于销售量。即生产的产品一定能全部销售出去，满足市场需求。

2)产量变化时，单位可变成本不变，从而总成本费用是产量的线性函数；产量变化时，产品售价不变，从而销售收入是销售量的线性函数；产量变化时，固定成本总额不变。

3)采用投资项目在正常年份内达到设计生产能力的数据，这里不考虑资金的时间价值，是一种静态分析方法。

4)只生产单一产品，或者生产多种产品，但可以换算为单一产品计算。只要产量大于盈亏平衡点产量，项目就一定是盈利的，而且随产量的增加其利润也不断增加。

独立型方案盈亏平衡分析的目的是通过分析产品产量、成本与方案盈利能力之间的关系找出投资方案盈利和亏损在产量、产品价格、单位产品成本等方面的界限，以判断在各种不确定因素作用下方案的风险情况。

(1)销售收入、成本费用与产品产量的关系

假定市场条件不变，产品价格为一常数，则销售收入与销售量呈线性关系，即

$$TR = PQ \quad (11-3)$$

式中：TR——销售收入；

P——产品价格(不含销售税)；

Q——产品销售量。

项目投产后，其总成本费用可以分为固定成本和变动成本两部分。固定成本(fixed cost，FC)指在一定的生产规模限度内不随产量的变动而变动的费用，变动成本(variable cost，VC)

是指随产品产量的变动而变动的费用。在经济分析中一般可近似认为变动成本与产品产量成正比例关系。

总成本费用是固定成本与变动成本之和，它与产品产量的关系也可以近似地认为是线性关系，即

$$TC = FC + C_v Q \tag{11-4}$$

式中：TC——总成本费用；

FC——总固定成本；

C_v——单位产品变动成本。

(2)盈亏平衡点的确定

盈亏平衡点可以采用公式计算法求取，也可以采用图解法求取。

1)图解法。

盈亏平衡点可以采用图解法求得，见图 11－1。图中销售收入线(如果销售收入和成本费用都是按含税价格计算的，销售收入中还应减去增值税)与总成本费用线的交点即为盈亏平衡点，这一点所对应的产量即为 BEP(产量)，也可换算为 BEP(生产能力利用率)。

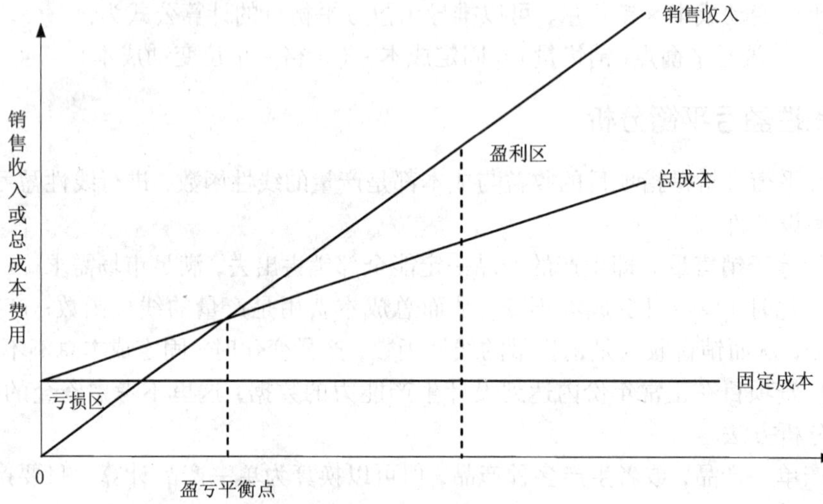

图 11－1 线性盈亏平衡分析图

2)公式计算法。

盈亏平衡点计算公式：

$$BEP(\text{生产能力利用率}) = \left[\frac{\text{年总}}{\text{固定成本}} \div \left(\frac{\text{年销售}}{\text{收入}} - \frac{\text{年总}}{\text{可变成本}} - \frac{\text{年销售}}{\text{税金与附加}}{}^{*}\right)\right] \times 100\% \tag{11-5}$$

$$\begin{aligned} BEP(\text{产量}) &= \frac{\text{年总}}{\text{固定成本}} \Big/ \left(\frac{\text{单位}}{\text{产品价格}} - \frac{\text{单位产品}}{\text{可变成本}} - \frac{\text{单位产品}}{\text{销售税金与附加}}{}^{*}\right) \\ &= BEP(\text{生产能力利用率}) \times \text{设计生产能力} \end{aligned} \tag{11-6}$$

*表示如采用含税价格计算，应再减去增值税。

3)盈亏平衡分析的要点。

盈亏平衡点应按项目达产年份的数据计算，不能按计算期内的平均值计算。

由于盈亏平衡点表示的是在相对设计能力下，达到多少产量或负荷率多少才能达到盈亏平衡，故必须按项目达产年份的销售收入和成本费用数据计算，如按计算期内的平均数据计算，就失去了意义。当各年数值不同时，最好按还款期间和还完借款以后的年份分别计算

即便在达产后的年份，由于固定成本中各年的利息不同，折旧费和摊销费也不是每年都相同，所以成本费用数值可能因年而异，具体按哪一年的数值计算盈亏平衡点，可以根据项目情况进行选择。一般而言，最好选择还款期间的第一个达产年和还完借款以后的年份分别计算，以便分别给出最高的盈亏平衡点和最低的盈亏平衡点。

例 11－2　假设某项目达产第 1 年的销售收入为 31389 万元，销售税金及附加为 392 万元，固定成本 10542 万元，可变成本 9450 万元，销售收入与成本费用均采用不含税价格表示，该项目设计生产能力为 100 t，求解盈亏平衡点。

解： BEP(生产能力利用率) = [10542/(31389 − 9450 − 392)] × 100% = 48.9%

BEP(产量) = 100 × 48.9% = 48.9 (t)

例 11－3　某项目的设计能力为年产 50 万件，估计单位产品价格为 100 元，单位产品可变成本为 80 元，年固定成本为 300 万元。试用产量、生产能力利用率、销售价格、销售额分别表示项目的盈亏平衡点。已知该产品的销售税金及附加税率为 5%。

解： 1)计算Q_{QEP} $= \dfrac{F}{P-V-T} = \dfrac{300}{100-80-100\times 5\%} = 20$(万件)

2)计算R_{BEP}

$$R_{BEP} = \frac{Q_{BEP}}{Q}\times 100\% = \frac{20}{50}\times 100\% = 40\%$$

3)计算 P_{BEP}

$$P_{BEP} = \frac{F}{Q} + V + T = \frac{300}{50} + 80 + 100\times 5\% = 91\text{(元)}$$

(4)计算 S_{BEP}

$$S_{BEP} = \frac{P\times F}{P-V-T} = \frac{100\times 300}{100-80-100\times 5\%} = 2000\text{(万元)}$$

盈亏平衡点反映了项目对市场变化的适应能力和抗风险能力。从图 11－1 中可以看出，盈亏平衡点越低，达到此点的盈亏平衡产量和收益或成本也就越少，项目投产后盈利的可能性越大，适应市场变化的能力越强，抗风险能力也越强。根据经验，若 $BEP(\%) < 70\%$，则项目相当安全，或者说可以承受较大的风险。

线性盈亏平衡分析方法简单明了，但这种方法在应用中有一定的局限性，主要表现在实际的生产经营过程中，收益和支出与产品产量之间的关系往往呈现出一种非线性的关系，这时就需要用到非线性盈亏平衡分析方法。

11.2.5　非线性盈亏平衡分析

在实际生产经营过程中，产品的销售收入与销售量之间、成本费用与产量之间，并不一定呈现出线性的关系。例如，当项目的产量在市场中占有较大的份额时，其产量的高低可能会明显影响生产的供求关系，从而使得生产加工发生变化。再如，根据报酬递减规律，变动

成本随着生产规模的不同而与产量成非线性关系。由于这些原因，造成产品的销售收入和总成本与产量之间存在着非线性的关系，在这种情况下进行的盈亏平衡分析称为非线性盈亏平衡分析。

出现产品的生产成本和销售收入与产量之间不能保持线性关系的情况，分析起来其主要原因有以下几个方面：

1）当生产规模扩大到一定限度时，正常价格的原料、燃料、动力就不能保证供应，企业不得不付出较高的代价去购买计划外的较贵原材料和动力，从而会增加变动成本。

2）扩大生产能力（产量）后，通常不能以正常的（原有的）生产班次来完成生产任务，而需要加班加点，支付工人的加班费等，这些加大工资等的劳务费用，产生的固定成本增加，或是由于扩大生产引起拥挤或堵塞而导致了生产效率下降等。

3）要扩大生产能力，通常就需要添置新的设备或对设备进行更新，或因设备超负荷运行而加快磨损，缩短寿命期，从而增加了折旧和维修费用，也造成固定成本的上升。

4）还可能因为项目达到经济规模后会导致产量增加，而使得单位产品的生产成本会有所下降。

5）因为批量采购带来的资金节约或机械化和自动化生产能力的充分发挥所产生的单位产品成本的下降等。

6）在产品的销售税率不变的条件下，由于市场需求关系或批量销售折扣等因素的变化也会使销售净收入与产量不成线性关系。

非线性盈亏平衡分析如图 11－2 所示。

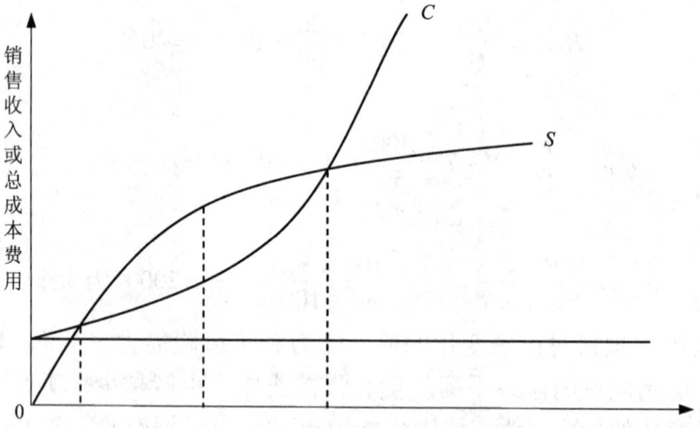

图 11－2　非线性盈亏平衡分析图

非线性的成本函数与销售收入函数均可用一元二次曲线表示，其表达式通常为：

$$TR = a_1 x + a_2 x^2 + a$$

式中：$a_2 < 0$，通常 a_2 很小。

设定总成本是产量的非线性函数：

$$TC(x) = F + b_1 x + b_2 x^2$$

式中：$b_2 > 0$，F 为固定成本，x 为产量，而 a_1、a_2、b_2 和 b_2 为常数，主要源于市场预测或经验数据。

这时利润的函数为：

$$P(x)=TR(x)-TC(x)=(a_1x+a_2x^2+a)-(F+b_1x+b_2x^2)$$

根据盈亏平衡的定义，

$$P(x)=TR(x)-TC(x)=0$$

代入整理后，得到：

$$(a_2-b_2)x^2-(a_1-b_1)x+(a-F)=0$$

解此二次方程，得到两个解，x_1 和 x_2，即项目的两个盈亏平衡点。另外，通过对 $P(x)$ 求导，可求得项目的最大盈利点，即：

$$P'(x)=2(a_2-b_2)x+(a_1-b_1)=0$$

式中：x 就是项目的最大盈利点。

例 11－4　某工程项目计划生产一种新产品，经过市场调研及历年来的历史数据分析，预计生产该产品的销售收入函数及成本函数分别为：

$$TR=3100x-0.6x^2$$

$$TC=3187500+600x-0.2x^2$$

试确定该项目产品的盈亏平衡点及最大盈利点。

解：这是一个非线性盈亏平衡分析的问题。根据盈亏平衡点的定义，可知在盈亏平衡时有，$TR=TC$

即：

$$3100x-0.06x^2=3187500+600x+0.2x^2$$

解上述方程，可得：

$$x_1=1785,\ x_2=4464$$

即产品的盈利区域为产量介于 1785 和 4465 之间。

根据最大盈利点的含义，当产量达到最大盈利点时，应有：

$$P'(x)=0.4x^2-2500x+3187500=0$$

解得：$x=3125$，即当产量水平达到 3125 时，该产品将获得最大的利润。

通过盈亏平衡分析，可以看到产量、成本、销售收入三者的关系，预测经济形势变化带来的影响，分析工程项目抗风险的能力，从而为投资方案的优劣分析与决策提供重要的科学依据。但是由于盈亏平衡分析仅仅是讨论价格、产量、成本等不确定因素的变化对工程项目盈利水平的影响，却不能从分析中判断项目本身盈利能力的大小。另外，盈亏平衡分析乃是一种静态分析，因此，其计算结果和结论是比较粗略的，还需要采用其他的能力判断因不确定因素变化而引起项目本身盈利水平变化幅度的、动态的方法进行不确定性分析。

.6　多方案的盈亏平衡分析

单方案的盈亏平衡分析是通过求得 *BEP* 来分析发生盈利与亏损的可能性。当某个不确定因素同时对两个或两个以上的多方案产生影响时，亦可采用盈亏平衡分析方法来考虑这个共有的不确定因素对各个方案的影响程度，并进行方案的比选。有时，这种方法也被称之为优劣平衡分析。多方案的盈亏平衡分析是盈亏平衡分析方法的延伸，它是将同时影响各方案经济效果指标的共有的不确定因素作为自变量，将各方案的经济效果指标作为因变量，建立各方案经济效果指标与不确定因素之间的函数关系。由于各方案经济效果函数的斜率不同，所以各函数曲线必然会发生交叉，即在不确定因素的不同取值区间内，各方案的经济效果指标高低的排序不同，由此来确定方案的取舍。

11.2.7 盈亏平衡分析的局限性

盈亏平衡的基础模型假设条件决定了它具有一定的局限性，这些局限性体现在：

1)在产品市场上，市场销售价格不一定总是常数，短期内可能会有市场价格的相对稳定，但从长期而言，市场价格一定是变化的。比如，处于不同生命期的产品其销售价格会有所不同；从产品所处的四种市场结构来说，除完全竞争的市场(这是一种理想状态的市场)外，其他几种结构的产品市场，特别是竞争较激烈的市场，其价格手段往往是各产品生产厂家争夺市场占有率的主要竞争手段之一，因此产品的市场价格总是变化的，即销售收入不仅是销量的函数，还是价格的函数。

2)单件产品的变动成本会随着生产规模的变化而变化。比如当产品成批量生产时，原材料也会批量购进，当要素市场竞争较激烈时，原材料的进价会随着购买量的增加而降低，也即分摊到每件产品中的原材料成本降低了，此时总成本就不仅是产量的函数，还受单位变动成本的影响。

3)盈亏平衡分析过程中未考虑资金的时间价值。资金的时间价值是资金在用于扩大再生产过程中随着时间变化而产生的资金增值，不考虑资金的时间价值大小而进行的盈亏平衡分析，不能动态地反映项目资金的运营情况，其结果不能真实地反映项目的盈亏水平，求得的盈亏产量值要比考虑资金的时间价值的盈亏平衡产量值小得多，从而夸大了项目的可行性，甚至可能把本来风险较大的项目错误地判断为盈利项目，增加了项目实际投资后的风险性。

4)在实际销售活动中，产品销量、产量与市场有效需求量有时并不是一个概念，当市场需求较旺时，可以把它们看作为同一概念；而当产品市场已处于饱和状态时，或者该产品是一种新产品，正处于投入期时，这几个概念就有所不同。因此，把几个概念完全等同所求得的产量平衡点很难说明决策项目的可靠与否。

5)在一定的产量范围内项目的销售收入会随着产量的增加而增加，成本也会下降，但当产量增加到超过某一范围后，会造成原有厂房、设备等的不足，为了提高产量，必须增加厂房、设备等的投资，而这一投资即意味着固定成本的增加，也即分摊到单位产品中的固定成本相应增加。因此，利润并不总是随产量的增加而增加的。

盈亏平衡分析虽然能够度量项目风险的大小，但并不能揭示产生项目风险的根源。虽然我们知道降低盈亏平衡点就可以降低项目的风险，提高项目的安全性，也知道降低盈亏平衡点可采取降低固定成本的方法，但是如何降低固定成本，应该采取哪些可行的方法或通过哪些有效的途径来达到这个目的，盈亏平衡分析并没有给出答案，还需采用其他一些方法来帮助达到这个目的。

11.3 敏感性分析

11.3.1 敏感性分析的概念

敏感性分析是指从众多不确定性因素中找出对投资项目经济效益指标有重要影响的敏

性因素，并分析、测算其对项目经济效益指标的影响程度和敏感性程度，进而判断项目承受风险能力的一种不确定性分析能力。

敏感性分析是指从定量分析的角度研究有关因素发生某种变化对某一个或一组关键指标影响程度的一种不确定分析技术。其实质是通过逐一改变相关变量数值的方法来解释关键指标受这些因素变动影响大小的规律。敏感性因素一般可选择主要参数(如销售收入、经营成本、生产能力、初始投资、寿命期、建设期、达产期等)进行分析。若某参数的小幅度变化能导致经济效果指标的较大变化，则称此参数为敏感性因素，反之则称其为非敏感性因素。

11.3.2　敏感性分析的步骤

1)确定敏感性分析指标。敏感性分析的对象是具体的技术方案及其反映的经济效益。因此，技术方案的某些经济效益评价指标，例如息税前利润、投资回收期、投资收益率、净现值、内部收益率等，都可以作为敏感性分析指标。

2)计算该技术方案的目标值。一般将在正常状态下的经济效益评价指标数值，作为目标值。确定性经济分析中所用指标比较多时，应选择最能够反映该项目经济效益、最能够反映该项目经济合理与否的 1 个或几个最重要的指标作为敏感性分析的对象。一般最常用的敏感性分析的指标是内部收益率和净现值等动态指标。

3)选取不确定因素。在进行敏感性分析时，并不需要对所有的不确定因素都考虑和计算，而应视方案的具体情况选取几个变化可能性较大，并对经济效益目标值影响作用较大的因素。例如：产品售价变动、产量规模变动、投资额变化，或是建设期缩短，达产期延长等，这些都会对方案的经济效益大小产生影响。

4)计算不确定因素变动时对分析指标的影响程度。若进行单因素敏感性分析时，则要在固定其他因素的条件下，变动其中一个不确定因素；然后，再变动另一个因素(仍然保持其他因素不变)，以此求出某个不确定因素本身对方案效益指标目标值的影响程度。

具体确定因素敏感性大小的方法有两种，一种称为相对测定法，另一种称为绝对测定法。相对测定法，即假定需分析的因素均从基准值开始变动，各种因素每次变动幅度相同，比较每次变动对经济指标的影响效果。绝对测定法，即假定某特定因素向降低投资效果的方向变动，并设该因素达到可能的悲观(最坏)值，然后计算方案的经济评价指标，看其是否已达到使项目在经济上不可行的程度。如果达到使该方案在经济上不可行的程度，则表明该因素为此方案的敏感因素。

5)找出敏感因素，进行分析和采取措施，以提高技术方案的抗风险的能力。根据上一步的计算分析结果，对每种敏感性因素在同一变化幅度下引起的同一经济效果评价指标的不同变化幅度进行比较，选择其中导致变化幅度最大的因素，为最敏感因素；导致变化幅度最小的因素为不敏感因素。

11.3.3　敏感性分析的作用

1)确定影响项目经济效益的敏感因素。寻找出影响最大、最敏感的主要变量因素，进一步分析、预测或估算其影响程度，找出产生不确定性的根源，采取相应的有效措施。

2)计算主要变量因素的变化引起项目经济效益评价指标变动的范围，使决策者全面了解工程项目投资方案可能出现的经济效益变动情况，以减少和避免不利因素的影响，改善和提高项目的投资效果。

3)通过各种方案敏感度大小的对比，区别敏感度大或敏感度小的方案，选择敏感度小的，即风险小的项目作为投资方案。

4)通过可能出现的最有利与最不利的经济效益变动范围的分析，为投资决策者预测可能出现的风险程度，并对原方案采取某些控制措施或寻找可替代方案，为最后确定可行的投资方案提供可靠的决策依据。

11.3.4 单因数敏感性分析

(1)确定分析指标

技术方案评价的各种经济效果指标，如财务净现值、财务内部收益率、静态投资回收期等，都可以作为敏感性分析的指标。分析指标的确定与进行分析的目标和任务有关，一般是根据技术方案的特点、实际需求情况和指标的重要程度来选择。

如果主要分析技术方案状态和参数变化对技术方案投资回收快慢的影响，则可选用静态投资回收期作为分析指标；如果主要分析产品价格波动对技术方案超额净收益的影响，则可选用财务净现值作为分析指标；如果主要分析投资大小对技术方案资金回收能力的影响，则可选用财务内部收益率指标等。

由于敏感性分析是在确定性经济效果分析的基础上进行的，一般而言，敏感性分析的指标应与确定性经济效果评价指标一致，不应超出确定性经济效果评价指标范围而另立新的分析指标。当确定性经济效果评价指标比较多时，敏感性分析可以围绕其中一个或若干个最重要的指标进行。

(2)选择需要分析的不确定性因素

影响技术方案经济效果评价指标的不确定性因素很多，但事实上没有必要对所有的不确定因素都进行敏感性分析，而只需选择一些主要的影响因素。在选择需要分析的不确定性因素时主要考虑以下两条原则：

第一，预计这些因素在其可能变动的范围内对经济效果评价指标的影响较大；

第二，对在确定性经济效果分析中采用该因素的数据的准确性把握不大。

选定不确定性因素时应当把这两条原则结合起来进行。对于一般技术方案来说，通常从以下几方面选择敏感性分析中的影响因素。

1)从收益方面来看，主要包括产销量与销售价格、汇率。许多产品，其生产和销售受国内外市场供求关系变化的影响较大，市场供求难以预测，价格波动也较大，而这种变化不是技术方案本身所能控制的，因此产销量与销售价格、汇率是主要的不确定性因素。

2)从费用方面来看，包括成本(特别是与人工费、原材料、燃料、动力费及技术水平有关的变动成本)、建设投资、流动资金占用、折现率、汇率等。

3)从时间方面来看，包括技术方案建设期、生产期，生产期又可考虑投产期和正常生产期。

此外，选择的因素要与选定的分析指标相联系。否则，当不确定性因素变化到一定幅度时并不能反映评价指标的相应变化，达不到敏感性分析的目的。比如折现率因素对静态评价指标不起作用。

(3)分析每个不确定性因素的波动程度及其对分析指标可能带来的增减变化影响的情况

首先，对所选定的不确定性因素，应根据实际情况设定这些因素的变动幅度，其他因素固定不变。因素的变动可以按照一定的变化幅度（如 ±5%、±10%、±15%、±20% 等；对于建设工期可采用延长或压缩一段时间表示）改变它的数值。

其次，计算不确定性因素每次变动对技术方案经济效果评价指标的影响。

（4）确定敏感性因素

敏感性分析的目的在于寻求敏感因素，这可以通过计算敏感度系数和临界点来判断。

1）敏感度系数。

敏感度系数表示技术方案经济效果评价指标对不确定因素的敏感程度。计算公式为：

$$S_{AF}=\frac{\Delta A/A}{\Delta F/F} \tag{11-7}$$

式中：S_{AF}——敏感度系数；

$\Delta F/F$——不确定性因素 F 的变化率，%；

$\Delta A/A$——不确定性因素 F 发生变化时，评价指标 A 的相应变化率，%。

判别敏感因素的方法是一种相对测定法，即根据不同因素相对变化对技术方案经济效果评价指标影响的大小，可以得到各个因素的敏感性程度排序。

$S_{AF}>0$，表示评价指标与不确定因素同方向变化；$S_{AF}<0$，表示评价指标与不确定因素反方向变化。

$|S_{AF}|$越大，表明评价指标 A 对于不确定因素 F 越敏感；反之，则越不敏感。据此可以找出哪些因素是最关键的因素。

敏感系数提供了各不确定因素变动率与评价指标变动率之间的比例，但不能直接显示变化后评价指标的值。为了弥补这种不足，有时需要编制敏感性分析表，列出各因素变动率及相应的评价指标值，如表 11－1 所示。

表 11－1　单因素变化对×××评价指标的影响　单位：万元

项目＼变化幅度	－20%	－10%	0	10%	20%	平均＋1%	平均－1%
投资额							
产品价格							
经营成本							
…							

敏感性分析表的缺点是不能连续表示变量之间的关系，为此人们又设计了敏感分析图，见图 11－3。图中横轴代表各不确定因素变动百分比，纵轴代表评价指标（以财务净现值为例）。根据原来的评价指标值和不确定因素变动后的评价指标值，画出直线。这条直线反映不确定因素不同变化水平时所对应的评价指标值。每一条直线的斜率反映技术方案经济效果评价指标对该不确定因素的敏感程度，斜率越大敏感度越高。一张图可以同时反映多个因素的敏感性分析结果。

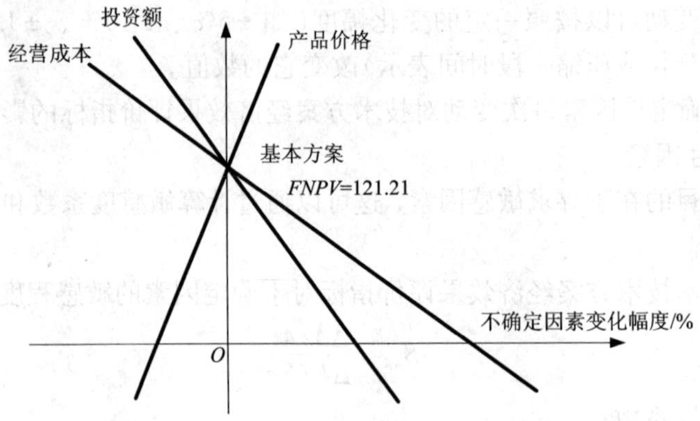

图 11 - 3 单因素敏感性分析示意图

2)临界点。

临界点是指技术方案允许不确定因素向不利方向变化的极限值。超过极限，技术方案的经济效果指标将不可行。例如当产品价格下降到某一值时，财务内部收益率将刚好等于基准收益率，此点称为产品价格下降的临界点。临界点可用临界点百分比或者临界值分别表示某一变量的变化达到一定的百分比或者一定数值时，技术方案的经济效果指标将从可行转变为不可行。临界点可用专用软件的财务函数计算，也可由敏感性分析图直接求得近似值。采用图解法时，每条直线与判断基准线的相交点所对应的横坐标上不确定因素变化率即为该因素的临界点。利用临界点判别敏感因素的方法是一种绝对测定法，技术方案能否接受的判据是各经济效果评价指标能否达到临界值。如果某因素可能出现的变动幅度超过最大允许变动幅度，则表明该因素是技术方案的敏感因素。把临界点与未来实际可能发生的变化幅度相比较，就可大致分析该技术方案的风险情况。

在实践中常常把敏感度系数和临界点两种方法结合起来确定敏感因素。

(5)选择方案

如果进行敏感性分析的目的是对不同的技术方案进行选择，一般应选择敏感程度小、承受风险能力强、可靠性大的技术方案。

例 11 - 5 某项目设计年生产能力为 10 万吨，计划总投资为 1800 万元，建设期 1 年，投资期初一次性投入，产品销售价格为 63 元/t，年经营成本为 250 万元，项目生产期为 10 年，期末预计设备残值收入为 60 万元，标准折现率为 10%。试就投资额、产品价格(销售收入)、经营成本等影响因素对该投资方案进行敏感性分析。

解： 选择净现值为敏感性分析的对象，根据净现值的计算公式，可计算出项目的净现值。

$$NPV = -1800 + (63 \times 10 - 250)(P/A,\ 10\%,\ 10) + 60(P/F,\ 10\%,\ 10)$$
$$= 558.07(\text{万元})$$

由于 $NPV > 0$，所以该项目是可行的。

下面来对项目进行敏感性分析：

取三个因素——投资额、产品销售收入和经营成本，然后令其逐一在初始值的基础上按 ±10% 和 ±20% 的变化幅度变动。分别计算相对应的净现值的变化情况，得出结果如表 11 - 2 和

图 11 -4 所示。

表 11 -2　净现值变化情况

项　目 \ 变化幅度	-20%	-10%	0	10%	20%	平均 +1%	平均 -1%
投资额	918.07	738.07	558.07	378.07	198.07	-3.23%	+3.23%
产品销售收入	-216.15	170.96	558.07	945.17	1332.28	+6.94%	-6.94%
经营成本	865.29	711.98	558.07	404.45	250.84	-2.75%	+2.75%

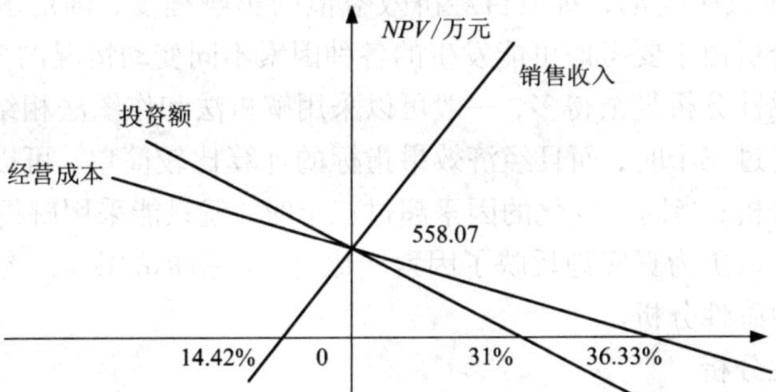

图 11 -4　净现值变化情况

由上表可以看出，在各个变量因素变化率相同的情况下，首先，产品的销售收入的变动对净现值的影响程度最大，当其他因素均不发生变化时，产品销售收入每下降 1%，净现值下降 6.94%，并且还可以看出，当产品价格下降幅度超过 14.42% 时，净现值将由正变负，也即项目由可行变为不可行；其次，对净现值影响大的因素是投资，当其他因素均不发生变化时，投资每增加 1%，净现值将下降 3.23%，当投资额增加的幅度超过 31% 时，净现值由正变负，项目变为不可行；最后，对净现值影响最小的因素是经营成本，在其他因素均不发生变化的情况下经营成本每上升 1%，净现值下降 2.75%，当经营成本上升幅度超过 36.33% 时，净现值由正变负，项目变为不可行。由此可见，按净现值对各个因素的敏感程度来排序，依次是：产品销售收入、投资额和经营成本，最敏感的因素是产品销售收入。因此，从项目决策的角度来讲，应该对产品价格进行进一步的、更准确的测算，因为从项目风险的角度来讲，如果未来产品销售收入发生变化的可能性较大，则意味着这一工程项目的风险性亦较大。

此外，运用敏感性分析图，还可以进行经济指标达到临界点的极限分析。如图 11 -4 所示，允许变量因素变动的最大幅度（极限变化）是：产品销售收入的下降不超过 14.42%，投资额的增加不超过 31%，经营成本的增加不超过 36.33%。如果这三个变量的变化超过上述极限，项目就不可行。

11.3.5 多因素敏感性分析

单因素敏感性分析虽然对于技术方案分析中不确定因素的处理是一种简便易行、具有实用价值的方法，但它以假定其他因素不变为前提，这种假定条件，在实际经济活动中是很难实现的，因为各种因素的变动都存在着相关性，一个因素的变动往往引起其他因素也随之变动。比如产品价格的变化可能引起需求量的变化，从而引起市场销售量的变化。所以，在分析技术方案经济效果受多种因素同时变化的影响时，要用多因素敏感性分析，使之更接近于实际过程。多因素敏感性分析由于要考虑可能发生的各种因素不同变动情况的多种组合，因此计算起来要比单因素敏感性分析复杂得多。

多因素敏感性分析法是指在假定其他不确定性因素不变条件下，计算分析两种或两种以上不确定性因素同时发生变动，对项目经济效益值的影响程度，确定敏感性因素及其极限值。多因素敏感性分析由于要考虑可能发生的各种因素不同变动情况的多重组合，因此计算起来要比单因素敏感性分析复杂得多，一般可以采用解析法和作图法相结合的方法进行。当同时变化的因素不超过三个时，而且经济效果指标的计算比较简单，可以用解析法与作图法相结合的方法进行分析；当同时变化的因素超过三个时，就只能采用解析法了。

多因素敏感性分析更为真实地反映了因素变化对经济指标的影响，较常用的有双因素敏感性分析和三因素敏感性分析。

1. 双因素敏感性分析

在多个不确定因素中，假定其他因素不变化，仅考虑两个因素变化对经济指标的影响，称为双因素敏感性分析。由于有两个可变因素，所以双因素敏感性分析的图示结果是一个敏感性曲面或区域，双因素敏感性分析又称为敏感面分析。双因素敏感性分析一般是在单因素敏感性分析的基础上进行的，即首先通过单因素敏感性分析确定出两个关键因素，然后用作图法来分析两个因素同时变化对投资效果的影响。双因素敏感性分析方法的步骤如下：

1）设定敏感性分析的研究对象，即确定某种经济效益指标作为分析的对象。

2）从众多的不确定因素中，选择两个最敏感的因素作为分析的变量。

3）列出敏感面分析的方程式，并按分析的期望值要求，将方程式转化为不等式。

4）作敏感性分析的平面图，以横轴和纵轴分别代表两种因素的变化率，并将不等式等于零的一系列结果描绘在平面图上，由代表这些结果的一条线将平面图划分为两半，该直线就作为临界线，直线的一边表示工程项目的效益指标在双因素同时发生变化的情况下仍能达到规定的要求，而直线的另一边则表示项目的效益指标是不可行的（即净现值小于零或内部收益率小于基准投资收益率、社会折现率）。

例 11－6 根据例 11－4 的数据，对该工程项目方案进行双因素敏感性分析。

解：根据计算结果，产品销售收入和投资额是影响工程项目方案投资效益指标的两个敏感性因素，下面就这两个因素来进行敏感性分析。

设 X 表示投资额变化的百分率，Y 表示产品价值变化的百分率，则净现值可表示为：

$$
\begin{aligned}
NPV &= -1800\times(1+X)+[63\times10\times(1+Y)-250](P/A,10\%,10)\\
&\quad +60\times(P/F,10\%,10)\\
&=558.06-1800X+3871.08Y
\end{aligned}
$$

如果 $NPV\geqslant0$，则：

$$Y \geqslant 0.46X - 0.14$$

将上述不等式绘成图形，就得到双因素敏感性分析图，如图 11 - 5 所示。

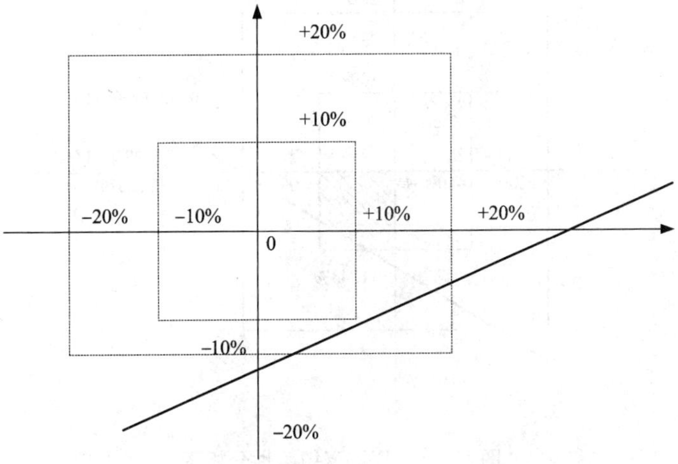

图 11 - 5　双因素敏感性分析图

从图 11 - 5 中可以看出，$Y \geqslant 0.46X - 0.14$ 为 $NPV = 0$ 的临界线，在临界线上方的区域表示，$NPV > 0$，在临界线右下方的区域表示 $NPV < 0$。在各个正方形内净现值小于零的面积所占整个正方形面积的比例反映了因素在此范围内变动时方案风险的大小。比如，在 ±10% 的区域内，净现值小于零的面积几乎为零，这就表明当投资额和产品销售收入在 ±10% 的范围内同时变化时，方案盈利的可能性在 100% 左右，出现亏损的可能性几乎没有。在 ±20% 的区域内，净现值小于零的面积约占 25%，这就表明当投资额和产品销售收入在 ±20% 的范围内同时变化时，方案盈利的可能性在 75% 左右，出现亏损的可能性约占 25%。

例 11 - 7　设某项目固定资产投资 $K_0 = 170000$ 元，扣除增值税及附加后的年销售净收入 $S = 55000$ 元，年经营成本 $C = 20000$ 元，项目寿命期 15 年，固定资产残值 $K_L = 17000$ 元。项目要求达到收益率 $i = 15\%$。试就投资及年净销售收入对该项目的净现值进行双因素敏感性分析。

解： 设 x 表示投资变动的百分比，Y 表示年销售净收入变化的百分比，则

$$\begin{aligned} NPV(15\%) = & -170000(1+x) + 55000(1+y)(P/A, 15\%, 15) \\ & -20000(P/A, 15\%, 15) + 17000(P/F, 15\%, 15) \end{aligned}$$

当 $NPV(15\%) \geqslant 0$ 时，说明项目的内部收益率为 15% 或以上，项目是可行的。

$$\begin{aligned} NPV(15\%) = & -170000 - 170000x + 55000 \times 5.8473 + 55000 \times 5.8473y \\ & -20000 \times 5.8473 + 17000 \times 0.1229 \\ & = 36745 - 170000x + 321602y \geqslant 0 \end{aligned}$$

或

$$y \geqslant 0.5286x - 0.1143$$

将该不等式绘制在以投资变化率为横坐标、年销售净收入变化率为纵坐标的平面直角坐标系中进行分析（见图 11 - 6）。

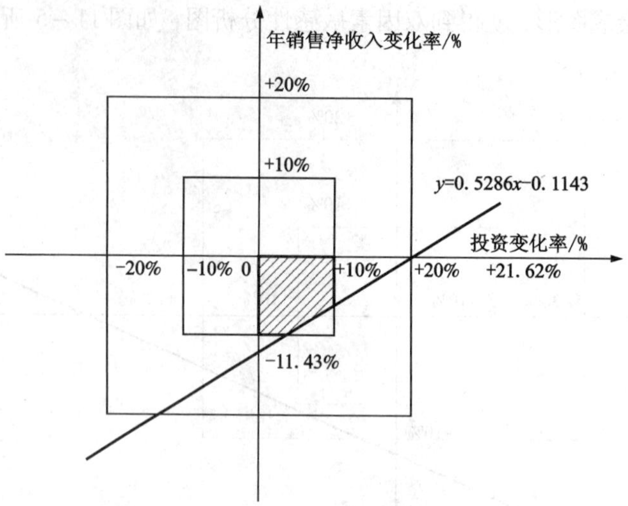

图 11－6　双因素敏感性分析图

从图 11－6 可以看出，斜线 $y=0.5286x-0.1143$ 把 xy 平面分为两个区域，斜线上方 $NPV(15\%)>0$，项目是可行的；斜线下方 $NPV(15\%)<0$，项目是不可行的。若投资及其他因素都不变，只改变年销售净收入，当年销售净收入降低 11.43% 以上时，项目将由可行变为不可行；若年销售净收入及其他因素不变，当投资额增长 21.62% 以上时，项目也将由可行变为不可行；若年销售净收入降低与投资增长两因素同时变化，则 $NPV(15\%)\geqslant 0$ 的区域在有斜线阴影的区域内，项目仍是可行的。

2. 三因素敏感性分析

以上仅是两个因素同时变化的敏感性分析，若变化因素多于两个，就比较难以用图形表示。若发生变化的因素扩大到三个，可以将其中一个因素依次改变，就可以得到另两个因素同时变化的一组临界曲线族。

例 11－8　某投资方案初始投资为 100 万元，预计项目寿命为 5 年，每年可提供净收益 28 万元，基准收益率为 8%，项目期末残值为 20 万元。由于初始投资 100 万元是估算值，实际上有偏差，而且受物价变化的影响，原材料和燃料动力价格的变化引起预计的年收益也发生变化。若同时考虑基准收益率 i 为可变因素，试分析这三个因素对净年值的影响。

解： 根据题意，净年值为

$$NAV=28(1+v)+20(A/F,\ i,\ 5)-100(1+x)(A/P,\ i,\ 5)$$

当基准收益率 i 分别为 6%、8%、10%、15% 和 20%，可得净年值的一组临界曲线。

$NAV(6\%)=28(1+y)+20(A/F,\ 6\%,\ 5)-100(1+x)(A/P,\ 6\%,\ 5)=0$

$NAV(8\%)=28(1+y)+20(A/F,\ 8\%,\ 5)-100(1+x)(A/P,\ 8\%,\ 5)=0$

$NAV(10\%)=28(1+y)+20(A/F,\ 10\%,\ 5)-100(1+x)(A/P,\ 10\%,\ 5)=0$

$NAV(12\%)=28(1+y)+20(A/F,\ 12\%,\ 5)-100(1+x)(A/P,\ 12\%,\ 5)=0$

$NAV(15\%)=28(1+y)+20(A/F,\ 15\%,\ 5)-100(1+x)(A/P,\ 15\%,\ 5)=0$

$NAV(20\%)=28(1+y)+20(A/F,\ 20\%,\ 5)-100(1+x)(A/P,\ 20\%,\ 5)=0$

即

$$y(6\%) = 0.8479x - 0.2789$$
$$y(8\%) = 0.8946x - 0.2271$$
$$y(10\%) = 0.9421x - 0.1749$$
$$y(12\%) = 0.9907x - 0.1217$$
$$y(15\%) = 1.0653x - 0.0406$$
$$y(20\%) = 1.1943x - 0.09829$$

将上面这些曲线绘在以 x 和 y 为坐标的平面图上，如图 11 -7 所示。

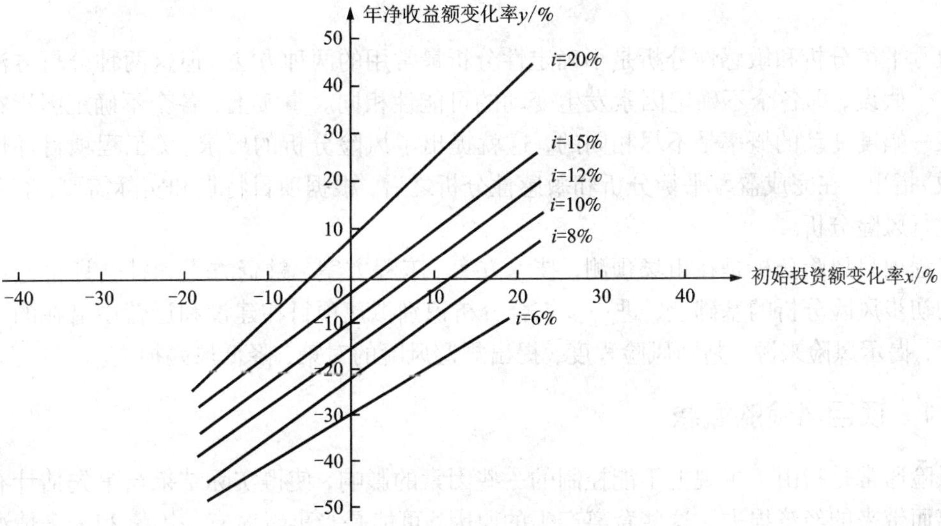

图 11 -7　三因素敏感性分析图

从图 11 -7 可以看出，基准收益率 i 上升，临界线向上方移动，使净现值 $NAV>0$ 的范围缩小，基准收益率降低；临界线向下方移动，使净现值 $NAV>0$ 的区域扩大。根据这种三因素敏感性分析图，我们能够直观地了解投资额、年净收益和基准收益率这三个因素同时变动对项目经济效益的影响，有助于做出正确的决策。

11.3.6　敏感性分析的局限性

敏感性分析虽然可以找出项目效益对之敏感的不确定因素，并估计其对项目的影响程度，但却并不能得知这些影响发生的可能性有多大，这是敏感性分析最大的不足之处。

对于项目风险估计而言，仅回答有无风险和风险大小的问题是远远不够的。因为投资项目要经历一个持久的过程，一旦实施很难改变。为避免实施后遭受失败，必须在决策前做好各方面的分析。决策者必须对项目可能面临的风险有足够的估计，对风险发生的可能性心中有数以便及时采取必要的措施规避风险。只有回答了风险发生的可能性大小问题，决策者才能获得全面的信息，最终做出正确的决策。而要回答这个问题，必须进行风险分析。

综上所述，敏感性分析在一定程度上对不确定因素的变动对技术方案经济效果的影响作了定量的描述，有助于搞清技术方案对不确定因素的不利变动所能容许的风险程度，有助于鉴别哪些是敏感因素，从而能够及早排除对那些无足轻重的变动因素的注意力，把进一步深入调查研究的重点集中在那些敏感因素上，或者针对敏感因素制订出管理和应变对策，以达到尽量减少风险、增加决策可靠性的目的。但敏感性分析也有其局限性，它主要依靠分析人员凭借主观经验来分析判断，难免存在片面性。在技术方案的计算期内，各不确定性因素相应发生变动幅度的概率不会相同，这意味着技术方案承受风险的大小不同。而敏感性分析在分析某一因素的变动时，并不能说明不确定因素发生变动的可能性是大还是小。对于此类问题，还要借助于概率分析等方法。

11.4 风险分析

盈亏平衡分析和敏感性分析是不确定性分析最常用的两种方法，但这两种分析方法都隐含了一个假设，即各个不确定因素发生变动的可能性相同。事实上，各个不确定因素在未来发生某一幅度变动的概率是不尽相同的，这就提出了风险分析的要求。《工程项目评价方法与参数》指出，在完成盈亏平衡分析和敏感性分析之后，根据项目特点和实际需要，有条件时还应进行风险分析。

工程项目风险分析是在市场预测、技术方案、工程方案、融资方案和社会评价论证中已进行的初步风险分析的基础上，进一步综合分析识别拟建项目在建设和运营中潜在的主要风险因素，揭示风险来源，判别风险程度，提出规避风险的对策，降低风险损失。

11.4.1 项目风险的概念

风险通常是指由于主观上不能控制的一些因素的影响，使得实际结果与事先估计有较大的背离而带来的经济损失。这些背离产生的原因，可能是当事者对有关因素和未来情况缺乏足够情报而无法做出精确估计，也可能是由于考虑的因素不够全面而造成预期效果与实际效果之间的差异。进行风险分析，有助于确定有关因素的变化对决策的影响程度，有助于确定投资方案或生产经营方案对某一特定因素变动的敏感性。若一种因素在一定范围内发生变化，但对决策没有引起很大影响，则所采取的决策对这种因素是不敏感的；若一个因素的大小稍有变化就会引起投资决策的较大变动，则决策对这一因素便是高度敏感的。了解在给定条件下的风险对这些因素的敏感程度，有助于正确地做出决策。

1. 项目风险的概念

项目风险是指在项目决策和项目实施过程中，造成项目实际结果达不到预期目标的不确定性。项目风险的不确定性包含损失的不确定性和收益的不确定性。这里所指项目风险是损失的不确定性。

2. 项目风险的基本性质

1）项目风险的客观性。首先表现在它的存在是不以个人的意志为转移的。从根本上说，这是因为决定项目风险的各种因素对风险主体是独立存在的，不管风险主体是否意识到风险的存在，在一定条件下仍有可能变为现实。其次，还表现在它是无时不有、无所不在的，它存在于项目发展过程中，潜藏于项目的各种活动之中。

2）项目风险的不确定性。项目风险的不确定性是指项目风险的发生是不确定的，即风险的程度有多大、风险何时何地由可能转变为现实均是不确定的。这是由于人们对客观世界的认识受到各种条件的限制，不可能准确预测风险的发生。

3)项目风险的不利性。风险一旦产生，就会使风险主体产生挫折、失败甚至损失，这对风险主体是极为不利的。风险的不利性要求我们在承认风险、认识风险的基础上，做好决策，尽可能地避免风险，将风险的不利性降至最低。

4)项目风险的可变性。风险的可变性是指在一定条件下风险可以转化。

5)项目风险的相对性。

6)项目风险的可预测性。

3. 项目风险的分类

在可行性研究阶段，主要有以下几类风险。

(1)市场风险

市场风险一般来自三个方面：一是市场供需实际情况与预测值发生偏离；二是项目产品市场竞争力或者竞争对手情况发生重大变化；三是项目产品和主要原材料的实际价格与预测价格发生较大偏离。

(2)资源风险

资源风险主要指资源开发项目，如金属矿、非金属矿、石油、天然气等矿产资源的储量、品位、可采储量、工程量等与预测发生较大偏离，导致项目开采成本增加，产量降低或者开采期缩短。

(3)技术风险

项目采用技术(包括引进技术)的先进性、可靠性、适用性和可得性与预测方案发生重大变化，从而导致生产能力利用率降低，生产成本增加，产品质量达不到预期要求等。

(4)工程风险

工程地质条件、水文地质条件与预测发生重大变化，导致工程量增加、投资增加、工期拖长。

(5)资金风险

资金供应不足或者来源中断导致项目工期拖期甚至被迫终止；利率、汇率变化导致融资成本升高。

(6)政策风险

政策风险主要指国内外政治经济条件发生重大变化或者政府政策作出重大调整，项目原定目标难以实现甚至无法实现。

(7)外部协作条件风险

交通运输、供水、供电等主要外部协作配套条件发生重大变化，给项目建设和运营带来困难。

(8)社会风险

预测的社会条件、社会环境发生变化，给项目建设和运营带来损失。

4. 项目风险等级的划分

项目风险等级按风险因素对投资项目影响程度和风险发生的可能性大小进行划分，风险等级分为一般风险、较大风险、严重风险和灾难性风险。

1)一般风险，是指风险发生的可能性不大，或者即使发生，造成的损失较小，一般不影响项目的可行性。

2)较大风险，是指风险发生的可能性较大，或者发生后造成的损失较大，但造成的损失程度是项目可以承受的。

3)严重风险，有两种情况：一是风险发生的可能性大，风险造成的损失大，使项目由可行变为不可行；二是风险发生后造成的损失严重，但是风险发生的概率很小，采取有效的防范措施，项目仍然可以正常实施。

4)灾难性风险，是指风险发生的可能性很大，一旦发生将产生灾难性后果，项目无法承受。

11.4.2 项目风险的概率分析

1. 概率分析的概念

概率是指事件的发生所产生某种后果的可能性的大小。概率分析是指使用概率研究、预测各种不确定因素和风险因素的发生对工程项目评价指标影响的一种定量分析方法。

概率分析是在选定不确定因素的基础上，通过估计其发生变动的范围，然后根据已有资料或经验等情况，估计出变化值的概率，并根据这些概率的大小来分析、测算事件变动给项目经济效益带来的结果和所获结果的稳定性。在概率分析中，一般是计算工程项目净现值的期望值及其分布状况和净现值大于或等于零时的累计概率。计算出的累计概率值越大，说明工程项目承担的风险越小。

2. 概率分析的步骤

概率分析一般可以按以下步骤进行：

1)选定工程项目效益指标(如内部收益率、净现值等指标)作为分析对象。

2)选定需要进行概率分析的不确定因素，通常有产品价格、销售量、主要原材料价格、投资额等；

3)估计出每个不确定因素的变化范围及可能出现的概率。单因素概率分析，设定一个因素变化，其他因素均不变化，即主要对一个自变量进行概率分析；多因素概率分析，设定多个因素同时变化，对多个自变量进行概率分析。

4)计算在不确定因素变量的影响下投资经济效益的期望值

5)计算出表明期望值稳定性的标准偏差。

6)综合考虑期望值和标准差，说明在该不确定因素情况下工程项目的经济效益指标的期望值及获取此效益的可能性。计算项目效益指标的期望值及净现值大于或等于零时的累计概率，以判断项目承担风险的能力。

3. 概率分析的计算

期望值也称数学期望，它是随机事件的各种变量与相应概率的加权平均值。不确定因素可能发生的变化值为随机变量，其可能出现的可能性大小为随机变量的概率。一系列随机变量所发生的概率排列称为概率分析，一个事件发生的全部概率分布的总和为1，期望值就代表了不确定因素在实际中最可能出现的数值。

随机变量可分为离散型随机变量和连续性随机变量。离散型随机变量是指事件发生的可能性变化为有限次数，并且每次发生的概率值为确定的随机变量。其期望值计算公式为：

$$E(x) = \sum_{i=1}^{n} X_i P_i \tag{11-8}$$

式中：$E(x)$—— 期望值；

i—— 随机变量的序数，等于 1，2，3，…，n；

X_i—— 随机变量值；

P—— 随机变量发生的概率。

根据期望值的计算公式，很容易导出项目净现值的期望值计算公式：

$$E(NPV) = \sum_{i=1}^{n} NPV_i P_i \qquad (11-9)$$

式中：$E(NPV)$——NPV 的期望值；

NPV_i——各种现金流量下的净现值；

P_i——对应于各种现金流量下的概率值。

净现值的期望值在概率分析中是非常重要的指标，在对项目进行概率分析时一般都要计算项目净现值的期望值及净现值大于或等于零的累计概率。累计概率越大，表示项目所承担的风险越小。

例 11－9　已知某投资方案各种因素可能出现的数值及其对应的概率如表 11－3 所示，假设投资发生在年初，年净现金流量均发生在年末。已知标准折现率为 10%，试求其净现值的期望值和净现值大于或等于零的累计概率。

表 11－3　投资方案变量因素及其概率

投资额/万元		年净收益/万元		寿命期/年	
数值	概率	数值	概率	数值	概率
120	0.3	20	0.25	10	1
150	0.5	28	0.4		
175	0.2	33	0.35		

解：(1) 计算净现值的期望值

根据各因素的取值范围，共有 9 种不同的组合状态，根据净现值的计算，可以求出各种状态的净现值及其对应的概率，如表 11－4 所示。

表 11－4

投资额/万元	120			150			175		
年净效益/万元	20	28	33	20	28	33	20	28	33
组合概率	0.075	0.12	0.105	0.125	0.2	0.175	0.05	0.08	0.07
净现值/万元	2.89	52.05	82.77	－27.11	22.05	52.77	－52.11	－2.95	27.77

根据净现值的期望值的计算公式，可以求出：

$$E(NPV) = 2.89 \times 0.075 + 52.05 \times 0.12 + 82.77 \times 0.105 - 27.11 \times 0.125 + 22.05 \times 0.2 + 52.77 \times 0.175 - 52.11 \times 0.05 - 2.95 \times 0.08 + 27.77 \times 0.07$$

$=24.51$(万元)

投资方案净现值的期望值为24.51万元。

(2)计算累计概率

净现值期望值的累计概率计算见表11-5。

表11-5 净现值期望值的累计概率

	净现值/万元	概率分布	累计概率
1	-52.11	0.05	0.05
2	-27.11	0.125	0.175
3	-2.95	0.08	0.255
4	2.89	0.075	0.33
5	22.05	0.2	0.53
6	27.77	0.07	0.60
7	52.05	0.12	0.72
8	52.77	0.175	0.895
9	82.77	0.105	1.00

根据表11-5所示，净现值小于零的累计概率为：

$$P(NPV<0)=0.255$$

净现值大于或等于零的累计概率为

$$P(NPV\geqslant 0)=1-0.255=0.745$$

计算得出净现值大于或等于零的概率为74.5%，说明该项目承担的风险不大。

11.4.3 风险防范对策

风险分析的目的是研究如何降低风险程度或者规避风险，减少风险损失。在预测主要风险因素及其风险程度后，应根据不同风险因素提出相应的规避和防范对策，以期减小可能的损失。项目风险防范对策主要有以下几种。

1. 风险回避

风险回避是彻底规避风险的一种做法，即断绝风险的来源。它对投资项目可行性研究而言，意味着可能彻底改变方案甚至否定项目建设。例如，风险分析显示产品市场存在严重风险，若采取回避风险的对策，应作出缓建或者放弃项目的建议。需要指出的是，回避风险对策在某种程度上意味着丧失项目可能获利的机会，因此只有当风险因素可能造成的损失相当严重或者采取措施防范风险的代价过于高昂、得不偿失的情况下，才采用风险回避对策。

2. 风险控制

风险控制是对可控制的风险，提出降低风险发生可能性和减少风险损失程度的措施，并从技术和经济相结合的角度论证拟采取控制风险措施的可行性与合理性。

风险控制是一种主动、积极的风险对策。风险控制可分为预防损失和减少损失两方面的工作。预防损失措施的主要作用在于降低或消除(通常只能做到减少)损失发生的概率，而减少损失措施的作用在于降低损失的严重性或遏制损失的进一步发展，使损失最小化。一般来说，损失控制方案都应当是预防损失措施和减少损失措施的有机结合。在采用风险控制这一风险对策时，所制订的风险控制措施应当形成一个周密的、完整的损失控制计划系统。该计划系统一般应由预防计划(有文献称为安全计划)、灾难计划和应急计划三部分组成。

3. 风险转移

风险转移是指通过契约，将让渡人的风险转移给受让人承担的行为。通过风险转移过程有时可大大降低经济主体的风险程度，因为风险转移可使更多的人共同承担风险，或者受让人预测和控制损失的能力比风险让渡人大得多。风险转移可分为保险转移和非保险转移两种。

1)非保险转移。包括签订工程承、发包合同和工程担保合同转移风险。例如，在建设工程发包阶段，业主可以与设计、采购、施工联合体签订交钥匙工程合同，并在合同中规定相应的违约条款，从而将一部分风险转移给了设计、采购和施工承包商。另外，在工程建设过程中，也可以签订工程保证担保合同将信用风险转移。

2)保险转移。通过购买保险，项目业主或承包商作为投保人将本应由自己承担的项目风险(包括第三方责任)转移给保险公司，从而使自己免受风险损失。保险这种风险转移形式之所以能得到越来越广泛的运用，原因在于其符合风险分担的基本原则，即保险人较投保人更适宜承担项目的有关风险。对于投保人来说，某些风险的不确定性很大，但是对于保险人来说，这种风险的发生则趋近于客观概率，不确定性降低，即风险降低。凡是属于保险公司可保的险种，都可以通过投保把风险全部或部分地转移给保险公司。

4. 风险自留

风险自留是将可能的风险损失留给拟建项目自己承担。这种方式适用于已知有风险存在，但可获高利回报且甘愿冒险的项目，或者风险损失较小，可以自行承担风险损失的项目。风险自留包括无计划自留和有计划自我保险。

1)无计划自留，是指风险损失发生后从收入中支付，即不是在损失前作出资金安排。当经济主体没有意识到风险并认为损失不会发生时，或将意识到的与风险有关的最大可能损失显著低估时，就会采用无计划保留方式承担风险。一般来说，无资金保留应当谨慎使用，因为如果实际总损失远远大于预计损失，将引起资金周转困难。

2)有计划自我保险，是指可能的损失发生前，通过做出各种资金安排以确保损失出现后能及时获得资金以补偿损失。有计划自我保险主要是通过建立风险预留基金的方式来实现。

思考与练习

1. 为什么要进行不确定性分析?
2. 有哪几种主要的不确定性因素?
3. 什么是盈亏平衡分析?
4. 如何计算盈亏平衡点?
5. 怎样选择敏感性因素?
6. 概率分析需要哪些步骤?

7. 某工厂生产和销售某种产品，单价为15/元，单位变动成本为12元，全月固定成本10万元，每月销售4万件。由于某些原因，其产品单价将降至13.5/元，同时每月还将增加广告费2万元。试计算：

(1)该产品此时的盈亏平衡点；

(2)增加销售多少件产品才能使利润比原来增加5%？

8. 某项目设计能力为240万台，每年的固定成本为1500万元，单位产品价格为190元，单位可变成本为170元，销售税金及附加税率为6%。试对该项目进行盈亏平衡分析。

9. 某项目的年总成本 $C=\frac{1}{2}x^2-4x+8$，产出品的价格 $p=6-\frac{1}{8}x$，其中 x 是产出量，求盈亏平衡时的产量 x。

10. 有一个生产小型电动汽车的投资方案，用于确定性分析的现金流量表如表11－6所示，所采用的数据是根据对未来最可能出现的情况预测估算的。由于对未来影响经济环境的某些因素把握不大，投资额、经营成本和产品价格均有可能在±20%的范围内变动。设基准折现率为10%，不考虑所得税，试就上述三个不确定因素作敏感性分析。

表11－6　现金流量表

单位：元

年末	0	1	2～10	11
投资	15000			
销售收入			19800	19800
经营成本			15200	15200
期末资产残值				2000
净现金流量	－15000	0	4600	6600

10. 某企业有一扩建工程，建设期2年，生产运营期8年，现金流量如表11－7所示。设基准折现率为12%，不考虑所得税，试就投资、销售收入、经营成本等因素的变化对投资回收期、内部收益率、净现值的影响进行单因素敏感性分析，画出敏感性分析图，并指出敏感因素。

表11－7　现金流量表

单位：万元

年末	0	1	2	3	4	5	6	7	8	9
投资	－1600	－2600								
销售收入			2600	4200	4200	4200	4200	4200	4200	4200
经营成本			1800	3000	3000	3000	3000	3000	3000	3000
期末资产残值										600
净现金流量	－1600	－2600	800	1200	1200	1200	1200	1200	1200	1800

11. 某方案需投资25000万元，预期寿命为5年，残值为0，每年净现金流量为随机变量，其可能发生的三种状态的概率及变量值如下：

1)5000万元($P=30\%$)。

2)10000万元($P=50\%$)。

3)12000万元($P=20\%$)。若利率为12%，试计算项目净现值的期望值。

12. 某投资项目方案净现值的期望值 $E(NPV)=1300$ 万元，净现值方差 $D(NPV)=3.24\times10^6$。试计算：

1)净现值大于0的概率。

2)净现值小于1500万元的概率。

第 12 章 价值工程

12.1 价值工程概述

价值工程(value engineering, 简称 VE), 又称价值分析(value analysis, 简称 VA), 是一种把功能与成本、技术与经济结合起来进行技术经济评价的方法。价值工程产生以来, 得到广泛的应用与发展。

12.1.1 价值工程的产生和发展

1947 年前后, 价值工程起源于美国, 它在发展历史上的第一件大事就是美国通用电器(GE)公司的石棉事件。第二次世界大战期间, 美国市场原材料供应十分紧张, GE 急需石棉板, 但该产品的货源不稳定, 价格昂贵。时任 GE 设计工程师的 L. D. Miles(麦尔斯)开始针对这一问题研究材料代用问题, 通过对公司使用石棉板的功能进行分析, 发现其用途是铺设在给产品喷漆的车间地板上, 以避免涂料沾污地板引起火灾。后来, 麦尔斯在市场上找到一种防火纸, 这种纸同样可以起到以上作用, 并且成本低、容易买到, 取得了很好的经济效益。麦尔斯将价值工程方法推广到企业其他地方, 对产品的功能、费用与价值进行深入的系统研究, 提出了功能分析、功能定义、功能评价以及如何区分必要和不必要功能并消除后者的方法, 最后形成了以最小成本提供必要功能、获得较大价值的科学方法, 1947 年研究成果以"价值分析"为名发表, 标志着这门学科的正式诞生。

1954 年, 美国海军舰船局首先应用了这一方法, 并改称为价值工程。由于它是节约资源、提高效用、降低成本的有效方法, 因而引起了世界各国的普遍重视。20 世纪 50 年代日本和德国学习和引进了这一方法, 1965 年前后, 日本开始广泛应用, 并称为质量管理(quality control)和工业管理工程(industrial engineering)。1979 年, 中国开始引进, 现已在机械、电气、化工、纺织、建材、冶金、物资等多种行业中应用。

随后, 价值工程在工程设计和施工、产品研究开发、工业生产、企业管理等方面取得了长足的发展, 产生了巨大的经济效益和社会效益。世界各国先后引起和应用推广, 开展培训、教学和研究。

12.1.2　价值工程的概念

1. 价值工程的概念

价值工程是指通过集体智慧和有组织的活动对产品或服务进行功能分析，使目标以最低的总成本(寿命周期成本)，可靠地实现产品或服务的必要功能，从而提高产品或服务的价值。价值工程主要思想是通过对选定研究对象的功能及费用分析，提高对象的价值。价值工程中“工程”是指为实现提高价值的目标，所进行的一系列分析研究的活动。价值工程中所述的“价值”也是一个相对的概念，是指作为某种产品或作业所具有的功能与获得该功能的全部费用的比值。它不是对象的使用价值，也不是对象的交换价值，而是对象的比较价值，是作为评价事物有效程度的一种尺度。价值工程以此作为它的基本原理，用数学公式表示为：

$$\text{价值(value)}=\frac{\text{功能(function)}}{\text{成本(cost)}} \tag{12-1}$$

简写为

$$V=\frac{F}{C} \tag{12-2}$$

2. 价值工程法的特点

1)价值工程是以寻求最低寿命周期成本、实现产品的必要功能为目标。价值工程不是单纯强调功能提高，也不是片面地要求降低成本，而是致力于研究功能与成本之间的关系，找出二者共同提高产品价值的结合点，克服只顾功能而不计成本或只考虑成本而不顾功能的盲目做法。

2)价值工程是以功能分析为核心。在价值工程分析中，产品成本计量是比较容易的，可按产品设计方案和使用方案，采用相关方法获取产品寿命周期成本。但产品功能确定比较复杂、困难。因为功能不仅是影响因素很多且不易定量计量的抽象指标，而且由于设计方案、制造工艺等的不完善，不必要功能的出现，以及人们评价产品功能方法存在差异性等，造成产品功能难以准确界定。所以，产品功能的分析成为价值工程的核心。

3)价值工程是一个有组织的活动。价值工程分析过程不仅贯穿于产品整个寿命周期，而且它涉及面广，需要所有参与产品生产的单位、部门及专业人员的相互配合，才能准确地进行产品的成本计量、功能评价，达到提高产品的单位成本功效的目的。所以，价值工程必须是一个有组织的活动。

4)价值工程是一个以信息为基础的创造性活动。价值工程分析是以产品成本、功能指标、市场需求等有关的信息数据资料为基础，寻找产品创新的最佳方案。因此，信息资料是价值工程分析的基础，产品创新才是价值工程的最终目标。

5)价值工程能将技术和经济问题有机地结合起来。尽管产品的功能设置或配置是一个技术问题，而产品的成本降低是一个经济问题，但价值工程分析过程通过“价值”(单位成本的功能)这一概念，把技术工作和经济工作有机地结合起来，克服了产品设计制造中普遍存在的技术工作与经济工作相互脱节的现象。

3. 提高价值的基本途径

提高价值的基本途径有 5 种，即：

1)提高功能，降低成本，大幅度提高价值。

2）功能不变，降低成本，提高价值。

3）功能有所提高，成本不变，提高价值。

4）功能略有下降，成本大幅度降低，提高价值。

5）提高功能，适当提高成本，大幅度提高功能，从而提高价值。

12.1.3 价值工程的工作程序

开展价值工程的过程是一个发现问题、解决问题的过程。针对价值工程的研究对象，逐步深入提出一系列问题，通过回答问题寻找答案。导致问题的解决，所提问题通常有以下10个：

1）价值工程的对象是什么？

2）围绕价值工程对象需做哪些准备工作？

3）价值工程对象的功能是什么？

4）价值工程对象的成本是什么？

5）价值工程对象的价值是什么？

6）有何其他方法实现同样功能？

7）新方案的成本是多少？

8）新方案能满足功能的要求吗？

9）怎样保证新方案的实施？

10）价值工程活动的效果有多大？

回答了上述10个问题，就完成了价值工程活动的一个循环。因此，可以将价值工程的一般工作程序划分为准备阶段、分析阶段、创新阶段和实施阶段4个阶段及对象选择、组成价值工程工作小组、制订工作计划、搜集整理信息资料、功能系统分析、功能评价、方案创新、方案评价、提案编写、审批、实施与检查、成果鉴定12个步骤，把4个阶段、12个步骤和10个提问分别对应于表12－1。

表12－1 价值工程的一般工作程序

工作阶段	设计程序	工作步骤		价值工程提问
		基本步骤	详细步骤	
准备阶段	制订工作计划	确定目标	对象选择	价值工程的对象是什么？
			组成价值工程工作小组	围绕价值工程对象需做哪些准备工作？
			制订工作计划	
			搜集整理信息资料	
分析阶段	功能评价	功能分析	功能系统分析	价值工程对象的功能是什么？ 价值工程对象的成本是什么？ 价值工程对象的价值是什么？
		功能评价	功能评价	

续表 12－1

工作阶段	设计程序	工作步骤		价值工程提问
		基本步骤	详细步骤	
创新阶段	初步设计	制订创新方案	方案创新	有何其他方法实现同样功能？ 新方案的成本是多少？ 新方案能满足功能的要求吗？
	评价各设计方案，改进、优化方案		方案评价	
	方案书面化		提案编写	
实施阶段	检查实施情况并评价活动成果	方案实施与分析	审批	怎样保证新方案的实施？
			实施与检查	
			成果鉴定	价值工程活动的效果有多大？

它们之间的关系是：准备、分析阶段也就是功能分析阶段，创新、实施阶段包括方案的创新、评价、选择、实施及价值工程活动的效果评价。

12.1.4 价值工程的应用领域

价值工程虽然起源于材料和代用品的研究，但这一原理很快就扩散到各个领域，有广泛的应用范围，大体可应用在以下两大方面。

1. 在工程建设和生产发展方面

大的可应用于一项工程建设，或者一项成套技术项目的分析，小的可以应用于企业生产的每一件产品、每一部件或每一台设备，在原材料采购方面也可应用此法进行分析，具体做法有：工程价值分析、产品价值分析、技术价值分析、设备价值分析、原材料价值分析、工艺价值分析、零件价值分析和工序价值分析等。

2. 在组织经营管理方面

价值工程不仅是一种提高工程和产品价值的技术方法，而且是一项指导决策，有效管理的科学方法，体现了现代经营的思想。在工程施工和产品生产中的经营管理也可采用这种科学思想和科学技术。例如：经营品种价值分析、施工方案价值分析、质量价值分析、产品价值分析、管理方法价值分析、作业组织价值分析等。

在实践过程中，当我们将价值工程的概念应用于人力资源领域时，人自然而然地成为价值研究的对象。我们可以将人的功能加以分析，然后与具体工作岗位的要求相对应，应用价值系数评价来确定人员价值和群体价值，然后确定实施方案或者对实施方案进行改进，从而达到提高组织人员绩效的目的。

12.2 价值工程对象选择和情报资料收集

价值工程准备阶段主要是工作对象选择与情报资料搜集，目的是明确价值工程的研究对象是什么。

12.2.1 价值工程对象选择的原则

在工程建设中，并不是对所有的工程产品或作业都进行价值分析，而是主要根据企业的发展方向、市场预测、用户反映、存在问题、薄弱环节以及提高劳动生产率、提高质量、降低成本等方面来选择分析对象。因此，价值工程的对象选择过程就是缩小研究范围的过程，最后明确分析研究的目标即主攻方向。一般说来，从以下几方面考虑价值工程对象的选择：

1）从设计方面看，对结构复杂、性能和技术指标差、体积和重量大的工程产品进行价值工程活动，可使工程产品结构、性能、技术水平得到优化，从而提高工程产品价值。

2）从施工生产方面看，对量大面广、工序烦琐、工艺复杂、原材料和能源消耗高、质量难于保证的工程产品，进行价值工程活动可以最低的寿命周期成本可靠地实现必要功能。

3）从市场方面看，选择用户意见多和竞争力差的工程产品进行价值工程活动，以赢得消费者的认同，占领更大的市场份额。

4）从成本方面看，选择成本高或成本比重大的工程产品，进行价值工程活动可降低工程产品成本。

12.2.2 价值工程对象选择的方法

价值工程对象选择的方法有很多种，不同方法适宜于不同的价值工程对象，根据企业条件选用适宜的方法，就可以取得较好效果。常用的方法有因素分析法、ABC 分析法、强制确定法、百分比分析法、价值系数判别法、最适合区域法等。本节主要介绍 ABC 分析法、价值系数判别法、最合适区域法。

1. ABC 分析法

ABC 分析法（activity based classification）又称排列图法或帕累托分析法，是价值工程对象选择的最常用的方法之一。其基本原理是分清主次、轻重，区别关键的少数和次要的多数，将关键的少数作为价值工程的研究对象。这种方法是由意大利经济学家维尔弗雷多·帕累托首创的。1879 年，帕累托在研究个人收入的分布状态时，发现少数人的收入占全部人收入的大部分，而多数人的收入却只占一小部分，他将这一关系用图表示出来，就是著名的帕累托图。后来，帕累托法被不断应用于管理的各个方面。1951 年，管理学家戴克（H. F. Dickie）将其应用于库存管理，命名为 ABC 法。1951—1956 年，约瑟夫·朱兰将 ABC 法引入质量管理，用于质量问题的分析，被称为排列图法。1963 年，彼得·德鲁克（P. F. Drucker）将这一方法推广到全部社会现象，使 ABC 法成为企业提高效益的普遍应用的管理方法，现已被广泛应用。

ABC 分析法的思路是将某一产品的成本逐一分析，将每一个零件占多少成本从高到低排出一个顺序，再归纳出少数零件占多数成本的是哪些零件。具体做法是：将某产品的全部部件按成本比重排队，将少数数量不多而占总成本比重相当大的部件作为分析的主要对象。例如，对某产品进行成本分析时发现，占部件总数 10% 左右的部件其成本占总成本的 60% ~ 70%，则将其定为 A 类部件；占部件总数 20% 左右的部件其成本占总成本的 20%，则将其定为 B 类；占部件总数 70% 左右的部件其成本占总成本的 10% ~20%，则将其定为 C 类。价值工程对象选择时按 A、B、C 的顺序依次选择。A 类是主要影响因素，是主要的选择对象，如图 12 - 1 所示。

例 12 - 1 某八层住宅工程，结构为钢筋混凝土框架，材料、机械、人工费总计为 216357.83 元，建筑面积为 1691.73 m^2。各分部所占费用如表 12 - 2 所示。

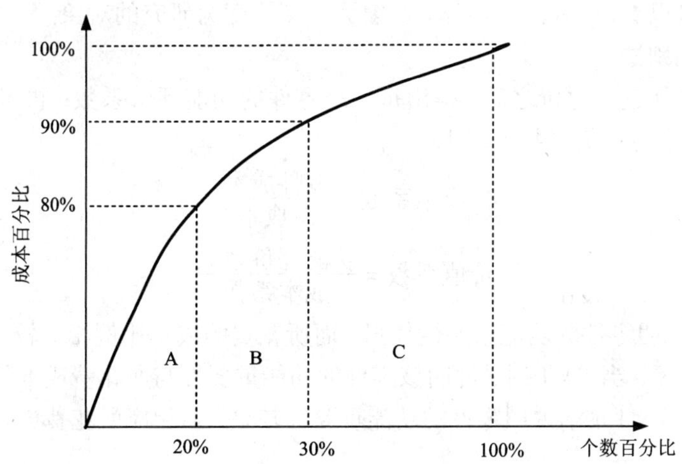

图 12－1　ABC 分析图

表 12－2　各分部费用

分部名称	代号	费用/元	占总成本比例/%
基础	A	29113.01	13.46
墙体	B	41909.53	19.37
框架	C	75149.86	34.73
楼地面	D	10446.04	4.83
装饰	E	20571.49	9.51
门窗	F	33777.31	15.61
其他	G	5390.59	2.49
总计		216357.83	100

解：按费用百分比从大到小排列如表 12－3 所示。

表 12－3　各分部费用排序

分部名称	代号	费用/元	%	累计百分比/%	类别
框架	C	75149.86	34.73	34.73	A 类
墙体	B	41909.53	19.37	54.4	
门窗	F	33777.31	15.61	69.71	
基础	A	29113.01	13.46	83.17	B 类
装饰	E	20571.49	9.51	92.68	C 类
楼地面	D	10446.04	4.83	97.51	
其他	G	5390.59	2.49	100	
总计		216357.83	100	—	

从表 12－3 可以看出，框架、墙体、门窗为 A 类，即为研究的对象。

2. 价值系数判别法

当对产品的功能进行评价之后，得出每一个零件的功能评价系数；再求得每一个零件的成本系数；最后，求得价值系数 V，即

$$成本系数=\frac{零件成本}{总成本}$$

$$价值系数=\frac{功能评价系数}{成本系数} \tag{12-3}$$

当 $V>1$ 时，说明零件的功能重要性较强，而所花费的成本比例相应较小，是较理想的状态，不是研究的对象；当 $V=1$ 时，说明该零件的功能重要性与所花费成本的比重相适应，不是研究的对象；当 $V<1$ 时，说明零件的功能重要性较差，而相应所花费成本比例较大，是研究的对象。

例 12－2 某产品的各零件功能得分及成本如表 12－4 所示。

表 12－4 某零件功能及成本表

零件名称	功能评价得分	功能评价系数	成本/元	成本系数	价值系数
A	38	0.38	1800	0.3	1.267
B	24	0.24	3000	0.5	0.48
C	9	0.09	303	0.0505	1.782
D	26	0.26	284	0.0473	5.497
E	3	0.03	613	0.1022	0.294

从表 12－4 可以看出，零件 B、E 是选定研究的对象。

3. 最合适区域法

最合适区域法是由日本田中教授提出的，也是一种通过求价值系数来选择 VE 目标的方法。选择 VE 目标时提出了一个选用价值系数的最合适区域。这种方法的思路是：价值系数相同的对象，由于各自的成本系数与功能系数的绝对值不同，因而对产品价值的实际影响有很大差异。在选择目标时不应把价值系数相同的对象同等看待，而应优先选择对产品实际影响大的对象，至于对产品影响小的，则可根据必要与可能，决定选择与否。

以成本系数为横坐标、功能评价系数为纵坐标建立价值系数坐标图，则与 X 轴或 Y 轴成 45°夹角的直线即为价值系数＝1 的标准线，再以 $Y_1=\sqrt{X_i^2-2S}$，$Y_2=\sqrt{X_i^2+2S}$作两条曲线，这两条曲线所包络的部分为最合适区域，如图 12－2 所示，凡是在图中最合适区域的点都被认为其价值系数对于 1 的偏离是可以允许的，因此不再列为价值工程的目标，而最合适区域以外区域的点，特别是远离其外的点，则应优先选为价值工程的目标。

构成最合适区域的两条曲线是这样确定的，即曲线上任何一点 Q，图 12－3 价值系数坐标(X_i, Y_i)至标准线 $V=1$ 的垂线 QP，即 Q 点到标准线的距离 R 与 OP(即 P 点到坐标中心 O)的长度 L，R 与 L 的乘积是一个给定的常数 S，见图 12－3，$R\times L=R_1L_1=R_2L_2=S$，$L$ 大则

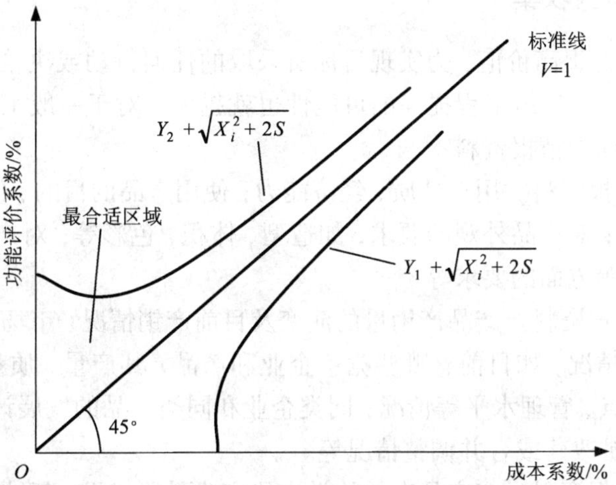

图 12－2　价值系数坐标图

R 应小，L 小则 R 应大，这样两条曲线能满足最合适区域的需要，这两条曲线如图 12－2 所示，分别为 $Y_1=\sqrt{X_i^2-2S}$，$Y_2=\sqrt{X_i^2+2S}$。

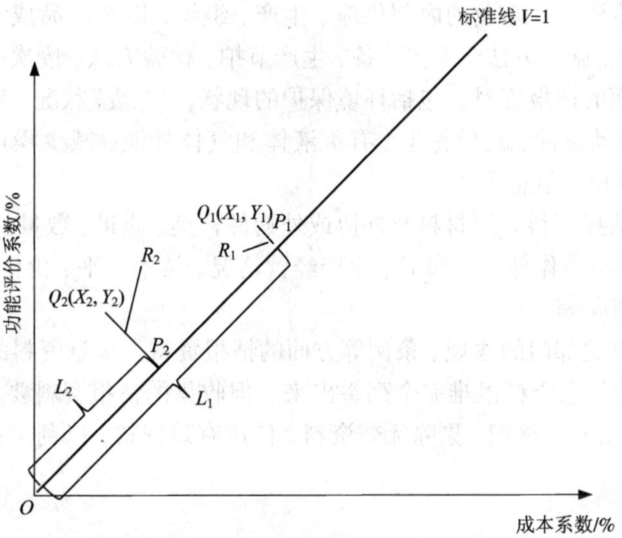

图 12－3　确定最合适区域的坐标图

显然，若给定的 S 较大，则两条曲线与标准线的距离就大，最合适区域的面积亦较大，价值工程的对象选择得少一些；反之，若给定的 S 较小，则曲线就更逼近标准线，选定的价值工程对象就多一些。

12.2.3 情报资料的收集

价值工程的目标是提高价值，为实现目标所采取的任何行动或决策，都离不开必要的情报，一般来说情报越多，价值工程提高的可能性也就越大。对于一般工程产品或作业分析来说，应收集以下几方面的情报资料：

1）用户方面的情报资料。用户性质、经济能力；使用产品的目的、使用环境、使用条件；所要求的功能和性能；对产品外观的要求，如造型、体积、色彩等；对产品价格、交货期、构配件供应、技术服务等方面的要求等。

2）市场方面的情报资料。产品产销量的演变及目前产销情况、市场需求量及市场占有率的预测；产品竞争的情况，如目前有哪些竞争企业和产品，其产量、质量、价格、销售服务、成本、利润、经营特点、管理水平等情况；同类企业和同类产品的发展计划、拟增投资额、规模大小、重新布点、扩改建或合并调整情况等。

3）技术方面的情报资料。与产品有关的学术研究或科研成果、新结构、新工艺、新材料、新技术以及标准化方面的资料；该产品研制设计的历史及演变、本企业产品及国内外同类产品有关的技术资料等。

4）经济方面的情报资料。产品及构、配件的工时定额、材料消耗定额、机械设备定额、各种费用定额、企业历年来各种有关成本费用数据、国内外其他厂家与价值工程对象有关的成本费用资料等。

5）本企业的基本资料。企业的内部供应、生产、组织，以及产品成本等方面的资料，如生产批量、生产能力、施工方法、工艺装备、生产节拍、检验方法、废次品率、运输方式等。

6）环境保护方面的情报资料。包括环境保护的现状，“三废”状况，处理方法和国家法规标准；改善环境和劳动条件、减少粉尘、有害液体和气体外泄、减少噪声污染、减轻劳动强度、保障人身安全等相关信息等。

7）外协方面的情报资料。原材料及外协或外购件种类、质量、数量、交货期、价格、材料利用率等情报；供应与协作部门的布局、生产经营情况、技术水平、价格、成本、利润等；运输方式及运输经营情况等。

8）政府和社会有关部门的法规、条例等方面的情报资料。信息资料的收集不是一项简单的工作，应收集何种信息资料很难完全列举出来。但收集的情报资料要求准确可靠，并且要求经过归纳、鉴别、分析、整理，剔除无效资料，使用有效资料，以利于价值工程活动的分析研究。

12.3 功能分析

功能分析是价值工程的核心，依靠功能分析来达到降低成本的目的。功能分析的主要工作是功能定义、功能整理和功能评价。

12.3.1 功能定义

任何产品都具有使用价值，即任何产品的存在是由于它们具有能满足用户所需求的特有功能，这是存在于产品中的一种本质。人们购买产品的实质是为了获得产品的功能。为了弄清功能的定义，先对功能进行分类。

1. 功能分类

根据功能的不同特性，可以将功能分为以下几类：

(1)按功能的重要程度分类

按功能的重要程度分类，产品的功能一般可分为基本功能和辅助功能。基本功能就是要达到这种产品的目的所必不可少的功能，是产品的主要功能，如果不具这种功能，这种产品就失去其存在的价值。例如承重外墙的基本功能是承受荷载，室内间壁墙的基本功能是分隔空间。基本功能一般可以根据产品基本功能的作用为什么是必不可少的、其重要性如何表达、其作用是不是产品的主要目的、如果作用变化了则相应的工艺和构配件是否要改变等方面来确定。辅助功能是为了更有效地实现基本功能而添加的功能，是次要功能，是为了实现基本功能而附加的功能。如墙体的隔声、隔热就是墙体的辅助功能。辅助功能可以从它是不是对基本功能起辅助作用、它的重要性和基本功能的重要性相比、是不是起次要作用等方面来确定。

(2)按功能的性质分类

按功能的性质分类，功能可划分为使用功能和美学功能。使用功能从功能的内涵上反映其使用属性(包括可用性、可靠性、安全性、易维修性等)，如住宅的使用功能是提供人们“居住的空间功能”，桥梁的使用功能是交通，使用功能最容易为用户所了解。美学功能是从产品外观(造型、形状、色彩、图案等)反映功能的艺术属性。

无论是使用功能还是美学功能，它们都是通过基本功能和辅助功能来实现的。产品的使用功能和美学功能要根据产品的特点而有所侧重。有的产品应突出其使用功能，例如地下电缆、地下管道等；有的应突出其美学功能，例如墙纸、陶瓷壁画等。当然，有的产品如房屋建筑、桥梁等二者功能兼而有之。

(3)按用户的需求分类

按用户的需求分类，功能可分为必要功能和不必要功能。在价值工程分析中，功能水平是功能的实现程度，但并不是功能水平越高就越符合用户的要求，价值工程强调产品的功能水平必须符合用户的要求。必要功能就是指用户所要求的功能以及与实现用户所需求功能有关的功能，使用功能、美学功能、基本功能、辅助功能等均为必要功能。

不必要功能是指不符合用户要求的功能。不必要的功能包括三类：一是多余功能，二是重复功能，三是过剩功能。不必要的功能必然产生不必要的费用，这不仅增加了用户的经济负担，而且还浪费资源。因此，价值工程的功能，一般是指必要功能，即充分满足用户必不可少的功能要求。

除上述三种分类方法，还可以按功能的量化标准分类，产品的功能可分为过剩功能与不足功能；按总体与局部分类，产品的功能可划分为总体功能和局部功能；按功能整理的逻辑关系分类，产品功能可以分为并列功能和上下位功能。这些功能的分类不是功能分析的必要步骤，而是用以分辨确定各种功能的性质、关系和其重要的程度。价值工程正是抓住产品功能这一本质，通过对产品功能的分析研究，正确、合理地确定产品的必要功能、消除不必要功能，加强不足功能、削弱过剩功能，改进设计，降低产品成本。因此，可以说价值工程是以功能为中心，在可靠地实现必要的功能基础上来考虑降低产品成本的。

2. 功能定义

功能定义就是根据收集到的信息资料，透过对象产品或构配件的物理特征或现象，找出其效用或功用的本质东西，并逐项加以区分和规定，以简洁的语言描述出来。通常用一个动词加一个名词表述，如传递荷载、分隔空间、保温、采光等。这里要求描述的是产品的“功能”，而不是对象的结构、外形或材质。因此，对产品功能进行定义，必须对产品的作用有深刻的认识和理解，功能定义的过程就是解剖分析的过程，如图 12－4 所示。

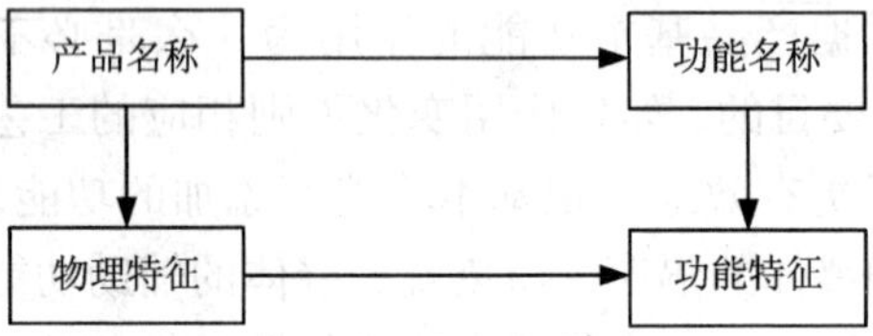

图 12－4　功能定义的过程

功能定义的目的是：

1）明确对象产品和组成产品各构配件的功能，借以弄清产品的特性。

2）便于进行功能评价，通过评价弄清哪些是价值低的功能和有问题的功能，实现价值工程的目的。

3）便于构思方案，对功能下定义的过程实际上也是为对象产品改进设计的构思过程，为价值工程的方案创造工作阶段做了准备。

12.3.2 功能整理

功能整理是用系统的观点将已经定义了的功能加以系统化，找出各局部功能相互之间的逻辑关系，并用图表形式表达，以明确产品的功能系统，从而为功能评价和方案构思提供依据。通过功能整理，应满足以下要求：

1）明确功能范围。搞清楚几个基本功能，这些基本功能又是通过什么功能实现的。

2）检查功能之间的准确程度。定义下得正确的就肯定下来，不正确的就加以修改，遗漏的就加以补充，不必要的就取消；

3）明确功能之间上下位关系和并列关系。即功能之间的目的和手段关系。

功能整理的主要任务就是建立功能系统图。功能系统图是突破了现有产品和零部件的框架所取得的结果，它是按照一定的原则和方式将定义的功能连接起来，从单个到局部，再从局部到整体而形成的一个完整的功能体系，是该产品的设计构思。其一般形式如图 12－5 所示。因此，功能整理的过程也就是绘制功能系统图的过程。在图 12－5 中，从整体功能 F 开始，由左向右逐级展开，在位于不同级的相邻两个功能之间，左边的功能（上级）称为右边功能（下级）的目标功能，而右边的功能（下级）称为左边功能（上级）的手段功能。

12.3.3 功能评价

产品功能的重要性是通过评价之后予以评定的。产品功能重要的评价高，功能次要的评价就低。通过评价将定性的概念转化为定量的数值，有了定量的数值可以进行数学运算，可

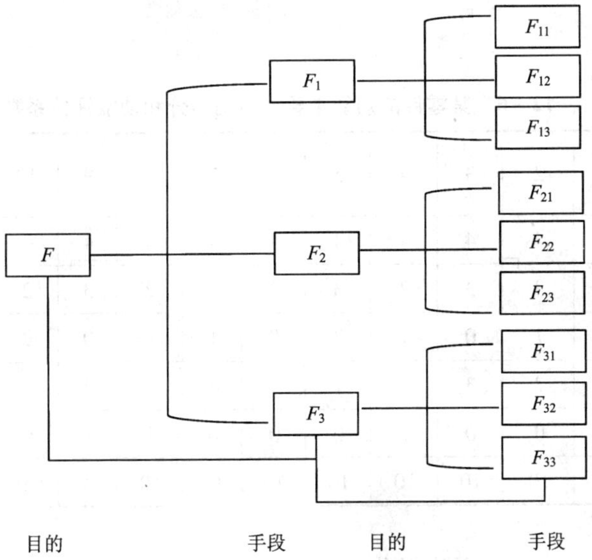

图 12－5　功能系统图

以进行比较。产品的功能又由产品的零部件来实现，所以对产品的功能评价要通过对其零部件进行评价来实现。功能评价的方法有多种，本小节主要介绍 01 评分法、04 评分法、功能成本法和环比法。

1. 01 评分法

01 评分法也称强制确定法（forceddecisionmethod，简称 FD），这种方法的做法是：请 5～15 个对产品熟悉的人员各自参加功能的评价，评价两个功能的重要性时，可以对完成该功能的相应零部件去一一对比完成其他功能的相应零部件，重要者得 1 分，不重要者得 0 分，自己和自己对比不得分，用“×”表示。两个零件比较时，不能认为都重要均得 1 分，也不能认为都不重要均得 0 分，一定要给予 1 与 0 的相对比较。

01 评分法的产品零件对比次数总分 $=\dfrac{n(n-1)}{2}$，n 为对比的零件数量。

例 12－3　某个产品有五个零部件，相互间进行功能重要性对比。以某一评价人员为例，见表 12－5。

表 12－5　某零件功能重要性评价对比表（01 法）

零件名称	A	B	C	D	E	得分
A	×	1	1	0	1	3
B	0	×	1	0	1	2
C	0	0	×	1	0	1
D	1	1	0	×	1	3
E	0	0	1	0	×	1
总分			—			10

如请10个评价人员进行评定，则把10人的评价得分汇总，求出平均得分和功能评价系数，见下表12-6。

表12-6 某零件的功能重要性平均的分和功能评价系数

名称 零件 评价人员	1	2	3	4	5	6	7	8	9	10	得分总数	平均得分	功能评价系数
A	3	4	4	4	4	4	4	3	4	4	38	3.8	0.38
B	2	3	3	2	3	3	1	2	3	2	24	2.4	0.24
C	1	1	0	1	2	0	1	1	0	2	9	0.9	0.09
D	3	2	3	3	1	3	4	3	2	2	26	2.6	0.26
E	1	0	0	1	0	0	0	1	1	0	3	0.3	0.03
总计	10	10	10	10	10	10	10	10	10	10	100	10	1.00

其中，功能评价系数 $F=\frac{\text{平均得分}}{\text{平均总得分}}$。

2. 04评分法

04评分法也称强制确定法，评价标准不同。这种方法的做法是：请5～15个对产品熟悉的人员各自参加功能的评价，评价两个功能的重要性是，采用五种评价计分：

1）非常重要的功能得4分，另一个相比的功能很不重要时得0分。

2）比较重要的功能得3分，另一个相比的功能不太重要时得1分。

3）两个功能同样重要时，则各得2分。

4）不太重要的功能得1分，另一个相比的功能比较重要时得3分。

5）很不重要的功能得0分，另一个相比的功能非常重要时得4分。

其中，04评分法的产品零件对比次数总分 $=2n(n-1)$。

例12-4 某产品的功能得分，如表12-7所示。

表12-7 某产品功能得分表

功能	F_1	F_2	F_3	F_4	F_5	得分	功能系数
F_1	×	3	1	3	3	10	0.250
F_2	1	×	0	2	2	5	0.125
F_3	3	4	×	4	4	15	0.375
F_4	1	2	0	×	2	5	0.125
F_5	1	2	0	2	×	5	0.125
总计	—					40	1.000

3. 功能成本法

功能成本法是用实现某功能的可能最低成本（目标成本）与实际成本相比较，来评价功能的价值，以确定应改进的对象之方法。该方法的基本特征是：以购买者为获得某项功能所愿意支付的最低费用作为评价值，并以此作为功能量化的标准。由此，价值工程的基本方程式就转化为下式：

价值系数
$$V_i = \frac{\text{功能最低成本 } F_i}{\text{功能现实成本 } C_i} \tag{12-3}$$

一般可采用表 12－8 进行定量分析。

表 12－8　功能评价值与价值系数计算表

项目序号	子项目	功能重要性系数 ①	功能评价值 ②＝目标成本×①	现实成本 ③	价值系数 ④＝②/③
1	A				
2	B				
3	C				
⋮	⋮				
合计					

功能的价值计算出来以后，需要进行分析，以揭示功能与成本的内在联系，确定评价对象是否为功能改进的重点，以及其功能改进的方向及幅度，从而为后面的方案创造工作打下良好的基础。根据上述计算公式，功能的价值系数计算结果有以下 3 种情况。

1）当 $V_i=1$ 时，表明用户为实现某项功能所愿意支付的最低费用与该功能的现实成本相吻合，功能价值较为理想。

2）当 $V_i<1$ 时，表明某项功能的现实成本超过了用户为实现该功能所愿意支付的最低费用，功能价值偏低，应采取有效措施降低产品成本。

3）当 $V_i>1$ 时，表明某项功能的现实成本低于用户为实现该功能所愿意支付的最低费用，功能价值偏高。出现这种结果的原因可能有三种：第一，由于现实成本偏低，不能满足评价对象实现其应具有的功能要求，致使对象功能偏低，这种情况应列为改进对象，改善方向是增加成本；第二，对象目前具有的功能已经超过了其应该具有的水平，也即存在过剩功能，这种情况也应列为改进对象，改善方向是降低功能水平；第三，对象在技术、经济等方面具有某些特征，在客观上存在着功能很重要而需要消耗的成本却很少的情况，这种情况一般就不应列为改进对象。

从以上的分析可以看出，对产品部件进行价值分析，就是使每个部件的价值系数尽可能趋近于1。换句话说，在选择价值工程对象的产品和零部件时，应当综合考虑价值系数偏离1的程度和改善幅度，优先选择价值系数远小于1，且改进幅度大的产品或零部件。

确定价值工程对象的改进范围：

对产品部件进行价值分析，就是使每个部件的价值系数尽可能趋近于1。价值工程对象经过以上各个步骤，特别是完成功能评价之后，得到其价值的大小，就明确了改进的方向、目标和具体范围。为此，确定对象改进范围的原则如下所述：

1）F/C 值低的功能区域，即目标成本与现实成本的比值小于1，属于低功能领域，基本上都应作为提高功能的对象，通过改进设计使 V 达到 1。

2) $\Delta C = C - F$ 值大的功能区域。因为 $(C - F)$ 的值反映了成本应降低的绝对值，该值越大，说明成本降低的幅度也越大。当几个功能区域的价值系数同样低时，就要优先选择 ΔC 数值大的功能区域作为重点对象。一般情况下，当 ΔC 大于零时，ΔC 大者为优先改进对象。

3) 复杂的功能区域。对于复杂的功能区域，说明其功能是通过采用很多零件来实现的。一般说，复杂的功能区域其价值系数也较低。

4. 环比法

环比法也称倍数确定法和 DARE 法，该方法的做法是：首先，从上到下对相邻的两个功能依次对比，其功能的重要性的差别以倍数计算；再对暂定重要性系数进行修正，修正的方法是把最后一个评价因素的修正重要性系数定为 1，从此开始逐一往上求修正重要性系数。

例 12－5 某产品的 5 个功能如表 12－9 所示。

表 12－9 产品功能修正重要性系数

功能	暂定重要性系数	修正重要性系数	重要性系数
A	2.0	7.20	0.4
B	0.8	3.60	0.2
C	3	4.50	0.25
D	1.5	1.50	0.09
E	—	1.00	0.06
合计	—	17.80	1.00

12.3.4 改进方案的制订与评价

1. 改进的方案制订

方案改进是从提高对象的功能价值出发，在正确的功能分析和评价的基础上，针对应改进的具体目标，通过创造性的思维活动，提出能够可靠地实现必要功能的新方案。改进方案的制订的方法很多，如头脑风暴法、哥顿法、德尔菲法等。

2. 方案评价

方案评价是在方案创造的基础上对若干新构思的方案进行技术、经济、社会和环境效果等方面的评价，以便于选择最佳方案。方案评价分为概略评价和详细评价两个阶段，其过程如图 12－6 所示。

概略评价是对新构思方案进行初步研究，其目的是从众多的方案中进行粗略的筛选，以减少详细评价的工作量，使精力集中于优秀方案的评价。

详细评价是对经过筛选后的少数方案再具体化，通过进一步的调查、研究和评价，最后选出最令人满意的方案。其评价结论是方案审批的依据。

方案评价中不论概略评价和详细评价都包括技术评价、经济评价、社会评价和环境评价四方面。其中，技术评价围绕功能进行，内容是方案能否实现所需功能以及实现程度，包括：

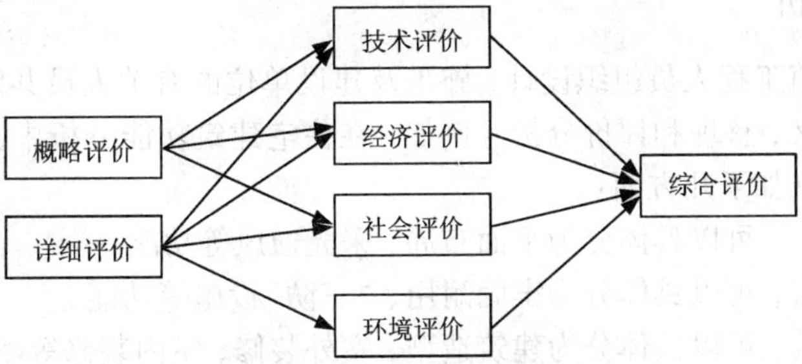

图 12－6　方案评价步骤示意图

功能实现程度(性能、质量、寿命等)、可靠性、可维修性、可操作性、安全性、系统协调性、环境协调性等。经济评价围绕经济效果进行，内容是以成本为代表的经济可行性，包括费用的节省、对企业或公众产生的效益，同时还应考虑产品的市场情况，同类竞争企业、竞争产品，产品盈利的多少和能保持盈利的年限。社会评价围绕社会效果进行，内容是方案对社会有利或有害的影响。环境评价围绕环境效果进行，内容是方案对环境的影响，如污染、噪声、能源消耗等。最后进行综合评价，选出最佳方案。

12.4　价值工程在工程设计方案选优中的应用

价值工程既可用于工程项目设计方案的分析选择，也可用于单位工程设计方案的分析选择。一个工程项目或一个单位工程可能有不同的设计方案，方案不同，造价也就会有差异。因此，在满足使用功能的前提下，可通过价值工程进行方案的优选。价值工程在工程设计方案选优中的应用程序是对象选择、信息资料收集、功能分析和方案设计与评价。

12.4.1　对象选择

对建筑设计单位来说，建筑设计的种类繁多，建筑设计方案就是价值工程的研究对象。

12.4.2　信息资料

在选择好价值工程对象选择之后，价值工程人员围绕以下几个方面重点进行资料收集：

1)通过调查，收集广大用户对建筑产品的期望，然后进行归纳总结得到功能需求表。

2)对该地区的同类的一些建筑产品建造成本进行调查，以明确一般的成本状况，为成本预算做基础。

3)了解有关建筑产品施工方面的情况。

4)收集大量有关建筑产品建设的新工艺及新材料的性能、价格和使用效果等方面资料。

5)分地区按不同地质、基础形式和类型标准，统计分析近年来建筑产品的各种技术经济指标。

12.4.3 功能分析

功能分析是价值工程人员组织设计、施工及建设单位的有关人员共同讨论，对建筑产品的各种功能进行定义、整理和评价分析。例如，在住宅建筑功能分析中，参与分析人员一致认为住宅建筑功能有如下几方面：

就适用功能而言，可以具体分为平面布局、采光通风等功能。

就安全功能而言，可以具体分为牢固耐用、“三防”设施等功能。

就美观功能而言，可以具体分为建筑造型、室外装修、室内装修等功能。

就其他功能而言，可以包括环境设计、技术参数、便于施工、容易设计等功能。

12.4.4 方案设计与评价

对建筑设计产品的各项功能进行评价，确定功能评价系数 F_i，并计算实现该方案的成本系数 C_i和价值系数 $V_i = F_i/C_i$。最后，通过价值系数的大小选择方案：当 $V_i = 1$ 时，表明功能价值较为理想；当 $V_i < 1$ 时，表明功能价值偏低，应采取有效措施降低产品成本；当 $V_i > 1$ 时，表明功能价值偏高。

例 12－6 某市新开发区有一幢综合大楼，其设计方案对比项目如下：

A 方案：结构方案为大柱网框架轻墙体系，采用应力大跨度叠合楼板，墙体材料采用多孔砖及移动式可拆装式分室隔墙，窗户采用单框双玻璃钢塑窗，面积利用系数为 92%，单方造价为 1500 元/m^2；

B 方案：结构方案为大柱网框架轻墙体系，采用应力大跨度叠合楼板，墙体材料采用内浇外砌，窗户采用单框双玻璃空腹钢窗，面积利用系数为 88%，单方造价为 1200 元/m^2；

C 方案：结构方案采用砖混结构体系，采用多孔预应力板，墙体材料采用标准黏土砖，窗户采用单玻璃空腹钢窗，面积利用系数为 80%，单方造价为 1100 元/m^2。各方案功能权重及功能得分见表 12－10。

表 12－10 各方案功能权重与功能得分表

方案功能	功能权重	方案功能得分		
		A	B	C
结构体系	0.25	10	10	8
模板类型	0.05	10	10	9
墙体材料	0.25	8	9	7
面积系数	0.35	9	8	7
窗户类型	0.10	9	7	8

解：价值工程原理表明，对整个功能领域进行分析和改善比对单个功能进行分析和改善的效果好。上述三个方案各有其优缺点，可以利用价值工程原理对各个方案进行优化比选。其基本步骤如下：

1）计算各方案的功能系数 F_i，如表 12－11 所示。

表12－11　各方案功能系数表

方案功能	功能权重	方案功能得分		
		A	B	C
结构体系	0.25	10×0.25＝2.50	10×0.25＝2.50	8×0.25＝2.00
模板类型	0.05	10×0.05＝0.50	10×0.05＝0.50	9×0.05＝0.45
墙体材料	0.25	8×0.25＝2.00	9×0.25＝2.25	7×0.25＝1.75
面积系数	0.35	9×0.35＝3.15	8×0.35＝2.80	7×0.35＝2.45
窗户类型	0.10	9×0.10＝0.90	7×0.10＝0.70	8×0.10＝0.80
合计		9.05	8.75	7.45
功能系数 F_i		0.358	0.347	0.295

2）计算各方案的成本系数 C_i，如表12－12所示。

表12－12　各方案成本系数表

方案	A	B	C	合计
单方造价/（元·m^{-2}）	1500	1200	1100	3800
成本系数 C_i	0.395	0.316	0.289	1.000

3）计算各方案的价值系数 V_i，如表12－13所示。

表12－13　各方案价值系数表

方案	A	B	C
功能系数 F_i	0.358	0.347	0.295
成本系数 C_i	0.395	0.316	0.289
价值系数 V_i	0.906	1.098	1.021

由上表的计算结果可知，$V_A < V_C < V_B$，即B方案的价值系数最高，为最优方案。

12.5　价值工程在房地产项目产品决策中的应用

1. 价值工程法应用的一般步骤

运用价值工程法进行房地产项目产品定位决策的大致步骤如下：

1）选择价值工程对象，拟订价值工程的评价方案。根据房地产项目产品的设计构思，提出几种项目产品实施的可行性方案，为方案的比较分析提供基础。

2）搜集资料，确定功能指标体系。对房地产项目产品设计方案的有关评价指标进行实际现状调查，确定价值工程分析的功能评价指标体系。

3）确定功能指标的重要性系数。

根据用户、销售人员、专家对房地产项目产品市场适应性的评分，确定产品功能的重要性系数。

4）确定不同产品方案功能评价系数。

根据房地产项目产品方案的市场适应性，结合产品功能指标的重要性系数，确定各方案的功能评价系数。

5）确定价值系数，准确选择方案。

根据以上的功能评价系数和成本系数，确定不同方案的价值功能系数，并对各方案进行比较和权衡后，改进并选择能够适应市场需求的产品方案。

2. 方案的拟订及成本系数的确定

下面对某个实际发生的项目，采用价值工程评价法进行产品决策的实例分析，比较现实状况与分析结果是否一致，分析价值工程法在房地产项目产品选择决策过程中的适应性。

例 12－7 某房地产开发商要在某城区内的二级地段进行住宅开发，地块面积为 200 亩，一边临水，一边紧邻城市次干道，周边居民收入水平和环境条件一般。现对此地块住宅开发进行产品的档次定位分析。

根据地块的城市规划用途、地段特征以及周边城市居民的收入状况，现拟订建设三种不同住宅标准的住宅小区，其建造标准如表 12－12 所示。同时为了计算的简便，将开发商的住宅建造成本和市场上居民愿意或实际购买住宅的整体功能所花成本，转换为成本系数（表 12－14）。

表 12－14 三个方案的特征和成本系数分析

方案名称	主要特征	平均成本		成本系数（C）	
		单位造价	市场售价	单位造价	市场售价
A	环境幽雅、富有特色、智能化高档住宅小区，小高层框架结构，内外结构布置具有人文气息	2200	2750	0.40	0.404
B	各种环境较好的中档住宅小区，框架结构，一般智能化条件	1800	2250	0.33	0.331
C	环境一般化的低档经济型住宅小区，框架砖混结合	1500	1800	0.27	0.275

3. 功能指标系统的选择

把住房作为一个独立完整的“产品”进行功能定义和评价，而不再将住房细分下去。功能指标系统的选取，主要考虑对住房市场需求和住房功能定位有直接影响的因素。因此，可建立下列功能系统图：经济适用（价格适中，布局合理）；生活便捷（设施完备，使用方便）；环境适宜（环境舒适，政策配套）；使用安全（结构牢固，三防齐全）；资产增值（地段改良，市场发展）。

4. 功能指标重要系数的确定

首先对上述五个大类指标用市场调查方式打分，然后确定市场目前环境下的指标功能重要性系数，以此作为确定市场各类人员对指标细分评分调查表的有效性标准，以防止个人偏好而导致与实际市场情况相差太远。

通过市场调查的数据整理分析可得：

$$f_1 = 0.3, f_2 = 0.25, f_3 = 0.2, f_4 = 0.15, f_5 = 0.10$$

根据各功能指标在不同档次住宅中所占的地位不同，首先选取相应的目标客户、市场销售人员、专家等有代表性的相关群体为调查对象，以保证市场调查结果的科学性和合理性，再运用指标之间相对重要性对各指标评分，然后加权系数(0.4，0.30，0.30)求和并归一化，得出各功能重要系数。

根据市场调查结果计算各功能重要性系数(表 12－15)。

表 12－15　功能重要性系数的评分

功能		用户评分(g_1)		专家评分(g_2)		销售人员评分(g_3)		功能重要系数
		得分	修正值(0.4)	得分	修正值(0.3)	得分	修正值(0.3)	$g=\frac{g_1+g_2+g_3}{1000}$
经济适用(0.30)	价格适中	20	8	17	5.1	21	6.3	0.194
	布局合理	13	5.2	14	4.2	11	3.3	0.127
生活便捷(0.25)	设施完备	12	4.8	12	3.6	14	4.2	0.126
	使用方便	7	2.8	10	3	10	3	0.088
环境适宜(0.20)	环境舒适	15	6	12	3.6	13	3.9	0.135
	政策匹配	8	3.2	7	2.1	7	2.1	0.074
使用安全(0.15)	结构牢固	7	2.8	8	2.4	8	2.4	0.076
	三防齐全	7	2.8	8	2.4	5	1.5	0.067
资产增值(0.10)	地段改良	6	2.4	7	2.1	6	1.8	0.063
	市场发展	5	2	5	1.5	5	1.5	0.050
合计	100	40	100	30	100	30	1.000	

5. 方案的功能满足程度评分

对三个方案的情况，采取按功能细分的状况和拟订方案的项目特征进行比较适应性打分，然后用细分功能指标重要性系数进行修正，得出功能评价系数(表 12－16)。

6. 方案价值系数的计算

将表 12－14 计算的结果和表 12－12 的成本系数分别代入表 12－17 或表 12－18，按价值功能系数计算公式($V=F/C$)，求出价值功能系数。

根据单位造价(表 12－17)和销售价格(表 12－18)的价值系数计算结果可知：方案 B 最优。因此，在上述地段、环境等状况下，此项目应该选择建造中档价位住宅小区的产品决策方案最为合理。

此案例分析评价的结果与项目产品的实际现状一致。这结果表明：价值工程法对房地产项目产品决策的应用具有有效性。

表 12-16 三个方案的功能满足程度评分

评价因素		A	修正值(d_1)	B	修正值(d_2)	C	修正值(d_3)
功能因素	重要系数(g)						
价格适中	0.194	4	0.776	7	1.358	8	1.552
布局合理	0.127	2	0.254	7	0.889	8	1.016
设施完备	0.126	4	0.504	8	1.008	7	0.882
使用方便	0.088	7	0.616	10	0.880	4	0.352
环境舒适	0.135	7	0.945	8	1.080	2	0.270
政策匹配	0.074	6	0.444	9	0.666	4	0.296
结构牢固	0.075	5	0.375	9	0.675	4	0.300
三防齐全	0.067	8	0.536	7	0.469	3	0.201
地段改良	0.063	10	0.630	9	0.567	2	0.126
市场发展	0.050	4	0.200	7	0.350	8	0.400
方案总分		57	5.280	81	7.942	50	5.395
功能评价系数(F)			0.284		0.427		0.290

表 12-17 方案价值系数的计算

方案名称	功能评价系数	成本系数	价值系数	最优选择
	F	C	$V=F/C$	
A	0.284	0.40	0.710	
B	0.427	0.33	1.294	最优
C	0.290	0.27	1.074	

表 12-18 方案价值系数的计算

方案名称	功能评价系数	成本系数	价值系数	最优选择
	F	C	$V=F/C$	
A	0.284	0.401	0.71	
B	0.427	0.335	1.27	最优
C	0.290	0.275	1.05	

运用价值工程法对具体项目的实证分析表明：

1)价值工程法着重于提高房地产项目产品的整体价值，使产品具有较强的市场适应性。价值工程法兼顾功能、成本两个方面，不同于成本管理和质量管理。它通过价格性能比进行市场适应性调整，不仅能够改善产品性能，而且可以增强产品市场生存力，协调产品市场的供需平衡，致力于产品价值的提高。

2）价值工程法可保证产品决策的科学性和可靠性。价值工程法能从多个方面考虑项目产品的影响因素，即对主要影响产品“功能实现”的因素进行分析评价，确定产品的功能和成本范围，从而成功地选择产品决策方案。它可克服目前单调的“成本—价格—利润”产品决策法和定性的多因素分析法的弊端，从而使房地产项目产品决策理论及其评价方法体系得到完善。

3）价值工程法注重对用户所需的产品功能进行分析，促进项目产品功能的完善。价值工程法不直接研究产品的实物本身，而是抽象地研究住宅成本与用户所要求功能的适应性。它把成本、功能、用户有机地联系起来，提高产品价格性能比和环境的适应性。这种方法可使开发商认真地、全面地了解和分析具体地域产品的市场需求状况，确保产品决策正确性和市场适时性。

但价值工程法并没有分析房地产项目产品的经济可行性，所以具体的产品决策还必须同时进行技术经济分析，以保证产品决策的经济可行性。也就是说，价值工程法还必须结合相关的方法，才能发挥其更好的作用。

思考与练习

1. 什么是价值工程及其特点？

2. 价值工程的原理是什么？提高价值可采取哪些方法？

3. 价值工程对象选择的原则及方法是什么？

4. 对象选择有哪些方法，其优缺点是什么？

5. 价值工程的工作程序是什么？

6. 某产品有A、B、C、D、E、F、G等七个零部件，其成本分别为240元、200元、120元、320元、460元、80元、160元，对于该产品的重要程度依次为E、D、G、B、C、F。试用01打分法确定价值工程的对象。

7. 某产品由13种零件组成，各种零件的个数和每个零件的成本如表12－19所示，用ABC分析法选择VE目标，并画出A、B、C分析图。

表12－19　各种零件的个数和每个零件的成本

零件名称	A	B	C	D	E	F	G	H	I	J	K	L	M
零件个数/个	1	1	2	2	18	1	1	1	1	1	1	2	1
每个零件成本/元	3.42	2.61	1.03	0.8	0.1	0.73	0.67	0.33	0.32	0.19	0.11	0.05	0.08

8. 利用01评分法对第7题的产品进行功能评价，评价后各零件的平均得分如表12－20所示，利用价值系数判别法，如取价值系数最小作为VE目标，应选择哪一种零件？

表 12-20 评价后各零件的平均得分

零件名称	A	B	C	D	E	F	G	H	I	J	K	L	M
平均得分	8	8	3	4	5	11	10	8	6	11	1	3	1

9. 某工程项目有三栋楼，其设计方案对比项目如下。

A 栋楼方案：结构方案为大柱网框架轻墙体系，采用预应力大跨度叠合楼板，墙体材料采用多孔砖及移动式可拆装式分室隔墙，窗户采用单框双玻璃塑钢窗，面积利用系数为93%，单方造价为1450 元/m^2。

B 栋楼方案：结构方案同 A 方案，墙体采用内浇外砌，窗户采用单框双玻璃空腹钢窗，面积利用系数为87%，单方造价为1110 元/m^2。

C 栋楼方案：结构方案采用砖混结构体系，采用多孔预应力板，墙体材料采用标准黏土砖，窗户采用单框双玻璃空腹钢窗，面积利用系数为79%，单方造价为1050 元/m^2。各方案功能的权重及功能得分见表 12-21。

表 12-21 各方案功能的权重及功能得分

方案功能	功能权重	方案功能得分		
		A	B	C
结构体系	0.25	10	8	10
模板类型	0.05	10	9	9
墙体材料	0.25	9	8	7
面积系数	0.35	7	8	9
采光效果	0.10	9	8	7

问题：用价值工程方法选优设计方案。

第 13 章

工程项目后评价

传统的项目评价工作只是为提高项目决策的科学性和有效性服务，因此一般也只用于项目的初步可行性研究与可行性研究。随着人们对提高国家整体投资效率认识的深入，评价方法逐步被用于行业规划、大型项目的规划研究和机会识别阶段，并取得了显著的成果。在项目开始实施后，通过对实施过程进行监督，并与项目前期评价的结论对照，进行全面的后评价，包括对项目实际取得的经济效益进行测算和评估，投资人可以发现问题，总结经验教训，为今后工程项目的科学决策提供参考信息。

项目后评价起始于 20 世纪 30 年代美国的“新政时代”，在 20 世纪 60 年代美国“向贫困宣战”的规划中使用了巨额国家预算资金投入建设，使项目后评价进一步得到了发展，形成了体系。从 20 世纪 60 年代开始，各国和国际金融组织逐步应用和发展了后评价的理论，使之成为投资监督和管理的得力工具和手段。

我国的工程建设投资项目后评价，始于 20 世纪 80 年代中后期，1988 年原国家计委委托中国国际工程咨询公司进行了第一批国家重点投资工程项目的后评价，它标志着后评价在我国的正式开始。

13.1　项目后评价概述

13.1.1　项目后评价的概念

项目后评价是指对已经完成的项目或规划的目的、执行过程、效益、作用和影响所进行的系统客观分析。通过对投资活动实践的检查总结，确定投资预期的目标是否达到，项目或规划是否合理有效，项目的主要效益指标是否实现，通过分析评价找出成败的原因，总结经验教训，并通过及时有效的信息反馈，为未来项目的决策和提高完善投资决策管理水平提出建议，同时也为被评项目实施运营中出现的问题提出改进建议，从而达到提高投资效益的目的。

项目后评价，首先是一个学习过程，项目后评价是在项目投资完成以后，通过对项目目的、执行过程、效益、作用和影响所进行的全面系统的分析，总结正、反两方面的经验教训，使项目的决策者、管理者和建设者学习到更加科学合理的方法和策略，提高决策、管理和建设水平。其次，项目后评价又是增强投资活动工作者责任心的重要手段。由于项目后评价的透明性和公开性特点，通过对投资活动成绩和失误的主客观原因分析，可以比较公正客观地确定投资决策者、管理者和建设者工作中实际存在的问题，从而进一步提高他们的责任心和工作水平。再次，项目后评价主要是为投资决策服务的。虽然项目后评价对完善已建项目、改进在建项目和指导待建项目有重要的意义，但更重要的是为提高投资决策服务的，即通过项目后评价建议的反馈，完善和调整相关方针、政策和管理程序，提高决策者的能力和水平，进而达到提高和改善投资效益的目的。总之，项目后评价要从投资开发项目实践中吸取经验教训，再运用到未来的开发实践中去。

13.1.2 项目后评价的目的

项目后评价的主要目的有：

1）及时反馈信息，调整相关政策、计划、进度，改进或完善计划。

2）对在建项目，增强项目实施的社会透明度和管理部门的责任心，提高投资管理水平。

3）通过经验教训的反馈，调整和完善投资政策和发展规划，提高决策水平，改进未来的投资计划和项目的管理，提高投资效益。

项目后评价一般由项目投资决策者、主要投资者提出并组织，项目法人根据需要也可组织进行项目后评价。项目后评价应由独立的咨询机构或专家来完成，也可由投资评价决策者组织独立专家共同完成。项目后评价一般应对执行全过程每个阶段的实施和管理进行定量和定性的分析，重点包括法律法规（政策、合同）、执行程序、工程三大控制（质量、进度、造价）、技术经济指标、社会环境影响、工程咨询质量（可研、评估、设计等）以及宏观和微观管理等。

13.1.3 项目后评价的特点

项目后评价的特点主要体现在以下五个方面：

1）独立性。项目后评价必须保证公正性和独立性，这是一条重要的原则。公正性标志着后评价及评价者的信誉，避免在发现问题、分析原因和做结论时避重就轻，作出不客观的评价。独立性标志着后评价的合法性，后评价应从项目投资者和受援者或项目业主以外的第三者的角度出发，独立地进行，特别要避免项目决策者和管理者自己评价自己的情况发生。

2）可信性，即科学性。项目后评价的可信性取决于评价者的独立性和经验，取决于资料信息的可靠性和评价方法的适用性。可信性的一个重要标志是应同时反映出项目的成功经验和失败教训，这就要求评价者具有广泛的阅历和丰富的经验。同时，项目后评价也提出了“参与”的原则，要求项目执行者和管理者应参与后评价，以利于收集资料和查明情况。

3）实用性。为了使项目后评价成果对决策能产生作用，项目后评价报告必须具有可操作性，即实用性强。因此，项目后评价报告应针对性强，文字简练明确，避免引用过多的专业术语。报告应能满足多方面的要求。

4）透明性。项目后评价的透明度要求是评价的另一项原则。从可信度来看，要求后评价的透明度越大越好，因为项目后评价往往需要引起公众的关注，对国家预算内资金和公众储蓄资金的投资决策活动及其效益和效果实施更有效的社会监督。

5）反馈性。和项目前评估相比，项目后评价的最大的特点是信息的反馈。项目后评价的最终目标是将评价结果反馈到决策部门，作为新项目的立项和评估的基础，以及调整投资规划和政策的依据。因此，项目后评价结论的扩散和反馈机制、手段和方法成为后评价成败的关键环节之一。

13.1.4　项目前评估与项目后评价的异同

项目前评估与项目后评价的相同点：

1)性质相同，都是对项目生命期全过程进行技术、经济论证。

2)目的相同，都是为了提高项目的效益，实现经济、社会和环境效益的统一。

项目前评估与项目后评价的不同点：

1)评价的主体不同。

2)在项目管理过程中所处的阶段不同。

3)评价的依据不同。

4)评价的内容不同。

5)在决策中的作用不同。

13.1.5　项目后评价的意义

项目后评价的意义有以下三个方面：

1)确定项目预期目标是否达到，主要效益指标是否实现；查找项目成败的原因，总结经验教训，及时有效反馈信息，提高未来新项目的管理水平。

2)为项目投入运营中出现的问题提出改进意见和建议，达到提高投资效益的目的。

3)后评价具有透明性和公开性，能客观、公正地评价项目活动成绩和失误的主客观原因，比较公正地、客观地确定项目决策者、管理者和建设者的工作业绩和存在的问题，从而进一步提高他们的责任心和工作水平。

13.2　项目后评价的内容

项目后评价是以项目前期所确定的目标和各方面指标与项目实际实施的结果之间的对比为基础的。

项目后评价的内容变迁经历了以下几个阶段：

1)20 世纪 60 年代以前，国际通行的项目评估和评价的重点是财务分析，以财务分析的好坏作为评价项目成败的主要指标。

2)20 世纪 60 年代，西方国家能源、交通、通信等基础设施以及社会福利事业将经济评价(国内称国民经济评价)的概念引入了项目效益评价的范围。

3)20 世纪 70 年代前后，世界经济发展带来的严重污染问题引起人们广泛的重视，项目评价因此而增加了“环境评价”的内容。此后，随着经济的发展，项目的社会作用和影响日益受到投资者的关注。

4)20 世纪 80 年代，世界银行等组织十分关心其援助项目对受援地区的贫困、妇女、社会文化和持续发展等方面所产生的影响。因此，社会影响评价成为投资活动评估和评价的重要内容之一。

国外援助组织多年实践的经验证明了机构设置和管理机制对项目成败的重要作用，于是又将其纳入了项目评价的范围。

项目后评价的基本内容可概括为五个方面：项目的过程后评价、项目的技术经济后评价、项目的环境影响后评价、项目的社会后评价和项目可持续性后评价。

13.2.1 项目过程后评价

一个工程项目，从提出项目开始，到项目清理报废为止，大体可划分为三个阶段，即项目策划阶段、项目实施阶段和项目运营阶段，每一阶段对投资项目实际效益的发挥都产生重大影响。项目的过程后评价可分为项目策划阶段后评价、项目实施过程后评价和项目运营后评价三个方面：

(1)项目策划阶段后评价

项目策划阶段，包括从编制项目建议书到项目立项审批过程中的各项工作，是基本建设程序中的一个重要组成部分。项目策划阶段后评价，最重要的就是对项目的立项决策进行评价，分析成败的原因，为提高投资决策的水平提供支持。

(2)项目实施过程后评价

项目建设实施过程后评价包括：项目的合同执行情况分析、工程实施及管理、资金来源及使用情况分析与评价等。项目实施过程后评价应注意前后两方面的对比，找出问题，一方面要与开工前的工程计划对比，另一方面还应把该阶段的实施情况可能产生的结果和影响与项目决策时所预期的效果进行对比，分析偏离度；在此基础上找出原因，提出对策，总结经验教训。

(3)项目运营后评价

工程项目运营阶段包括从项目投产到项目生命期末的全过程。项目运营后评价是将项目实际经营状况、投资效果与预测情况或其他同类项目的经营状况相比较，分析和研究偏离程度及其原因，系统地总结项目投资经验教训，为进一步提高项目运营实际效益献计献策。项目运营后评价包括生产运营准备工作评价、生产管理系统评价和项目使用功能评价。

13.2.2 项目技术经济后评价

在投资决策前的技术经济评估阶段所做出的技术方案、工艺流程、设备选型、财务分析、经济评价、环境保护措施、社会影响分析等，都是根据当时的条件和对以后可能发生的情况进行的预测和计算的结果。随着时间的推移，科学技术在进步，市场条件、项目建设外部环境、竞争对手都在变化，因此有必要对原先所做的技术选择、财务分析、经济评价的结论重新进行审视。

技术经济后评价一般包括三部分的内容：

1)项目技术后评价。技术水平后评价主要是对工艺技术流程、技术装备选择的可靠性、适用性、配套性、先进性、经济合理性的再分析。在决策阶段认为可行的工艺技术流程和技术装备，在使用中有可能与预想的结果有差别，在评价中就需要针对实践中存在的问题、产生的原因认真总结经验，在以后的设计或设备更新中选用更好、更适用、更经济的设备；或对原有的工艺技术流程进行适当的调整，发挥设备的潜在效益。

2)项目财务后评价。项目的财务后评价与前评估中的财务分析在内容上基本是相同的，都要进行项目的盈利性分析、清偿能力分析和外汇平衡分析，这里不再阐述。但在评价中采用数据不能简单地使用实际数，应将实际数中包含的物价指数扣除，并使之与前评估中的各项评价指标在评价时点和计算效益的范围上都可比。

3）项目经济后评价。经济评价与财务评价在评价角度、效益和费用计算的范围、评价判据、费用效益的计算价格等方面都有不同。经济后评价的主要内容是通过编制全投资和国内投资经济效益和费用流量表、外汇流量表、国内资源流量表等计算国民经济盈利性指标，并分析项目的建设对当地经济发展、所在行业和社会经济发展的影响、对收益公平分配的影响、对提高当地人口就业的影响和推动本地区、本行业技术进步的影响等。

13.2.3　项目环境影响后评价

环境影响后评价是指对照项目前评估时批准的《环境影响报告书》，重新审查项目环境影响的实际结果，审核项目环境管理的决策、规定、规范、参数的可靠性和实际效果。实施环境影响评价应遵照国家环保法的规定，根据国家和地方环境质量标准和污染物排放标准以及相关产业部门的环保规定，在审核已实施的环评报价和评价环境影响现状的同时，要对未来进行预测。对有可能产生突发性事故的项目，要有环境影响的风险分析。如果项目生产或使用对人类和生态危害极大的剧毒物品，或项目位于环境高度敏感的地区，或项目已发生严重的污染事件，还需要再提出一份单独的项目环境影响评价报告。

环境影响后评估的目的应该是：检查环境影响报告书的各项环保措施是否落实；在建设过程中工艺流程和环保设施以及对环境的影响贡献值是否发生变化；验证环境影响评价的模式、预测的结论是否符合当地的环境实际；系数是否要修正；当地环境质量、环境保护目标和环境标准有无变化，原有的环境影响评价结论是否要修正，目前的环保设施能否满足环境变化的需要，是否需要调整；对环境影响评价中的缺项、漏项或调整后的情况进行补充评价。

环境影响后评估不是所有工程项目都必须进行，它适合于以下情况：在建设过程中工艺过程和环保设施有所变更；由于当地开发活动较多，环境质量有了重大的变化；由于当地环境规划制定、环境保护目标和环境标准有所提高，在国家总量控制指标下达后，需要重新确定项目的允许排放量；目前的环保设施运行不正常或其效率不能达到原定要求，不能满足当地环境的总量控制需要；其他环保主管单位认为有必要进行评估的项目。

环境影响后评价一般包括五部分的内容：项目的污染控制、区域的环境质量、自然资源的利用、区域的生态平衡和环境管理能力。

13.2.4　项目社会后评价

社会评价是识别、监测和评价投资项目的各种社会影响，分析当地社会环境对拟建项目的适应性和可接受程度，评价投资项目的社会可行性，其目的是促进利益相关者对项目投资活动的有效参与，优化项目建设实施方案，规避投资项目社会风险的重要工具和手段。社会评价研究内容包括项目的社会影响分析、项目与所在地区的互适性分析和社会风险分析等三个方面。

社会后评价是总结了国内已有经验，借鉴、吸收了国外社会费用效益分析、社会影响评价与社会分析方法的经验设计的。它包括社会效益与影响评价和项目与社会两相适应的分析，既分析项目对社会的贡献与影响，又分析项目对社会政策贯彻的效用。研究项目与社会的相互适应性，提示防止社会风险，从项目的社会可行性方面为项目决策提供科学分析依据。

13.2.5 项目可持续性后评价

自20世纪80年代以来，可持续性已成为国际发展研究中心的一个主要课题，因为环境的恶化已造成了巨大的灾祸，非再生资源的枯竭及再生性资源再生能力的丧失已显而易见，许多发展中国家的人民遭受着贫困和苦难。近年来，可持续发展已列入中国政府的议事日程。

作为企业投资项目，可持续性是指在项目的建设资金投入完成之后，项目的既定目标是否还能继续，项目是否可以持续地发展下去，作为投资方的项目业主是否愿意并可能依靠自己的力量继续去实现既定目标；项目是否具有可重复性，即是否可在未来以同样的方式建设同类项目。项目可持续性的影响因素一般包括本国政府的政策、管理、组织和地方参与，财务因素、技术因素、社会因素、环境和生态因素、外部因素等。

13.3 项目后评价的实施与操作

1. 项目后评价实行分级管理

中央企业作为投资主体，负责本企业项目后评价的组织和管理；项目业主作为项目法人，负责项目竣工验收后进行项目自我总结评价并配合企业具体实施项目后评价。

1) 项目业主后评价的主要工作有：完成项目自我总结评价报告；在项目内及时反馈评价信息；向后评价承担机构提供必要的信息资料；配合后评价现场调查以及其他相关事宜。

2) 中央企业后评价的主要工作有：制订本企业项目后评价实施细则；对企业投资的重要项目的自我总结评价报告进行分析评价；筛选后评价项目；制订后评价计划；安排相对独立的项目后评价；总结投资效果和经验教训，配合完成国资委安排的项目后评价工作等。

2. 中央企业投资项目后评价的实施程序

1) 企业重要项目的业主在项目完工投产后6～18个月内必须向主管中央企业上报《项目自我总结评价报告》(简称自评报告)。

2) 中央企业对项目的自评报告进行评价，得出评价结论。在此基础上，选择典型项目，组织开展企业内项目后评价。

中央企业内部的项目后评价应避免出现"自己评价自己"，凡是承担项目可行性研究报告编制、评估、设计、监理、项目管理、工程建设等业务的机构不宜从事该项目的后评价工作。

项目后评价承担机构要按照工程咨询行业协会的规定，遵循项目后评价的基本原则，按照后评价委托合同要求，独立自主认真负责地开展后评价工作，并承担国家机密、商业机密相应的保密责任。受评项目业主应如实提供后评价所需要的数据和资料，并配合组织现场调查。

《项目自我总结评价报告》和《项目后评价报告》要根据规定的内容和格式编写，报告应观点明确、层次清楚、文字简练，文本规范。与项目后评价相关的重要专题研究报告和资料可以附在报告之后。

项目后评价所需经费原则上由委托单位支付。

3. 项目后评价评价对象的选择

评价对象即为后评价项目。后评价项目的选择有两条基本原则，即特殊的项目和规划计划总结需要的项目。一般来讲，选择后评价项目有以下几条标准：

1）由于项目实施而导致运营中出现重大问题的项目。

2）一些非常规项目，如规模过大、建设内容过于复杂或带有试验性的新技术项目。

3）发生重大变化的项目，如建设内容、外部条件、厂址布局等发生了重大变化的项目。

4）急迫需要了解其作用和影响的项目。

5）可为即将实施的国家预算、宏观战略和规划原则提供信息的相关投资活动和项目。

6）为投资规划计划确定未来发展方向的有代表性的项目。

7）对开展行业部门或地区后评价研究有重要意义的项目。

4. 项目后评价评审领导小组

为保证项目后评价的正常进行，企业建立了项目后评价评审领导小组，各职能小组的主要工作内容和职能职责如下：

1）项目后评价评审领导小组。决策重大事项，会审、审定文件报告，组织领导、指挥调度和督促检查项目后评价工作。

2）外请专家组。审核项目后评价工作阶段性计划安排，并根据工作计划审核项目后评价阶段性报告，提出报告意见。

3）资料组。拟订项目后评价工作计划、后评价报告文件框架结构；收集、审核系统评价组阶段资料；审查资料收集，拟订的分项材料、总结报告；审查附图附表、图片资料；收集、整理、拟订各类附表及其他相关资料。

4）系统评价组。收集、整理项目建设各个阶段的资料；收集、整理项目阶段性报告反馈意见；撰写项目后评价成果性文件，并拟订分项采集反馈意见工作计划；根据反馈意见调整项目后评价报告，并最终形成项目后评价报告。

5）财务审计组。组织项目专项审计，形成专项审计报告；撰写项目财务决算报告；收集、整理、拟订各类附表及其他相关资料。

5. 项目后评价的步骤

1）提出问题；

2）筹划准备；

3）深入调查，收集资料；

4）分析研究；

5）编制项目后评价报告。

6. 国际通用的项目后评价方法

国际通用的后评价方法主要有：

1）统计预测法。

统计预测法是以统计学原理和预测学原理为基础，对项目已经发生事实进行总结和对项目未来发展前景做出预测的项目后评价方法。

2）对比分析法。

对比分析法是把客观事物加以比较，以达到认识事物的本质和规律并做出正确的评价。对比分析法通常是把两个相互联系的指标数据进行比较，从数量上展示和说明研究对象规模的大小、水平的高低、速度的快慢，以及各种关系是否协调。

3)逻辑框架法(LFA)。

逻辑框架法是将一个复杂项目的多个具有因果关系的动态因素组合起来，用一张简单的框图分析其内涵和关系，以确定项目范围和任务，分清项目目标和达到目标所需手段的逻辑关系，以评价项目活动及其成果的方法。

4)定量和定性相结合的效益分析法。

思考与练习

1. 项目后评价的基本内容是什么？分别包括什么？
2. 项目前评估与项目后评价的异同是什么？
3. 国际通用的后评价方法是什么？
4. 分组讨论项目后评价在工程管理中的重要性。

附录

复利系数表

1%的复利系数表

年份	一次支付		等额系列			
	终值系数	现值系数	年金终值系数	年金现值系数	资本回收系数	偿债基金系数
n	*F/P, i, n*	*P/F, i, n*	*F/A, i, n*	*P/A, i, n*	*A/P, i, n*	*A/F, i, n*
1	1.010	0.9901	1.0000	0.9910	1.0100	1.0000
2	1.020	0.9803	2.0100	1.9704	0.5075	0.4975
3	1.030	0.9706	3.0300	2.9401	0.4300	0.3300
4	1.041	0.9610	4.0600	3.9020	0.2563	0.2463
5	1.051	0.9515	5.1010	4.8534	0.2060	0.1960
6	1.062	0.9421	6.1520	5.7955	0.1726	0.1626
7	1.702	0.9327	7.2140	6.7282	0.1486	0.1386
8	1.083	0.9235	8.2860	7.6517	0.1307	0.1207
9	1.094	0.9143	9.3690	8.5660	0.1168	0.1068
10	1.105	0.9053	10.4260	9.4713	0.1056	0.0956
11	1.116	0.8963	11.5670	10.3676	0.0965	0.0865
12	1.127	0.8875	12.6830	11.2551	0.0889	0.0789
13	1.138	0.8787	13.8090	12.1338	0.0824	0.0724
14	1.149	0.8700	14.9740	13.0037	0.0769	0.0669
15	1.161	0.8614	16.0970	13.8651	0.0721	0.0621
16	1.173	0.8528	17.2580	14.7191	0.0680	0.0580
17	1.184	0.8444	18.4300	15.5623	0.0634	0.0543
18	1.196	0.8360	19.6150	16.3983	0.0610	0.0510
19	1.208	0.8277	20.8110	17.2260	0.0581	0.0481
20	1.220	0.8196	22.0190	18.0456	0.0554	0.0454
21	1.232	0.8114	23.2390	18.8570	0.0530	0.0430
22	1.245	0.8034	24.4720	19.6604	0.0509	0.0409
23	1.257	0.7955	25.7160	20.4558	0.0489	0.0389
24	1.270	0.7876	26.9730	21.2434	0.0471	0.0371
25	1.282	0.7798	28.2430	22.0232	0.0454	0.0354
26	1.295	0.7721	29.5260	22.7952	0.0439	0.0339
27	1.308	0.7644	30.8210	23.5596	0.0425	0.0325
28	1.321	0.7568	32.1290	24.3165	0.0411	0.0311
29	1.335	0.7494	33.4500	25.0658	0.0399	0.0299
30	1.348	0.7419	34.7850	25.8077	0.0388	0.0288
31	1.361	0.7346	36.1330	26.5423	0.0377	0.0277
32	1.375	0.7273	37.4940	27.2696	0.0367	0.0267
33	1.389	0.7201	38.8690	27.9897	0.0357	0.0257
34	1.403	0.7130	40.2580	28.7027	0.0348	0.0248
35	1.417	0.7050	41.6600	29.4086	0.0340	0.0240

3%的复利系数表

年份	一次支付		等额系列			
	终值系数	现值系数	年金终值系数	年金现值系数	资本回收系数	偿债基金系数
n	*F/P*, *i*, *n*	*P/F*, *i*, *n*	*F/A*, *i*, *n*	*P/A*, *i*, *n*	*A/P*, *i*, *n*	*A/F*, *i*, *n*
1	1.030	0.9709	1.0000	0.9709	1.0300	1.0000
2	1.061	0.9426	2.0300	1.9135	0.5226	0.4926
3	1.093	0.9152	3.0910	2.8286	0.3535	0.3235
4	1.126	0.8885	4.1840	3.7171	0.2690	0.2390
5	1.159	0.8626	5.3090	4.5797	0.2184	0.1884
6	1.194	0.8375	6.4680	5.4172	0.1846	0.1546
7	1.230	0.8131	7.6620	6.2303	0.1605	0.1305
8	1.267	0.7894	8.8920	7.0197	0.1425	0.1125
9	1.305	0.7664	10.1590	7.7861	0.1284	0.0984
10	1.344	0.7441	11.4640	8.5302	0.1172	0.0872
11	1.384	0.7224	12.8080	9.2526	0.1081	0.0781
12	1.426	0.7014	14.1920	9.9540	0.1005	0.0705
13	1.469	0.6810	15.6180	10.6450	0.0940	0.0640
14	1.513	0.6611	17.0860	11.2961	0.0885	0.0585
15	1.558	0.6419	18.5990	11.9379	0.0838	0.0538
16	1.605	0.6232	20.1570	12.5611	0.0796	0.0496
17	1.653	0.6050	21.7620	13.1661	0.0760	0.0460
18	1.702	0.5874	23.4140	13.7535	0.0727	0.0427
19	1.754	0.5703	25.1170	14.3238	0.0698	0.0398
20	1.806	0.5537	26.8700	14.8775	0.0672	0.0372
21	1.860	0.5376	28.6760	15.4150	0.0649	0.0349
22	1.916	0.5219	30.5370	15.9369	0.0628	0.0328
23	1.974	0.5067	32.4530	16.4436	0.0608	0.0308
24	2.033	0.4919	34.4260	16.9356	0.0591	0.0291
25	2.094	0.4776	36.4950	17.4132	0.0574	0.0274
26	2.157	0.4637	38.5530	17.8769	0.0559	0.0259
27	2.221	0.4502	40.7100	18.3270	0.0546	0.0246
28	2.288	0.4371	42.9310	18.7641	0.0533	0.0233
29	2.357	0.4244	45.2190	19.1885	0.0521	0.0221
30	2.427	0.4120	47.5750	19.6005	0.0510	0.0210
31	2.500	0.4000	50.0030	20.0004	0.0500	0.0200
32	2.575	0.3883	52.5030	20.3888	0.0491	0.0191
33	2.652	0.3770	55.0780	20.7658	0.0482	0.0182
34	2.732	0.3661	57.7300	21.1318	0.0473	0.0173
35	2.814	0.3554	60.4620	21.4872	0.0465	0.0165

4%的复利系数表

年份	一次支付		等额系列			
	终值系数	现值系数	年金终值系数	年金现值系数	资本回收系数	偿债基金系数
n	*F/P, i, n*	*P/F, i, n*	*F/A, i, n*	*P/A, i, n*	*A/P, i, n*	*A/F, i, n*
1	1.040	0.9615	1.0000	0.9615	1.0400	1.0000
2	1.082	0.9246	2.0400	1.8861	0.5302	0.4902
3	1.125	0.8890	3.1220	2.7751	0.3604	0.3204
4	1.170	0.8548	4.2460	3.6199	0.2755	0.2355
5	1.217	0.8219	5.4160	4.4518	0.2246	0.1846
6	1.265	0.7903	6.6330	5.2421	0.1908	0.1508
7	1.316	0.7599	7.8980	6.0021	0.1666	0.1266
8	1.396	0.7307	9.2140	6.7382	0.1485	0.1085
9	1.423	0.7026	10.5830	7.4351	0.1345	0.0945
10	1.480	0.6756	12.0060	8.1109	0.1233	0.0833
11	1.539	0.6496	13.4860	8.7605	0.1142	0.0742
12	1.601	0.6246	15.0360	9.3851	0.1066	0.0666
13	1.665	0.6006	16.6270	9.9857	0.1002	0.0602
14	1.732	0.5775	18.2920	10.5631	0.0947	0.0547
15	1.801	0.5553	20.0240	11.1184	0.0900	0.0500
16	1.873	0.5339	21.8250	11.6523	0.0858	0.0458
17	1.948	0.5134	23.6980	12.1657	0.0822	0.0422
18	2.026	0.4936	25.6450	12.6593	0.0790	0.0390
19	2.107	0.4747	27.6710	13.1339	0.0761	0.0361
20	2.191	0.4564	29.7780	13.5093	0.0736	0.0336
21	2.279	0.4388	31.9690	14.0292	0.0713	0.0313
22	2.370	0.4220	34.2480	14.4511	0.0692	0.0292
23	2.465	0.4057	36.6180	14.8569	0.0673	0.0273
24	2.563	0.3901	39.0830	15.2470	0.0656	0.0256
25	2.666	0.3751	41.6460	15.6221	0.0640	0.0240
26	2.772	0.3067	44.3120	15.9828	0.0626	0.0226
27	2.883	0.3468	47.0840	16.3296	0.0612	0.0212
28	2.999	0.3335	49.9680	16.6631	0.0600	0.0200
29	3.119	0.3207	52.9660	16.9873	0.0589	0.0189
30	3.243	0.3083	56.0850	17.2920	0.0578	0.0178
31	3.373	0.2965	59.3280	17.5885	0.0569	0.0169
32	3.508	0.2851	62.7010	17.8736	0.0560	0.0160
33	3.648	0.2741	66.2100	18.1477	0.0551	0.0151
34	3.794	0.2636	69.8580	18.4112	0.0543	0.0143
35	3.946	0.2534	73.6520	18.6646	0.0.36	0.0136

5%的复利系数表

年份	一次支付		等额系列			
	终值系数	现值系数	年金终值系数	年金现值系数	资本回收系数	偿债基金系数
n	*F/P, i, n*	*P/F, i, n*	*F/A, i, n*	*P/A, i, n*	*A/P, i, n*	*A/F, i, n*
1	1.050	0.9524	1.0000	0.9524	1.0500	1.0000
2	1.103	0.9070	2.0500	1.8594	0.5378	0.4878
3	1.158	0.8638	3.1530	2.7233	0.3672	0.3172
4	1.216	0.8227	4.3100	3.5460	0.2820	0.2320
5	1.276	0.7835	5.5260	4.3295	0.2310	0.1810
6	1.340	0.7462	6.8020	5.0757	0.1970	0.1470
7	1.407	0.7107	8.1420	5.7864	0.1728	0.1228
8	1.477	0.6768	9.5490	6.4632	0.1547	0.1047
9	1.551	0.6446	11.0270	7.1078	0.1407	0.0907
10	1.629	0.6139	12.5870	7.7217	0.1295	0.0795
11	1.710	0.5847	14.2070	8.3064	0.1204	0.0704
12	1.796	0.5568	15.9170	8.8633	0.1128	0.0628
13	1.886	0.5303	17.7130	9.3936	0.1065	0.0565
14	1.980	0.5051	19.5990	9.8987	0.1010	0.0510
15	2.079	0.4810	21.5970	10.3797	0.0964	0.0464
16	2.183	0.4581	23.6580	10.8373	0.0932	0.0432
17	2.292	0.4363	25.8400	11.2741	0.0887	0.0387
18	2.407	0.4155	28.1320	11.6896	0.0856	0.0356
19	2.527	0.3957	30.5390	12.0853	0.0828	0.0328
20	2.653	0.3769	33.0660	12.4622	0.0803	0.0303
21	2.786	0.3590	35.7190	12.8212	0.0780	0.0280
22	2.925	0.3419	38.5050	13.1630	0.0760	0.0260
23	3.072	0.3256	41.4300	13.4886	0.0741	0.0241
24	3.225	0.3101	44.5020	13.7987	0.0725	0.0225
25	3.386	0.2953	47.7270	14.0940	0.0710	0.0210
26	3.556	0.2813	51.1130	14.3753	0.0696	0.0196
27	3.733	0.2679	54.6690	14.6340	0.0683	0.0183
28	3.920	0.2551	58.4030	14.8981	0.0671	0.0171
29	4.116	0.2430	62.3230	15.1411	0.0661	0.0161
30	4.322	0.2314	66.4390	15.3725	0.0651	0.0151
31	4.538	0.2204	70.7610	15.5928	0.0641	0.0141
32	4.765	0.2099	75.2990	15.8027	0.0633	0.0133
33	5.003	0.1999	80.0640	16.0026	0.0625	0.0125
34	5.253	0.1904	85.0670	16.1929	0.0618	0.0118
35	5.516	0.1813	90.3200	16.3742	0.0611	0.0111

6%的复利系数表

年份	一次支付		等额系列			
	终值系数	现值系数	年金终值系数	年金现值系数	资本回收系数	偿债基金系数
n	$F/P, i, n$	$P/F, i, n$	$F/A, i, n$	$P/A, i, n$	$A/P, i, n$	$A/F, i, n$
1	1.060	0.9434	1.0000	0.9434	1.0600	1.0000
2	1.124	0.8900	2.0600	1.8334	0.5454	0.4854
3	1.191	0.8396	3.1840	2.6704	0.3741	0.3141
4	1.262	0.7291	4.3750	3.4561	0.2886	0.2286
5	1.338	0.7473	5.6370	4.2124	0.2374	0.1774
6	1.419	0.7050	6.9750	4.9173	0.2034	0.1434
7	1.504	0.6651	8.3940	5.5824	0.1791	0.1191
8	1.594	0.6274	9.8970	6.2098	0.1610	0.1010
9	1.689	0.5919	11.4910	6.8071	0.1470	0.0870
10	1.791	0.5584	13.1810	7.3601	0.1359	0.0759
11	1.898	0.5268	14.9720	7.8869	0.1268	0.0668
12	2.012	0.4970	16.8700	8.3839	0.1193	0.0593
13	2.133	0.4688	18.8820	8.8527	0.1130	0.0530
14	2.261	0.4423	21.0150	9.2956	0.1076	0.0476
15	2.397	0.4173	23.2760	9.7123	0.1030	0.0430
16	2.540	0.3937	25.6730	10.1059	0.0990	0.0390
17	2.693	0.3714	28.2130	10.4773	0.0955	0.0355
18	2.854	0.3504	30.9060	10.8276	0.0924	0.0324
19	3.026	0.3305	33.7600	11.1581	0.0896	0.0296
20	3.207	0.3118	36.7860	11.4699	0.0872	0.0272
21	3.400	0.2942	39.9930	11.7641	0.0850	0.0250
22	3.604	0.2775	43.3290	12.0461	0.0831	0.0231
23	3.820	0.2618	46.9960	12.3034	0.0813	0.0213
24	4.049	0.2470	50.8160	12.5504	0.0797	0.0197
25	4.292	0.2330	54.8650	12.7834	0.0782	0.0182
26	4.549	0.2198	59.1560	13.0032	0.0769	0.0169
27	4.822	0.2074	63.7060	13.2105	0.0757	0.0157
28	5.112	0.1956	68.5280	13.4062	0.0746	0.0146
29	5.418	0.1846	73.6400	13.5907	0.0736	0.0136
30	5.744	0.1741	79.0580	13.7648	0.0727	0.0127
31	6.088	0.1643	84.8020	13.9291	0.0718	0.0118
32	6.453	0.1550	90.8900	14.0841	0.0710	0.0110
33	6.841	0.1462	97.3430	14.2302	0.0703	0.0103
34	7.251	0.1379	104.1840	14.3682	0.0696	0.0096
35	7.686	0.1301	111.4350	14.4983	0.0690	0.0090

7%的复利系数表

年份	一次支付		等额系列			
	终值系数	现值系数	年金终值系数	年金现值系数	资本回收系数	偿债基金系数
n	*F/P, i, n*	*P/F, i, n*	*F/A, i, n*	*P/A, i, n*	*A/P, i, n*	*A/F, i, n*
1	1.070	0.9346	1.0000	0.9346	1.0700	1.0000
2	1.145	0.8734	2.0700	1.8080	0.5531	0.4831
3	1.225	0.8163	3.2150	2.6234	0.3811	0.3111
4	1.311	0.7629	4.4400	3.3872	0.2952	0.2252
5	1.403	0.7130	5.7510	4.1002	0.2439	0.1739
6	1.501	0.6664	7.1530	4.7665	0.2098	0.1398
7	1.606	0.6228	8.6450	5.3893	0.1856	0.1156
8	1.718	0.5280	10.2600	5.9713	0.1675	0.0975
9	1.838	0.5439	11.9780	6.5152	0.1535	0.0835
10	1.967	0.5084	13.8160	7.0236	0.1424	0.0724
11	2.105	0.4751	15.7840	7.4987	0.1334	0.0634
12	2.252	0.4440	17.8880	7.9427	0.1259	0.0559
13	2.410	0.4150	20.1410	8.3577	0.1197	0.0497
14	2.597	0.3878	22.5500	8.7455	0.1144	0.0444
15	2.759	0.3625	25.1290	9.1079	0.1098	0.0398
16	2.952	0.3387	27.8880	9.4467	0.1059	0.0359
17	3.159	0.3166	30.8400	9.7632	0.1024	0.0324
18	3.380	0.2959	33.9990	10.0591	0.0994	0.0294
19	3.617	0.2765	37.3790	10.3356	0.0968	0.0268
20	3.870	0.2584	40.9960	10.5940	0.0944	0.0244
21	4.141	0.2415	44.8650	10.8355	0.0923	0.0223
22	4.430	0.2257	49.0060	11.0613	0.0904	0.0204
23	4.741	0.2110	53.4360	11.2722	0.0887	0.0187
24	5.072	0.1972	58.1770	11.4693	0.0872	0.0172
25	5.427	0.1843	63.2490	11.6536	0.0858	0.0158
26	5.807	0.1722	68.6760	11.8258	0.0846	0.0146
27	6.214	0.1609	74.4840	11.9867	0.0834	0.0134
28	6.649	0.1504	80.6980	12.1371	0.0824	0.0124
29	7.114	0.1406	87.3470	12.2777	0.0815	0.0115
30	7.612	0.1314	94.4610	12.4091	0.0806	0.0106
31	8.145	0.1228	102.0730	12.5318	0.0798	0.0098
32	8.715	0.1148	110.2180	12.6466	0.0791	0.0091
33	9.325	0.1072	118.9330	12.7538	0.0784	0.0084
34	9.978	0.1002	128.2590	12.8540	0.0778	0.0078
35	10.677	0.0937	138.2370	12.9477	0.0772	0.0072

8%的复利系数表

年份	一次支付		等额系列			
	终值系数	现值系数	年金终值系数	年金现值系数	资本回收系数	偿债基金系数
n	*F/P, i, n*	*P/F, i, n*	*F/A, i, n*	*P/A, i, n*	*A/P, i, n*	*A/F, i, n*
1	1.080	0.9259	1.0000	0.9259	1.0800	1.0000
2	1.166	0.8573	2.0800	1.7833	0.5608	0.4080
3	1.260	0.7938	3.2460	2.5771	0.3880	0.3080
4	1.360	0.7350	4.5060	3.3121	0.3019	0.2219
5	1.496	0.6806	5.8670	3.9927	0.2505	0.1705
6	1.587	0.6302	7.3360	4.6229	0.2163	0.1363
7	1.714	0.5835	8.9230	5.2064	0.1921	0.1121
8	1.851	0.5403	10.6370	5.7466	0.1740	0.0940
9	1.999	0.5003	12.4880	6.2469	0.1601	0.0801
10	2.159	0.4632	14.4870	6.7101	0.1490	0.0690
11	2.332	0.4289	16.6450	7.1390	0.1401	0.0601
12	2.518	0.3971	18.9770	7.5361	0.1327	0.0527
13	2.720	0.3677	21.4590	7.8038	0.1265	0.0465
14	2.937	0.3405	24.2150	8.2442	0.1213	0.0413
15	3.172	0.3153	27.1520	8.5595	0.1168	0.0368
16	3.426	0.2919	30.3240	8.8514	0.1130	0.0330
17	3.700	0.2703	33.7500	9.1216	0.1096	0.0296
18	3.996	0.2503	37.4500	9.3719	0.1067	0.0267
19	4.316	0.2317	41.4460	9.6036	0.1041	0.0214
20	4.661	0.2146	45.7620	9.8182	0.1019	0.0219
21	5.034	0.1987	50.4230	10.0168	0.0998	0.0198
22	5.437	0.1840	55.4570	10.2008	0.0980	0.0180
23	5.871	0.1703	60.8930	10.3711	0.0964	0.0164
24	6.341	0.1577	66.7650	10.5288	0.0950	0.0150
25	6.848	0.1460	73.1060	10.6748	0.9370	0.0137
26	7.396	0.1352	79.9540	10.8100	0.0925	0.0125
27	7.988	0.1252	87.3510	10.9352	0.0915	0.0115
28	8.627	0.1159	95.3390	11.0511	0.0905	0.0105
29	9.317	0.1073	103.9660	11.1584	0.0896	0.0096
30	10.063	0.0994	113.2830	11.2578	0.0888	0.0088
31	10.868	0.0920	123.3460	11.3498	0.0881	0.0081
32	11.737	0.0852	134.2140	11.4350	0.0875	0.0075
33	12.676	0.0789	145.9510	11.5139	0.0869	0.0069
34	13.690	0.0731	158.6270	11.5869	0.0863	0.0063
35	14.785	0.0676	172.3170	11.6546	0.0858	0.0058

9%的复利系数表

年份	一次支付		等额系列			
	终值系数	现值系数	年金终值系数	年金现值系数	资本回收系数	偿债基金系数
n	$F/P, i, n$	$P/F, i, n$	$F/A, i, n$	$P/A, i, n$	$A/P, i, n$	$A/F, i, n$
1	1.090	0.9174	1.0000	0.9174	1.0900	1.0000
2	1.188	0.8417	2.0900	1.7591	0.5685	0.4785
3	1.295	0.7722	3.2780	2.5313	0.3951	0.3051
4	1.412	0.7084	4.5730	3.2397	0.3087	0.2187
5	1.539	0.6499	5.9850	3.8897	0.2571	0.1671
6	1.677	0.5963	7.5230	4.4859	0.2229	0.1329
7	1.828	0.5470	9.2000	5.0330	0.1987	0.1087
8	1.993	0.5019	11.0280	5.5348	0.1807	0.0907
9	2.172	0.4604	13.0210	5.9953	0.1668	0.0768
10	2.367	0.4224	15.1930	6.4177	0.1558	0.0658
11	2.580	0.3875	17.5600	6.8052	0.1470	0.0570
12	2.813	0.3555	20.1410	7.1607	0.1397	0.0497
13	3.066	0.3262	22.9530	7.4869	0.1336	0.0436
14	3.342	0.2993	26.0190	7.7862	0.1284	0.0384
15	3.642	0.2745	29.3610	8.0607	0.1241	0.0341
16	3.970	0.2519	33.0030	8.3126	0.1203	0.0303
17	4.328	0.2311	36.9740	8.5436	0.1171	0.0271
18	4.717	0.2120	41.3010	8.7556	0.1142	0.0242
19	5.142	0.1945	46.0180	8.9501	0.1117	0.0217
20	5.604	0.1784	51.1600	9.1286	0.1096	0.0196
21	6.109	0.1637	56.7650	9.2023	0.1076	0.0176
22	6.659	0.1502	62.8730	9.4424	0.1059	0.0159
23	7.258	0.1378	69.5320	9.5802	0.1044	0.0144
24	7.911	0.1264	76.7900	9.7066	0.1030	0.0130
25	8.623	0.1160	84.7010	9.8226	0.1018	0.0118
26	9.399	0.1064	93.3240	9.9290	0.1007	0.0107
27	10.245	0.0976	102.7230	10.0266	0.0997	0.0097
28	11.167	0.0896	112.9680	10.1161	0.0989	0.0089
29	12.172	0.0822	124.1350	10.1983	0.0981	0.0081
30	13.268	0.0754	136.3080	10.2737	0.0973	0.0073
31	14.462	0.0692	149.5750	10.3428	0.0967	0.0067
32	15.763	0.0634	164.0370	10.4063	0.0961	0.0061
33	17.182	0.0582	179.8000	10.4645	0.0956	0.0056
34	18.728	0.0534	196.9820	10.5178	0.0951	0.0051
35	20.414	0.0490	215.7110	10.5680	0.0946	0.0046

10%的复利系数表

年份	一次支付		等额系列			
	终值系数	现值系数	年金终值系数	年金现值系数	资本回收系数	偿债基金系数
n	*F/P, i, n*	*P/F, i, n*	*F/A, i, n*	*P/A, i, n*	*A/P, i, n*	*A/F, i, n*
1	1.100	0.9091	1.0000	0.9091	1.1000	1.0000
2	1.210	0.8265	2.1000	1.7355	0.5762	0.4762
3	1.331	0.7513	3.3100	2.4869	0.4021	0.3021
4	1.464	0.6880	4.6410	3.1699	0.3155	0.2155
5	1.611	0.6299	6.1050	3.7908	0.2638	0.1638
6	1.772	0.5645	7.7160	4.3553	0.2296	0.1296
7	1.949	0.5132	9.4870	4.8684	0.2054	0.1054
8	2.144	0.4665	11.4360	5.3349	0.1875	0.0875
9	2.358	0.4241	13.5790	5.7590	0.1737	0.0737
10	2.594	0.3856	15.9370	6.1446	0.1628	0.0628
11	2.853	0.3505	18.5310	6.4951	0.1540	0.0540
12	3.138	0.3186	21.3840	6.8137	0.1468	0.0468
13	3.452	0.2897	24.5230	7.1034	0.1408	0.0408
14	3.798	0.2633	27.9750	7.3667	0.1358	0.0358
15	4.177	0.2394	31.7720	7.6061	0.1315	0.0315
16	4.595	0.2176	35.9500	7.8237	0.1278	0.0278
17	5.054	0.1979	40.5450	8.0216	0.1247	0.0247
18	5.560	0.1799	45.5990	8.2014	0.1219	0.0219
19	6.116	0.1635	51.1590	8.3649	0.1196	0.0196
20	6.728	0.1487	57.2750	8.5136	0.1175	0.0175
21	7.400	0.1351	64.0030	8.6487	0.1156	0.0156
22	8.140	0.1229	71.4030	8.7716	0.1140	0.0140
23	8.954	0.1117	79.5430	8.8832	0.1126	0.0126
24	9.850	0.1015	88.4970	8.9848	0.1113	0.0113
25	10.835	0.0923	98.3470	9.0771	0.1102	0.0102
26	11.918	0.0839	109.1820	9.1610	0.1092	0.0092
27	13.110	0.0763	121.1000	9.2372	0.1083	0.0083
28	14.421	0.0694	134.2100	9.3066	0.1075	0.0075
29	15.863	0.0630	148.6310	9.3696	0.1067	0.0067
30	17.449	0.0573	164.4940	9.4269	0.1061	0.0061
31	19.194	0.0521	181.9430	9.4790	0.1055	0.0055
32	21.114	0.0474	201.1380	9.5264	0.1050	0.0050
33	23.225	0.0431	222.2520	9.5694	0.1045	0.0045
34	25.548	0.0392	245.4770	9.6086	0.1041	0.0041
35	28.102	0.0356	271.0240	9.6442	0.1037	0.0037

12%的复利系数表

年份	一次支付		等额系列			
	终值系数	现值系数	年金终值系数	年金现值系数	资本回收系数	偿债基金系数
n	*F/P*, *i*, *n*	*P/F*, *i*, *n*	*F/A*, *i*, *n*	*P/A*, *i*, *n*	*A/P*, *i*, *n*	*A/F*, *i*, *n*
1	1.120	0.8929	1.0000	0.8929	1.1200	1.0000
2	1.254	0.7972	2.1200	1.6901	0.5917	0.4717
3	1.405	0.7118	3.3740	2.4018	0.4164	0.2964
4	1.574	0.6355	4.7790	3.0374	0.3292	0.2092
5	1.762	0.5674	6.3530	3.6048	0.2774	0.1574
6	1.974	0.5066	8.1150	4.1114	0.2432	0.1232
7	2.211	0.4524	10.0890	4.5638	0.2191	0.0991
8	2.476	0.4039	12.3000	4.9676	0.2013	0.0813
9	2.773	0.3606	14.7760	5.3283	0.1877	0.0677
10	3.106	0.3220	17.5490	5.6502	0.1770	0.0570
11	3.479	0.2875	20.6550	5.9377	0.1684	0.0484
12	3.896	0.2567	24.1330	6.1944	0.1614	0.0414
13	4.364	0.2292	28.0290	6.4236	0.1557	0.0357
14	4.887	0.2046	32.3930	6.6282	0.1509	0.0309
15	5.474	0.1827	37.2800	6.8109	0.1468	0.0268
16	6.130	0.1631	42.7520	6.9740	0.1434	0.0234
17	6.866	0.1457	48.8840	7.1196	0.1405	0.0205
18	7.690	0.1300	55.7500	7.2497	0.1379	0.0179
19	8.613	0.1161	63.4400	7.3658	0.1358	0.0158
20	9.646	0.1037	72.0520	7.4695	0.1339	0.0139
21	10.804	0.0926	81.6990	7.5620	0.1323	0.0123
22	12.100	0.0827	92.5030	7.6447	0.1308	0.0108
23	13.552	0.0738	104.6030	7.7184	0.1296	0.0096
24	15.179	0.0659	118.1550	7.7843	0.1285	0.0085
25	17.000	0.0588	133.3340	7.8431	0.1275	0.0075
26	19.040	0.0525	150.3340	7.8957	0.1267	0.0067
27	21.325	0.0469	169.3740	7.9426	0.1259	0.0059
28	23.884	0.0419	190.6990	7.9844	0.1253	0.0053
29	26.750	0.0374	214.5830	8.0218	0.1247	0.0047
30	29.960	0.0334	421.3330	8.0552	0.1242	0.0042
31	33.555	0.0298	271.2930	8.0850	0.1237	0.0037
32	37.582	0.0266	304.8480	8.1116	0.1233	0.0033
33	42.092	0.0238	342.4290	8.1354	0.1229	0.0029
34	47.143	0.0212	384.5210	8.1566	0.1226	0.0026
35	52.800	0.0189	431.6640	8.1755	0.1223	0.0023

15%的复利系数表

年份	一次支付		等额系列			
	终值系数	现值系数	年金终值系数	年金现值系数	资本回收系数	偿债基金系数
n	*F/P, i, n*	*P/F, i, n*	*F/A, i, n*	*P/A, i, n*	*A/P, i, n*	*A/F, i, n*
1	1.150	0.8696	1.0000	0.8696	1.1500	1.0000
2	1.323	0.7562	2.1500	1.6257	0.6151	0.4651
3	1.521	0.6575	3.4730	2.2832	0.4380	0.2880
4	1.749	0.5718	4.9930	2.8550	0.3503	0.2003
5	2.011	0.4972	6.7420	3.3522	0.2983	0.1483
6	2.313	0.4323	8.7540	3.7845	0.2642	0.1142
7	2.660	0.3759	11.0670	4.1604	0.2404	0.0904
8	3.059	0.3269	13.7270	4.4873	0.2229	0.0729
9	3.518	0.2843	16.7860	4.7716	0.2096	0.0596
10	4.046	0.2472	20.3040	5.0188	0.1993	0.0493
11	4.652	0.2150	24.3490	5.2337	0.1911	0.0411
12	5.350	0.1869	29.0020	5.4206	0.1845	0.0345
13	6.153	0.1652	34.3520	5.5832	0.1791	0.0291
14	7.076	0.1413	40.5050	5.7245	0.1747	0.0247
15	8.137	0.1229	47.5800	5.8474	0.1710	0.0210
16	9.358	0.1069	55.7170	5.9542	0.1680	0.0180
17	10.761	0.0929	65.0750	6.0472	0.1654	0.0154
18	12.375	0.0808	75.8360	6.1280	0.1632	0.0123
19	14.232	0.0703	88.2120	6.1982	0.1613	0.0113
20	16.367	0.0611	102.4440	6.2593	0.1598	0.0098
21	18.822	0.0531	118.8100	6.3125	0.1584	0.0084
22	21.645	0.0462	137.6320	6.3587	0.1573	0.0073
23	24.891	0.0402	159.2760	6.3988	0.1563	0.0063
24	28.625	0.0349	184.1680	6.4338	0.1554	0.0054
25	32.919	0.0304	212.7930	6.4642	0.1547	0.0047
26	37.857	0.0264	245.7120	6.4906	0.1541	0.0041
27	43.535	0.0230	283.5690	6.5135	0.1535	0.0035
28	50.066	0.0200	327.1040	6.5335	0.1531	0.0031
29	57.575	0.0174	377.1700	6.5509	0.1527	0.0027
30	66.212	0.0151	434.7450	6.5660	0.1523	0.0023
31	76.144	0.0131	500.9570	6.5791	0.1520	0.0020
32	87.565	0.0114	577.1000	6.5905	0.1517	0.0017
33	100.700	0.0099	664.6660	6.6005	0.1515	0.0015
34	115.805	0.0086	765.3650	6.6091	0.1513	0.0013
35	133.176	0.0075	881.1700	6.6166	0.1511	0.0011

20%的复利系数表

年份	一次支付		等额系列			
	终值系数	现值系数	年金终值系数	年金现值系数	资本回收系数	偿债基金系数
n	F/P, i, n	P/F, i, n	F/A, i, n	P/A, i, n	A/P, i, n	A/F, i, n
1	1.200	0.8333	1.0000	0.8333	1.2000	1.0000
2	1.440	0.6845	2.2000	1.5278	0.6546	0.4546
3	1.728	0.5787	3.6400	2.1065	0.4747	0.2747
4	2.074	0.4823	5.3680	2.5887	0.3863	0.1963
5	2.488	0.4019	7.4420	2.9906	0.3344	0.1344
6	2.986	0.3349	9.9300	3.3255	0.3007	0.1007
7	3.583	0.2791	12.9160	3.6046	0.2774	0.0774
8	4.300	0.2326	16.4990	3.8372	0.2606	0.0606
9	5.160	0.1938	20.7990	4.0310	0.2481	0.0481
10	6.192	0.1615	25.9590	4.1925	0.2385	0.0385
11	7.430	0.1346	32.1500	4.3271	0.2311	0.0311
12	8.916	0.1122	39.5810	4.4392	0.2253	0.0253
13	10.699	0.0935	48.4970	4.5327	0.2206	0.0206
14	12.839	0.0779	59.1960	4.6106	0.2169	0.0169
15	15.407	0.0649	72.0350	4.7655	0.2139	0.0139
16	18.488	0.0541	87.4420	4.7296	0.2114	0.0114
17	22.186	0.0451	105.9310	4.7746	0.2095	0.0095
18	26.623	0.0376	128.1170	4.8122	0.2078	0.0078
19	31.948	0.0313	154.7400	4.8435	0.2065	0.0065
20	38.338	0.0261	186.6880	4.8696	0.2054	0.0054
21	46.005	0.0217	225.0260	4.8913	0.2045	0.0045
22	55.206	0.0181	271.0310	4.9094	0.2037	0.0037
23	66.247	0.0151	326.2370	4.9245	0.2031	0.0031
24	79.497	0.0126	392.4840	4.9371	0.2026	0.0026
25	95.396	0.0105	471.9810	4.9476	0.2021	0.0021
26	114.475	0.0087	567.3770	4.9563	0.2018	0.0018
27	137.371	0.0073	681.8530	4.9636	0.2015	0.0015
28	164.845	0.0061	819.2230	4.9697	0.2012	0.0012
29	197.814	0.0051	984.0680	4.9747	0.2010	0.0010
30	237.376	0.0042	1181.8820	4.9789	0.2009	0.0009
31	284.852	0.0035	1419.2580	4.9825	0.2007	0.0007
32	341.822	0.0029	1704.1090	4.9854	0.2006	0.0006
33	410.186	0.0024	2045.9310	4.9878	0.2005	0.0005
34	492.224	0.0020	2456.1180	4.9899	0.2004	0.0004
35	590.668	0.0017	2948.3410	4.9915	0.2003	0.0003

25%的复利系数表

年份	一次支付		等额系列			
	终值系数	现值系数	年金终值系数	年金现值系数	资本回收系数	偿债基金系数
n	*F/P, i, n*	*P/F, i, n*	*F/A, i, n*	*P/A, i, n*	*A/P, i, n*	*A/F, i, n*
1	1.250	0.8000	1.0000	0.8000	1.2500	1.0000
2	1.156	0.6400	2.2500	1.4400	0.6945	0.4445
3	1.953	0.5120	3.8130	1.9520	0.5123	0.2623
4	2.441	0.4096	5.7660	2.3616	0.4235	0.1735
5	3.052	0.3277	8.2070	2.6893	0.3719	0.1219
6	3.815	0.2622	11.2590	2.9514	0.3388	0.0888
7	4.678	0.2097	15.0730	3.1611	0.3164	0.0664
8	5.960	0.1678	19.8420	3.3289	0.3004	0.0504
9	7.451	0.1342	25.8020	3.4631	0.2888	0.0388
10	9.313	0.1074	33.2530	3.5705	0.2801	0.0301
11	11.642	0.0859	42.5660	3.6564	0.2735	0.0235
12	14.552	0.0687	54.2080	3.7251	0.2685	0.0185
13	18.190	0.0550	68.7600	3.7801	0.2646	0.0146
14	22.737	0.0440	86.9490	3.8241	0.2615	0.0115
15	28.422	0.0352	109.6870	3.8593	0.2591	0.0091
16	35.527	0.0282	138.1090	3.8874	0.2573	0.0073
17	44.409	0.0225	173.6360	3.9099	0.2558	0.0058
18	55.511	0.0180	218.0450	3.9280	0.2546	0.0046
19	69.389	0.0144	273.5560	3.9424	0.2537	0.0037
20	86.736	0.0115	342.9450	3.9539	0.2529	0.0029
21	108.420	0.0092	429.6810	3.9631	0.2523	0.0023
22	135.525	0.0074	538.1010	3.9705	0.2519	0.0019
23	169.407	0.0059	673.6260	3.9764	0.2515	0.0015
24	211.758	0.0047	843.0330	3.9811	0.2511	0.0012
25	264.698	0.0038	1054.7910	3.9849	0.2510	0.0010
26	330.872	0.0030	1319.4890	3.9879	0.2508	0.0008
27	413.590	0.0024	1650.3610	3.9903	0.2506	0.0006
28	516.988	0.0019	2063.9520	3.9923	0.2505	0.0005
29	646.235	0.0016	2580.9390	3.9938	0.2504	0.0004
30	807.794	0.0012	3227.1740	3.9951	0.2503	0.0003
31	1009.742	0.0010	4034.9680	3.9960	0.2503	0.0003
32	1262.177	0.0008	5044.7100	3.9968	0.2502	0.0002
33	1577.722	0.0006	6306.8870	3.9975	0.2502	0.0002
34	1972.152	0.0005	788.6090	3.9980	0.2501	0.0001
35	2465.190	0.0004	9856.7610	3.9984	0.2501	0.0001

30%的复利系数表

年份	一次支付		等额系列			
	终值系数	现值系数	年金终值系数	年金现值系数	资本回收系数	偿债基金系数
n	*F/P*, *i*, *n*	*P/F*, *i*, *n*	*F/A*, *i*, *n*	*P/A*, *i*, *n*	*A/P*, *i*, *n*	*A/F*, *i*, *n*
1	1.300	0.7692	1.0000	0.7692	1.3000	1.0000
2	1.690	0.5917	2.3000	1.3610	0.7348	0.4348
3	2.197	0.4552	3.9900	1.8161	0.5506	0.2506
4	2.856	0.3501	6.1870	2.1663	0.4616	0.1616
5	3.713	0.2693	9.0430	2.4356	0.4106	0.1106
6	4.827	0.2072	12.7560	2.6428	0.3784	0.0784
7	6.275	0.1594	17.5830	2.8021	0.3569	0.0569
8	8.157	0.1226	23.8580	2.9247	0.3419	0.0419
9	10.605	0.0943	32.0150	3.0190	0.3321	0.0312
10	13.786	0.0725	42.6200	3.0915	0.3235	0.0235
11	17.922	0.0558	65.4050	3.1473	0.3177	0.0177
12	23.298	0.0429	74.3270	3.1903	0.3135	0.0135
13	30.288	0.0330	97.6250	3.2233	0.3103	0.0103
14	39.374	0.0254	127.9130	3.2487	0.3078	0.0078
15	51.186	0.0195	167.2860	3.2682	0.3060	0.0060
16	66.542	0.0150	218.4720	3.2832	0.3046	0.0046
17	86.504	0.0116	285.0140	3.2948	0.3035	0.0035
18	112.455	0.0089	371.5180	3.3037	0.3027	0.0027
19	146.192	0.0069	483.9730	3.3105	0.3021	0.0021
20	190.050	0.0053	630.1650	3.3158	0.3016	0.0016
21	247.065	0.0041	820.2150	3.3199	0.3012	0.0012
22	321.184	0.0031	1067.2800	3.3230	0.3009	0.0009
23	417.539	0.0024	1388.4640	3.3254	0.3007	0.0007
24	542.801	0.0019	1806.0030	3.3272	0.3006	0.0006
25	705.641	0.0014	2348.8030	3.3286	0.3004	0.0004
26	917.333	0.0011	3054.4440	3.3297	0.3003	0.0003
27	1192.533	0.0008	3971.7780	3.3305	0.3003	0.0003
28	1550.293	0.0007	5164.3110	3.3312	0.3002	0.0002
29	2015.381	0.0005	6714.6040	3.3317	0.3002	0.0002
30	2619.996	0.0004	8729.9850	3.3321	0.3001	0.0001
31	3405.994	0.0003	11349.9810	3.3324	0.3001	0.0001
32	4427.793	0.0002	14755.9750	3.3326	0.3001	0.0001
33	5756.130	0.0002	19183.7680	3.3328	0.3001	0.0001
34	7482.970	0.0001	24939.8990	3.3329	0.3001	0.0001
35	9727.860	0.0001	32422.8680	3.3330	0.3000	0.0000

35%的复利系数表

年份	一次支付		等额系列			
	终值系数	现值系数	年金终值系数	年金现值系数	资本回收系数	偿债基金系数
n	$F/P, i, n$	$P/F, i, n$	$F/A, i, n$	$P/A, i, n$	$A/P, i, n$	$A/F, i, n$
1	1.3500	0.7407	1.0000	0.7404	1.3500	1.0000
2	1.8225	0.5487	2.3500	1.2894	0.7755	0.4255
3	2.4604	0.4064	4.1725	1.6959	0.5897	0.2397
4	3.3215	0.3011	6.6329	1.9969	0.5008	0.1508
5	4.4840	0.2230	9.9544	2.2200	0.4505	0.1005
6	6.0534	0.1652	14.4384	2.3852	0.4193	0.0693
7	8.1722	0.1224	20.4919	2.5075	0.3988	0.0488
8	11.0324	0.0906	28.6640	2.5982	0.3849	0.0349
9	14.8937	0.0671	39.6964	2.6653	0.3752	0.0252
10	20.1066	0.0497	54.5902	2.7150	0.3683	0.0183
11	27.1493	0.0368	74.6976	2.7519	0.3634	0.0134
12	36.6442	0.0273	101.8406	2.7792	0.3598	0.0098
13	49.4797	0.0202	138.4848	2.7994	0.3572	0.0072
14	66.7841	0.0150	187.9544	2.8144	0.3553	0.0053
15	90.1585	0.0111	254.7385	2.8255	0.3539	0.0039
16	121.7139	0.0082	344.8970	2.8337	0.3529	0.0029
17	164.3138	0.0061	466.6109	2.8398	0.3521	0.0021
18	221.8236	0.0045	630.9247	2.8443	0.3516	0.0016
19	299.4619	0.0033	852.7483	2.8476	0.3512	0.0012
20	404.2736	0.0025	1152.2103	2.8501	0.3509	0.0009
21	545.7693	0.0018	1556.4838	2.8519	0.3506	0.0006
22	736.7886	0.0014	2102.2532	2.8533	0.3505	0.0005
23	994.6646	0.0010	2839.0418	2.8543	0.3504	0.0004
24	1342.797	0.0007	3833.7064	2.8550	0.3503	0.0003
25	1812.776	0.0006	5176.5037	2.8556	0.3502	0.0002
26	2447.248	0.0004	6989.2800	2.8560	0.3501	0.0001
27	3303.785	0.0003	9436.5280	2.8563	0.3501	0.0001
28	4460.110	0.0002	12740.3130	2.8565	0.3501	0.0001
29	6021.148	0.0002	17200.4220	2.8567	0.3501	0.0001
30	8128.550	0.0001	23221.5700	2.8568	0.3500	0.0000
31	10973.540	0.0001	31350.1200	2.8569	0.3500	0.0000
32	14814.280	0.0001	42323.6610	2.8569	0.3500	0.0000
33	19999.280	0.0001	57137.9430	2.8570	0.3500	0.0000
34	26999.030	0.0000	77137.2230	2.8570	0.3500	0.0000
35	36448.690	0.0000	104136.2500	2.8571	0.3500	0.0000

40%的复利系数表

年份	一次支付		等额系列			
	终值系数	现值系数	年金终值系数	年金现值系数	资本回收系数	偿债基金系数
n	*F/P, i, n*	*P/F, i, n*	*F/A, i, n*	*P/A, i, n*	*A/P, i, n*	*A/F, i, n*
1	1.400	0.7143	1.0000	0.7143	1.4001	1.0001
2	1.960	0.5103	2.4000	1.2245	0.8167	0.4167
3	2.744	0.3654	4.3600	1.5890	0.6294	0.2294
4	3.842	0.2604	7.1040	1.8493	0.5408	0.1408
5	5.378	0.1860	10.9460	2.0352	0.4914	0.0914
6	7.530	0.1329	16.3240	2.1680	0.4613	0.0613
7	10.541	0.0949	23.8530	2.2629	0.4420	0.0420
8	14.758	0.0678	34.3950	2.3306	0.4291	0.0291
9	20.661	0.0485	49.1530	2.3790	0.4204	0.0204
10	28.925	0.0346	69.8140	2.4136	0.4144	0.0144
11	40.496	0.0247	98.7390	2.4383	0.4102	0.0102
12	56.694	0.0177	139.2340	2.4560	0.4072	0.0072
13	79.371	0.0126	195.9280	2.4686	0.4052	0.0052
14	111.120	0.0090	275.2990	2.4775	0.4037	0.0037
15	155.568	0.0065	386.4190	2.4840	0.4026	0.0026
16	217.794	0.0046	541.9860	2.4886	0.4019	0.0019
17	304.912	0.0033	759.7800	2.4918	0.4014	0.0014
18	426.877	0.0024	104.6910	2.4942	0.4010	0.0010
19	597.627	0.0017	1491.5670	2.4959	0.4007	0.0007
20	836.678	0.0012	2089.1950	2.4971	0.4005	0.0005
21	1171.348	0.0009	2925.8710	2.4979	0.4004	0.0004
22	1639.887	0.0007	4097.2180	2.4985	0.4003	0.0003
23	2295.842	0.0005	5373.1050	2.4990	0.4002	0.0002
24	3214.178	0.0004	8032.9450	2.4993	0.4002	0.0002
25	4499.847	0.0003	11247.1100	2.4995	0.4001	0.0001
26	6299.785	0.0002	15746.9600	2.4997	0.4001	0.0001
27	8819.695	0.0002	22046.7300	2.4998	0.4001	0.0001
28	12347.570	0.0001	30866.4300	2.4998	0.4001	0.0001
29	17286.590	0.0001	43213.9900	2.4999	0.4001	0.0001
30	24201.230	0.0001	60500.5800	2.4999	0.4001	0.0001

45%的复利系数表

年份	一次支付		等额系列			
	终值系数	现值系数	年金终值系数	年金现值系数	资本回收系数	偿债基金系数
n	$F/P, i, n$	$P/F, i, n$	$F/A, i, n$	$P/A, i, n$	$A/P, i, n$	$A/F, i, n$
1	1.4500	0.6897	1.000	0.690	1.45000	1.00000
2	2.1025	0.4756	2.450	1.165	0.85816	0.40816
3	3.0486	0.3280	4.552	1.493	0.66966	0.21966
4	4.4205	0.2262	7.601	1.720	0.58156	0.13156
5	6.4097	0.1560	12.022	1.867	0.53318	0.08318
6	9.2941	0.1076	18.431	1.983	0.50426	0.05426
7	13.4765	0.0742	27.725	2.057	0.48607	0.03607
8	19.5409	0.0512	41.202	2.109	0.47427	0.02427
9	28.3343	0.0353	60.743	2.144	0.46646	0.01646
10	41.0847	0.0243	89.077	2.168	0.46123	0.01123
11	59.5728	0.0168	130.162	2.158	0.45768	0.00768
12	86.3806	0.0116	189.735	2.196	0.45527	0.00527
13	125.2518	0.0080	267.115	2.024	0.45326	0.00362
14	181.6151	0.0055	401.367	2.210	0.45249	0.00249
15	263.3419	0.0038	582.982	2.214	0.45172	0.00172
16	381.8458	0.0026	846.324	2.216	0.45118	0.00118
17	553.6764	0.0018	1228.170	2.218	0.45081	0.00081
18	802.8308	0.0012	1781.846	2.219	0.45056	0.00056
19	1164.1047	0.0009	2584.677	2.220	0.45039	0.00039
20	1687.9518	0.0006	3748.782	2.221	0.45027	0.00027
21	2447.5301	0.0004	5436.743	2.221	0.45018	0.00018
22	3548.9187	0.0003	7884.246	2.222	0.45013	0.00013
23	5145.9321	0.0002	11433.182	2.222	0.45009	0.00009
24	7461.6015	0.0001	16579.115	2.222	0.45006	0.00006
25	10819.322	0.0001	24040.716	2.222	0.45004	0.00004
26	15688.017	0.0001	34860.038	2.222	0.45003	0.00003
27	22747.625	0.0000	50548.056	2.222	0.45002	0.00002
28	32984.056		73295.681	2.222	0.45001	0.00001
29	47826.882		106279.740	2.222	0.45001	0.00001
30	69348.978		154106.620	2.222	0.45001	0.00001

50%的复利系数表

年份	一次支付		等额系列			
	终值系数	现值系数	年金终值系数	年金现值系数	资本回收系数	偿债基金系数
n	$F/P, i, n$	$P/F, i, n$	$F/A, i, n$	$P/A, i, n$	$A/P, i, n$	$A/F, i, n$
1	1.5000	0.6667	1.000	0.667	1.50000	1.00000
2	2.2500	0.4444	2.500	1.111	0.90000	0.40000
3	3.3750	0.2963	4.750	1.407	0.71053	0.21053
4	5.0625	0.1975	8.125	1.605	0.62303	0.12308
5	7.5938	0.1317	13.188	1.737	0.57583	0.07583
6	11.3906	0.0878	20.781	1.824	0.54812	0.04812
7	17.0859	0.0585	32.172	1.883	0.53108	0.03108
8	25.6289	0.0390	49.258	1.922	0.52030	0.02030
9	38.4434	0.0260	74.887	1.948	0.51335	0.01335
10	57.6650	0.0173	113.330	1.965	0.50882	0.00882
11	86.4976	0.0116	170.995	1.977	0.50585	0.00585
12	129.7463	0.0077	257.493	1.985	0.50388	0.00388
13	194.6195	0.0051	387.239	1.990	0.50258	0.00258
14	291.9293	0.0034	581.859	1.993	0.50172	0.00172
15	437.8939	0.0023	873.788	1.995	0.50114	0.00114
16	656.8408	0.0015	1311.682	1.997	0.50076	0.00076
17	985.2613	0.0010	1968.523	1.998	0.50051	0.00051
18	1477.8919	0.0007	2953.784	1.999	0.50034	0.00034
19	2216.8378	0.0005	4431.676	1.999	0.50023	0.00023
20	3325.2567	0.0003	6648.513	1.999	0.50015	0.00015
21	4987.8851	0.0002	9973.770	2.000	0.50010	0.00010
22	7481.8276	0.0001	14961.655	2.000	0.50007	0.00007
23	11222.7420	0.0001	22443.483	2.000	0.50004	0.00004
24	16834.1120	0.0001	33666.224	2.000	0.50003	0.00003
25	25251.1680	0.0000	50500.337	2.000	0.50002	0.00002

参考文献

[1] 发改委、住建部. 建设项目经济评价方法与参数(第三版)[M]. 中国计划出版社, 2006.
[2]《投资项目可行性研究指南》编写组. 投资项目可行性研究指南. 北京: 中国电力出版社, 2002.
[3] 刘晓君. 工程经济学(第二版)[M]. 北京: 中国建筑工业出版社, 2008.
[4] 刘玉明. 工程经济学[M]. 北京: 清华大学出版社, 2006.
[5] 注册咨询工程师(投资), 考试教材编写委员会. 现代咨询方法与实务. 北京: 中国计划出版社, 2014.
[6] 注册咨询工程师(投资), 考试教材编写委员会. 项目决策分析与评价. 北京: 中国计划出版社, 2014.
[7] 全国造价工程师执业资格考试培训教材编审委员会. 工程造价管理基础理论与相关法规. 北京: 中国计划出版社, 2015.
[8] 邵颖红,黄渝祥,邢爱芳. 工程经济学(第5版). 上海: 同济大学出版社, 2015.
[9] 戴大双. 项目融资. 北京: 机械工业出版社, 2005.

图书在版编目(CIP)数据

工程经济学/陈汉利主编.—长沙:中南大学出版社,2016.9
ISBN 978-7-5487-2339-4

Ⅰ.工... Ⅱ.陈... Ⅲ.工程经济学 Ⅳ.F062.4

中国版本图书馆 CIP 数据核字(2016)第143059号

工程经济学

陈汉利 主编

□责任编辑 刘颖维
□责任印制 易红卫
□出版发行 中南大学出版社
社址:长沙市麓山南路 邮编:410083
发行科电话:0731-88876770 传真:0731-88710482
□印 装 长沙市宏发印刷有限公司

□开 本 787×1092 1/16 □印张 22.25 □字数 563千字
□版 次 2016年9月第1版 □印次 2016年9月第1次印刷
□书 号 ISBN 978-7-5487-2339-4
□定 价 50.00元